Rumbo al Cosmos

Los secretos de la astronáutica

Javier Casado

Índice

Introducción	7
Primera Parte: Historia de la Exploración Espacial	9
Sputnik: un 'bip-bip' que cambió el mundo	11
Wernher von Braun: el hombre que nos dio la Luna	29
El "misterio" de la muerte de Yuri Gagarin	38
Las leyendas sobre cosmonautas muertos	45
La muerte transmitida en directo: el accidente del Challenger	54
Aterriza como puedas: los problemas secretos del transbordador espacial	63
Sorteando la tragedia: Soyuz TMA-11	69
Serio incidente en la ISS	75
El transbordador norteamericano: 25 años de amargo éxito	81
Ulysses: un viaje épico	89
Eutanasia para Ulysses	95
Segunda Parte: Tecnología Espacial	97
Ares I: la polémica del propulsante sólido	99
Propulsión líquida: Cohetes de agua	105
Escapando a la gravedad: la puesta en órbita de satélites	112
El lugar de lanzamiento	120
El tiempo es oro: ventanas de lanzamiento	127
Un espacio sin parquímetros: las órbitas de aparcamiento	132
Viajes interplanetarios: hasta el infinito, y más allá	137
Manteniendo el contacto: seguimiento desde tierra	143
Las perturbaciones de la trayectoria	152
La reentrada en la atmósfera	159
Las asistencias gravitatorias	167
Sopa de letras orbital	176

¡Arrojadlo por la borda!	184
¿Quieres lanzar un satélite? ¡Dale cuerda!	193
Un trabajo de titanes	198
El Santo Grial del SSTO	203
El Santo Grial del SSTO – 2ª parte	208
Festines en gravedad cero	217
El fuego en el espacio	223
Haciendo habitable el espacio: sistemas de soporte vital	234
El control térmico	242
Lanzadores espaciales: depósitos gigantes	248
Biomimética: imitando a la Naturaleza	254
Messenger: tras los pasos de Mariner 10	261
Tercera Parte: Política Espacial	**267**
El precio de ir al espacio	269
Exploración tripulada: el eterno debate	273
El programa espacial brasileño	278
El programa espacial japonés	287
Chandrayaan-1: tecnología india en la Luna	298
China: apostando por el futuro frente al ITAR	308
CEV: El nuevo vehículo de transporte de tripulaciones de la NASA	314
Constellation: en la cuerda floja	328
Cuarta Parte: Vehículos Espaciales	**335**
AVATAR: ¿solución india a los problemas del mundo?	337
Kliper: el sucesor de la Soyuz	343
Vega: un nuevo lanzador para Europa	352
ConeXpress: el remolcador espacial	358
Columbus: el esperado	365
El mirador de la estación	371

Logística espacial	378
Quinta Parte: Curiosidades Espaciales	387
SAS: la amenaza fantasma de los astronautas	394
Tras el telón: el lado más sórdido de la exploración espacial	399
Artículos espaciales: un lujo asiático	405
Entrenamiento de supervivencia: los peligros de nuestro planeta	410
Vacaciones en la Luna	417
Sexta Parte: Ciencia en el Espacio	423
Cultivando el futuro: plantas en el espacio	425
Puntualizaciones sobre los experimentos con el invernadero Svet en la Mir	458

Javier Casado

Introducción

El presente libro constituye una recopilación de artículos publicados por el autor en diversos medios de prensa entre los años 2005 y 2010. Su contenido es variado, desde los históricos hasta los de investigación espacial, pasando por la divulgación de curiosidades o la explicación de los principales mecanismos de la mecánica orbital. Asimismo es variado el estilo con el que están escritos, consecuencia en parte de la diversidad de publicaciones a las que iban dirigidos; así, aunque la rigurosidad ha intentado ser una constante a lo largo de todos ellos, se alternan los artículos más formales, algunos incluso con referencias bibliográficas incluidas, con otros más relajados y distendidos.

Se ha intentado catalogar los artículos en diferentes categorías: históricos, de tecnología, de política espacial, vehículos espaciales, curiosidades y ciencia. Sin embargo, ni la clasificación en una determinada categoría, ni los títulos de las mismas, los definen adecuadamente. Así, en historia hay artículos que casi podrían definirse como de actualidad y otros que contienen una cierta componente técnica, mientras que en política espacial la mayor parte de los artículos poseen una importante componente histórica o de análisis. Por otra parte, los títulos a veces pueden dar lugar a malentendidos, pues, por ejemplo, no se encontrarán artículos realmente técnicos en esta recopilación; dentro de la sección tecnología se han recogido aquellos que intentan explicar los mecanismos más técnicos de la exploración espacial, desde cómo funciona un motor cohete hasta los secretos de las órbitas y las trayectorias interplanetarias, pero siempre desde un lenguaje que intenta ser sencillo y asequible al aficionado medio. Igual podría decirse del apartado política espacial, donde más que de política en sentido estricto se habla de los programas espaciales de diferentes países, o de la evolución de nuevos proyectos en curso. En suma: debe considerarse esta catalogación únicamente como una ayuda a nivel orientativo, pero nada más.

Para finalizar, simplemente comentar que los artículos aquí presentados pueden leerse en general de forma completamente independiente unos de otros. No obstante, han intentado colocarse en un orden lógico, y en ocasiones puede resultar aconsejable leerlos así para una mayor claridad. Esto puede ser especialmente aplicable a los artículos de tecnología, donde para entender una trayectoria interplanetaria es conveniente haber leído antes cómo se coloca un vehículo en órbita. Pero, salvo estos casos particulares, no hay ningún problema en que el lector elija el orden en el que quiere leer el texto, o que incluso decida saltarse los artículos que no considere de su interés... que espero sinceramente que sean pocos.

Y nada más: que disfruten del texto.

Primera Parte:

Historia de la Exploración Espacial

Javier Casado

Sputnik
Un 'bip-bip'
que cambió el mundo

Octubre 2007

El 4 de octubre de 1957, la Unión Soviética colocaba en el espacio el primer objeto creado por la mano del hombre: una pequeña esfera metálica de 83 kg de peso que pasaría a la Historia bajo el nombre de Sputnik.

Apenas han pasado 50 años desde aquella fecha y aquel logro nos parece ya algo lejano. La velocidad con la que se han desarrollado los avances en materia espacial a lo largo de estas décadas nos hace observar aquel hito con romanticismo y hasta con cierta condescendencia. Pero en 1957 se trataba de un acontecimiento sorprendente e inesperado, principalmente por su procedencia.

    Cincuenta años es un plazo demasiado breve para poder tener una adecuada perspectiva histórica. A día de hoy resulta aventurado imaginar cuál de los tres principales hitos de la conquista del espacio se verán como un importante acontecimiento histórico dentro de algunos siglos: el lanzamiento del Sputnik, la puesta en órbita de Yuri Gagarin, o la llegada del hombre a la Luna. Tres hechos íntimamente relacionados y que se desarrollaron a lo largo de poco más de una década. Pero no cabe duda de que el Sputnik fue el origen de todo. Con el Sputnik nació la era espacial. Y su impacto a nivel social y político fue tan enorme que podemos decir sin temor a equivocarnos que el desarrollo de los acontecimientos en materia espacial habría sido infinitamente más lento si esta pequeña esfera metálica rusa no hubiera volado sobre nuestras cabezas emitiendo su característico bip-bip aquel mes de octubre de 1957; pero quizás podamos incluso decir que la historia de la segunda mitad del siglo XX en general hubiera podido ser distinta, tales fueron sus consecuencias a nivel geopolítico en unos momentos de alta tensión internacional.

Los inicios de una nueva tecnología

La década de los 30 había visto nacer tanto en Rusia como en Alemania un gran interés popular por los cohetes y los viajes espaciales (entonces aún considerados pura ciencia-ficción), despertado principalmente por las obras de Hermann Oberth en Alemania y de Tsiolkovskiy en Rusia. En ambos países habían proliferado los clubes de aficionados a los cohetes, que en los años previos a la Segunda Guerra Mundial y comenzando a un nivel absolutamente privado, serían los impulsores del desarrollo de estos ingenios que hasta entonces eran observados como poco más que juguetes o artilugios curiosos.

En cada uno de los dos países, un grupo de aficionados despuntaba sobre el resto por su entusiasmo y nivel técnico, y en cada uno de ellos, una persona se destacaba por su liderazgo y empuje: Wernher von Braun en Alemania, y Sergei Pavlovich Korolev en la URSS.

Pero sería Alemania la que antes se destacase en el campo del desarrollo de los cohetes. En el contexto de potenciación armamentista de la Alemania nazi, los militares pronto se fijarían en los avances conseguidos por Von Braun y su equipo, comenzando a vislumbrar el potencial de estos ingenios como arma de guerra. Reconvertido así de grupo de aficionados a trabajar en el desarrollo de nuevas armas para el ejército, el avance de los cohetes en Alemania experimentó un fuerte impulso que culminaría en los últimos años de la guerra con la introducción de la impresionante V-2, el primer misil balístico de la historia.

Aunque la efectividad de la V-2 como arma de guerra fue poco más que simbólica, y su influencia en el transcurso de la Segunda Guerra Mundial completamente nulo, tuvo en cambio un gran impacto a nivel estratégico: la V-2 inauguraba un nuevo área de tecnología bélica hasta entonces despreciada como poco menos que inútil, la de los cohetes teledirigidos, o, como serían más conocidos a partir de entonces, los misiles.

Aunque fueron las experiencias alemanas en el campo de la cohetería las que se harían más visibles al mundo a través de las nuevas armas de

Hitler, también en la Unión Soviética se vivía una historia paralela a la de Von Braun en la persona de Sergei Korolev.

Sergei Pavlovich Korolev (*Foto: NASA*)

Nacido en Ucrania en 1907 (sólo cinco años antes que Von Braun), Korolev ya había sentido desde joven una gran pasión por los cohetes y el vuelo espacial, atraído a ello a través de las obras del pionero Konstantin Tsiolkovskiy. Al igual que Von Braun, durante su juventud, en los años 30, perteneció a un grupo de aficionados moscovita comparable al grupo berlinés al que perteneciera el ingeniero alemán. Y, también como ocurriera allí, sus trabajos atraerían la atención del ejército rojo. Korolev terminaría trabajando para los militares durante la guerra, desarrollando principalmente cohetes para asistencia al despegue de aviones. Aunque con un respaldo inferior al que permitió desarrollar la V-2 en Alemania,

Korolev y su equipo pudieron de esta forma mantenerse cerca de la vanguardia mundial en el área de los cohetes.

La lucha por los despojos

Tras la aparición de la V-2 en el frente europeo, ambas superpotencias pronto se percataron de la importancia de hacerse con esta tecnología de vanguardia. La captura de Wernher von Braun y su equipo, y de las instalaciones de producción de las V-2, se convirtió en un objetivo prioritario tanto para las tropas norteamericanas en Europa como para las de la URSS, pero finalmente serían las primeras las que se llevasen el gato al agua.

Efectivamente, aunque tanto Peenemünde (la base de desarrollo y pruebas de las V-2) como la factoría de Mittelwerk, cerca de Nordhausen, quedaban dentro de las áreas a ser ocupadas por los rusos en el reparto de objetivos realizado en los últimos meses de la guerra en Europa, cuando los soviéticos alcanzaron estas ubicaciones se encontraron con que alguien se les había adelantado. En el caso de Peenemünde, los alemanes se habían encargado de vaciarlo de cualquier material de utilidad antes de su retirada de la base; y en cuanto a Mittelwerk, había sido ocupado por tropas norteamericanas poco antes de la llegada de los soviéticos, que se habían ocupado de vaciarlo de todos los restos de la producción abandonada por los alemanes. Cuando llegaron los rusos, se encontraron los restos de una fábrica vacía.

Von Braun y su equipo, por su parte, habían planeado rendirse a los norteamericanos. En el nuevo orden mundial que ya se configuraba en los últimos años de la guerra, estaba claro que era la opción que les ofrecía mayores garantías para poder seguir desarrollando su trabajo con financiación y en libertad. Así, mientras los Estados Unidos se hacían con los expertos, la documentación y el material de esta nueva tecnología, la URSS tenía que conformarse con reclutar la ayuda de técnicos alemanes de segundo orden que no habían sido incluidos entre el grupo de élite de Von Braun, y un único ingeniero alemán de primer orden, Helmut Gröttrup, que había preferido quedarse en la Alemania ocupada de la postguerra en lugar de acompañar a sus colegas hacia el Nuevo Mundo. Podemos decir que de la tecnología alemana de las V-2, los soviéticos no hallaron sino las migajas.

No necesitaban mucho más: el ingenio y los conocimientos técnicos de Korolev y otros grandes ingenieros rusos, como Glushko, harían el resto. El propio Wernher von Braun lo reconocería años más tarde: "*Hay abundantes evidencias para creer que su contribución [de los técnicos alemanes] al programa espacial ruso fue prácticamente despreciable. Se les pidió escribir informes sobre lo que había ocurrido en el pasado, pero se les exprimió como a limones, por así decirlo. Al final, fueron enviados a casa sin ni siquiera ser informados de lo que estaba pasando en los secretos proyectos rusos*".

Desarrollos paralelos

Aunque los Estados Unidos se habían hecho con la experiencia y la tecnología, no tenían inicialmente la voluntad de invertir seriamente en el desarrollo de la nueva arma. Al fin y al cabo, ya contaban con el arma por excelencia, la bomba atómica, ya poseían la supremacía bélica mundial, y no parecía preciso invertir las grandes sumas requeridas, tras los tremendos gastos que había supuesto la guerra, para desarrollar un arma que en realidad no necesitaban. Así, Von Braun y su equipo se limitarían durante los años siguientes a reproducir las V-2 en suelo americano, a transferir su tecnología a sus nuevos patronos, sin recibir financiación para nuevos desarrollos de mayor envergadura.

En la Unión Soviética, en cambio, las cosas se veían de forma muy diferente. A pesar de no contar más que con un técnico cualificado y unas cuantas piezas sueltas sin documentación asociada recuperadas de los restos de Mittelwerk, se pondría el máximo empeño en aprender todo lo posible sobre la nueva tecnología desarrollada por los alemanes, y no se contentarían tan sólo con repetir sus éxitos. Tras la tremenda devastación que la Segunda Guerra Mundial había supuesto para la Unión Soviética, Stalin se propondría no seguir siendo nunca más el retrasado país de campesinos que todos querían invadir. En adelante, la Unión Soviética haría sentir en el mundo entero su poderío militar. Para ello, la primera prioridad sería conseguir la bomba atómica. Y después, se necesitaría un vehículo para transportarla hacia sus potenciales objetivos. Carentes de una amplia flota de portaaviones o de una red de bases militares distribuidas por el mundo como tenían los Estados Unidos, había un medio que aparecía como favorito por encima del bombardeo convencional: los cohetes.

Sergei Korolev, como punta de lanza de los expertos soviéticos en cohetes, sería puesto al frente de los nuevos desarrollos. Tras exprimir los conocimientos de los técnicos alemanes contratados tras la guerra y conseguir lanzar la primera V-2 soviética en 1947, los rusos prescindirían en lo sucesivo de su colaboración, dedicándose de forma completamente autónoma a lo que habría de suponer un salto de gigante en el desarrollo de esta nueva tecnología: el diseño del que debería convertirse en el primer misil balístico intercontinental de la historia, capaz de lanzar una bomba atómica de 5 toneladas sobre territorio de los Estados Unidos. Un desarrollo que, como muy bien sabía Korolev y sus antiguos colegas de los clubes de aficionados de preguerra, muchos de ellos colaboradores suyos, abriría a la Humanidad las puertas del espacio.

Pero a pesar de todo, en buena medida podemos decir que el R-7, el primer misil balístico intercontinental de la historia, sería el fruto del empeño personal de Korolev. A lo largo de los años, había presionado e insistido a la cúpula militar y política de la Unión Soviética para convencerles de la utilidad de un ingenio de esas características. Y, como sucediera con Von Braun primero en Alemania y después en los Estados Unidos, todo ello no era sino una excusa para cumplir su sueño: la conquista del espacio.

De esta forma, los acontecimientos transcurrían de forma curiosamente paralela pero asimétrica a ambos lados del telón de acero. Mientras en la URSS Korolev trabajaba en un cohete capaz de enviar cargas al espacio, pero era veladamente amenazado por sus superiores cuando mencionaba estas posibilidades, exigiéndole centrarse en el desarrollo del arma, en los Estados Unidos el gobierno no se decidía a invertir en los desarrollos que la hicieran posible.

No obstante, a comienzos de los años 50 parecía que en Norteamérica el panorama comenzaba a cambiar. Por una parte, las fuerzas armadas empezaban a ver con interés el potencial que los hipotéticos satélites artificiales podrían tener como vehículos de observación y espionaje; y por otra parte, las mejoras en el desarrollo de las nuevas armas nucleares, más ligeras que las primitivas bombas lanzadas contra Japón, permitían contemplar la utilización de los nuevos misiles como un vehículo óptimo para su despliegue sin necesidad de acudir a vectores superpesados (como los que desarrollaba Korolev en la URSS). De esta forma, el clima comenzó a cambiar en los Estados Unidos a favor de los intereses de Von Braun y su equipo de ingenieros alemanes.

El Año Geofísico Internacional

A comienzos de los años 50, la comunidad científica internacional decidía que había llegado el momento de utilizar las nuevas tecnologías como el radar, los ordenadores y los cohetes, para profundizar en el estudio de la Tierra y su atmósfera. Con este objetivo, se declaraba Año Geofísico Internacional (también conocido por sus siglas en inglés, IGY), al periodo que iba del 1 de julio de 1957 al 31 de diciembre de 1958, coincidiendo con un máximo en la actividad solar.

Entre otros aspectos, los objetivos del IGY contemplaban la profundización en los estudios de la alta atmósfera por medio de cohetes de sondeo. Pero el 4 de octubre de 1954 se iba más allá, y el comité organizador recomendaba expresamente a las naciones participantes el desarrollo de un satélite artificial de la Tierra que permitiese avanzar más profundamente en el estudio de la ionosfera y de nuestro propio planeta. El 29 de julio de 1955, el presidente Dwight Eisenhower anunciaba que los Estados Unidos participarían en los actos del IGY con un satélite artificial de la Tierra.

El anuncio de Eisenhower tendría consecuencias internacionales. Mientras esto ocurría en los Estados Unidos, en Copenhague estaba teniendo lugar el Sexto Congreso Astronáutico Internacional. El 2 de agosto de 1955, su presidente hacía referencia al anuncio de Eisenhower sobre la próxima puesta en órbita de un satélite artificial como parte de su participación en el IGY. Ese mismo día, el académico ruso Leonid I. Sedov, asistente al congreso en representación de la Academia Soviética de las Ciencias, convocaba una rueda de prensa en la embajada de la URSS en Copenhague para dar la respuesta de réplica: *"En mi opinión, será posible lanzar un satélite artificial de la Tierra en el plazo de los dos próximos años. La realización del proyecto soviético puede esperarse para el futuro próximo"*.

Pocos tomaron en serio el discurso soviético; que aquel país comunista con una obsoleta industria y de gran base rural fuese capaz de plantear una propuesta a la vanguardia de la tecnología mundial, quedaba lejos de toda credibilidad. Sin embargo, aunque el mundo aún no lo sabía, acababa de dar comienzo la Carrera Espacial.

Se abren las puertas del espacio

Entre tanto, en la URSS se trabajaba a toda marcha con el objetivo de poner a punto el primer misil balístico intercontinental de la historia. El desarrollo del R-7 fue de una complejidad formidable, pero finalmente, el 3 de agosto de 1957, el primer vuelo con éxito de este enorme cohete abría las puertas del espacio a la Unión Soviética.

Misil R-7, el primer misil balístico intercontinental del mundo. Gracias a él, se abrirían las puertas del espacio.

También el lanzamiento del Sputnik fue un empeño casi personal de Korolev. En los últimos años, había intentado convencer a los líderes rusos de la capacidad de su creación para asombrar al mundo con el lanzamiento de un satélite espacial. Con el apoyo de científicos de la Academia Soviética de las Ciencias, insistiría durante años para lograr esta autorización. Efectivamente, a pesar de las declaraciones de Sedov en 1955 en respuesta a las declaraciones norteamericanas en torno al IGY, los mandatarios rusos no habían asumido el proyecto del satélite como una prioridad nacional. Su prioridad era claramente el desarrollo de misiles militares, y un desarrollo científico como el del satélite era un asunto prácticamente ignorado en las altas esferas. La simple mención de este objetivo en los círculos militares que dirigían y financiaban los trabajos de Korolev, provocaba desprecio y veladas amenazas hacia el ingeniero, por considerar que lo distraían del fin último de su trabajo bélico. Finalmente, y tras múltiples rechazos, en un arriesgado ejercicio de osadía, el propio Korolev obtendría personalmente la autorización para iniciar los trabajos en el proyecto del satélite del mismísimo Nikita Jrushchev. Utilizando todo su carisma y poder de convicción, Korolev convenció al premier soviético de la ventaja política que una hazaña de este tipo le otorgaría a nivel internacional, con un coste despreciable al utilizar para ello los avances logrados en el desarrollo del misil.

La de Jrushchev fue una autorización ambigua y sin interés, y condicionada a la previa puesta a punto del R-7 como misil militar. Pero Korolev no necesitaba más: tras el éxito de la prueba del 3 de agosto de 1957, el camino quedaba despejado para cumplir su gran sueño.

'Bip, Bip, Bip'

En los Estados Unidos, la tarea de llevar a cabo la puesta en órbita del primer satélite había sido encomendada a la US Navy, que desarrollaría para ello un nuevo cohete, el Vanguard. Aunque el equipo de Wernher von Braun, trabajando para el US Army, había por entonces desarrollado misiles de alcance medio capaces de llevar a cabo la misión con pequeñas modificaciones, el gobierno norteamericano no se había inclinado por esta opción. La verdadera razón de la decisión por el Vanguard nunca ha estado completamente clara, aunque a menudo se ha aludido a un problema de imagen: para un proyecto científico civil se hacía recomendable diseñar un vehículo lanzador de nuevo desarrollo, en lugar de utilizar un misil militar. Un razonamiento algo débil, teniendo en cuenta que al fin y al cabo era un organismo militar el encargado de llevarlo a cabo. Se cree que los orígenes del grupo de ingenieros de Von Braun también tuvieron bastante peso en la decisión: el Vanguard sería un diseño íntegramente norteamericano; los misiles de Von Braun, en cambio, podrían ser criticados como diseños alemanes realizados en los Estados Unidos.

Pero el desarrollo de un nuevo cohete como el Vanguard llevaría su tiempo, prolongándose en la práctica bastante más de lo inicialmente esperado. Ello permitiría a los soviéticos tomar la delantera con este primer hito de la historia espacial.

El 1 de octubre de 1957, Radio Moscú anunciaba al pueblo soviético la frecuencia que deberían sintonizar en sus receptores para escuchar el sonido proveniente de un próximo objeto ruso en el espacio. El 4 de octubre, una pequeña esfera metálica de 83 kg de peso orbitaba la Tierra emitiendo un "bip-bip" característico que se haría mundialmente famoso, y consiguiendo titulares de primera página en la prensa internacional. La Unión de Repúblicas Socialistas Soviéticas había humillado a los Estados Unidos con la primera victoria en el área espacial: el Sputnik acababa de entrar en los libros de historia.

El Sputnik, una pequeña esfera que haría historia. (*Foto: NASA*)

Un impacto inesperado

La puesta en órbita del Sputnik provocó una conmoción excepcional en el seno de la sociedad norteamericana. Fue una bofetada en plena cara al orgullo nacional, y, además, por sorpresa. También suponía descubrir, del modo más duro imaginable, cuán equivocados estaban con respecto a su más visceral enemigo, la Unión Soviética. Los Estados Unidos habían creído estar a la vanguardia tecnológica, muy por encima del resto de las naciones de la Tierra; su rotunda victoria en la Segunda Guerra Mundial en todos los frentes, y en especial su introducción de la formidable bomba atómica, así lo avalaban. El profundo estado de destrucción en que habían quedado buen número de potencias europeas tras la guerra, reforzaban esta percepción de la supremacía norteamericana a nivel mundial. Y, por supuesto, la atrasada Rusia comunista no estaba ni de lejos al nivel de estas otras potencias europeas. Estados Unidos no tenía rival: así lo creían firmemente la práctica totalidad de sus ciudadanos.

Ahora, ese sentimiento había sido arrancado de raíz. Por encima de sus cabezas, un objeto de fabricación soviética cruzaba una y otra vez impunemente, con quién sabe qué demoníacos propósitos. De repente, un sentimiento de vulnerabilidad acuciaba a un país que no había recibido nunca en su historia el impacto de una bomba extranjera sobre su territorio continental. Además, la puesta en órbita de un objeto de las características del Sputnik dejaba ver bien a las claras que los soviéticos poseían un misil intercontinental capaz de alcanzar el territorio norteamericano con armas nucleares.

Las reacciones fueron múltiples y a menudo extremas; el New York Times recogería declaraciones de senadores como ésta: *"[Debemos] revisar de inmediato nuestra psicología nacional y nuestra política diplomática. Claramente ha llegado el momento de dejar de preocuparse por la profundidad del pelaje de la nueva alfombra, o por la altura de la aleta trasera del coche nuevo, y de estar preparados para verter sangre, sudor y lágrimas si este país y el mundo libre quieren sobrevivir"*.

El impacto fue indescriptible, a todos los niveles, social y político. A nivel social, el ciudadano medio norteamericano sentía su seguridad arrancada de raíz: ¿qué no podrían hacer los soviéticos, con desconocidos objetos sobrevolando sus cabezas? Todos sus movimientos podrían ser vigilados, y quizás, en un momento dado, incluso bombas podrían caer repentinamente desde el espacio. Con esa tecnología a su alcance, los malvados comunistas podrían dominar el mundo, como expresaba el diario austriaco "Die Presse": *"El satélite no está concebido principalmente con fines científicos o de exploración del espacio, sino para preparar la guerra a escala planetaria"*. Otros asegurarían que el Sputnik era *"un arma psicológica expresamente diseñada para la intimidación de los pueblos libres de la Tierra"* (David Woodbury, *La Vuelta al Mundo en 90 Minutos*). Realidad y fantasía se mezclaban en los temores de una población conmocionada por haberse topado de la noche a la mañana con la más dura realidad.

Pero también había otras implicaciones, otros impactos a nivel social, que se extenderían a un nivel mundial. Para la gente de la calle estaba claro que una nueva era había comenzado; en Londres, el Daily Express titulaba a primera página: *"La Era Espacial está aquí"*. En Nueva York, en los días siguientes al lanzamiento las ventas de prismáticos y telescopios aumentaron entre un 50% y un 75%. La gente estaba, a la vez que sorprendida, entusiasmada: las perspectivas que se abrían para el futuro eran infinitas e inconcebibles, y difíciles de entender para quienes hoy vivimos la actividad espacial como algo completamente cotidiano y con perspectivas mucho más escépticas. Pero en 1957, una nueva frontera se había abierto. Los ciudadanos de todo el mundo miraban al cielo en la noche para ver pasar ese pequeño punto luminoso que representaba el triunfo del ingenio humano, y sintonizaban sus radios para escuchar ese "bip-bip" que, de forma casi mágica, venía del espacio. Los sueños de un nuevo futuro para la Humanidad empezaban a ser algo más que pura ciencia-ficción.

También a nivel político la puesta en órbita del Sputnik tendría importantes repercusiones en los Estados Unidos. En los días siguientes al lanzamiento soviético, la situación en los círculos del gobierno era próxima al caos, mientras la prensa arremetía contra el Presidente Eisenhower por su dejadez en el campo de los misiles, y su falta de previsión relativa a la capacidad soviética. En lugar de intentar reaccionar con una inmediata respuesta en estos campos, la administración republicana optó por intentar minusvalorar el logro de su rival; un grave error, cuando toda la sociedad mundial lo reconocía como un éxito sin precedentes.

Así, por ejemplo, el senador republicano Jacob K. Javitts declaraba que *"no existe una carrera entre la URSS y nosotros para lanzar satélites, a menos que ahora creemos una, lo cual es directamente contrario a nuestra política. (...) No debemos presionar a nuestros científicos de esta manera."* Algo muy similar afirmaba el asistente personal de Eisenhower, Sherman Adams: los Estados Unidos no habían intentado competir con la URSS, ya que *"el servicio a la ciencia, y no la victoria en un partido de baloncesto espacial, es lo que ha sido, y todavía es, el objetivo de nuestro país"*. El propio presidente intentaba despreciar al Sputnik como *"una pequeña bola en el aire, algo que no incita mi temor, ni un ápice"*. Aunque con un fondo de verdad cuando declaraba que *"No veo nada significativo en el Sputnik ruso en este estadio de desarrollo, en cuanto a seguridad se refiere"*, lo cierto es que a la vez se intentaba quitar importancia al gran éxito mediático ruso.

Ante estas declaraciones, los más críticos acusaban al gobierno de actuar con una absurda pasividad. El senador demócrata, y años más tarde presidente, Lyndon B. Johnson, lo expresaba claramente con una fina ironía: *"No es muy tranquilizador que se nos diga que el año próximo pondremos un satélite "mejor" en el aire. A lo mejor hasta tiene adornos cromados y limpiaparabrisas automáticos..."*. Sobre el aspecto de la seguridad, el mismo Johnson utilizaría también un argumento que sería repetido años más tarde por el propio Kennedy: *"El Imperio Romano controló el mundo porque construyó carreteras. Después, cuando el hombre se extendió por los mares, el Imperio Británico dominó porque tenía barcos. Ahora, los comunistas han establecido un puesto avanzado en el espacio"*.

Aunque la administración Eisenhower intentó restarle importancia, Kennedy, candidato a la presidencia, lo aprovechó para acusar al actual presidente de poco menos que de incompetencia, y de permitir que la Unión Soviética se adelantase a los Estados Unidos en el nuevo campo de los misiles, desestabilizando gravemente el equilibrio bélico mundial a su favor. La expresión "missile gap", creada para expresar el retraso tecnológico norteamericano frente al ruso en esta materia, se haría famosa, convirtiéndose en uno de los puntos clave de la campaña electoral de Kennedy. Incluso llegaría a decirse en 1960 que *"esta es la primera vez que una campaña presidencial ha comenzado en el espacio exterior, en lugar de en la atmósfera ordinaria"*. Con los años se demostraría que en realidad nunca había existido un "missile gap" como el que se temía en los Estados Unidos que existiera, y cuando algunos años más tarde existió, fue a favor de los norteamericanos. A pesar de todo, el pueblo estadounidense creyó que, efectivamente, Eisenhower se había dormido en los laureles dejándose superar ampliamente por el enemigo, y esto es algo que no le perdonarían, y que pagaría en las próximas elecciones. La prensa norteamericana lo expresaría muy claramente en numerosos editoriales y artículos: *"¿Hemos hecho lo suficiente en el campo de la educación técnica? Escuchamos el 'bip' del satélite y respondemos 'no'. ¿Hemos sido miserables en términos de investigación sobre misiles? 'Bip, bip' Y respondemos 'sí'"*.

En el histerismo de aquellos días, incluso se temía que esta demostración tecnológica rusa pudiera socavar gravemente el prestigio de los Estados Unidos a nivel internacional, y alejar a los países aliados de su esfera de influencia; en paralelo, otros países indecisos podrían sentirse tentados a aproximarse a esta nueva y deslumbrante Unión Soviética. El New York Times, por ejemplo, declaraba que el objetivo ruso *"no es simplemente impresionar a las naciones neutrales, sino intimidar a los indecisos, hacerse propaganda en áreas como Oriente Medio, y meter cuñas entre los Estados Unidos y algunos de sus aliados"*. También el Business Week: *"El peligro actual es que nuestros aliados, incluso en Europa Occidental, puedan rebajar su confianza en los Estados Unidos, y derivar hacia una posición neutral"*.

Nada más lejos de las expectativas de los dirigentes soviéticos que haber pretendido alentar estos infundados temores que de modo casi irracional habían aparecido en los Estados Unidos. Jrushchev, que había autorizado el satélite vagamente y sin el menor entusiasmo, quedaría a la par que sorprendido, encantado por la reacción.

El impacto fue, como decimos, indescriptible. El propio Presidente Eisenhower tuvo que llegar a reconocerlo meses después, en el debate sobre "el estado de la Unión", en enero de 1958: *"Tengo que reconocer que la mayoría de nosotros no preveíamos la intensidad del impacto psicológico sobre el mundo que tendría el lanzamiento del primer satélite de la Tierra."*

Entre tanto, mientras la Casa Blanca se defendía de las acusaciones, la Unión Soviética no perdía la ocasión de reafirmar su gran victoria con otra espectacular hazaña en el espacio.

Explotando la ventaja

Tras la puesta en órbita del Sputnik y la inesperada reacción a nivel mundial, el líder soviético Nikita Jrushchev estaba eufórico. Frente a su anterior desinterés, ahora veía en el programa espacial una gran herramienta publicitaria para su país, y no iba a perder la ocasión de utilizarla. Por ello, de inmediato le pidió a Korolev que preparase una misión espectacular para celebrar el aniversario de la Revolución de Octubre, el próximo día 7 de noviembre.

El diseñador ruso no se hizo de rogar, y el 3 de noviembre de 1957, un nuevo éxito soviético en el espacio impresionaba al mundo. Esta vez no se trataba de una pequeña esfera metálica que emitía un pitido: en esta ocasión, un perro vivo orbitaba la Tierra en el interior de un enorme artefacto de 508 kg de peso. La perra Laika se haría famosa en el mundo entero, y la admiración hacia la tecnología soviética, capaz de enviar al espacio enormes y pesados ingenios con seres vivos en su interior, crecería de forma espectacular. En el lado militar, la conclusión también estaba clara: los rusos habían perfeccionado un misil balístico intercontinental con capacidad nuclear, mientras que los norteamericanos aún no habían conseguido el suyo.

El cohete norteamericano Vanguard estalla sobre su plataforma de lanzamiento, durante una retransmisión en directo que sumió a los Estados Unidos en el ridículo. (*Foto: NASA*)

Los norteamericanos, por su parte, sólo conseguían quedar en ridículo tras la explosión televisada en directo de su cohete Vanguard el 6 de diciembre, sobre la plataforma de lanzamiento. La situación de ventaja era ampliamente explotada a nivel político y diplomático por la Unión Soviética: su representante en las Naciones Unidas llegaría a ofrecer jocosamente a los Estados Unidos su inclusión en su programa de ayudas al Tercer Mundo, para ayudarlo con su programa espacial.

Habría que esperar hasta el 31 de enero del año siguiente para que los norteamericanos lograsen la revancha con la puesta en órbita del pequeño Explorer, de tan sólo 8 kg de peso. Pero había aún mucho camino por delante para conseguir contrarrestar la ventaja conseguida por los rusos. Y esa ventaja sería explotada a nivel político en las próximas elecciones presidenciales.

John Fitzgerald Kennedy: el presidente espacial

En las elecciones de 1960 a la Presidencia, el republicano Eisenhower debía abandonar forzosamente la Casa Blanca tras cumplir el límite de dos legislaturas en el cargo. En la contienda electoral sería sustituido por Richard Nixon, que se enfrentaría al demócrata John Fitzgerald Kennedy. En unos comicios realmente apretados, Kennedy vencería finalmente por un ajustado 49,7% de los votos frente al 49,5% conseguido por su oponente, y con un 0,8% de votos blancos o nulos.

La campaña electoral de Kennedy se había apoyado fuertemente en dos temas: el avance comunista a nivel mundial, y en particular en la isla de Cuba, y el famoso "missile gap", o supuesto retraso norteamericano en materia de misiles estratégicos frente a la Unión Soviética. En realidad, nunca había existido tal retraso, pues los misiles intercontinentales R-7 que, en palabras del propio Jrushchev, la URSS fabricaba "como salchichas", en la práctica nunca se desplegarían en un número mayor a las cuatro unidades. Y los nuevos misiles R-16 que debían sucederles, con mucha mayor operatividad, sufrirían serios problemas en su desarrollo que provocarían un fuerte retraso en su entrada en servicio.

Pero en los Estados Unidos, a finales de los 50, no se sabía esto. Los éxitos soviéticos en la carrera espacial denotaban la capacidad intercontinental de sus misiles, y en un momento en que los satélites espía aún no existían, la capacidad norteamericana para comprobar la veracidad de estas hipótesis se reducían a los esporádicos vuelos sobre territorio ruso de los aviones espía U-2. Aunque en 1960 ya la Casa Blanca y la CIA poseían datos que inducían a pensar que dicho "missile gap" no existía en realidad, la idea de su existencia ya había calado con fuerza en la opinión pública, y Kennedy explotó enérgicamente a su favor este sentimiento. Se ignora si Kennedy sabía en los momentos de la campaña que realmente el retraso en misiles era una falacia, pero es de suponer que, de haberlo sabido, probablemente tampoco hubiera cambiado un discurso que sabía que ponía el dedo en la llaga de cara a la opinión pública.

Es difícil determinar hasta qué punto los ataques contra Eisenhower por ese supuesto retraso en materia de misiles influyó o no en el resultado de las elecciones. Pero lo cierto es que fue el eje de la campaña de Kennedy, y que éste finalmente juraba su cargo el 20 de enero de 1961. Podemos decir, por tanto, con un alto grado de probabilidad, que la puesta en órbita del Sputnik y la subsiguiente carrera espacial (aunque fuera en su vertiente militar) pudo tener una gran influencia en la llegada de Kennedy al poder.

Epílogo

La puesta en órbita del Sputnik el 4 de octubre de 1957 tuvo consecuencias inesperadas para todos los actores involucrados. No sólo inauguró una nueva etapa de competitividad tecnológica entre las dos superpotencias que culminaría con la llegada del hombre a la Luna en 1969, sino que tuvo un fuerte impacto político y sociológico en los Estados Unidos. Un impacto que condicionó en buena medida la política de este país en los años venideros, culminando incluso con la posible influencia en la victoria del demócrata Kennedy frente a su rival republicano en las elecciones de 1960.

Más arriesgado es imaginar cómo podría haber cambiado la historia de no haber sido lanzada esa pequeña esfera metálica por los rusos en 1957. Pero si aceptamos que Kennedy pudo deberle en parte su triunfo a este satélite, podríamos incluso concluir que quizás el Sputnik contribuyó a evitar una tercera guerra mundial.

Efectivamente, en 1962, la crisis de los misiles de Cuba fue finalmente cerrada pacíficamente gracias al empeño personal de John Fitzgerald Kennedy, prácticamente solo frente a la opinión mayoritaria de sus consejeros y mandos militares de responder con un ataque preventivo masivo contra Cuba. Si el Sputnik y las subsiguientes críticas de retraso en materia de misiles no hubieran impedido a Nixon ser presidente en 1960, puede que la historia de la segunda mitad del siglo XX hubiera sido muy distinta.

Es evidente que, sin la puesta en órbita del Sputnik en 1957, el satélite artificial y la exploración del espacio habrían sido en cualquier caso un desarrollo inevitable en los años posteriores. Pero fue el momento, y la autoría de la hazaña, lo que influyó notablemente en los acontecimientos venideros. La historia a veces depende de pequeñas anécdotas. Podemos decir sin miedo a equivocarnos que el Sputnik fue una de ellas.

Referencias

- *Sputnik and the Soviet Space Challenge*. Asif. A. Siddiqi. University Press of Florida, 2003.
- *The Rocket Team*. Frederick I. Ordway III y Mitchell R. Sharpe. Thomas Y. Crowell Publishers, 1979.
- *Impact of U.S. and Soviet Space Programs on World Opinion*. U.S. Information Agency, Office of Research and Analysis, 1959.
- *American Reactions to Crisis: Examples of Pre-Sputnik and Post-Sputnik Attitudes and of the Reaction to other Events Perceived as Threats*. International Affairs Seminars of Washington, October 1958, U.S. President's Committee on Information Activities.
- *The Impact of Sputnik 1. Case-Study of American Public Opinion at the Break of the Space Age*. Martha Wheeler George. NASA Historical Note No. 22, 1963.

Wernher von Braun
El hombre que nos dio la Luna

2007

Este año se cumplen 30 años de la muerte de Wernher von Braun, uno de los grandes pioneros de la exploración espacial y un personaje controvertido y de gran complejidad, cuya figura es analizada en un libro de nueva aparición: Wernher von Braun, entre el águila y la esvástica. Os dejamos aquí con un extracto del epílogo de dicho libro.

La figura de Wernher von Braun es, junto con la de astronautas como Gagarin o Armstrong, una de las más conocidas a nivel mundial en el campo de la actividad espacial. Fue un hombre carismático, un gran líder con una insuperable capacidad para aparecer cercano al pueblo y ganarse a toda una generación de norteamericanos para que lo acompañasen en pos de su sueño de juventud. Un sueño que, con raíces en sus años de adolescencia, perseguiría de forma incansable hasta el mismo instante de su muerte, proceso a lo largo del cual realizó concesiones que se mantendrían como una oscura sombra a lo largo de toda su vida.

Wernher von Braun fue un hombre lleno de contradicciones: un genio de la tecnología incapaz de ajustar el color de un televisor o de cambiarle las pilas a un juguete; un experto en la tecnología más avanzada, amante de la historia y la filosofía; un promotor de la exploración científica del espacio que no dudó en proponer estaciones espaciales repletas de misiles nucleares; un hombre siempre preocupado por el bienestar de las personas, desde sus trabajadores a los más desfavorecidos, que no movió un dedo mientras se torturaban y asesinaban prisioneros para sacar adelante el fruto de su trabajo. Contrasentidos que eran parte de la personalidad de este personaje histórico, y que, frente a su genialidad, lo convertían en un simple ser humano, lleno de contradicciones, como cualquiera de nosotros.

Wernher von Braun en su despacho del Centro Espacial Marshall de la NASA en 1964. (*Foto: NASA*)

Sería demasiado decir que Wernher von Braun fue el origen y el motor de la actividad espacial: en paralelo a él, una figura mucho más oscura, Sergei Pavlovich Korolev, seguía una carrera muy similar a la de nuestro hombre en la Unión Soviética. Entre ambos, consiguieron que el hombre penetrase por primera vez en el espacio, y que en apenas unos pocos años de intenso trabajo, fuese capaz de llegar hasta la Luna. Ambos estuvieron acompañados en su tarea por centenares de grandes científicos e ingenieros, sin el concurso de los cuales habría sido imposible llevar adelante una actividad como ésta. Y probablemente gracias a que ambos existieron a la vez, dando lugar a una de las mayores rivalidades pacíficas entre países de todos los tiempos, la historia de la exploración espacial se movió por el camino que lo hizo. Efectivamente, no podemos decir que Wernher von Braun fuese el padre de la exploración espacial. Pero, desde luego, fue uno de sus más grandes promotores y protagonistas, y probablemente el responsable de que los Estados Unidos se convirtieran rápidamente en una potencia en el espacio.

Esta contribución de nuestro hombre al programa espacial norteamericano quedaría bien reflejada en las palabras de su amigo Edward Uhl, años después de su muerte: "*Cuando ganamos la Segunda Guerra Mundial, no nos hicimos con territorio, no nos hicimos con barcos, ni con fábricas, ni con oro, ni con botines de guerra. Nos hicimos con un activo muy importante. Nos hicimos con un equipo de 117 profesionales científicos e ingenieros, liderados por un hipnotizador, Wernher von Braun. Y ese equipo ayudó a los Estados Unidos a convertirse en el líder mundial en el espacio.*" No era ni mucho menos el único en pensar así: en 1960, un informe elaborado por el ejército norteamericano había concluido que la incorporación de los técnicos alemanes al equipo de los Estados Unidos con el proyecto Paperclip, había supuesto para el país un ahorro económico de dos mil millones de dólares, y un ahorro de tiempo de diez años, en el desarrollo de cohetes avanzados. Un informe de la US Navy abundaría en la misma opinión: "*Es probable que ningún otro programa haya pagado nunca dividendos tan abundantes. No se trata sólo de los ahorros directos en tiempo y dinero... es también la adquisición por parte de este país de algunos de los talentos técnicos más brillantes del mundo, una aportación incalculable a los recursos de la nación*".

Entre los principales logros de Von Braun aparecerá siempre el programa Apollo, como responsable del desarrollo del cohete Saturn que lo hizo posible. Esta familia de lanzadores pasará a la historia como la que llevó al hombre hasta la Luna, por supuesto, pero también por tener hasta ahora el récord histórico de no haber sufrido ni un solo fallo a lo largo de su historia, algo no superado por ninguno de los otros lanzadores espaciales fabricados por cualquier país a lo largo de todos estos años. Con ellos se volaron las misiones Apollo, las de la estación espacial Skylab (fabricada ella misma a partir de una etapa del cohete Saturn V) y la misión de cooperación Apollo-Soyuz.

Pero Von Braun no habría pasado a la historia de la forma que lo ha hecho si simplemente hubiese sido el oscuro inventor de un determinado cohete. Wernher von Braun fue mucho más que eso: fue el profeta de una nueva era, el que la anunció y después consiguió que se hiciera realidad. Su activa defensa de la exploración espacial a través de artículos en revistas, conferencias y la colaboración con Disney en los años 50, consiguió cambiar la mentalidad de la sociedad americana y hacerla más receptiva a la actividad espacial. La figura de nuestro protagonista quedaría resumida en pocas palabras por el astronauta Michael Collins con motivo de su funeral: *"Wernher von Braun era un estudio en contrastes. Era, al mismo tiempo, un visionario y un pragmático, un tecnólogo y un humanista. Desde su juventud, había soñado en volar hasta los lejanos confines del Sistema Solar, y sin embargo era el próximo vuelo el que siempre parecía el más importante para él. Era un maestro de los entresijos de sus máquinas, con sus innumerables tuberías, válvulas, bombas, tanques y otros componentes vitales, pero se daba cuenta de que sus cohetes sólo podrían tener éxito en función de los hombres que los desarrollaban. Y reunió un equipo de un talento extraordinario, gentes que trabajaban bien unos con otros, y que estaban totalmente dedicados a Wernher. En pocas palabras, era un líder, con la versatilidad que los grandes líderes deben tener. (...) Era un hombre cálido y amistoso, interesado en todo el mundo a su alrededor, no importa quiénes fueran. Tenía el don de explicar sus máquinas en un lenguaje simple, inteligible, humano. Y nunca parecía estar demasiado ocupado para compartir sus ideas con los demás... y las tenía a montones."*

Analizando su carrera profesional, ¿qué fue lo que realmente aportó Wernher von Braun a la Historia? En ciertos momentos los acontecimientos ocurren porque "les toca" ocurrir, porque se da el marco adecuado para que suceda, y si no los ejecuta una persona, será otra la que tome el testigo. En los años 30, no eran Von Braun y su equipo los únicos inmersos en una intensa campaña de experimentación con cohetes de propulsante líquido: también en Rusia grandes técnicos como Korolev o Glushko realizaban avances similares en la asociación de aficionados GIRD; y en los Estados Unidos, aunque aislado y con escasos apoyos, Goddard realizaba también importantes aportaciones en esta materia. Está claro que el desarrollo del cohete avanzado habría llegado de una forma u otra, independientemente de la existencia de Von Braun.

Pero aunque el avance tecnológico que condujo al cohete fuese un hecho generalizado en los años 30, sí hubo algo en lo que Von Braun tuvo una influencia decisiva, y sin cuya participación es posible que toda la historia posterior hubiese sido muy distinta; se trató, precisamente, de su empeño personal en colaborar con los militares.

Efectivamente, de no haber sido por la férrea voluntad de Wernher von Braun, la VfR probablemente nunca hubiese llegado a colaborar con el ejército, tras la desastrosa demostración de su cohete Mirak en 1932. Podemos pensar que, sin el comienzo de la colaboración del equipo de Von Braun con los militares alemanes, estos probablemente habrían perdido su interés por el potencial bélico de los cohetes, y la V-2 no habría sido introducida durante la Segunda Guerra Mundial. Teniendo en cuenta que fue este misil alemán el que despertó el interés a nivel mundial, y especialmente en los Estados Unidos y Rusia, por el desarrollo de los cohetes, podemos suponer también que ninguna de estas dos potencias habría mostrado interés por estos ingenios durante al menos bastantes años después de la guerra. Aunque Korolev y otros grandes ingenieros rusos hubiesen seguido investigando en materia de cohetes tras la contienda, sin la evidencia de la V-2 probablemente les habría costado mucho más convencer a los dirigentes soviéticos para que invirtieran en el desarrollo de misiles. Y sin la V-2 y la consiguiente captura de los técnicos alemanes, los Estados Unidos probablemente habrían permanecido indiferentes a los cohetes durante muchos años.

Siguiendo especulando, sin la V-2 no habría habido carrera por desarrollar misiles a ambos lados del telón de acero tras la guerra. No quiere decir esto que no hubiera existido la Guerra Fría, pero el desarrollo armamentístico probablemente se habría centrado en el desarrollo de bombarderos nucleares. Teniendo en cuenta que estos aparatos son más propensos a las contramedidas defensivas que un misil intercontinental (frente al cual, a día de hoy, no hay defensa posible), el desarrollo de la Guerra Fría podría haber sido bastante diferente. Y sin misiles no habría habido carrera espacial, ni viaje a la Luna.

Por supuesto, ambos bandos habrían comprendido en los años 50 el potencial de los satélites artificiales en materia militar (espionaje) y de comunicaciones, como usos principales, lo cual habría llevado tarde o temprano a la Humanidad a introducirse en el espacio. Pero los calendarios habrían sido probablemente muy distintos a los que fueron en realidad. Y, aunque podemos pensar que posiblemente se habría llegado a enviar al hombre al espacio, es casi seguro que, sin el contexto político adecuado, ningún país habría puesto en marcha aún a día de hoy un programa tripulado lunar.

Todo esto es, por supuesto, simple especulación, y, como tal, puede estar equivocada. Pero de lo que no cabe duda es que sin la V-2, todo el desarrollo espacial y de misiles que tuvo lugar tras la Segunda Guerra Mundial hubiese sido completamente distinto. Y sin Von Braun nunca hubiese existido V-2; no porque no hubiera otros técnicos capaces de desarrollarla, que los había, sino porque fue él quien indirectamente empujó al ejército alemán a desarrollarla. Podemos decir, por tanto, que Von Braun y la V-2 fueron el germen que introdujo al mundo en la era espacial, aunque Korolev y el Sputnik serían quienes dieran el empujón final. Entre los dos, y gracias a que coexistieron en la misma época, consiguieron que el mundo no volviese a ser igual.

El lado oscuro

A lo largo de su vida, Wernher von Braun fue amado y admirado, odiado por algunos y venerado por otros, pero sin dejar nunca a nadie indiferente. Pero a pesar del éxito que lo acompañó a lo largo de casi toda su carrera, y a pesar de aparecer siempre hacia el exterior como alguien seguro, vital, e inasequible al desaliento, Wernher von Braun también tuvo dudas. Durante casi toda su vida, las mantuvo ocultas, pero en sus últimos meses de enfermedad, no podría evitar compartir algunas de estas incertidumbres con sus más allegados. Ernst Stühlinger recordaría cómo, en alguna de sus visitas a su antiguo jefe durante aquellos últimos meses de lento languidecer, éste le preguntó si creía que habían hecho lo correcto al desarrollar armas de guerra con el objetivo de llevar adelante su sueño espacial. Al parecer, la misma pregunta o similar se la plantearía a otros buenos amigos en aquellos momentos cercanos a la muerte. Aunque siempre quiso pensar que lo que hacía era lo correcto, parece que los remordimientos lo acompañarían durante toda su vida.

Lo que sucedió durante la Segunda Guerra Mundial, sin duda marcó a nuestro protagonista. Sus remordimientos no sólo se reducían a haber desarrollado un arma de muerte; también los sufrimientos contemplados en los campos de concentración (visitó, que sepamos, el de Buchenwald) y en la factoría de Mittelwerk, lo marcaron aunque siempre procurase no hacer evidentes estos sentimientos. Hablamos en su momento de su activa defensa de los derechos civiles de los negros en un estado sureño, pero no es ésta la única muestra que tenemos del impacto que le causaron los años de guerra en Alemania. Por ejemplo, en otra ocasión contestaría lo siguiente a una persona que, en los duros años de la Guerra Fría, defendía las acciones firmes contra quienes realizasen "actitudes contrarias a los intereses nacionales": *"Años de exposición directa al régimen de Hitler y sus excesos, me han enseñado algunas lecciones inolvidables y me han convertido en un sólido opositor a cualquier forma de gobierno que pueda privar a un hombre de su dignidad humana"*.

Mucho se ha escrito sobre el comportamiento de Von Braun durante la guerra, desde que salieran a la luz su pertenencia al partido nazi y las SS, así como sobre su relación con las atrocidades cometidas en la producción de la V-2 en Mittelwerk. Sin embargo, es difícil decidir qué calificación moral darle a su actitud durante aquellos años. Sin duda, Wernher von Braun no actuó como un héroe; pero también es arriesgado satanizarle simplemente por convivir con aquella situación. En el contexto en que se desarrollaban los acontecimientos, es cuando menos dudoso saber lo que hubiera hecho cualquier otra persona en su lugar.

Lo que sí es seguro es que su pasado fue ampliamente investigado a lo largo de los años, sin que nunca pudiese ser formalmente acusado de nada. También es cierto que a los Estados Unidos podía interesarles más cerrar los ojos para así contar con sus conocimientos, que prescindir de él calificándolo de nazi, lo cual se demostró con la "depuración" realizada a su expediente y el de otros con objeto de su permanencia en América. Pero recordemos que también fue investigado por el gobierno británico y el alemán, los cuales no tenían estos condicionantes, siendo finalmente declarado inocente por ambos. Dejando aparte que, una figura pública como la suya, fue sin duda ampliamente investigada por asociaciones de cazadores de nazis como la de Simon Wiesenthal, sin que nunca se emitiese ningún informe en su contra. Aunque también es cierto que estas asociaciones han estado siempre más preocupadas de investigar el genocidio judío que los crímenes cometidos en campos como el de Dora.

En cualquier caso, en su país de acogida siempre hubo quien lo consideró un despreciable nazi, por mucho que los intereses del estado recomendasen mantener estos sentimientos en la oscuridad. Así lo demuestran varias de las declaraciones recogidas en los informes de la investigación que el FBI desarrolló a lo largo de los años. En febrero de 1947, Samuel Klaus, del Departamento de Estado, respondía a una petición de la JIA relativa a la formalización de su estancia en los Estados Unidos, diciendo que Von Braun era *"un ardiente nazi y un peligro para la seguridad"*. En informes del FBI de los años 60 aparecen recogidas frases como *"XXX declara que Von Braun exhibe una arrogancia y aires de superioridad que son muestra de su orgullo de raza"*, o *"XXX declaró en entrevista que el Dr. Von Braun y Walter Dornberger son todavía actualmente nazis*". Aunque se trata de declaraciones aisladas, y la mayor parte de las decenas de entrevistas recogidas por el FBI lo retratan como una persona en la que se puede confiar a todos los niveles, es evidente que, en ciertos círculos, nuestro hombre no era bien considerado: el propio Director Adjunto del FBI, Clyde Tolson, declaraba internamente en 1960 que "*Von Braun es un farsante, y el Director está de acuerdo*".

Sin embargo, esta desconfianza y desprecio nunca fueron óbice para aprovechar las ocasiones en que nuestro protagonista pudiera serles útil. Hasta el punto de que existen evidencias de que llegaron a plantearse posibilidades de utilizarlo como ayuda en tareas de espionaje. No sólo analizando fotografías de aviones y satélites espía para interpretar los avances soviéticos en materia de misiles (trabajo que realizó esporádicamente a petición de la CIA), sino que incluso se consideraron acciones más directas, aunque no sabemos si llegaron a llevarse a cabo. Un documento interno dirigido al Director del FBI expone, hablando del equipo de Von Braun, que "*muchas de estas personas tienen contactos en la zona rusa. (...) Muchos de los científicos hacen viajes a Europa para dar conferencias sobre misiles, y por tanto podrían ser posibles candidatos para este tipo de programa [materias de espionaje]. (...) Von Braun se ha americanizado mucho, y en el pasado ha mencionado que intentaría hacer cuanto fuera necesario, y que cooperaría completamente en cuanto a tratar de convencer a alguien que pudiera ser considerado para un programa de este tipo. (...) Los científicos están completamente bajo el control de Von Braun, y generalmente buscan en él su apoyo y guía. Probablemente consultarían con él acerca de cualquier propuesta de este tipo, por lo que él estaría en una posición muy estratégica desde la que ayudarnos y guiarnos en la puesta en marcha*". Cuando interesaba, Von Braun era un nazi; pero cuando podía ser útil, era una persona "americanizada" cuyo empeño por agradar a su nuevo país podía ser utilizado como fuese más conveniente.

Esta actitud de una parte de su país hacia él, quedaría bien reflejada en las claras palabras de un alto cargo de la NASA que prefiere permanecer en el anonimato, en una entrevista realizada años después de la muerte de nuestro protagonista: "*Mentimos cuando trajimos a Von Braun aquí y le dijimos que mantuviese su boca cerrada. ¿Puedes imaginártelo asistiendo a una conferencia de prensa para explicar que fue miembro del partido nazi? Eso habría sido su final, y el del programa espacial. ¡El pobre diablo no tenía elección! No podía hacer más que aguantar y tragar. La gente dice que Von Braun nos utilizó, pero la verdad es que nosotros lo utilizamos a él."*

Su figura, aún hoy, crea división en la sociedad norteamericana, aunque, evidentemente, ya no es la relevante figura que fue en su día. Mientras algunos se empeñan aún en retratarlo como nazi, otros se sienten ofendidos por la ingratitud que todo esto representa hacia quien los llevó hasta lo más alto en el programa espacial. Las palabras de Tom Carney, periodista de Huntsville, pueden resumir este dilema: *"Wernher von Braun apoyó a su país nativo en tiempos de guerra, y por ello soportó el estigma del nazismo durante el resto de su vida. Cuando todo [el ruido de] las acusaciones finalmente se apague, quizás los historiadores puedan mirar al hombre y descubrir quién fue realmente... un leal ciudadano alemán, que se convirtió en un gran héroe americano."*

Treinta años después de su muerte, Wernher von Braun sigue siendo una figura controvertida. Como decíamos al comienzo de este libro, es imposible resumir en pocas palabras lo que este hombre ha significado para la historia del siglo XX, y para la historia de la Ciencia y la Tecnología. Pero en cualquier caso, y dejando aparte cualquier otra consideración que sobre él pueda hacerse desde un punto de vista personal o subjetivo, hay una corta frase, utilizada por el London Daily Mail con motivo de sus funerales, con la que le podemos definir con total seguridad: Wernher von Braun sin duda fue *el hombre que nos dio la Luna*.

Extracto del epílogo de la obra "Wernher von Braun, entre el águila y la esvástica", de Javier Casado y publicado por Melusina. (ISBN:84-96614-57-3)

Javier Casado

El "misterio" de la muerte de Yuri Gagarin

Como cualquier otra área de la actividad humana que llame la atención del público, el mundo de la astronáutica tiene sus propias teorías de la conspiración. La más famosa es la relacionada con el supuesto fraude de la llegada a la Luna, pero también existen otras menos conocidas para el gran público, al menos en occidente. Una de ellas es la relacionada con la muerte del gran héroe soviético, el primer hombre en subir al espacio: Yuri Gagarin.

La historia del programa espacial soviético estuvo rodeada de un gran secretismo desde sus inicios hasta la llegada de la apertura informativa y la democratización del régimen (las mundialmente conocidas *glasnost* y *perestroika*) impulsadas por Mijail Gorvachev en los años 80. La información que se daba del programa de cara al exterior era en general escasa y a veces incluso falsa, habitualmente con la intención de ocultar los fallos y problemas del programa y dar una imagen al exterior de armonía y buen hacer.

Como consecuencia de ese secretismo y esa falta de información, el régimen consiguió a veces justamente lo contrario de lo que perseguía: en lugar de ocultar fallos, el secretismo dio lugar a una serie de rumores que fueron creciendo y distorsionándose hasta crear lo que habitualmente se conoce como "leyendas urbanas", a menudo mucho más siniestras que los hechos reales que había detrás. Leyendas que no sólo circulaban por occidente: el secretismo era igual de intenso tanto fuera como dentro del país (lógicamente, pues en caso contrario nada habría impedido no sólo a los medios de inteligencia, sino a los medios de comunicación occidentales, conocer la verdad). De esta forma, esas leyendas negras tuvieron eco tanto al otro lado del telón de acero como en la propia Unión Soviética.

En el contexto de estas leyendas negras encontraría un magnífico caldo de cultivo la teoría de la conspiración, la idea de que oscuras tramas se movían detrás de los aparentes éxitos del programa espacial soviético, ocultando oscuras maniobras de todo tipo. Entre ellas estaría la supuesta maquinación del gobierno alrededor de la muerte del gran héroe de la Unión Soviética, el primer hombre que subió al espacio, Yuri Gagarin.

Gagarin: héroe nacional

Gagarin había asombrado al mundo entero, pasando para siempre a la Historia, cuando el día 12 de abril de 1961 se había convertido en el primer hombre que escapaba a la gravedad terrestre para orbitar la Tierra a bordo de su nave Vostok. A sus 27 años, una sola vuelta a nuestro planeta a bordo de una pequeña esfera metálica lo había hecho pasar de ser un desconocido teniente de aviación a un personaje histórico de enorme trascendencia.

Yuri Gagarin había sido seleccionado por varias razones. Había sido uno de los seis seleccionados como grupo de élite de entre los primeros veinte aspirantes a cosmonautas, en base a puntuaciones obtenidas en las pruebas físicas, teóricas, y psicológicas. Aunque Gagarin destacaba en todo ello, desde un punto de vista objetivo quizás no era el mejor preparado; pero sí era el más adecuado, por su simpatía, su saber estar, su camaradería, su talante amable y amigable... Además, era de etnia rusa y procedía de una familia de clase trabajadora, el perfecto arquetipo del ciudadano soviético; y tenía tal calado entre sus compañeros que en una encuesta anónima, de los veinte candidatos a cosmonauta, diecisiete lo votarían como el que debería ser el primer hombre en el espacio. El general Kamanin, responsable del recién creado cuerpo de cosmonautas, tenía claro el papel que tendría que asumir el primer hombre en subir al espacio como representante de toda una nación a nivel mundial, y por ello su elección estuvo clara: Gagarin fue el elegido.

Tras su histórica misión, Gagarin se convirtió en un embajador a nivel mundial del avance tecnológico de la Unión Soviética. El gobierno de aquel país explotó su fama a través de charlas y conferencias a lo largo y ancho del globo terrestre, aunque centrándose más, lógicamente, en los países situados al otro lado del Telón de Acero. La actividad de Gagarin se haría mucho más mundana, aunque sin abandonar nunca la esfera de la exploración espacial tripulada; de hecho, en 1963, sólo dos años después de su vuelo, pasó a hacerse cargo del Centro de Entrenamiento de

Astronautas, actividad que, junto con las otras más políticas, centraría su trabajo en los próximos años. Todo ello sin descartar en un principio la posibilidad de una nueva misión orbital, estando considerado como uno de los candidatos a pilotar alguna de las primeras misiones con la nueva nave Soyuz, cuando entrase en servicio.

Yuri Gagarin, idolatrado como Héroe de la Unión Soviética y ruso modelo.

Pero esto nunca llegaría a ocurrir. En marzo de 1968, casi exactamente siete años después de su histórico vuelo orbital del 10 de abril de 1961, Yuri Gagarin moría en accidente de aviación mientras se entrenaba a bordo de un reactor. Tenía entonces 34 años.

La muerte de un ídolo

Su muerte conmocionó a la Unión Soviética. Gagarin se había convertido en algo más que un simple mortal para el pueblo ruso: era un símbolo, un héroe, un modelo a imitar. Su hazaña lo había hecho admirable, y su sonrisa y su don de gentes, adorable. El gobierno lo había nombrado Héroe de la Unión Soviética. El pueblo lo admiraba y lo quería. Los cosmonautas lo veneraban como a un maestro, a pesar de su juventud y escasa experiencia. Sus gestos se repetirían supersticiosamente como si fuera un semi-dios: aún hoy día, los cosmonautas rusos que van a iniciar una misión espacial, paran en su recorrido en autobús a mitad de camino hacia la plataforma para descender del vehículo y orinar contra la rueda; lo mismo que hizo Gagarin el día que pasó a la historia al convertirse en el primer hombre en subir al espacio. En la estación espacial Mir, fotos de Gagarin adornaban las paredes. Algunos analistas lo han expresado muy gráficamente: en un país donde se había abolido la religión, Gagarin había ocupado el puesto reservado a los santos.

Por ello, su muerte supuso un tremendo impacto no sólo sobre los participantes en el programa espacial, sino sobre todo el pueblo ruso. Y la escasa información que el gobierno hizo pública sobre su muerte favoreció que floreciesen las más variopintas conjeturas.

Era el 27 de marzo de 1968, y Yuri Gagarin estaba realizando un vuelo de entrenamiento a bordo de un reactor MiG-15 biplaza, acompañado del instructor Vladimir S. Seregin. Ese día no volvieron a la base, y la posterior búsqueda sólo encontró los restos del avión y los cuerpos de los dos pilotos. Unos días después, ambos eran enterrados con todos los honores en el muro del Kremlin, con cientos de miles de moscovitas presenciando la ceremonia.

La causa oficial del accidente fue un error humano: un giro brusco del aparato que habría ocasionado una pérdida de control, estrellándose contra tierra. Pero de cara a la opinión pública, ni siquiera esto fue claramente explicado, probablemente por proteger la imagen del cosmonauta. Apenas se proporcionaron detalles sobre el accidente, y, como siempre, la falta de información dio lugar a decenas de teorías, a cuál más pintoresca. La favorita, la que apuntaba a que la muerte de Gagarin había sido un atentado de estado, para quitarse de en medio un personaje incómodo, una criatura de Jrushchev (el destituido y ahora denostado líder soviético bajo cuyo mandato había tenido lugar la misión de Gagarin), y un personaje público cuya imagen últimamente corría peligro por ciertas actitudes "poco ejemplarizantes".

Rumores conspirativos

Esto último hacía referencia a la vida un tanto disoluta que llevaba Gagarin tras su meteórico ascenso a la fama: aunque se intentaba mantener en secreto para no alterar su imagen de ruso modelo, parece que la popularidad empezaba a subírsele a la cabeza, conduciendo a no pocas noches de borrachera y a una justificada fama de mujeriego (a pesar de estar casado). Son significativas las palabras de su jefe Kamanin al respecto, según escribiría en sus diarios:

Hubo muchas situaciones en las que Gagarin escapó milagrosamente de graves problemas. Estas situaciones solían ocurrir cuando asistía a fiestas, conducía coches o barcos, o cuando cazaba con los grandes jefes. Me preocupaba particularmente su [afición a] conducir coches a grandes velocidades. Tuve un montón de charlas con Yuri al respecto. El estilo de vida activo, las reuniones interminables y las sesiones de bebida estaban cambiando la imagen de Yuri notablemente, y lentamente, pero sin pausa, borrando su encantadora sonrisa de su cara.

Con pocos datos oficiales sobre su muerte, y las inevitables filtraciones sobre este estilo de vida decadente desde un punto de vista estrictamente comunista, las teorías de la conspiración ganaron credibilidad. No hay nada como dar poca información para que los rumores crezcan y se extiendan con rapidez, a menudo con un contenido mucho más retorcido que la simple realidad.

La realidad era que Gagarin era un piloto mediocre. Siempre lo había sido: sólo tenía 230 horas de vuelo en su haber cuando fue seleccionado como cosmonauta, dada la poca importancia que se daba en la URSS a la pericia como piloto para subir en una nave espacial que estaba casi totalmente automatizada. Pero últimamente la situación se había agravado aún más: convertido en un héroe nacional, tras el accidente de la Soyuz 1, en abril de 1967, Kamanin informó a Gagarin que nunca volvería al espacio; la Unión Soviética no podía permitirse arriesgar a un símbolo en una actividad que se había demostrado que podía ser mortal. También se le apartaría de los vuelos de entrenamiento por la misma razón. Fue un durísimo golpe para el cosmonauta, aunque lo asumió sin protestar.

Pero un año después la situación parecía haberse relajado, y, a petición del propio Gagarin, en marzo de 1968 consiguió la autorización para reanudar sus vuelos de entrenamiento. A su escasa experiencia se había unido un año sin volar, y un mes después tendría lugar el accidente.

A pesar de todo, como decimos, la teoría de la conspiración siempre resultaría más atractiva para un gran número de personas, tanto en occidente como en la propia Unión Soviética. No sería hasta la democratización del sistema soviético que se tendrían pruebas más sólidas de las verdaderas causas del accidente en el que murieron Gagarin y su instructor.

La realidad

En 1987, un grupo de investigadores decidieron reabrir el caso de la muerte de Gagarin. Examinando los datos de los archivos y utilizando sofisticados programas de ordenador, consiguieron reconstruir los hechos que condujeron al accidente. También demostraron que, a pesar de todo, no había sido un error humano el causante del mismo. Al parecer, y como sucede a menudo, habían sido múltiples causas las que habían conducido al accidente. Entre ellas, un deficiente control de tráfico aéreo y escasa información suministrada a los pilotos sobre la altura de las nubes en esa área. Por otra parte, parece ser que se habían violado los criterios de seguridad al permitir el vuelo de dos MiG-21 y otro MiG-15 a la vez en la misma zona. Parece ser que, iniciando su vuelta a la base, en un giro con descenso a través de las nubes y sin referencia visual, el otro MiG-15 se cruzó con el de Gagarin a una distancia de sólo 500 metros, sin que ni siquiera su piloto se diese cuenta. En cuestión de segundos, el avión de Gagarin se encontraba inmerso en la estela de vórtices dejada por este avión, comenzando una barrena fuera de control. Gagarin y su instructor consiguieron controlar el aparato, pero estaban aún dentro de las nubes, y desconocedores de su altura real (estaban a 400-600 metros sobre el suelo, aunque ellos creían estar 200-300 metros más altos). Su ángulo de ataque en el momento de salir de la barrena era de setenta grados, lo que provocó su entrada en pérdida. A tan poca altura del suelo, no hubo forma de recuperar el aparato de la pérdida, y para cuando se apercibieron de su altura real ni siquiera tuvieron tiempo de actuar el sistema de eyección de sus asientos: cinco segundos después, se habían estrellado contra el suelo.

Nada extraño queda hoy, pues, en la muerte de Gagarin. A pesar de todo, la leyenda negra es mucho más pintoresca, y seguro que seguiremos oyéndola circular durante mucho tiempo.

Las leyendas sobre cosmonautas muertos

La muerte de Yuri Gagarin ha sido para muchos amantes de las conspiraciones un buen ingrediente para desarrollar sus locas teorías, pero lo cierto es que el secretismo que rodeaba el programa espacial soviético en sus comienzos fue un buen caldo de cultivo para que estos conspiranoicos dieran rienda suelta a sus instintos.

Aunque es una de las más extendidas, la leyenda negra de Gagarin no es ni mucho menos la única. Mención aparte merecen los múltiples rumores que rodearon la muerte de Komarov en el accidente de la Soyuz 1, iniciados por el norteamericano destinado a los servicios de radioescucha en Turquía, Winslow Peck, hoy considerados sin el más mínimo fundamento. Pero existen decenas de leyendas negras sobre supuestos cosmonautas muertos en misiones secretas. Leyendas que encontraron un importante eco en amplios sectores de occidente durante años.

Lo cierto es que hay que reconocer que, en la historia del programa espacial ruso, el nacimiento de algunas de estas leyendas parece haber sido ganado a pulso por la absurda manía de la censura soviética. Un ejemplo de esto son las diferentes versiones existentes de algunas de las fotografías del primer grupo de candidatos a cosmonautas, en los orígenes del programa espacial tripulado soviético. A comienzos de los años 70, una serie de investigadores occidentales, entre los que destacarían el norteamericano James Oberg y el británico Rex Hall, descubrieron que las fotografías habitualmente publicadas en la historiografía soviética habían sido retocadas, eliminando mediante aerógrafo a varias personas que sí aparecían en la foto original.

Un ejemplo, aunque no el único, es una famosa fotografía de grupo tomada en mayo de 1961 en la población vacacional de Sochi, a orillas del Mar Negro. En la foto original aparecen 22 personas, entre ellos 16 de los 20 cosmonautas del selecto grupo original, además del propio Korolev con su esposa y otra serie de personas. Sin embargo, en la foto "oficial" tras pasar por las manos de la censura soviética, sólo aparecen 16 personas. Rex Hall encontró la foto original en un antiguo y prácticamente desconocido libro soviético, durante una de sus investigaciones; poco después, la foto ya aparecía retocada en todas las ediciones. Algo similar descubría James Oberg con otras fotos similares.

El misterio de los cosmonautas desaparecidos

¿Qué motivo podía haber para querer hacer desaparecer de la historia a una serie de personajes relacionados con el programa espacial soviético? Algo muy oscuro debía haber detrás de estas actuaciones para querer aparentar de cara al exterior que ciertas personas nunca habían existido. No había duda: debía tratarse de los famosos cosmonautas muertos. Seguro que algo trágico había terminado con la vida de estas personas en las primeras fases del desarrollo del programa espacial tripulado ruso, y, deseosos de ocultarlo de cara al exterior, la censura comunista había decidido borrar su existencia de la faz de la Tierra.

Una de las famosas fotos censuradas por el régimen soviético. Tomada en mayo de 1961 en Sochi, muestra en la primera fila, de izquierda a derecha: Andrian Nikolayev, Yuri Gagarin, el diseñador Sergei Korolev, el director del centro de entrenamiento de cosmonautas Yevgeniy Karpov, y el entrenador de paracaidismo Nikolay Nikitin. Detrás, de izquierda a derecha: Pavel Popovich, Grigoriy Nelyubov, German Titov, y Valeriy Bykovskiy.

En la versión censurada de la fotografía anterior, el cosmonauta Nelyubov ha sido eliminado. Actos como éste harían nacer múltiples teorías sobre supuestos cosmonautas muertos en misiones secretas en los orígenes del programa espacial soviético. (*Foto cedida por James Oberg*)

Estos dos investigadores y algunos otros se dedicaron durante años a investigar a quiénes podían corresponder los rostros eliminados de las fotografías, y cuáles habían sido las circunstancias que los habrían hecho merecedores de tal acción. A pesar de todo, el secretismo que rodeaba toda esta historia era tan elevado que no sería hasta la llegada de la *glasnost* que se conocerían realmente las razones de tan absurda acción. Años durante los cuales las leyendas negras de los cosmonautas muertos tuvieron sólidos puntos de partida desde los que crecer y multiplicarse.

Centrándonos en la foto de nuestro ejemplo, hoy sabemos que los seis "desaparecidos" eran los aspirantes a cosmonautas Grigoriy G. Nelyubov, Ivan N. Anikeyev, Valentin I. Filatyev, Mars Z. Rafikov, y Dmitriy A. Zaykin, y el instructor de paracaidismo Nikolay Nikitin. Las razones de su "borrado" de la historia oficial de la aventura espacial soviética se pueden calificar casi de infantiles, y, desde luego, no tienen nada que ver con oscuros accidentes mortales en desconocidas misiones al espacio.

Los tres primeros, Nelyubov, Anikeyev y Filatyev "murieron" para la historia por un incidente común, en el que participaron los tres. Y fue Nelyubov el principal responsable.

Un misterio muy mundano

Nelyubov era uno de los más brillantes entre los aspirantes a cosmonautas en el selecto grupo de veinte pilotos que se entrenaban para subir al espacio. Sus aptitudes tanto académicas como de pilotaje lo habrían convertido en el principal candidato a pasar a la historia como primer hombre en el espacio, de no haber sido por una razón: su insoportable carácter. Nelyubov era egoísta, arrogante y orgulloso. Aunque había llegado a formar parte de la preselección de seis aspirantes al primer vuelo espacial, y aunque como decimos tenía todas las bazas para ser el elegido, fue su carácter lo que le hizo quedar fuera de juego frente al siempre encantador Yuri Gagarin.

A pesar de ello, Nelyubov era uno de los candidatos a subir al espacio a bordo de alguna de las primeras misiones rusas cuando se produjo un desafortunado incidente, el 27 de marzo de 1963. Ese día, Nelyubov volvía al centro de entrenamiento de cosmonautas en Zelenyy (donde hoy se encuentra la llamada Ciudad de las Estrellas), acompañado de los también cosmonautas Anikeyev y Filatyev, tras una noche de cena en Moscú. Los tres cosmonautas habían bebido bastante, y en una estación de tren parece ser que iniciaron un altercado con una patrulla del ejército, por razones no del todo claras, aunque pudo ser por no disponer de unas credenciales adecuadas para pasar un cierto control. En cualquier caso, los tres cosmonautas, en estado cercano a la embriaguez, mostraron cierta prepotencia frente a los soldados, alegando su condición de cosmonautas para recibir un trato especial de favor. Los soldados, ofendidos por la actitud de los tres cosmonautas, los pusieron bajo arresto temporal en las oficinas de la estación mientras comprobaban la veracidad de sus palabras.

Pronto se aclaró que, efectivamente, se trataba de cosmonautas que volvían al centro de entrenamiento, cuyos responsables pidieron a los militares que por favor olvidaran el asunto y no les abrieran un expediente. El oficial al mando decidió acceder a esta petición, siempre y cuando los tres cosmonautas pidieran disculpas a la patrulla por su actitud. Anikeyev y Filatyev accedieron rápidamente, pero el orgulloso Nelyubov se negó: era un cosmonauta de la Unión Soviética, y no iba a rebajarse ante un simple puñado de soldados.

Airado ante esta nueva demostración de orgullo y prepotencia, el oficial rellenó un expediente contra los tres. Cuando el incidente llegó a conocimiento de Kamanin, el general responsable del entrenamiento de los cosmonautas, su reacción fue inmediata: el 17 de abril, los tres aspirantes a cosmonautas eran expulsados del cuerpo. Su actitud les había hecho indignos de pertenecer a este cuerpo de élite, volviendo a ser simples pilotos de las fuerzas aéreas soviéticas, pero esta vez destinados en Siberia.

La severidad del castigo causó mella entre sus compañeros cosmonautas, que rogaron a Kamanin que les perdonase, alegando además la gran valía técnica de Nelyubov. Pero para Kamanin, un cosmonauta debía ser algo más que eso: su valía moral valía tanto como todo lo demás. La decisión era firme, y no se volvería atrás.

Nelyubov fue destinado a un escuadrón de interceptación cerca de Vladivostok, donde no dejaba de repetir a sus compañeros que él había sido un cosmonauta, algo que pocos creían, lo que significaba un duro golpe para el orgullo del piloto. Uno tras otro, fue viendo cómo sus antiguos compañeros alcanzaban la gloria en sucesivas misiones orbitales, mientras él permanecía olvidado y apartado del puesto que consideraba que merecía más que muchos otros. Con el paso del tiempo, incluso hombres para él desconocidos, que no habían formado parte del selecto grupo inicial de cosmonautas, subían al espacio mientras él seguía pilotando cazas en Siberia.

Nelyubov cayó presa de la depresión y el alcoholismo, y el 16 de febrero de 1966, en profundo estado de embriaguez, fue atropellado por un tren cerca de la estación de Ippolitovka, al noroeste de Vladivostok. Se desconoce si fue un accidente o un suicidio.

En cuanto a sus compañeros de infortunio, Filatyev dejó las fuerzas aéreas más adelante, convirtiéndose en profesor; moriría en 1990, a la edad de 60 años. Anikeyev moriría poco después, en 1992, a los 57. Ninguno volvería a verse nunca relacionado con actividades espaciales, y sus nombres no serían relacionados con el programa espacial hasta 1986, cuando por primera vez se hizo pública su historia. Hasta entonces, sus nombres y sus caras habían desaparecido de la historia oficial del programa espacial soviético. Su error de juventud los había convertido en una vergüenza para la Unión Soviética, cuyos censores consideraban que su relación con el programa espacial podría manchar el buen nombre de éste. Por ello, fueron eliminados de las fotografías, y sus nombres, borrados de los libros de historia.

Una censura absurda...

Algo similar ocurriría con las otras tres personas censuradas en la mencionada foto. Mars Rafikov se había visto envuelto en incidentes más o menos similares a los que poco después causarían la caída en desgracia de sus tres compañeros: fue expulsado del cuerpo de cosmonautas el 24 de marzo de 1962 por una serie de "ofensas al cuerpo", como participar en altercados en un restaurante moscovita, o ser un mujeriego; aunque pasados unos años solicitó ser readmitido, su solicitud no fue aceptada. En cuanto a Zaykin, permanecería bastante más tiempo entre los cosmonautas candidatos a participar en alguna misión; de hecho, llegó a ser elegido como sustituto para la misión Vosjod 2 y como posible participante en siguientes misiones Vosjod, finalmente canceladas. Sin embargo, en 1968 fue retirado del servicio por problemas médicos (úlceras); parece que esto fue suficiente para no merecer figurar en las fotografías del grupo de cosmonautas original. En cuanto al entrenador de paracaidismo Nikolay Nikitin, algún tiempo después resultó herido en un salto; parece que también esta simple razón bastó para borrarlo de ciertas fotografías.

Existen otras caras censuradas en fotografías similares. Todos ellos antiguos participantes en el programa espacial soviético borrados de la historia por cuestiones tales como problemas médicos, malos resultados académicos, o indisciplina, por ejemplo. Hoy conocemos estas historias. Pero durante años, sólo hubo rumores y especulación.

Como puede verse, las razones para tomarse tantas molestias por eliminar a estos personajes de la historia, parecen hoy día absurdas. Sin embargo, se consiguió justamente lo contrario de lo que se buscaba: se quería limpiar la imagen de la historia de la exploración tripulada del espacio soviética, y lo que se consiguió fue crear una serie de rumores y leyendas acerca de personajes desaparecidos, que seguramente habrían muerto en misiones secretas nunca reveladas.

La eliminación de personajes de las fotografías oficiales soviéticas a medida que iban cayendo en desgracia por unas razones u otras, era una práctica relativamente común en tiempos de Stalin. En la fotografía, un ejemplo de cómo una de estas fotografías fue evolucionando con el paso del tiempo. (*Foto: Wikipedia*)

...y unos resultados disparatados

Las leyendas negras sobre cosmonautas muertos se cuentan por decenas. Ésta es una lista compilada en 1973 por el investigador espacial norteamericano James Oberg, mientras intentaba averiguar lo que había de verdad tras ellas:

- El cosmonauta Ledovsky muere en 1957 en un vuelo suborbital lanzado desde la base de experimentación de cohetes de Kapustin Yar (4 años antes del primer vuelo espacial tripulado).
- El cosmonauta Shiborin muere de la misma forma en 1958.

- El cosmonauta Mitkov muere en otro nuevo intento similar en 1959.

- Un cosmonauta de nombre desconocido queda perdido en el espacio en mayo de 1960, al fallar la orientación de la cápsula durante la maniobra de salida de órbita.

- A finales de septiembre de 1960, mientras Jrushchev estaba en las Naciones Unidas, otro cosmonauta moría al estallar su cohete sobre la plataforma de lanzamiento. En ocasiones se identifica a este cosmonauta como Pyotr Dolgov.

- El 4 de febrero de 1961, medios occidentales escuchan una transmisión de latidos de corazón desde el espacio, los cuales se paran bruscamente. Según algunas teorías, se trataría de una nave con tripulación múltiple, mencionándose los nombres de Belokonev, Kachur y Grachev como cosmonautas desaparecidos.

- A primeros de abril de 1961, Vladimir Ilyushin orbita la Tierra por tres veces, pero resulta gravemente herido durante su vuelta. (Hasta ahora, todas estas muertes o accidentes habrían ocurrido *antes* del vuelo de Gagarin).

- A mediados de mayo de 1961, se captan en Europa unas débiles llamadas de socorro, procedentes de una nave espacial en órbita con dos cosmonautas a bordo.

- El 14 de octubre de 1961, una nave soviética con tripulación múltiple es sacada de su órbita por una intensa actividad de viento solar, perdiéndose en el espacio.

- En noviembre de 1962, radioaficionados italianos detectan una misión espacial fallida, y según algunos, el cosmonauta Belokonev habría muerto en ella.

- El 19 de noviembre de 1963, un intento de enviar al espacio a la segunda mujer de la historia, termina en tragedia.

- En abril de 1964, uno o más cosmonautas mueren en el curso de una misión espacial, de nuevo descubierto por radioescuchas italianos.

- Posteriormente al accidente del Apollo 1 en 1967, los servicios de inteligencia norteamericanos descubren cinco vuelos espaciales soviéticos con consecuencias mortales, y seis accidentes en tierra con el mismo resultado.

Los detalles son impresionantes: fechas, nombres, fuentes, datos... Parece imposible que todo esto sea fruto de la imaginación colectiva, que no tenga algo de base detrás. Y sin embargo, así es: tras su detallada investigación, las conclusiones de Oberg fueron que todas estas leyendas negras carecían de cualquier tipo de base. Todas ellas eran simplemente mentira. Y esto lo decía un norteamericano que intentaba descubrir los secretos del programa espacial soviético mientras la URSS seguía regida por el régimen comunista. No parece que tuviera motivos para negar credibilidad a estas teorías si no fuera porque realmente no la tenían...

La simple realidad

Hoy sabemos que en toda la historia secreta del programa espacial soviético, sólo se ha ocultado hasta la democratización del régimen la muerte de un cosmonauta: la de Valentin Bondarenko, en 1961. Éste ha sido realmente el único cosmonauta muerto en secreto. Y en realidad murió en un entrenamiento en tierra, debido a un incendio en el interior de una cámara de presión, no en una misión. De hecho, en sentido estricto deberíamos decir que era un aspirante a cosmonauta, pero nunca llegó a volar al espacio.

La casi enfermiza obsesión del régimen comunista soviético por hacer aparecer su programa espacial como un camino de rosas, donde los problemas fueron mínimos y los personajes involucrados poco menos que héroes, provocó el nacimiento de una serie de leyendas negras que han acompañado a la historia oficial hasta nuestros días. Y, aunque esas leyendas nacen fácilmente, a menudo cuesta mucho hacerlas desaparecer, aunque haya evidencias claras de su absoluta carencia de fundamentos. Para muchos, siempre seguirán siendo más atractivas que la simple verdad.

Javier Casado

La muerte transmitida en directo
El accidente del Challenger

Enero 2006

El día 28 de este mes de enero de 2006 se cumplen 20 años del que fuera hasta entonces el más tremendo accidente de la historia de la exploración espacial tripulada: el accidente del Challenger.

La explosión de este transbordador espacial durante su ascenso en 1986, televisada en directo, supuso una fuerte conmoción tanto sobre los involucrados en el programa espacial como sobre una opinión pública acostumbrada a asumir los vuelos al espacio como simple rutina. Prueba de ello era que en esta misión volaba la primera persona de la historia que no era un astronauta "profesional", la maestra de escuela Sharon Christa McAuliffe, con la misión de llevar a cabo un programa educativo desde el espacio (y con un doble fondo propagandístico para la agencia espacial norteamericana). Volar en el transbordador se empezaba a ver como algo tan rutinario y seguro como tomar un avión, una actividad en la que incluso gente de la calle como McAuliffe podía participar. La explosión del Challenger a los 73 segundos de su lanzamiento demostraba que volar al espacio era aún una actividad de riesgo cuyos peligros no deben ser infravalorados.

El accidente del Challenger representó una trágica sorpresa en una actividad, la espacial, que llevaba 15 años sin tener que lamentar ninguna víctima. Era el segundo accidente mortal norteamericano, tras el incendio del Apollo 1 19 años antes, pero era el más trágico hasta el momento, al haber supuesto de un solo golpe tantas víctimas como los tres accidentes anteriores, entre rusos y americanos: los siete tripulantes de la misión STS-51L, Francis R. Scobee, Michael J. Smith, Judy Resnik, Ronald McNair, Ellison Onizuka, Gregory B. Jarvis, y Sharon Christa McAuliffe.

Una imagen inolvidable para todo el que pudo seguirla por televisión: la explosión del transbordador Challenger. (*Foto: NASA*)

Las causas

El accidente tuvo una causa física mecánica, el fallo de una simple junta de goma de uno de los aceleradores laterales de propulsante sólido del transbordador. El fallo de dicha junta en su labor de sellado, permitió que un chorro de gases incandescentes escapase del interior del motor, incidiendo sobre el enorme depósito central de hidrógeno y oxígeno y desencadenando una tremenda deflagración al arder instantáneamente los millones de litros de combustible de su interior. Pero junto a este fallo mecánico, hubo fallos técnicos, organizativos y de gestión mucho más graves en el interior de la NASA que, de no haber ocurrido, habrían podido impedir que este accidente tuviera finalmente lugar. Algo que descubrió y denunció el comité investigador del accidente, y que supuso un duro mazazo para las conciencias de técnicos y gestores en el interior de la NASA, que veían caer sobre sus hombros la responsabilidad directa de un accidente que nunca debió ocurrir.

Y es que la historia del accidente del Challenger, al igual que se repetiría años después con la pérdida del Columbia, fue la crónica de un accidente anunciado. El fallo de las juntas de sellado entre segmentos de los aceleradores sólidos era un problema recurrente en las misiones del Space Shuttle: ya desde la segunda misión del transbordador se habían observado erosiones en las juntas tras la revisión de los motores aceleradores sólidos (que son recuperados para su reutilización), lo que indicaba un problema con el sellado. Los análisis realizados habían demostrado que las uniones no se comportaban como se había previsto, y que gases a alta temperatura del interior del motor podían escapar a su través, erosionando la junta tórica. Hasta entonces esas erosiones habían sido limitadas, permitiendo a la junta volver a sellar el hueco poco después, pero la señal de que la unión no se comportaba como estaba previsto debía haber alertado a los responsables, que debían haber exigido buscar una solución definitiva al problema. Sin embargo, la solución adoptada fue aceptarlo como una desviación del comportamiento previsto, sin más, considerando que no afectaba a la seguridad. Ello a pesar de estar considerado como elemento de "Criticidad 1", que son aquellos cuyo fallo puede conducir a la pérdida de vidas humanas o del vehículo. Se consideró, no obstante, que la unión podía asumir esos fallos, que las erosiones eran limitadas, y que la seguridad no estaba en juego. Una asunción que nunca fue demostrada fehacientemente, y que se cobraría siete vidas humanas con el paso del tiempo.

Exceso de confianza

Pero el comité de investigación descubriría mucho más. Toda una historia de presiones a los técnicos y de respuestas superficiales a los problemas detectados para no afectar a la planificación, con una escasa preocupación por la seguridad. Todo ello observado por un área de seguridad que no realiza su labor, que observa lo que ocurre a su alrededor sin levantar la voz de alarma en ningún momento. En suma, una organización que, trabajando en una actividad de alto riesgo, ha perdido su cultura de la seguridad.

Es una historia, como decimos, cuyas raíces y errores se remontan a años atrás, prácticamente hasta los orígenes del programa del Space Shuttle. Una historia en la que los responsables y técnicos de la NASA se acostumbran a vivir con el problema repetitivo hasta considerarlo casi como algo normal. Eso a pesar de que se reconoce el enorme peligro que supondría el fallo de la junta, elemento de criticidad 1, y a pesar de que hay voces que claman, como se encontraría en informes internos, que "*si no tomamos una acción inmediata y dedicamos a un equipo a resolver el problema, dándole a la junta una prioridad de primer orden, estaremos en peligro de perder un vuelo con todas las instalaciones de lanzamiento*". Sin embargo, la repetitividad del problema sin que ocurra nada grave, hace que en general sea observado cada vez más como una molestia, más que como un verdadero problema; así, llega a justificarse por escrito la inocuidad del problema basándose en un histórico en el que nunca ha ocurrido nada grave. Algo que define muy bien el físico y premio Nobel Richard Feynmann, miembro de la comisión investigadora del accidente: "*Cuando se juega a la ruleta rusa, el hecho de que el primer disparo no sea mortal es poco consuelo de cara al próximo*".

Los técnicos, bajo presión

Pero quizá lo más grave dentro de esta larga historia de errores técnicos y de gestión y de inconsciente desprecio por la seguridad (aunque sin duda, nunca se fue consciente de que era realmente así), fue lo que sucedió el día anterior al lanzamiento de la misión del Challenger. Ese día, el pronóstico meteorológico para el día siguiente anunciaba fuertes heladas en la zona de Cabo Cañaveral, lo que causó honda preocupación entre los técnicos de la empresa subcontratista Morton Thiokol, responsables del diseño de los motores aceleradores de propulsante sólido del transbordador. Los técnicos sabían que los repetitivos problemas de sellado encontrados con las gomas, se agravaban en presencia de bajas temperaturas; en esas condiciones, las gomas perdían elasticidad, adaptándose con menos facilidad a las variaciones en el hueco a sellar provocadas por las deformaciones y vibraciones de los motores durante el lanzamiento. Esto podía provocar la fuga de gases del interior, los cuales podrían provocar una erosión cada vez mayor de la goma, hasta "comérsela" literalmente y hacerle perder su eficacia, con lo que ello podría suponer. Exactamente lo que finalmente ocurrió.

Preocupados por lo que podía suceder, los técnicos convencieron a los responsables de Thiokol para que solicitaran una teleconferencia con la NASA para discutir el problema (Thiokol y dos centros de la NASA participarían en esta reunión telefónica, cada uno desde diferentes partes del país). En ella, tras exponer el problema y sus conclusiones, los técnicos de Thiokol recomendaron que se aplazara el lanzamiento hasta que mejorasen las condiciones meteorológicas. Al oír la recomendación de su subcontratista, uno de los subdirectores del centro Marshall de la NASA declararía estar "horrorizado" por esta petición. Al preguntársele si pensaba que debía realizarse el lanzamiento a pesar de todo, no obstante, respondió que no, que él no podía contradecir una recomendación técnica. Pero la indirecta estaba lanzada.

Ante estas palabras de su cliente, los responsables de Thiokol pidieron un receso de cinco minutos en la reunión para debatir internamente. Los cinco minutos se convirtieron en dos horas, mientras los gestores de Thiokol, presionados por los comentarios del responsable de la NASA, presionaban a sus técnicos para que se echasen atrás de su recomendación. En un momento dado, se le llegó a pedir al responsable de ingeniería de Thiokol que "*se quitase la gorra de técnico y se pusiera la de gestor*". Se presionó a los técnicos, como a veces es demasiado habitual, para que demostrasen que la junta iba a fallar, para que demostrasen que iba a haber un accidente si se seguía adelante con el lanzamiento. Evidentemente, no podían. Una cosa es saber que existen riesgos de que algo va a fallar, y otra cosa muy distinta es saber que es seguro que va a fallar. Puestos de esta forma entre la espada y la pared, los técnicos reconocieron que no podían asegurar que no fuera a ir todo bien si se lanzaba al día siguiente. De esta forma, cuando se reanudó la teleconferencia con la NASA, Thiokol anunció que retiraba su recomendación de no-lanzamiento. La misión se desarrollaría según el calendario previsto.

Ya sabemos lo que ocurrió después. Arrancada de cuajo del resto del transbordador por la tremenda explosión, la cabina de la tripulación con sus siete ocupantes comenzó a caer hacia el mar desde una altura de 14 kilómetros. En su interior, al menos algunos de los astronautas continuaban con vida, como se demostró en la posterior investigación, e intentaban desesperadamente sobrevivir accionando los dispositivos personales de oxígeno, frente a una posible descompresión de la cabina. Todo en vano. Fue imposible dilucidar si hubo o no descompresión de la cabina, por lo que se desconoce si los astronautas llegaron conscientes o no hasta el impacto contra el mar (en caso de descompresión, sus reservas de oxígeno no estaban preparadas para operar en el vacío, por lo que no les hubieran sido de gran utilidad); pero en cualquier caso, fue imposible que sobrevivieran al tremendo impacto a más de 300 km/h contra las aguas del Atlántico.

Un vehículo trampa

Esto abrió otro debate en el seno de la NASA, de la comisión investigadora, e incluso de la opinión pública norteamericana: ¿cómo era posible que el transbordador espacial no contase con un sistema de escape de emergencia para la tripulación? ¿Y cómo es que los astronautas ni siquiera contaban con trajes espaciales para protegerse de una posible descompresión, más tras la experiencia del accidente de la Soyuz 11 años atrás?

Todas los programas espaciales tripulados norteamericanos hasta la llegada del Space Shuttle habían contado con algún medio de escape para la tripulación (torres de escape en las misiones Mercury y Apollo, asientos eyectables en las Gemini) que les permitiera escapar de un lanzador averiado. También en todas estas misiones los astronautas vestían trajes especiales durante el ascenso y la reentrada, como protección frente a una posible descompresión de la cabina. Ambos sistemas habían sido considerados innecesarios para el transbordador.

La incorporación de algún sistema de escape para la tripulación fue algo que se consideró desde los momentos iniciales del diseño del nuevo vehículo, pero la complejidad e impacto en peso que supondría cualquier sistema que permitiese evacuar a los siete tripulantes (básicamente, asientos eyectables o una cabina totalmente eyectable) hizo que se descartase ya en fases tempranas. Se consideraba que el sistema sería lo suficientemente fiable como para no necesitarlo. Menos justificación tenía la no utilización de trajes presurizados, pues su impacto era realmente bajo, y además existía la experiencia de la Soyuz 11, donde el simple fallo de una válvula de ventilación había supuesto la muerte de tres cosmonautas que no vestían trajes espaciales. El exceso de confianza parecía dominar la NASA desde la victoria conseguida con el proyecto Apollo.

Medidas correctoras

El accidente del Challenger tuvo consecuencias múltiples en el programa espacial norteamericano en general, y sobre la NASA en particular. Lo más destacable es que supuso un parón de dos largos años en la actividad espacial, mientras se realizaba la investigación del accidente y se ponían a punto las acciones correctoras encaminadas a evitar que algo así volviera a repetirse en un futuro. Y entre dichas acciones correctoras habría acciones técnicas, de gestión y organización, y hasta operativas.

En el lado técnico, los aceleradores de propulsante sólido serían rediseñados para finalizar de una vez por todas con los repetitivos problemas sufridos por las juntas. Como puntos principales, se rediseñó la geometría de la unión, se añadió una junta adicional, y se instalaron calentadores para evitar que su temperatura cayera por debajo de los valores considerados adecuados.

También se decidiría instalar algún sistema de escape para la tripulación, aunque el análisis realizado demostró una vez más que era inviable la incorporación de un sistema realmente efectivo sin comprometer seriamente la viabilidad del vehículo. Así, la solución final se limitaría a un sistema de evacuación mediante paracaídas destinado a poder abandonar el transbordador durante la fase final de su aproximación a tierra, en vuelo de planeo controlado; en la práctica, su utilidad se reducía a casos de fallo del tren de aterrizaje o similares, y de nada serviría en caso de repetición de un problema similar al del Challenger. Pero la adopción de cualquier otro sistema más versátil hubiera sin duda supuesto el fin del transbordador espacial, por el impacto que hubiera supuesto en su capacidad.

Desde el punto de vista organizativo y de gestión, también hubo grandes cambios dentro de la NASA. Aunque poco llamativos de cara al exterior, se procedió a una gran reorganización interna de la agencia, de cara a intentar aumentar la cultura de la seguridad, a aumentar la independencia del área encargada de vigilarla, y a evitar en suma que errores de gestión como los cometidos a lo largo de los años previos al accidente volvieran a suceder.

También desde el punto de vista operativo habría un fuerte impacto en las actividades del transbordador: con el objeto de intentar disminuir las presiones de planificación sobre los vuelos, se decidió abandonar la utilización de este vehículo para la puesta en órbita de satélites comerciales, restringiéndolo únicamente a satélites militares o científicos (que, con el paso del tiempo, se derivarían también a lanzadores convencionales) y a misiones de experimentación en microgravedad. También se prohibiría la utilización de etapas de propulsante líquido para la puesta en órbita final de dichos satélites (etapas que debían transportarse junto con el satélite dentro de la bodega del transbordador), restringiéndolo a etapas de propulsante sólido, menos peligrosas a bordo del vehículo; algo que limitaría aún más su capacidad para esta actividad, pues las etapas de propulsante sólido son, por lo general, menos potentes y precisas que las equivalentes de propulsante líquido.

Por último, la tripulación sería equipada en lo sucesivo con trajes especiales de presión para las fases del ascenso y la reentrada. Estas fueron, de forma esquemática, las principales medidas tomadas como consecuencia del accidente.

La historia se repite

Veinte años después nos podemos preguntar, ¿fueron efectivas? Tras la experiencia del accidente del Columbia, debemos responder que gran parte de ellas no. Si bien desde el punto de vista técnico se solucionó el problema, y nunca más las famosas juntas han vuelto a provocar dolores de cabeza a los técnicos de la NASA, desde el punto de vista organizativo, de gestión, operativo y de cultura de la organización, los mismos problemas detectados por la comisión investigadora del accidente del Challenger fueron sacados de nuevo a la luz por sus colegas de la comisión del Columbia. De nuevo las presiones de la planificación, de nuevo la priorización de los problemas de gestión sobre los técnicos, de nuevo el exceso de confianza, de nuevo la falta de un área de seguridad eficiente, y de nuevo una escasa cultura de la seguridad fueron detectados por la comisión, que los denunció sin paliativos, provocando una fuerte crisis en el seno de la agencia espacial norteamericana.

Hoy la NASA dice haber aprendido duramente la lección. Esperemos que así sea. Los accidentes sin duda seguirán ocurriendo, pues es imposible prever todos los posibles problemas en una actividad tan compleja y de tan alto riesgo como es la actividad espacial. Pero accidentes como los del Challenger y del Columbia, permitidos por restar importancia a problemas conocidos, no deben volver a suceder.

Los accidentes del Challenger y del Columbia han supuesto una pequeña revolución en los estudios sobre gestión de la seguridad. Sus enseñanzas se están aplicando hoy día no sólo a la industria aeroespacial, sino incluso en campos tan en apariencia distintos como la medicina: existen en la actualidad interesantes iniciativas para aplicar las conclusiones de accidentes como estos a la reducción de los errores médicos en hospitales, a través de mejores prácticas de gestión, de mejorar la comunicación interna, y acciones similares. Algunas de estas pioneras iniciativas se están desarrollando en nuestro propio país.

Esperemos que al menos las tremendas tragedias del Challenger y del Columbia puedan de esta forma servir para salvar vidas en un futuro.

Aterriza como puedas
Los problemas secretos del transbordador espacial

Septiembre 2008

Durante años, estos problemas han sido mantenidos en secreto por la NASA. Hoy sabemos que las misiones STS-31 y STS-37 del transbordador espacial experimentaron serios problemas durante la fase final de aterrizaje, llegando a poner en peligro las vidas de sus ocupantes.

Hasta ahora, lo que había sucedido en la fase final del aterrizaje de las misiones STS-31 y STS-37 había quedado restringido a unos pocos involucrados en el programa espacial norteamericano. De cara al exterior, ambas misiones se habían llevado a cabo con éxito y sin mayor problema. Ni siquiera el informe técnico oficial de la misión, el *"Mission Report"* editado por la NASA y de acceso público, hace ninguna referencia a los problemas sufridos durante el aterrizaje en ninguno de los dos casos. Sin embargo, con el tiempo la verdad ha salido a la luz.

Confesiones de un Director de Vuelo

En el caso de la misión STS-31, ha sido el que fuera Director de Vuelo a cargo de la reentrada el que, 18 años después, ha confesado lo que sucedió. Se trata de Wayne Hale, un veterano ingeniero de la NASA que, a sus 54 años, lleva ya 30 en la agencia, habiendo pasado por múltiples puestos. Fue Director de Vuelo en 41 misiones del Shuttle, pasando después a ser director de lanzamiento, para ser nombrado Jefe de Programa del transbordador tras el accidente del Columbia. Finalmente, en febrero de 2008 fue ascendido a "Adjunto al Administrador Asociado para alianzas estratégicas", una alta posición en el seno de la NASA encargada de planificar parte del futuro de la agencia.

Aunque Hale no ha revelado cuál fue la misión en la que sucedió, no ha sido difícil, con los diferentes datos que se extraen de su relato, averiguar que se trató de la misión STS-31 del transbordador espacial Discovery, la encargada de poner en órbita al telescopio espacial Hubble en abril de 1990. Por aquel entonces, Hale era un director novato, y de hecho se trataba de la primera vez que estaba a cargo de la reentrada de una misión espacial. Aunque había aprendido toda la teoría, y aunque había asistido como adjunto a otros directores en numerosas ocasiones, ésta era la primera vez en la que toda la responsabilidad de las decisiones recaía sobre él.

Wayne Hale (*Foto: NASA*)

El día fijado para el aterrizaje hacía bastante viento en la Base Aérea de Edwards. Aún por debajo del límite fijado por los procedimientos para llevar a cabo un aterrizaje seguro, pero bastante próximo a él. El pronóstico del tiempo no era favorable: las condiciones irían empeorando a lo largo del día, llegando a ser inadmisibles para el día siguiente. La tripulación, aún en órbita, esperaba la orden del Control de Misión para iniciar el procedimiento de reentrada. Hale era el responsable de decidir si seguir adelante o no, y el viento en Edwards era el único factor que le hacía dudar.

El Shuttle sólo tiene una oportunidad de aterrizaje. Sin motores que lo impulsen en la atmósfera terrestre, la aproximación a la pista la realiza planeando, aprovechando la velocidad y la altura que mantiene una vez finalizada la reentrada en la atmósfera, y siguiendo una senda perfectamente calculada por los ordenadores de vuelo que debe llevarle exactamente hasta la cabecera de pista. No hay otra oportunidad: si algo sale mal en la aproximación, no puede remontarse el vuelo, dar una vuelta e intentarlo de nuevo, como haría cualquier avión convencional; una vez iniciado el procedimiento de reentrada, hay que aterrizar... como se pueda.

Para complicar las cosas, el transbordador no es muy eficiente como avión. Diseñado para soportar las velocidades y los esfuerzos aerodinámicos de la reentrada, las alas del aparato no están pensadas para llevar a cabo un planeo suave. Su ángulo de descenso y su velocidad de aterrizaje son bastante superiores a los de un avión. Los procedimientos indican una velocidad de aterrizaje entre 195 y 205 nudos (entre 360 y 380 km/h); poco más rápido, y los neumáticos reventarían; poco más lento, y habría que aumentar tanto el ángulo de ataque para mantenerlo en vuelo que la cola tocaría tierra antes que las ruedas.

A la velocidad de aterrizaje hay que añadirle el punto de toma de tierra: las ruedas deben tomar contacto más allá del comienzo de la pista, pero no tan adelante como para que nos salgamos por el fondo antes de conseguir frenar. Así que para aterrizar correctamente el transbordador hay que ajustar la velocidad y el punto de contacto con tierra, teniendo en cuenta las posibles perturbaciones, como el viento.

La forma que tiene el transbordador de ajustar estos factores externos es un aerofreno que equipa la superficie vertical de cola. La trayectoria nominal se calcula para llevarse a cabo con un cierto grado de apertura de dicho aerofreno; si el viento en contra tiende a frenar el aparato, oponiéndose a su llegada a la pista, el aerofreno se cierra la cantidad adecuada para compensarlo; si por el contrario hubiera viento a favor, el aerofreno podría abrirse un poco más para no exceder el punto deseado. La capacidad de compensación del aerofreno es lo que determina cuáles son las condiciones atmosféricas límites en las que puede llevarse a cabo un aterrizaje seguro, y esto es algo que los ordenadores calculan en base a los datos meteorológicos suministrados.

Aquel día en Edwards existía un viento en contra para el aterrizaje al límite de lo aceptable según los procedimientos. En esas condiciones, el ordenador calculaba que el Discovery aterrizaría fuera del rango de velocidad y punto de contacto con pista considerados como idóneos, aunque aún dentro del rango considerado "aceptable" para situaciones excepcionales. No era la mejor situación a la que podía enfrentarse un director de misión novato: decir "adelante" parecía arriesgado, pero al fin y al cabo el ordenador decía que el aterrizaje era posible, y el pronóstico del tiempo indicaba que, si no se hacía ahora, podría olvidarse de ordenar la vuelta a tierra durante al menos todo un día. Tras reflexionar largo rato sobre ello, Wayne Hale dio la orden de proceder con la reentrada.

El Discovery llevó a cabo el frenado para la salida de órbita. Ya no había vuelta atrás. En ese momento, los monitores que indicaban la velocidad del viento empezaron a mostrar cómo éste aumentaba en el entorno de la Base de Edwards. Ya no podía hacerse nada, salvo cruzar los dedos... y avisar al comandante.

En esas condiciones, no había mucho que se pudiera hacer. Sin margen con el aerofreno, lo único que podía intentarse era elevar el morro, disminuir el ángulo de descenso a costa de bajar la velocidad, con el objetivo de alargar al máximo la senda de planeo. La amenaza era tanto una entrada en pérdida, si el ángulo se elevaba en demasía, como una toma de tierra con la cola; aun así, no había garantías de que se lograra alcanzar la pista.

Finalmente, el transbordador aterrizó. Según las notas de prensa de la NASA, lo hizo a la hora prevista y sin novedad. Para Hale sí habría novedades.

Dos horas después de producirse el aterrizaje, el director de vuelo recibió una llamada telefónica. Era el comandante de la misión, iracundo: según le explicó a Hale, mientras hacía todo lo posible por llevar el aparato hasta la pista, estaba convencido de que no iba a conseguirlo. Con un fuerte viento en contra y sin margen para hacer prácticamente nada, la aproximación para el aterrizaje se había realizado en medio de una enorme tensión, con la amenaza de estrellarse contra el suelo del desierto californiano. El comandante hacía responsable al director de vuelo de haberlos puesto en esa situación, al borde del desastre.

Más tarde llegaron los datos: el aterrizaje se había producido a 176 nudos (325 km/h), casi 20 km/h por debajo del límite mínimo aceptado en los procedimientos para casos excepcionales. Si el viento hubiera aumentado solamente un poco más, el comandante se habría visto obligado a intentar un aterrizaje forzoso en medio del desierto con un enorme y pesado aparato a una velocidad mucho mayor que a la que llegan a tierra los aviones comerciales; el final de la misión podría haber sido desastroso.

Aterrizaje de un transbordador en la pista del Centro Espacial Kennedy, Florida. Al contrario que la pista de la Base Aérea de Edwards, que es de tierra, en este caso se trata de una pista pavimentada. (*Foto: NASA*)

Todo puede empeorar

Un año después, el 11 de abril de 1991, el transbordador espacial Atlantis volvía también a la Base Aérea de Edwards, tras haber enviado al espacio al telescopio de rayos gamma Compton. Se trataba de nuevo de un día ligeramente ventoso, pero el ordenador había calculado que el Atlantis aterrizaría sin mayor problema en la pista principal en aquellas condiciones. Todos los parámetros estaban dentro de rango, así que Hale, que volvía a ser el director de vuelo, dio la orden de reentrada. Lo que ocurrió entonces lo sabemos en este caso por Daniel Deger, instructor de vuelo de los astronautas para la fase de aterrizaje en aquella época.

De nuevo, las cosas se complicaron mientras el transbordador iniciaba su descenso a través de la atmósfera: sobre la pista elegida para el aterrizaje apareció un viento lateral por encima de los límites aceptados en los procedimientos, de modo que, sobre la marcha, se ordenó a la tripulación aterrizar en otra pista no pavimentada, sobre la gran extensión del lago seco en el que se ubica la Base Aérea de Edwards.

En principio no había mayor problema, excepto que la nueva pista estaba orientada de cara al viento, lo lógico para un aterrizaje en aeronáutica, pero que supondría un frenado extra para un planeador como el Shuttle. En aquellos días, los ordenadores no eran capaces de recalcular en tiempo real la nueva situación, de modo que no pudo comprobarse si las nuevas condiciones afectarían a la correcta llegada a pista del Atlantis. Al fin y al cabo, un pequeño cambio de dirección en el aterrizaje no debería suponer cambios drásticos.

Sin embargo, otro factor apareció: el control de misión detectó fuertes turbulencias a 7000 pies de altura en la senda de aproximación a la pista, aunque por un fallo de comunicación, el comandante de la misión no fue informado. Luego, diferentes circunstancias empezaron a sumarse: el Atlantis se aproximaba a pista contra el viento y al límite de su capacidad para alcanzarla; su paso por la zona de turbulencias le robó además 20 preciosos nudos de velocidad, a lo que se sumó algún pequeño error de apreciación por parte del piloto, dando como resultado una incapacidad absoluta para alcanzar la pista. Apurando al máximo, todo lo que el comandante consiguió fue tomar tierra 500 metros antes de la cabecera de pista, con una velocidad ínfima de 157 nudos, rozando el mínimo capaz de mantener el aparato en vuelo.

Afortunadamente, la toma se producía sobre la superficie casi pulida del lago seco, en la zona no preparada que precedía a la pista de tierra, lo que permitió que el aterrizaje se completase sin mayor problema. De haber ocurrido lo mismo en la pista pavimentada del Centro Espacial Kennedy, por ejemplo, la misión habría terminado probablemente en desastre.

A día de hoy, la NASA aún guarda silencio oficial sobre estos hechos. Sin embargo, la verdad siempre acaba por salir a la luz.

Sorteando la tragedia
Soyuz TMA-11

Mayo 2008

El pasado sábado 19 de abril, pudo reproducirse uno de los accidentes más escalofriantes de la historia de la exploración espacial, el que Boris Volynov experimentó en 1969; la operación de reentrada de la nave Soyuz TMA-11 ha sido sin lugar a dudas la más tensa desde el accidente del Columbia.

Aunque decir que la tripulación estuvo al borde de la muerte es, sin lugar a dudas, sensacionalista, ya que los dispositivos de seguridad de la nave Soyuz funcionaron adecuadamente evitando la tragedia, lo cierto es que se ha tratado del incidente más grave en el espacio desde que los siete tripulantes del Columbia murieran durante el retorno a casa. Y ha sido el incidente más grave en una misión tripulada rusa desde los problemas sufridos a bordo de la Mir en 1997.

Se trataba de un retorno rutinario de la Estación Espacial Internacional. El cosmonauta ruso Yuri Malenchenko y la norteamericana Peggy Whitson, primera mujer comandante a bordo de la ISS, volvían a la Tierra después de pasar 192 días en el espacio. Les acompañaba So-Yeon Yi, primera astronauta coreana, no profesional. Nadie esperaba que algo fuera a salir mal durante el viaje de vuelta, a bordo del que sin duda es el vehículo espacial más seguro de la historia, la veterana nave Soyuz. Sin embargo, pronto se demostraría, una vez más, que en la actividad astronáutica nunca se puede bajar la guardia: tras una salida de órbita aparentemente normal, el control de tierra perdía contacto con la cápsula durante el descenso, y los equipos de rescate que esperaban en el lugar previsto de llegada comunicaban su incapacidad para localizar al vehículo cuando éste debería estar ya posándose sobre territorio ruso. Durante más de media hora después de la hora prevista de aterrizaje, no se supo nada del paradero de la Soyuz, ni del estado de sus ocupantes. Largos minutos de tensión durante los cuales los equipos de Roskosmos y de la NASA sin duda recordaron con angustia la última ocasión en la que había ocurrido algo similar: el accidente del Columbia. Entre tanto, los helicópteros de los equipos de rescate barrían el entorno del lugar de aterrizaje buscando la cápsula, sin éxito.

Atendidos por campesinos

Afortunadamente, finalmente se recibía una llamada telefónica realizada por Yuri Malenchenko. El cosmonauta había conseguido salir de su cápsula y había utilizado el teléfono móvil vía satélite que forma parte del equipo de emergencia de la Soyuz para ponerse en contacto con el control de la misión e informar de que los tres ocupantes de la nave se hallaban sanos y salvos en tierra. La nave había aterrizado a 420 km del lugar previsto, después de llevar a cabo una reentrada balística durante la cual sus ocupantes soportaron aceleraciones superiores a las 8 g; algo tremendo para cualquier persona, pero más para alguien cuyo cuerpo no está habituado a soportar ni su propio peso, después de más de 6 meses en ingravidez.

La tripulación tuvo que ser atendida por campesinos que no podían dar crédito a sus ojos al encontrarse con viajeros que venían del espacio, mientras se esperaba la llegada de los equipos de rescate. La misión había terminado felizmente, pero cuando, horas después, los astronautas llegaron a la rueda de prensa, la palidez de sus caras aún mostraba los efectos tanto físicos como psicológicos de esta tremenda reentrada.

Pero, ¿cómo es posible que el control de la misión perdiera todo contacto con la cápsula durante el descenso, que ésta se desviara más de 400 km de su trayectoria nominal, y que se tardase media hora en localizar a la tripulación y sólo gracias a que fueron los astronautas los que comunicaron su estado por vía telefónica? Aún es pronto para conocer los detalles, y será el informe de la comisión de investigación del incidente el que finalmente aclare tanto la secuencia de acontecimientos que tuvieron lugar durante el descenso como sus causas, pero entre tanto ya se conocen algunos datos que no son en absoluto tranquilizadores.

Los equipos de rescate tardaron cerca de una hora en llegar al lugar de aterrizaje de la cápsula Soyuz TMA-11, cuya situación fue desconocida hasta media hora después del aterrizaje, cuando sus tripulantes llamaron por teléfono. Obsérvese el alto grado de carbonización del exterior de la cápsula, resultado de la tremenda reentrada que tuvo que soportar. (*Foto: Novosti-Kosmonavtiki*)

La siniestra sombra de la Soyuz 5

Al parecer, el problema se inició poco después de la maniobra de salida de órbita, cuando la nave Soyuz se separa en sus tres módulos para dejar que sea sólo el módulo de descenso (que ocupa la parte central) el que descienda de forma controlada a través de la atmósfera. Los otros dos, el módulo orbital y el de servicio, están destinados a quemarse durante la reentrada.

Sin embargo, parece ser que esta vez algo falló, y el módulo de servicio no se separó del de descenso como estaba previsto. Al igual que le ocurriera a Boris Volynov en 1969 durante la escalofriante reentrada de la misión Soyuz 5, la cápsula iniciaba su descenso amarrada a la tremenda masa del módulo de servicio, que no sólo le impedía orientarse correctamente para la reentrada, sino que además cubría el escudo térmico que debía proteger a sus ocupantes de una incineración fatal.

Afortunadamente, la experiencia de la Soyuz 5 había servido para algo, y las acciones correctoras tomadas sobre el diseño de la nave Soyuz tras aquel accidente evitaron que esta vez el problema llegase a mayores. En aquella ocasión, Volynov se enfrentó a una muerte casi segura mientras descendía a través de la atmósfera en posición invertida, sin la protección del escudo térmico, y mientras el tremendo calor de la reentrada llegaba a fundir las gomas de su escotilla llenando el interior de un terrorífico humo negro que presagiaba que el fin estaba próximo. En el último momento, la explosión de los tanques de propulsante a bordo del módulo de servicio probablemente provocó la rotura final de las uniones que mantenían su cápsula atrapada, liberándola y permitiéndole orientarse correctamente durante el resto del descenso, librando así a su ocupante de una muerte que ya empezaba a aparecer como inevitable.

Un rediseño afortunado

En esta ocasión, no obstante, no se llegó hasta este extremo. Tras la experiencia de Volynov, los amarres de la cápsula Soyuz con los otros módulos se rediseñaron para que se rompieran espontáneamente tan pronto como las cargas producidas durante la reentrada alcanzasen un determinado valor. Se incorporaba así un dispositivo de seguridad por si alguna vez volvía a fallar la separación entre módulos, al provocarse la rotura de la unión antes de que las temperaturas exteriores pudieran alcanzar un valor crítico. Un sistema que nunca había llegado a tener que ensayarse en una misión real... hasta ahora.

En esta ocasión, parece que los astronautas no fueron tan conscientes de lo que estaba ocurriendo, aunque estaba claro que algo no funcionaba como estaba previsto. Durante la primera fase del descenso, declararon haber sentido diversas sacudidas en su nave, sin duda provocadas por los esfuerzos aerodinámicos anómalos a los que se veía sometido su vehículo, y que finalmente terminaron por romper las uniones que ya hemos mencionado. Sin embargo, los esfuerzos térmicos durante esta primera fase de descenso en orientación incorrecta parece que fueron suficientemente elevados como para fundir la antena de comunicaciones, según ha declarado a la prensa un ingeniero anónimo relacionado con el programa espacial ruso; ésta habría sido la causa de la pérdida de comunicaciones con el control de la misión desde las primeras fases de la reentrada. También el exterior de la válvula de igualación de presiones durante el descenso mostraba signos de fusión parcial, mientras que la parte superior de la cápsula, en el entorno de la escotilla, mostraba señales de fuerte recalentamiento, siempre de acuerdo a esta fuente anónima. En resumen, el sistema de seguridad implantado en la Soyuz tras el accidente de la Soyuz 5 había demostrado su eficacia, pero está claro que el problema sufrido por la Soyuz TMA-11 fue muy grave.

Los alrededores de la escotilla, que teóricamente se encuentra en el lugar más alejado de la zona de mayor calentamiento durante la reentrada, presentaban graves signos de recalentamiento en el caso de la Soyuz TMA-11. (*Foto: Novosti-Kosmonavtiki*)

La desviación de la trayectoria y las fuertes aceleraciones sufridas por la tripulación durante el descenso fueron la consecuencia lógica de estos problemas: en lugar de la trayectoria sustentadora habitual, con la nave manteniendo la orientación que le permite proporcionar cierta sustentación aerodinámica durante el descenso, la nave caía en trayectoria parabólica, sin sustentación, como en las primeras misiones Mercury o Vostok. Una reentrada para la que la nave está preparada, pero reservada sólo para emergencias, cuando algo le impide seguir la trayectoria nominal.

Rumores y temores

El serio problema de la Soyuz TMA-11 ha levantado un fuerte debate en torno a la seguridad de la nave Soyuz, agravado por el hecho de que ya la anterior misión tuvo un problema similar. Aunque en aquella ocasión no se llegó a estos extremos, también parece ser que hubo un cable que no se desprendió adecuadamente durante la separación del módulo de servicio, forzando también un descenso balístico en lugar de sustentador. Dos problemas relacionados entre sí en dos misiones consecutivas dan qué pensar sobre la fiabilidad del sistema, y están provocando que se levanten rumores sobre posibles problemas de control de calidad en la fabricación de las naves Soyuz, cuya cadencia de producción se ha duplicado recientemente para dar respuesta a las necesidades mundiales a partir de 2010: para entonces, la Soyuz será el único vehículo utilizado por rusos, americanos, japoneses y europeos para subir a la ISS, hasta que los Estados Unidos introduzcan su nueva nave Orión, prevista para 2015. Ello implica que se requiera un mayor número de lanzamientos de naves Soyuz, cuyo plazo de fabricación unitario es de unos dos años; por ello, el impacto en las líneas de producción se está produciendo ya. Un aumento repentino para el cual, según los más críticos, es posible que no se cuente con suficientes operarios cualificados.

Las autoridades espaciales rusas, por su parte, defienden la fiabilidad de su nave y se oponen ferozmente a estas críticas quizá apresuradas, mientras que los responsables de la NASA defienden el celo con el que sus socios en la ISS están investigando el problema. Los astronautas ocupantes de la Soyuz TMA-11, por su parte, se mantienen en un discreto segundo plano limitando sus declaraciones públicas, algo lógico cuando está en marcha un proceso de investigación. Mientras tanto, una tripulación a bordo de la Estación Espacial Internacional se enfrenta a un próximo retorno a la Tierra a bordo de una nave cuya seguridad durante el descenso está en entredicho. Esperemos que la comisión de investigación presente sus conclusiones a tiempo para evitar que una nueva tripulación se ponga en peligro. Y es que, aunque a menudo lo olvidemos, ser astronauta aún entraña tremendos riesgos.

Serio incidente en la ISS

Febrero 2009

Aunque muchas de las actividades que se llevan a cabo en el espacio han empezado a ser consideradas como pura rutina, no por ello están exentas de riesgo: según se ha revelado recientemente, el pasado 14 de enero ocurrió un serio incidente en la Estación Espacial Internacional, que llegó a amenazar la integridad estructural de la propia estación.

Ese día tenía lugar uno de los habituales encendidos de los motores principales del complejo para elevar su órbita, que va decayendo de forma lenta pero constante debido al rozamiento con las leves trazas de gases atmosféricos aún presentes a esa altura de 400 km sobre la superficie terrestre. Para llevar a cabo estos impulsos se utilizan básicamente dos sistemas: el encendido de los motores dispuestos al efecto en el módulo ruso Zvezda, o los de una nave carguero Progress o ATV previamente acoplada a la estación.

En la maniobra del 14 de enero se emplearon los motores principales del módulo Zvezda, que proporcionan un empuje muy superior al de las naves Progress o ATV. La razón del impulso, además de compensar la caída de la órbita, era ajustar ésta para recibir la próxima visita de una nave Soyuz a finales de marzo. Se trataba, como decimos, de una maniobra rutinaria de la que nadie hubiera esperado que surgiera ningún problema.

Pero el problema apareció, y con resultados preocupantes. Tras el arranque de los motores, la estación empezó a retemblar severamente, con oscilaciones perfectamente perceptibles por la tripulación y registradas por las cámaras de video, cuyas filmaciones muestran cables oscilando de un lado para otro, o cámaras de fotos sujetas a la pared que se balancean sin que nadie las haya tocado. La situación se prolongó durante dos largos minutos, a lo largo de los cuales las grandes y frágiles estructuras de los paneles solares oscilaron como las alas de un pájaro, creando una gran preocupación tanto entre la tripulación como entre los técnicos de tierra.

La Estación Espacial Internacional (*Foto: NASA*)

Estructuras delicadas

La cuestión es que un vehículo espacial no está diseñado para soportar grandes cargas de este tipo. En el espacio, en ingravidez, las fuerzas que actúan sobre una estructura son prácticamente nulas, despreciables, exceptuando aquellas debidas a la presurización interna. Es decir, un complejo como el de la ISS está diseñado para soportar la presión del aire en su interior, pero no para que lo agiten de un lado para otro. La presión es fácilmente soportable con una fina piel metálica, y dado que el peso es crítico en cualquier vehículo espacial, el resultado es que la estructura de la ISS o de prácticamente cualquier vehículo que vuele al espacio es extremadamente frágil para nuestros estándares habituales en la Tierra. Las cargas a las que va a estar sometido una vez en órbita, debidas a los impulsos periódicos de los motores, son por lo general muy pequeñas, y las principales en un complejo como la ISS suelen ser las cargas de inercia, es decir, las cargas internas que aparecen durante una maniobra de control de actitud o de órbita, como la llevada a cabo en esta ocasión.

Dado que estas maniobras son muy delicadas, las cargas son bajas, y la estructura se diseña débil, por razones de peso. En la práctica, lo habitual es que el criterio dimensionante de la estructura sean las cargas de lanzamiento, las sufridas durante el ascenso debido a las aceleraciones y vibraciones del cohete lanzador, que generalmente son muy superiores a las que sufrirá el objeto una vez en el espacio. El resultado es el comentado: un vehículo espacial es algo muy delicado desde un punto de vista de resistencia estructural, porque realmente no necesita más.

Un efecto inesperado

¿Y por qué, si decimos que las cargas normales en vuelo son bajas, en este caso ha tenido lugar esta fuerte vibración? Eso es algo que inicialmente desconcertó a todos los involucrados en el programa de la estación: este tipo de maniobras se habían llevado a cabo con anterioridad en multitud de ocasiones sin que sus efectos fueran apenas perceptibles para la tripulación. Incluso en los casos en los que se han empleado los motores más potentes del módulo Zvezda, los únicos efectos notables solían ser ligeros desplazamientos de objetos que flotaban libremente en el interior, debido a la lenta pero progresiva aceleración a que se veía sometida la estación, pero nunca vibraciones y oscilaciones como las que han tenido lugar en esta ocasión.

La NASA hizo público el problema 10 días después de que tuviera lugar, a través de uno de los informes rutinarios sobre la ISS, donde se hablaba únicamente de "oscilaciones estructurales mayores de lo habitual" durante la maniobra de elevación de la órbita. Dos días después, el informe se completaba con la explicación del fenómeno, tras la investigación llevada a cabo por los técnicos rusos, responsables del módulo Zvezda.

Resonancia

Los motores encargados de este tipo de maniobras en el módulo Zvezda no son motores fijos a la estación, sino que tienen la capacidad de orientarse para llevar a cabo el impulso en la dirección más adecuada en cada caso. Sin embargo, en esta ocasión dicha orientación no se produjo de forma perfecta. Tras su encendido, el software encargado de controlar la maniobra detectó el error de apuntado, y ordenó a los motores corregirlo girándolos ligeramente en sentido opuesto. De nuevo el sistema erró ligeramente, y de nuevo se intentó compensar con un nuevo giro en el sentido contrario, y así sucesivamente.

Estos errores de apuntado pueden considerarse normales, ya que ningún sistema tiene una precisión absoluta. Pero lo normal hubiera sido que en cada corrección el error fuese menor, con lo que la situación hubiese durado apenas unos segundos, con una rápida amortiguación, terminando con los motores perfectamente apuntados en la dirección correcta sin más que una breve y suave vibración inducida en la estación. Sin embargo, en esta ocasión la mala suerte quiso que las oscilaciones en el direccionamiento de los motores se acoplasen con un modo propio de vibración de la estación, por lo que, en lugar de amortiguarse el movimiento, éste fue amplificándose cada vez más, requiriéndose cada vez mayores movimientos de los motores, lo que realimentaba el proceso. En términos técnicos, el sistema entró en resonancia.

Podemos comparar el fenómeno a los impulsos que damos a un niño en un columpio: si nuestros impulsos no están coordinados con el movimiento de oscilación del columpio, lo que haremos será tender a pararlo (amortiguación), pero si damos los impulsos de forma coordinada con el movimiento del columpio, su oscilación aumentará cada vez más.

El puente de Tacoma en pleno proceso de resonancia.

Un ejemplo real del efecto que estos acoplamientos o resonancia pueden tener sobre las estructuras lo tenemos en el puente de Tacoma Narrows (Estados Unidos), que resultó destruido en 1940 después de que una relativamente moderada brisa lo hiciera oscilar con una frecuencia que entró en resonancia con uno de los modos propios de vibración del puente. Podemos contemplar la espectacular oscilación y posterior destrucción de este puente sin más que escribir "Tacoma bridge" en Youtube.

La estación, en peligro

La situación en la ISS ha sido grave, porque este acoplamiento de la oscilación de los motores con uno de los modos propios de vibración del complejo ha generado oscilaciones tan fuertes de los paneles solares y de la propia estructura de la estación, que se han sobrepasado con creces los límites para los que estaba certificado el diseño. Aunque aparentemente no se han observado daños visibles, no se descarta que pudieran existir daños ocultos que hubieran debilitado en algún punto la estructura. Los efectos desagradables podrían ir desde una rotura de los paneles solares, hasta la aparición de grietas en el casco, con una posible despresurización como consecuencia.

Como medida de precaución, una nueva maniobra de elevación de órbita que estaba prevista para la primera semana de febrero fue cancelada. No se trataba sólo de evitar que esta peligrosa situación pudiera repetirse, sino que existen dudas acerca de si la estructura puede haberse visto debilitada, lo que obliga a los ingenieros a ser cautos a la hora de realizar nuevas maniobras que introduzcan más esfuerzos en la estructura, incluso aunque se utilicen los motores menos potentes de la Progress amarrada a la estación.

En el momento de redactar este artículo, los técnicos trabajan arduamente recopilando los datos de los sensores repartidos por la estación, en un intento de interpretar cuáles han sido las sobrecargas reales soportadas por la estructura, para de ahí poder deducir la integridad de la misma. En cuanto al software de control que fue el origen del problema, al parecer no se ha tratado de un fallo de funcionamiento, sino de un error de diseño, que no tuvo en cuenta los modos propios de vibración del complejo a la hora de la programación, lo que habría evitado que pudieran realizarse movimientos de los motores que se acoplaran con estos.

El incidente revela una vez más lo delicada y peligrosa que sigue siendo hoy en día la actividad espacial. Se trata de sistemas de una elevada complejidad, en los que es prácticamente imposible predecir cómo van a comportarse bajo cualquier combinación posible de condiciones. Si a esto se le suma que su diseño está apurado al máximo debido a las lógicas restricciones de peso, de coste, o puramente operativas, el resultado son sistemas que operan en un entorno hostil con un margen muy pequeño para el error. En el fondo, lo realmente asombroso es que llevemos 50 años subiendo al espacio con tan pocos accidentes.

El transbordador norteamericano 25 años de amargo éxito

Abril 2006

El 12 de abril de 1981, en el vigésimo aniversario del bautismo del hombre en el espacio con el vuelo de Gagarin, tenía lugar el primer lanzamiento de un vehículo revolucionario: el transbordador espacial norteamericano, o Space Shuttle. Este año celebramos el 25 aniversario de aquel evento.

Es llamativo cómo, sin haberse producido una evolución significativa de la tecnología espacial en este periodo de tiempo, ha cambiado radicalmente el modo en el que se mira hacia este vehículo espacial: lo que en su día era descrito como un diseño revolucionario que cambiaría para siempre el papel del hombre en el espacio, es hoy descrito por el máximo responsable de la agencia espacial norteamericana como "un error". Dos accidentes mortales con la pérdida de catorce vidas son los principales responsables de este radical y probablemente injusto cambio de criterio.

No cabe duda de que el transbordador espacial es una máquina extraordinaria, que representó un importante salto tecnológico en su día, y siendo algunas de sus características únicas en la historia de la exploración espacial. Por ejemplo, la posibilidad de realizar el mantenimiento de satélites averiados o con su combustible agotado (restringido, eso sí, a satélites en órbita baja), de lo que han sido perfecto ejemplo las exitosas misiones de reparación y mantenimiento del telescopio espacial Hubble. Y por otra parte, su capacidad única de devolver a la Tierra cargas de gran peso y volumen, lo que permite desde el retorno a la Tierra de satélites averiados para su reparación o reciclaje, hasta el retorno de material de experimentación o equipos averiados de estaciones espaciales.

El Shuttle es, hoy por hoy, el único vehículo con estas capacidades. Lamentablemente, por motivos diversos, estas excepcionales características han quedado eclipsadas por el hecho de que su operatividad no ha sido todo lo óptima que se había esperado.

El transbordador espacial norteamericano o Space Shuttle.
(Foto: NASA)

Unos comienzos difíciles

Una de las causas de esta diferencia entre expectativas y resultados debemos buscarla en el nacimiento algo turbulento del Space Shuttle. Sus orígenes se remontan a los planes que la agencia espacial norteamericana empezó a diseñar para los años que seguirían al fin del programa Apollo. Las ideas de la NASA, con el mítico Von Braun a la cabeza del departamento de planes estratégicos en esos sus últimos años en la agencia, pasaban por la próxima puesta en órbita de una primera estación espacial, a la que le seguirían otras con una capacidad cada vez mayor (hasta 50 y 100 personas), combinadas con estaciones en la órbita lunar y bases sobre su superficie, además del inicio de un programa de exploración tripulada de Marte. Para todo ello aparecía como requisito básico el diseño de un nuevo sistema de transporte de tripulaciones a la órbita terrestre, que además de tener una gran capacidad de transporte de carga y de personal, fuese más económico que las naves utilizadas hasta entonces; esto debía conseguirse a través del diseño de una nave y lanzador reutilizables.

Pero frente a los grandes planes de la NASA, se impuso la realidad de los recortes presupuestarios. Como todos sabemos, el final del programa Apollo representó el fin de los grandes presupuestos asignados al programa espacial norteamericano, de modo que la NASA se vio incapaz de llevar a cabo los proyectos anteriormente mencionados. De todos ellos, sólo el transbordador espacial aparecía como abordable, aunque, sin una extensa red de estaciones orbitales a las que servir, habría que buscarle alguna otra utilidad.

Para que un Congreso poco inclinado a asignar más presupuesto a la NASA llegase a aprobar el proyecto, los responsables de la agencia idearon una estrategia que atacase el lado económico: si el nuevo vehículo era capaz de poner en órbita todos los satélites comerciales norteamericanos, además de servir para la puesta en órbita de cargas para el Dpto. de Defensa, y todo ello teóricamente a un coste menor que el que tendría su lanzamiento con cohetes convencionales gracias a la reutilización, el coste del nuevo sistema sería amortizado rápidamente. Además, la posibilidad de realizar el mantenimiento en órbita de esos mismos satélites supondría una ventaja económica adicional. Con estos argumentos, la NASA consiguió su objetivo, la aprobación del programa, en 1972, aunque con severos condicionantes: debería desarrollarse en base a un ajustado presupuesto, junto con unos requisitos de capacidad de carga y sobre el tipo de misiones orbitales a realizar, impuestos por el Dpto. de Defensa, que complicaban seriamente el vehículo inicialmente pensado. A pesar de todo, la NASA se comprometió a desarrollar el programa con un presupuesto de 5.150 millones de dólares, en base a un vehículo con una vida útil de 100 misiones al coste de 7,7 millones de dólares por misión; ya en aquellos momentos, muchas personas dentro de la NASA consideraban estas previsiones excesivamente optimistas.

De todas formas, hoy sabemos que las razones que llevaron al presidente Nixon a dar el visto bueno al programa de desarrollo del transbordador tenían poco que ver con estos argumentos económicos tan fuertemente esgrimidos por la NASA. En realidad, lo que animó a Nixon fue la creación de puestos de trabajo en estados considerados clave en un año de elecciones como el de 1972, unido a un argumento más geopolítico o de "orgullo patrio" que ya el administrador de la NASA,

James Fletcher, había señalado al presidente un mes antes: *"Para los Estados Unidos, no estar en el espacio mientras otros tienen hombres en el espacio, es impensable, y es una posición que América no puede aceptar."*

Un gran reto para la NASA

El resultado fue que la NASA se encontró con la autorización para desarrollar un programa sujeto a un presupuesto demasiado escaso para las prestaciones que se le estaban pidiendo. Ello impuso desde el principio unas severas restricciones al diseño del vehículo, que por necesidad tendría que alejarse de los objetivos deseables desde un punto de vista puramente técnico. Estas restricciones, a la postre, incidirían sobre la disponibilidad (más baja de lo esperado), el coste por misión (mayor de lo inicialmente previsto), y varios otros factores... incluso la seguridad. Aunque conscientemente nadie lo creía así, la escasez de presupuestos obligó a asumir riesgos que posiblemente ni se hubiesen planteado en otras condiciones, como la ausencia de un sistema de escape para la tripulación. El ajuste a un presupuesto de desarrollo limitado también obligó, por ejemplo, a adoptar motores cohete de propulsante sólido para los aceleradores laterales, en lugar de los de propulsante líquido, que hubieran proporcionado un menor coste operativo a la larga para unos elementos reutilizables. En resumen, la NASA tuvo que conformarse con desarrollar el mejor vehículo que pudo con los recursos económicos de que disponía. Y hay que reconocer que se hizo un magnífico trabajo, aunque el resultado forzosamente quedaba alejado de lo que se hubiera deseado.

Debido a las dificultades que suponía el reto al que se enfrentaba la NASA, el desarrollo del nuevo transbordador espacial se retrasó bastante más de lo previsto. No sólo había que desarrollar un nuevo vehículo reutilizable, algo completamente nuevo con respecto a todo lo realizado anteriormente, sino que había que hacerlo sin salirse de un presupuesto ajustado, y asegurando que además cumpliera con unos requisitos bastante complejos. Por todo ello, la fecha inicialmente prevista para la entrada en servicio fue pasando de 1978 a 1979, luego a 1980, y finalmente a la primavera de 1981. En el transcurso de este periodo, el programa se había visto seriamente amenazado durante 1979, cuando fue sometido a revisión por la administración Carter con motivo de los retrasos acumulados; fue su utilidad para el Dpto. de Defensa, en concreto con vistas a la puesta en órbita de los satélites espía destinados a verificar el cumplimiento del tratado de desarme nuclear SALT II, lo que hizo que tanto la Casa Blanca como el Congreso de los EE.UU. autorizasen la continuación del programa.

Superados todos los problemas, el nuevo transbordador espacial norteamericano, o Space Shuttle, realizó su primer vuelo finalmente el 12 de abril de 1981, con el lanzamiento del transbordador espacial Columbia. Habían pasado seis largos años desde la última misión tripulada norteamericana al espacio, la de la misión Apollo-Soyuz, en 1975. Pero finalmente, dos astronautas americanos, John W. Young y Robert L. Crippen, habían vuelto al espacio en el primer vuelo de la primera nave espacial parcialmente reutilizable de la historia, en la misión STS-1. Las siglas STS designaban el nombre oficial del nuevo vehículo, *Space Transportation System*, o Sistema de Transporte Espacial, más conocido como Transbordador Espacial o *Space Shuttle*.

Entrada en servicio

También era la primera vez en la historia de la exploración espacial que un nuevo lanzador se probaba en su primer vuelo con una tripulación a bordo. Se trataba de una nueva filosofía de desarrollo encaminada a reducir plazos y costes, y consistente básicamente en una serie de ensayos en tierra y en una serie de simulaciones con modelos matemáticos para predecir el comportamiento real en vuelo. Aunque ciertamente la experiencia fue positiva, quizás el riesgo fue algo elevado: sobre esta primera misión planeó la sombra del accidente, al detectarse tras el despegue la pérdida de 16 losetas cerámicas de las muchas que componen el escudo térmico del transbordador espacial, debido a una onda de sobrepresión provocada por el encendido de los motores durante el lanzamiento. La posibilidad de desintegración del vehículo durante la reentrada fue una amenaza para la misión, para la cual no existía otra solución que cruzar los dedos y esperar... afortunadamente con un final feliz. La suerte había querido que las losetas perdidas fueran de las conocidas como "losetas blancas", parte del recubrimiento inferior de los motores de maniobra orbital situados en la cola del transbordador; estas losetas blancas se utilizan en zonas expuestas a un menor calentamiento que las losetas negras que cubren la parte inferior de las alas y el vientre del transbordador, conformando el escudo térmico principal del vehículo. La mayor preocupación de los técnicos había sido que, si se habían perdido losetas blancas, quizás también se habría perdido alguna loseta negra... y entonces la reentrada podría verse seriamente comprometida. Por otra parte, aunque no se supo entonces, la onda había afectado también seriamente a los elevones del aparato, encargados de controlar el mando en cabeceo durante el descenso; si hubiesen resultado dañados, el resultado podría haber sido asimismo fatal.

El Columbia fue lanzado al espacio tres veces más a lo largo de los 15 meses siguientes, en sendas misiones de prueba con tan sólo dos astronautas a bordo. El mismo día en que daba término su cuarta misión al espacio, en otra decisión sin precedentes en la historia de la exploración espacial, el nuevo vehículo fue declarado totalmente operativo por el presidente Ronald Reagan el día 4 de julio de 1982, día de la Independencia de los Estados Unidos.

Había dos razones principales para una declaración de operatividad tan rápida: la NASA tenía prisa por ver autorizado su siguiente programa, una estación espacial, y por otra parte había la necesidad de contrarrestar la creciente pujanza de los lanzadores europeos Ariane en el mercado comercial de lanzamiento de satélites. Teóricamente, el Shuttle, con su capacidad de reutilización, debería resultar más económico que los convencionales Ariane, aunque en las primeras misiones el coste aún fuese elevado debido a los gastos de puesta a punto del nuevo sistema; ello llevaría a la agencia espacial norteamericana a subvencionar fuertemente los lanzamientos comerciales a bordo del transbordador espacial, ofreciendo lanzamientos por 42 millones de dólares cuando en realidad el coste real era más del triple de este valor. Se trataba de mantenerse en un mercado para el que se esperaba llegar a ser competitivo en un futuro; en realidad, los costes no bajarían nunca.

La dura realidad

El Space Shuttle demostró ser un gran desarrollo tecnológico en materia espacial, pero desde el principio sufrió considerables problemas, que le impedirían desarrollar todo el potencial que en un principio se le suponía: con el paso de los años, se llegó a la conclusión de que el coste de sus misiones era siete veces superior al inicialmente previsto, y el nivel de mantenimiento requerido entre vuelos también superaba ampliamente las previsiones, impidiendo la amplia disponibilidad que en un principio se le había supuesto. Así, los 10 días de mantenimiento entre misiones previstos inicialmente se habían convertido finalmente en una media de 67, lo que había obligado a rebajar el objetivo inicial de 50 vuelos anuales a un máximo de 24; pero incluso este nuevo objetivo resultaría ser demasiado optimista, pues en realidad, el máximo histórico se conseguiría en 1985, con los cuatro transbordadores operativos: 9 misiones en un año. Evidentemente, el nuevo sistema tenía múltiples posibilidades, como lo habían demostrado las misiones de reparación, mantenimiento y recogida de satélites en órbita, algo imposible de realizar hasta entonces; o su utilidad como sucedáneo de estación espacial, con las misiones realizadas con el módulo laboratorio europeo Spacelab alojado en su bodega de carga, para la realización de experimentos en condiciones de microgravedad. Pero todo ello no hacía más que camuflar la realidad de que el Space Shuttle no estaba desarrollando todo el potencial para el que en un principio había sido concebido.

De esta forma, las misiones llevadas a cabo por la flota de cuatro transbordadores espaciales de la NASA (*Columbia*, *Challenger*, *Atlantis* y *Discovery*) tenían lugar entre un escaparate de éxitos y demostración tecnológica, y una trastienda de presiones para acortar plazos entre misiones con un vehículo complejo cuyas características distaban mucho de las deseadas. Se trataba de un mal entorno para una actividad tan particular como la espacial.

En este contexto, en 1986 se produciría el primer gran revés en la vida del transbordador: el accidente del Challenger. Provocado por el exceso de confianza ante un fallo conocido pero pasado por alto para no impactar en los plazos, el accidente tuvo un gran impacto en el futuro de este sistema espacial: los gestores del Space Shuttle abandonarían su esfuerzo por convertirlo en un sistema competitivo para la puesta en órbita de satélites comerciales, restringiendo su uso a la puesta en órbita de cargas científicas o militares. Se trataba de una medida encaminada a disminuir la presión sobre las planificaciones de lanzamientos que producía el hecho de utilizar el transbordador como único lanzador operativo en los Estados Unidos para cualquier tipo de misión. También se atacarían otros muchos puntos débiles de la seguridad del vehículo, y una de las consecuencias fue la prohibición del uso de etapas de propulsante líquido para la inyección final en órbita de sondas y satélites lanzadas desde la bodega del Space Shuttle. Esta decisión limitaría bastante a partir de entonces la capacidad como lanzador de este sistema espacial, pues las etapas de propulsante líquido son en general bastante más potentes que las equivalentes de propulsante sólido.

Un nuevo transbordador, el Endeavour, sería fabricado para sustituir al accidentado Challenger y mantener así una flota de cuatro transbordadores espaciales. Las misiones se reanudarían dos años después, en 1988, y se prolongarían sin demasiados problemas hasta 2003. A lo largo de este periodo, el transbordador había dejado finalmente de utilizarse también como lanzador de sondas y satélites científicos y militares, derivándose todos ellos hacia lanzadores convencionales. Por el contrario, había dado comienzo su participación en la construcción y apoyo de la Estación Espacial Internacional, la misión con la que había sido concebido originalmente.

El principio del fin

Pero todo cambió en enero de 2003. Tras la pérdida de un segundo transbordador, el Columbia, con sus siete ocupantes, las críticas sobre el vehículo arreciaron. El propio informe del comité investigador insinuaba que la gran complejidad del sistema hacía difícil garantizar su seguridad, dadas las múltiples posibles fuentes de fallo. Unido a que ya hacía años se debatía, aunque sin acometerlo en serio, sobre un futuro sustituto para el ya veterano vehículo, el resultado fue que este accidente representaría el principio del fin del primer vehículo parcialmente reutilizable de la historia espacial.

Lo que sucedió después, ya lo sabemos todos: no se construyó ningún nuevo sustituto para el Columbia, el parón tras el accidente se alargo durante dos años y medio, y cuando se volvió a volar, se repitió el problema que condujo al último accidente, lo que volvería a parar la flota hasta la actualidad. El futuro pasa por el mantenimiento de las misiones hasta cumplir los compromisos internacionales de terminación de la configuración básica de la Estación Espacial Internacional, con una fecha límite de retirada para 2010. Después, un nuevo vehículo que vuelve al concepto cápsula de las misiones Apollo será el encargado de proporcionar a los Estados Unidos su acceso tripulado al espacio. Un triste final para el que debía ser el primer paso en un salto revolucionario en el transporte espacial.

Ulysses
Un viaje épico

Junio 2009

Ulysses agoniza. No en su Ítaca natal (la Tierra), sino navegando por los vastos océanos espaciales, continuando su exploración hasta el final. Un final que será aún más épico que el que tuvo el personaje de la Odisea.

El 6 de octubre de 1990, la sonda europea Ulysses partía a la exploración del Sol con una esperanza de vida de 5 años. Su vida real, no obstante, se prolongaría por otros 13 años más. El 1 de julio de 2008, cuando casi había cuadruplicado su vida útil nominal, se decidió dar oficialmente la misión por terminada, al preverse un cese del funcionamiento de sus sistemas prácticamente inminente. Pese a todo, a primeros de junio de 2009 el vehículo consigue mantenerse precariamente en activo, gracias a los esfuerzos y la imaginación de los equipos de tierra.

Una misión única

La misión de la sonda Ulysses ha sido única, especialmente por la forma en la que se ha llevado a cabo: ha sido el único vehículo que ha explorado el Sol desde fuera del plano de la eclíptica, analizando el viento solar y el campo magnético de nuestra estrella a todas las latitudes.

Sobrevolar los polos solares era la única forma de poder estudiar la naturaleza del viento solar de la forma más inalterada posible. Debido al fuerte campo magnético del Sol, las partículas cargadas del viento solar ven altamente alteradas sus trayectorias. En el plano de la eclíptica, aquel en el que se mueven con pequeñas desviaciones la totalidad de los planetas del Sistema Solar, dicho campo magnético forma unos bucles que alteran de forma significativa el comportamiento del viento solar. Sobre los polos solares, en cambio, las líneas de campo son prácticamente radiales, casi líneas rectas, permitiendo a estas partículas escapar de su estrella madre de una forma mucho más "natural", en trayectorias más sencillas que permiten estudiar mejor su origen. Por ello, y para poder estudiar ese campo magnético con una perspectiva tridimensional, los investigadores deseaban estudiar nuestra estrella desde sus polos. Lo difícil era llegar hasta allí.

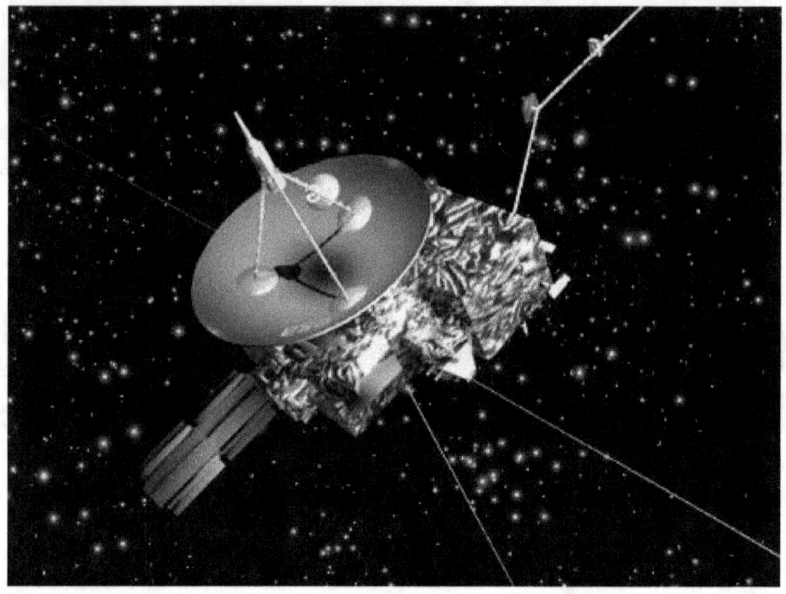

La sonda europea Ulysses (*Imagen: ESA*)

Para estudiar los polos solares, había que salir de la eclíptica, y eso no es nada fácil: cualquier objeto que parte de la Tierra lo hace con una velocidad que es la suma de la aportada por el lanzador, más la velocidad aportada por la rotación de nuestro planeta, y la aportada por su traslación alrededor del Sol. Por eso todas las misiones interplanetarias (a excepción de Ulysses) se llevan a cabo mediante lanzamientos en dirección este, aprovechando ambas velocidades terrestres, la de rotación y la de traslación (que van en el mismo sentido) para sumarlas a la proporcionada por el cohete.

Pero en el caso de Ulysses sucedía todo lo contrario: si se quería lanzar un vehículo en perpendicular al plano de la eclíptica, el lanzador debería contrarrestar esas velocidades inducidas por nuestro planeta debidas a su rotación y traslación. En caso contrario, un lanzamiento en perpendicular al plano de la eclíptica terminaría convirtiéndose en una trayectoria simplemente inclinada, una vez sumadas las componentes del movimiento terrestre. Es como si una barca intentase cruzar un río con una fuerte corriente: si simplemente se rema en perpendicular a la orilla, se terminará llegando a la orilla opuesta en una trayectoria oblicua, arrastrados por el agua; para cruzar en línea recta hay que remar en parte en contra de la corriente. Por supuesto, esto requiere mucho más esfuerzo...

En el caso de la misión de la sonda Ulysses, la situación era crítica: para contrarrestar los movimientos terrestres y mandar el vehículo a los polos del Sol, no existía ningún lanzador sobre la faz de la Tierra con la potencia suficiente como para poner un solo kilogramo de masa en esa trayectoria.

Ayuda divina

Afortunadamente, existía una solución: para alcanzar los polos del astro rey no teníamos más que solicitar la asistencia del dios de los cielos, Júpiter. Una asistencia gravitatoria de este planeta gigante sí podía proporcionar la energía suficiente a nuestro vehículo para lanzarlo como una honda fuera de la eclíptica, a su trayectoria definitiva hacia los polos solares. Ésta fue la estrategia seguida.

Dieciséis meses después de su lanzamiento, Ulysses alcanzaba el punto de máximo acercamiento a Júpiter en una trayectoria cuidadosamente planificada para que la gravedad joviana la expulsase casi en perpendicular fuera del plano de la eclíptica, comenzando a "caer" hacia el Sol siguiendo su trayectoria definitiva. Entre 1994 y 1995 se lograba la primera pasada sobre los polos solares, para volver a alejarse de nuevo hasta la órbita de Júpiter y volver después en una segunda pasada que tendría lugar entre 2000 y 2001. El tercer sobrevuelo se producía entre 2007 y 2008, y con estas sucesivas extensiones de una misión inicialmente prevista para una única pasada sobre nuestra estrella, se conseguía estudiar el astro rey durante diferentes ciclos de actividad solar, proporcionando a los científicos un valiosísimo flujo de información inédita hasta entonces.

Javier Casado

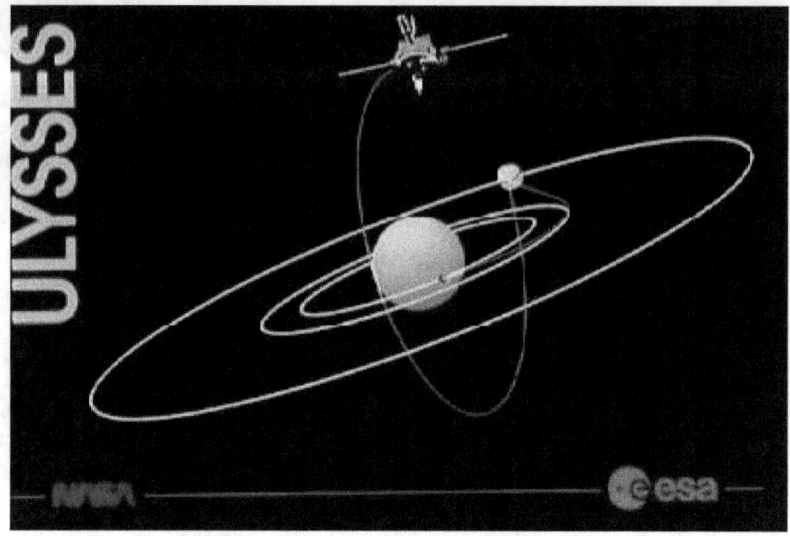

Sólo con la ayuda de una asistencia gravitatoria por parte de Júpiter sería posible enviar un vehículo fuera de la eclíptica, a la exploración de los polos solares. (*Imagen: NASA*)

Agonía e ingenio

Pero todo tiene su fin, y por mucho que quiera estirarse, la tecnología no dura eternamente. 18 años después de su lanzamiento, aunque todos sus instrumentos seguían funcionando con normalidad, Ulysses veía acercarse su fin... por simple inanición.

Era algo que debía pasar de una forma o de otra: por el agotamiento del propulsante de su sistema de control de actitud, encargado, entre otros, de mantener siempre la sonda con su antena enfocada hacia la Tierra; o por el agotamiento de su sistema energético, un generador termoeléctrico de radioisótopos, o RTG, encargado de suministrar electricidad a todos los equipos.

El sistema de energía fue el primero en sucumbir. Obligada a operar a enormes distancias del Sol durante buena parte de su órbita, debido a la necesidad inicial de llegar hasta Júpiter para recibir la asistencia gravitatoria, Ulysses no podía confiar en los paneles solares para su suministro energético. La alternativa era el RTG, un sistema que utiliza el calor generado por la desintegración natural de un material radioactivo para generar electricidad por efecto termoeléctrico. El problema de los

RTGs es que su flujo de electricidad no es constante: con el progresivo agotamiento de su combustible, el uranio, la electricidad producida decae de forma lenta pero constante desde el mismo instante de su puesta en marcha. A día de hoy, el RTG de la sonda Ulysses genera menos del 70% de su energía inicial; insuficiente para mantener plenamente operativo el vehículo.

El problema empezó a ser grave en 2002, cuando la caída en el suministro eléctrico empezó a impedir el normal funcionamiento de todos los sistemas. La solución adoptada por el equipo de controladores para mantener viva la misión fue el racionamiento, desconectando temporalmente aquellos sistemas o instrumentos que no eran imprescindibles, o cuya importancia científica no era esencial en determinadas partes de la misión. De esta forma, con una vigilancia constante del estado del vehículo, apagando unos sistemas y encendiendo otros, se consiguió mantenerlo operativo para llevar a cabo la tercera exitosa pasada sobre los polos solares, entre finales de 2007 y comienzos de 2008.

A pesar de todo, pronto la situación empezó a hacerse insostenible: a finales de 2007, en un esfuerzo por ahorrar hasta el último vatio de electricidad, se decidía desactivar el transmisor principal de la nave durante los periodos en los que no había seguimiento desde las estaciones de tierra, para reactivarlo de nuevo cuando se recuperase la cobertura. Lamentablemente, el 15 de enero de 2008, mientras se llevaba a cabo una de estas operaciones, el dispositivo falló y ya no fue posible volver a encender el transmisor de banda X. Desde entonces, todas las comunicaciones han tenido que llevarse a cabo a través del transmisor secundario de banda S, con una menor capacidad de flujo de datos científicos.

Pero el fallo del transmisor tuvo otra consecuencia de aún mayor gravedad: con su desactivación desaparecía una importante fuente interna de calor, esencial a la hora de mantener un correcto control térmico dentro del vehículo. La consecuencia más crítica era la posibilidad de congelación de la hidracina en el interior de los conductos que alimentaban los motores de control de actitud de la nave. Con un suministro eléctrico bajo mínimos, los calentadores previstos al efecto no podían llevar a cabo su misión con normalidad, y la desconexión del transmisor hizo aparecer puntos fríos en dichos conductos donde podría congelarse el propulsante. La consecuencia sería la pérdida de control en la orientación de la nave, con el consiguiente desapuntado de su antena hacia la Tierra. En la práctica, significaría el fin definitivo de la misión.

Una vez más, los técnicos utilizaron su ingenio para salvar la situación: idearon un procedimiento según el cual cada dos horas se llevaban a cabo breves encendidos de los motores de control de actitud (de forma simétrica, para evitar movimientos reales del vehículo) para obligar a la hidracina a moverse en el interior de los conductos, evitando así su congelación en los puntos fríos. Lógicamente, la solución implicaba cierto desperdicio de combustible, pero era la única alternativa frente a la opción de muerte definitiva del vehículo.

Bajo constante cuidado y vigilancia por parte del equipo de tierra, Ulysses sobrevive precariamente en espera de su inevitable final, que podrá suceder ahora tanto por carencias eléctricas como, más probablemente, por el agotamiento de la hidracina de su sistema de control de actitud. A fecha de hoy, Ulysses sigue enviando valiosísimos datos científicos de esta fase de intensos mínimos en la actividad solar (un récord de los últimos 96 años) así como sobre el entorno interplanetario que va atravesando, en lo que ha sido una de las misiones científicas más fructíferas y rentables de la historia de la exploración espacial. Entre tanto, los controladores continúan con sus intensos esfuerzos de racionamiento e inventiva, en un vehículo que agoniza pero que se resiste a morir. Las conexiones del transmisor intentan mantenerse en la actualidad al mínimo imprescindible para transmitir los datos científicos más importantes, ya que cada vez que se conecta éste la temperatura en las líneas de hidracina cae bruscamente, por la caída de suministro eléctrico a los calentadores. La principal amenaza sigue siendo el agotamiento de este propulsante, al continuarse con las maniobras de expulsión de pequeñas cantidades cada dos horas para evitar su congelación. A día de hoy, finales de mayo, los técnicos no tienen forma de saber cuánta hidracina queda exactamente en el depósito, por lo que el fin de la misión por inanición de sus sistemas de control de actitud podría sobrevenir en cualquier momento. Pero lo cierto es que mes tras mes desde hace un año Ulysses se resiste a sucumbir ante lo inevitable. En fin, todo un éxito para esta sonda europea, y toda una muestra de lo que el ingenio humano puede hacer para alargar hasta cuatro veces la vida de un vehículo diseñado para durar tan sólo 5 años.

ACTUALIZACIÓN: Eutanasia para Ulysses
30 de junio de 2009

No hace ni un mes que publicaba un artículo sobre la sonda europea Ulysses (la misión es una colaboración ESA-NASA, pero la sonda es puramente europea) en el que contaba cómo el vehículo está agonizante desde hace casi un año, pero resistiéndose a morir gracias a los cuidados intensivos que le está aplicando el equipo de tierra. Pues bien, aunque pueda parecer un triste final para una misión de tanto éxito como ésta, especialmente después de esa casi heroica resistencia de que ha hecho gala en los últimos tiempos, hoy 30 de junio la misión llega definitivamente a su fin. Como si de una aplicación de eutanasia a un enfermo agonizante se tratara, los equipos de tierra enviarán un último comando a la sonda mediante el cual se apagará su transmisor de radio. No habrá más transmisiones desde Ulysses a la Tierra; no habrá más comandos enviados por los controladores para expulsar hidracina y evitar así su congelación en los conductos carentes de calefacción por las carestías energéticas a bordo; no habrá ya más técnicos cuidando con cariño a ese pequeño robot que surca el espacio en una ruta nunca antes seguida por ningún objeto fabricado por el hombre. Como en esas series de médicos que vemos por televisión, se suspenderá la respiración asistida, se apagarán los monitores, se desconectarán los cables, y se dejará al paciente sucumbir tranquilamente a la muerte.

¿Por qué esta decisión? Se ha tratado simplemente de adelantarse un poco a lo inevitable. Ya decíamos en el anterior artículo que el final de la misión se esperaba en cualquier momento, por agotamiento del propulsante de a bordo, después de que ya se hubiera dado por desahuciado al vehículo en varias ocasiones durante el último año, ideando después siempre algún ingenioso procedimiento mediante el cual mantenerlo operativo. Aunque no hay forma de saber si el propulsante restante en el depósito da para un año, un mes o un día, se ha decidido no esperar a esa "muerte natural" y desconectar los sistemas de la nave ante la evidencia de que ya la aportación científica que podía seguir realizando no justificaba los costes de mantener todo el soporte de tierra operativo.

El fallo del transmisor de banda X en enero de 2008, unido al descenso en el suministro eléctrico por agotamiento del RTG que lo produce, había obligado a realizar la recepción de los datos enviados por Ulysses a través de las antenas de 70 metros de diámetro de la red de espacio profundo

(DSN) de la NASA, tres antenas únicas en el mundo cuyo tiempo de observación hay que repartir avariciosamente entre múltiples misiones. Pero es que además, en las últimas semanas, con la sonda alejándose cada vez más de la Tierra en su trayectoria, la cadencia de datos suministrados a través del transmisor secundario (el "bitrate") había disminuido tanto que prácticamente resultaba inútil para aportar ningún dato de valor científico. Por todo ello, se ha decidido que no tiene sentido seguir malgastando el tiempo de observación en una misión que ya ha aportado todo cuanto podía aportar. Ulysses ha cumplido con creces la misión para la cual fue diseñada. Descanse en paz.

Segunda Parte:

Tecnología Espacial

Ares I
La polémica
del propulsante sólido

Abril 2009

Desde hace algunos años, la NASA está trabajando en el desarrollo de su nuevo cohete Ares I, encargado de enviar a los astronautas norteamericanos al espacio una vez sea dado de baja el transbordador, previsiblemente en 2010 ó 2011. Se tratará del primer lanzador tripulado impulsado casi exclusivamente por propulsante sólido.

La elección de este tipo de propulsante para un lanzador tripulado ha sido motivo de ácidas críticas desde algunos sectores en los últimos años. Lo cierto es que los motores cohete de propulsante sólido presentan a la par ventajas e inconvenientes frente a sus hermanos de propulsante líquido, unas diferencias que vamos a intentar aclarar aquí.

Cuando haces pop, ya no hay stop

El principal inconveniente de los motores de propulsante sólido, y el principal argumento de sus detractores contra su uso en misiones tripuladas, es la imposibilidad de parar su funcionamiento una vez que ha comenzado. Mientras que en un motor cohete de propulsante líquido basta con cortar el suministro de propulsantes a la cámara de combustión para que se produzca la parada del motor, en uno sólido la combustión, una vez iniciada, continuará inexorablemente hasta el completo agotamiento del propulsante. La razón es la propia naturaleza del motor cohete de propulsante sólido, que podríamos comparar de forma simplificada con los cohetes de feria impulsados por pólvora: se trata de una masa de compuesto que arde desde que se activa la ignición hasta que se consume el último gramo. Son compuestos químicos que incluyen en su formulación interna un agente oxidante combinado con un agente reductor (combustible y oxidante juntos), por lo que no necesitan ningún aporte exterior (aire, oxígeno…) para arder, y por ello no hay nada que pueda hacerse para apagarlo una vez se inicia la combustión.

En base a este modo de funcionamiento se deduce que tampoco puede variarse el empuje del motor: mientras que en uno de propulsante líquido podemos aumentar o disminuir el flujo de propulsante a la cámara de combustión para variar la potencia, en uno de propulsante sólido será la geometría del propulsante, en base a la superficie de quemado expuesta, la que determine el empuje suministrado. Es decir, si se diseña para que proporcione una potencia determinada, esa será la que dará una vez encendido, sin que sea posible actuar de ningún modo para disminuirla o aumentarla a voluntad.

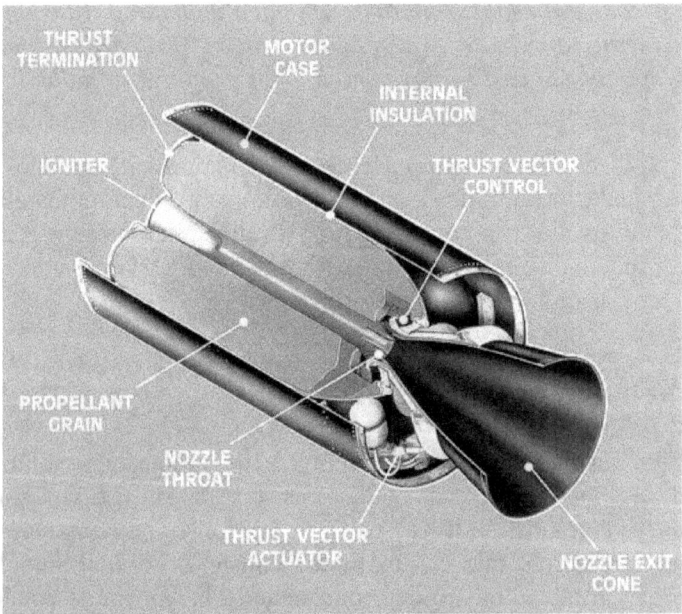

Esquema de un típico motor de propulsante sólido. En esencia, consta únicamente del propio propulsante, un iniciador de combustión, la carcasa y una tobera. En el caso de la imagen se incluye un sistema de orientación de la tobera, pero esto no es algo habitual en este tipo de motores, reservándose habitualmente para los de propulsante líquido.

Estos son los dos motivos principales por los cuales los motores cohete de propulsante sólido han estado históricamente "mal vistos" para enviar hombres al espacio. Confiar vidas humanas a unos sistemas sobre los cuales no hay posibilidad alguna de actuación una vez encendidos, no era algo que otorgase demasiada confianza a los diseñadores de vehículos espaciales. Esta premisa cambió por primera vez (y única hasta ahora) con la introducción del transbordador espacial norteamericano, que utiliza dos cohetes aceleradores de propulsante sólido para ayudar a los motores principales de propulsante líquido durante los dos primeros minutos de vuelo. Pero incluso en este caso, su introducción no estuvo exenta de polémica, habiendo sido principalmente razones de coste las que finalmente aconsejaron adoptar esta solución.

Una gran ventaja: el precio

Ésa es una de las principales ventajas de un motor cohete de propulsante sólido: su bajo precio, en comparación con los de propulsante líquido. No por el precio del propulsante en sí mismo, que de hecho es algo más caro que los compuestos habitualmente utilizados en cohetes líquidos, sino por el coste del motor propiamente dicho. Y es que, como ya hemos apuntado anteriormente, simplificando un poco un motor cohete de propulsante sólido no es más que un tubo lleno del compuesto propulsivo con una tobera en su extremo para la salida de los gases de la combustión. En cambio, un motor de propulsante líquido es una compleja maraña de bombas, turbinas, tuberías, válvulas, depósitos, inyectores, etc, que lo hacen extremadamente más complejo y, por lo tanto, costoso de diseñar y de fabricar.

Otra ventaja del motor de propulsante sólido, que también repercute indirectamente en los costes, es su almacenabilidad. Frente a los propulsantes líquidos de tipo criogénico, de dificultosa manipulación y almacenamiento debido a las extremadamente bajas temperaturas que requieren, y que obligan a esperar al llenado de los tanques del lanzador hasta las horas previas al lanzamiento, el motor de propulsante sólido puede almacenarse a temperatura ambiente listo para su uso durante meses, si es preciso. En sistemas de uso espacial esto supone una mayor economía operativa, al simplificarse todo el proceso, pero donde adquiere especial importancia es en usos militares, al permitir el almacenamiento de misiles listos para su uso durante todo el tiempo que sea necesario. De hecho, el propulsante sólido es el utilizado por la mayor parte de los sistemas de misiles tácticos embarcados en aviones, barcos o submarinos por esta razón.

No todo son ventajas

Sin embargo, cuando hablamos de misiles de largo alcance, el propulsante sólido suele ser desplazado por propulsantes líquidos almacenables (no criogénicos); y también su utilización en lanzadores espaciales se ve habitualmente restringida a tareas muy concretas. Y la razón es que su eficiencia propulsiva suele ser bastante inferior a la de los principales propulsantes líquidos.

Nos referimos al impulso específico, un parámetro que mide la capacidad de empuje del propulsante por unidad de masa consumida, algo crítico en este tipo de aplicaciones de largo alcance debido a su directo impacto en el peso del vehículo. Efectivamente, para misiones que requieran grandes empujes durante largo tiempo, la masa de propulsante sólido necesaria es mayor que la de propulsantes líquidos de alta eficiencia. Ésta es una de las principales razones por las cuales su utilización en vehículos de altas prestaciones ha estado habitualmente relegada al olvido desde los principios de la cohetería con la V-2.

Pero no era éste el único factor en contra. Además de su relativamente baja eficiencia, otra de las grandes desventajas del motor cohete de propulsante sólido es la ausencia de refrigeración para sus elementos. Mientras que en un motor líquido el propio propulsante puede utilizarse como refrigerante de la tobera y la cámara de combustión antes de inyectarse en ésta, en un motor sólido no tenemos ningún líquido a mano para realizar esta función, y añadirlo expresamente para eso sería un sobrepeso inaceptable. Esto limita el tiempo de funcionamiento de este tipo de motores al que puedan soportar los materiales de la tobera sin fundirse. El tiempo típico de funcionamiento es el que se da en los misiles de corto alcance, con encendidos de apenas unos segundos (después, el misil vuela por propia inercia, con su motor apagado).

Una nueva generación

La situación cambió con los motores de propulsante sólido de nueva generación, como los aceleradores sólidos del Space Shuttle o los del lanzador europeo Ariane V. Por una parte, se desarrollaron nuevos compuestos químicos que elevaron los valores de impulso específico del propulsante (aunque aún lejos de los propulsantes líquidos de tipo criogénico), y por otra parte se desarrollaron nuevos materiales cerámicos para las toberas capaces de aguantar tiempos de encendido de hasta más de dos minutos, algo revolucionario frente a lo habitual en años anteriores.

Estas mejoras unidas al bajo coste y a la capacidad de desarrollar grandes niveles de empuje durante poco tiempo, hicieron de los cohetes sólidos una buena elección como elementos auxiliares en los despegues de los grandes lanzadores, a modo de aceleradores (habitualmente colocados en posiciones laterales alrededor de la primera etapa) que ayudan a los motores principales a levantar a esos gigantes del suelo, siendo habitualmente sustituidos por motores líquidos en las siguientes fases del vuelo.

El futuro: Ares I

El actual programa Constellation de la NASA, encargado de definir los lanzadores que sustituirán al transbordador espacial en el futuro próximo, eligió la tecnología de propulsión sólida para desarrollar el futuro cohete Ares I que enviará a los astronautas norteamericanos al espacio. Se aprovechaba así la tecnología ya existente para el Space Shuttle, adaptando sus aceleradores laterales para desarrollar el nuevo cohete con una considerable reducción de coste y plazos frente a otras opciones alternativas... y de paso, según algunos, permitía conservar los empleos de un gran número de trabajadores actualmente involucrados en trabajos similares para el transbordador. El resultado sería un cohete casi totalmente impulsado por propulsante sólido, con sólo una pequeña etapa superior de propulsante líquido encargada de inyectar a la nave Orión en su órbita definitiva.

La realidad, no obstante, está demostrando que la adaptación no es tan inmediata como se preveía en un principio. Otro de los inconvenientes de los motores de propulsante sólido es que son propensos a las inestabilidades de combustión, pequeñas oscilaciones en la presión interna (debido a que la combustión no es perfectamente homogénea) que provocan vibraciones en el vehículo. En el caso del Ares I, la modificación de la longitud del motor cohete sólido ha provocado que estas vibraciones que eran reducidas en el Shuttle se acoplen ahora con un modo de vibración del cohete, entrando en resonancia y amplificándose a niveles muy superiores a los originales, lo que está causando serios quebraderos de cabeza a los diseñadores para intentar amortiguarlas. La suma de retrasos y sobrecostes que estos y otros problemas están suponiendo al proyecto, están dando alas a los críticos que desde un primer momento se opusieron al uso de propulsantes sólidos para este menester. Y es que, como hemos visto a lo largo de este artículo, casi todos los sistemas en ingeniería tienen sus ventajas y sus inconvenientes; lamentablemente, la perfección no existe.

El cohete Ares I, encargado de llevar a la órbita terrestre la nave tripulada Orión, sería el primer lanzador tripulado de la historia en utilizar propulsante sólido. (*Imagen: NASA*)

Propulsión líquida
Cohetes de agua

Más de uno habremos oído hablar de los cohetes de agua, o hasta jugado con ellos: esas botellas de plástico llenas parcialmente de agua y de aire a presión, que pueden llegar a alcanzar alturas de varias decenas de metros. Pues bien, aunque de forma muy diferente, podríamos decir que algunos de los más potentes lanzadores también se impulsan con el mismo combustible: agua.

Naturalmente, hay una importante diferencia, y es que en los motores cohete de tipo criogénico, el agua se inyecta disociada en sus componentes, hidrógeno y oxígeno. Es su combustión la que, a la vez que genera vapor de agua, proporciona el enorme empuje necesario para enviar grandes cargas al espacio. Son quizás los motores más ecológicos que existen, al no emitir ningún tipo de contaminante a la atmósfera; pero, eso sí, su complejidad está a años luz de los cohetes de agua con los que nos divertimos en el jardín de casa.

De todas formas, aunque hemos comenzado hablando de los motores de propulsante líquido de tipo criogénico, aquellos alimentados por hidrógeno y oxígeno, existen diferentes tipos de motores cohete líquidos, en función tanto del propulsante utilizado, como del funcionamiento interno del propio motor. Para distinguirlos, veamos a grandes rasgos cómo funcionan.

El motor de propulsante líquido

Aunque en sentido estricto podríamos empezar dividiendo los motores de propulsante líquido en los de monopropulsante o bipropulsante, vamos a centrarnos aquí en los segundos, los que utilizan dos líquidos que se combinan en una cámara de combustión para proporcionar empuje. Los de monopropulsante, principalmente utilizados para el control de actitud, podrán ser objeto de un artículo posterior.

En la cámara de combustión de un cohete de este tipo se combinan, como decimos, dos líquidos: un combustible y un comburente, o, dicho en terminología química, un oxidante y un reductor. En motores de tipo atmosférico, el oxidante lo aporta el aire exterior, con su oxígeno, pero en un cohete hay que llevarlo a bordo, siendo precisamente el oxígeno líquido el compuesto más típicamente utilizado como oxidante. Entre los combustibles podemos encontrar keroseno, metano o hidrógeno, entre otros. Sin embargo, en ocasiones no se utiliza oxígeno como oxidante: se trata de los propulsantes de tipo hipergólico, donde dos compuestos químicos se combinan espontáneamente en una reacción de tipo casi explosivo. En estos casos, el oxígeno forma parte de la composición de alguno de los componentes, que actúa así como oxidante; un ejemplo típico es la combinación de hidracina con óxidos de nitrógeno o ácido nítrico.

Sean cuales sean los componentes del propulsante, tienen que ser inyectados en la cámara de combustión a una alta presión, por encima de la existente en el interior para poder mantener el flujo de alimentación del motor; y el motor se diseña para que esta presión de cámara (provocada por la expansión de los gases al arder) sea muy elevada porque así se mejora la eficiencia. Ello obliga a utilizar potentes bombas para tomar el propulsante de los depósitos e inyectarlo en el motor a esas enormes presiones. Por poner un ejemplo, una sola de las bombas que alimentaban de propulsante a un motor F-1 de la primera etapa del Saturno V tenía tanta potencia como 30 locomotoras.

Evidentemente, bombas de esta magnitud tienen también un enorme consumo, mantenido durante todo el periodo de funcionamiento del motor. Alimentarlas con baterías eléctricas queda descartado, y ya desde los orígenes del motor cohete de propulsante líquido se vio que la mejor solución sería utilizar turbobombas, accionadas por turbinas movidas por los gases de escape del propio motor.

La primera idea de utilizar turbobombas en los motores de propulsante líquido fue desarrollada en secreto por Robert Goddard en los Estados Unidos a comienzos de los años 40, y de forma casi simultánea por Von Braun y su equipo en Alemania, que la implementarían con éxito en su famosa V-2. Pero en aquellos días las turbobombas operaban en un ciclo secundario, alimentado incluso por diferentes propulsantes; era otro motor para accionar el motor.

Hoy en día, lo normal es que los mismos propulsantes que alimentan el motor principal se utilicen también para mover las turbinas que accionan las bombas. Pero existen dos alternativas para hacerlo, que podríamos denominar ciclo abierto, o ciclo cerrado.

En el ciclo abierto (llamado técnicamente "ciclo de generador de gas"), el accionamiento de las bombas se produce en paralelo al funcionamiento del motor principal: una porción del propulsante de los depósitos se desvía a una pequeña cámara de combustión donde se generan los gases que moverán las turbinas, siendo estos gases luego expulsados al exterior. El resto del propulsante, impulsado por las bombas, se envía a la cámara de combustión principal para generar los gases que escaparán por la tobera provocando el empuje del motor.

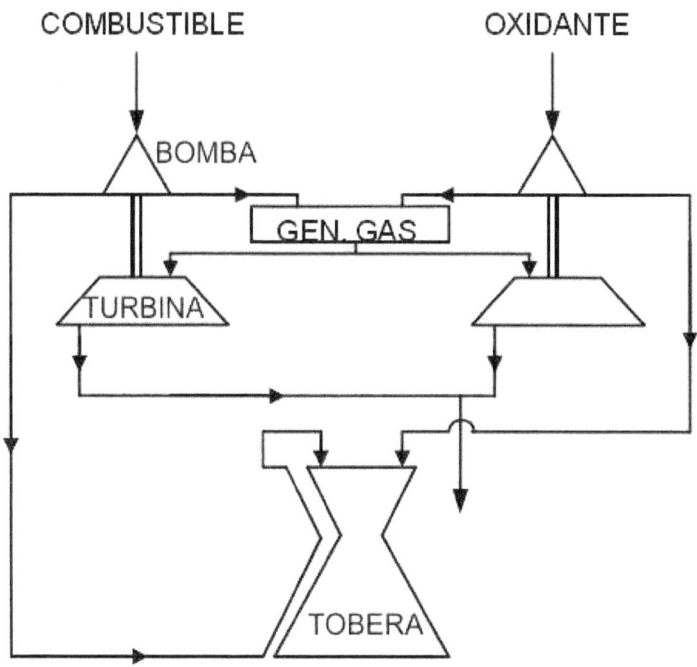

Esquema de funcionamiento del motor cohete líquido con ciclo de generador de gas. (*Esquema: J.Casado*)

En el ciclo cerrado (denominado formalmente "combustión escalonada"), en cambio, los gases resultantes de la primera combustión (la que mueve las turbinas) se inyectan en la cámara de combustión principal, contribuyendo también al empuje del motor. De esta forma la eficiencia aumenta, al no desperdiciarse nada de propulsante, pero a costa de aumentar enormemente la complejidad del motor. Efectivamente, no sólo es complicado técnicamente inyectar a enorme presión en la cámara principal los gases calientes (ya no líquidos) resultantes de la primera combustión, sino que además la presión y temperatura de combustión en dicha cámara también aumentan, con grandes exigencias para los materiales. Ello ha hecho que sólo los más sofisticados y potentes motores cohete opten por esta solución, como es el caso de los SSME (motores principales del Space Shuttle) o los rusos RD-0120 del Energiya.

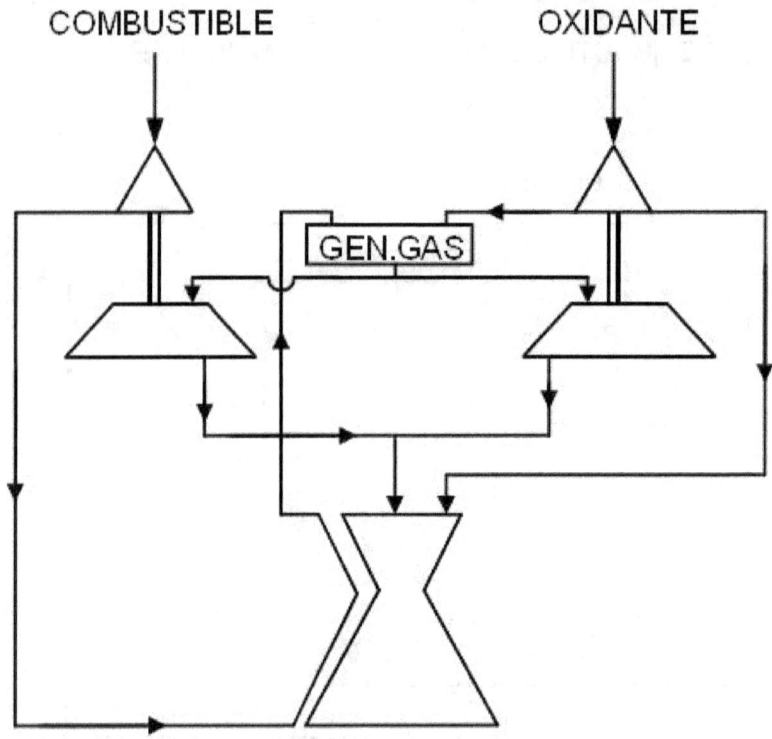

Esquema de funcionamiento del motor cohete líquido con ciclo de combustión escalonada. (*Esquema: J.Casado*)

Una tercera opción para mover las turbinas es utilizar simplemente parte del propulsante que se ha utilizado para refrigerar la tobera y la cámara, sin someterlo a combustión. En este proceso, el refrigerante se ha expandido, aumentando su presión, y sirviendo para mover las turbinas; a la salida de éstas, se expulsa al exterior. Este ciclo, denominado de "sangrado de refrigerante", es el más sencillo pero menos eficiente de los tres.

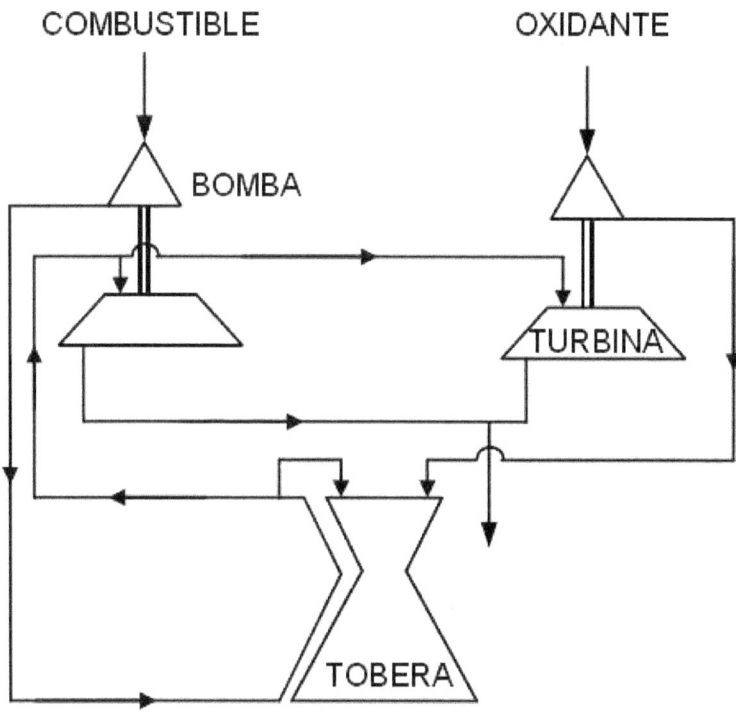

Esquema de funcionamiento del motor cohete líquido con ciclo de sangrado de refrigerante. (*Esquema: J.Casado*)

Pero, si para alimentar el propulsante a los motores se necesitan bombas que están accionadas por turbinas movidas por los gases generados por esos mismos motores… ¿cómo se inicia el proceso, cuando todavía no ha arrancado el motor, y por tanto no hay gases para mover las turbinas? Sencillo: el arranque inicial de las bombas se realiza con un motor eléctrico accionado por baterías; una vez iniciado el proceso, puede prescindirse de dicho motor, siendo ya las turbinas las que toman el relevo.

La chispa de la vida

Pero para arrancar, no basta con activar las bombas e inyectar el propulsante en la cámara de combustión. Excepto en el caso de los propulsantes hipergólicos, que reaccionan ardiendo de forma espontánea al combinarse, en el resto de los casos no tendríamos más que dos líquidos mezclados derramándose a chorros por la tobera. Necesitamos algo más: una chispa inicial que provoque la combustión de los dos líquidos, dando vida al motor.

Esta chispa sólo es necesaria para el arranque inicial: al tratarse de un motor de flujo continuo, una vez iniciada la combustión ésta no cesa mientras se mantenga el aporte de combustible y oxidante. Por lo demás, el iniciador de combustión de un motor cohete funciona de forma similar a las conocidas bujías de nuestros coches, mediante un electrodo que provoca chispas que hacen arder los líquidos inyectados en la cámara de combustión.

Complejidad elevada al cubo

Así explicado, un motor cohete de propulsante líquido tampoco parece tan complicado. Pero no nos engañemos: hablamos de manejar líquidos que suelen estar a temperaturas cercanas al cero absoluto (-183 ºC para el oxígeno líquido, -253 ºC para el hidrógeno), que pasan en poco tiempo a convertirse en gases a 3000 ºC, con presiones que pueden llegar a superar las 200 atmósferas, y que se mueven a velocidades supersónicas. Las turbinas y toberas tienen que tener su geometría diseñada para operar en este complicado entorno supersónico, con materiales capaces de soportar los ingentes esfuerzos impuestos por estas extremas condiciones de presión y temperatura. Ello unido, además, a toberas habitualmente orientables para controlar el cohete durante el ascenso, con toda la complejidad técnica adicional que ello supone.

En cualquier caso, ningún material sobre la Tierra soportaría durante mucho tiempo las temperaturas generadas en un motor cohete sin la adecuada refrigeración. Y ésta es una de las principales ventajas de los motores de propulsante líquido frente a los sólidos: que el propio propulsante es utilizado como refrigerante, haciéndolo circular alrededor de la tobera y la cámara de combustión antes de ser inyectado en esta última. Una posibilidad de la que no disponen los motores sólidos, lo que les impide prolongar su funcionamiento más allá de unos dos minutos en el mejor de los casos, pero que también es una complejidad técnica más a añadir al diseño de los motores de propulsante líquido.

Motor SSME del transbordador espacial, un motor de combustión escalonada. (*Foto: NASA*)

Javier Casado

Escapando a la gravedad
La puesta en órbita de satélites

Cualquier misión espacial consta de diferentes fases en su desarrollo. Todo comienza con el lanzamiento, con el ascenso del cohete hacia el espacio transportando a bordo su valiosa carga. Después vendrá la entrada en órbita terrestre, o, si se da el caso, la entrada en órbita de escape interplanetaria. Pero este proceso es bastante más complejo de lo que parece. Hoy empezaremos analizando la primera fase realmente espacial de la misión, la que se realiza ya fuera de la atmósfera: la puesta en órbita.

Como todos sabemos, no es necesaria una propulsión, un motor, para moverse por el espacio. Las fuerzas de la Naturaleza, representadas para el hombre a través de las leyes de Newton de la mecánica clásica y, en casos muy especiales (pues en general sus efectos suelen ser despreciables para el estudio de las órbitas de vehículos espaciales), de la mecánica relativista, nos facilitan el viaje espacial gracias a la existencia de las órbitas: trayectorias por las que se mueven libremente los cuerpos con masa, bajo la acción gravitatoria de las masas de su entorno.

Utilizando adecuadamente las órbitas, el hombre ha viajado hasta la Luna, por ejemplo, sin utilizar los motores de sus naves más que para dar unos pequeños impulsos en unos momentos determinados. Lo realmente difícil, lo realmente costoso en una misión espacial, es el primer empujón para abandonar el suelo y alcanzar la órbita terrestre. Pero una vez situado el vehículo en una órbita, seguirá moviéndose en ella mientras nada exterior lo altere.

Moviéndose a impulsos

Esto es lo que se aprovecha en los viajes espaciales. La propulsión sólo se utiliza para darle al vehículo la velocidad inicial necesaria para que describa la órbita, y también para, en un momento determinado, darle otro impulso que lo haga cambiar de trayectoria para describir otra órbita. Pero sólo son impulsos, de mayor o menor duración en función de la potencia de los motores y el incremento de velocidad necesario; no hay una propulsión continua, pues no es necesario. En nuestra vida cotidiana tenemos la noción de que para moverse es necesario que haya algo que impulse, algún motor; pero esto es así porque en nuestro entorno siempre hay fuerzas que se oponen a ese movimiento, y a las cuales hay que vencer: la resistencia del aire, el rozamiento con el suelo... En el espacio, fuera de la atmósfera terrestre y en ausencia de rozamiento, el vehículo se mueve libremente sometido a los campos gravitatorios de los astros más próximos, y esto es lo que se aprovecha en el vuelo espacial. Por supuesto, siempre existen pequeñas perturbaciones exteriores que alteran la trayectoria inicial, pero suelen ser de pequeña magnitud y su efecto sólo se nota con el transcurso del tiempo: influencia gravitatoria de cuerpos lejanos, resistencias aerodinámicas en el caso de satélites que rocen las capas altas de la atmósfera, etc.

Para colocar un objeto en una órbita determinada, no se necesita más que situarlo en un punto de dicha órbita e imprimirle la velocidad inicial necesaria para que la describa de forma inercial. Y esto es exactamente lo que hace un lanzador: para colocar un satélite en órbita, lo eleva hasta la altura necesaria, hasta un punto por el que pase la órbita en que se quiera colocar, y allí le imprime el incremento de velocidad necesario, en dirección y magnitud, para que describa libremente dicha órbita. A partir de ese momento, el satélite sólo utilizará sus motores esporádicamente y con impulsos muy breves para corregir las pequeñas desviaciones que hayan podido ocurrir como consecuencia de las influencias externas de las que hemos hablado.

Esta fase final encargada de colocar al vehículo en su órbita definitiva se denomina inserción en órbita, y consiste básicamente en imprimir al vehículo en el punto adecuado ese incremento de velocidad último necesario para que alcance la velocidad orbital.

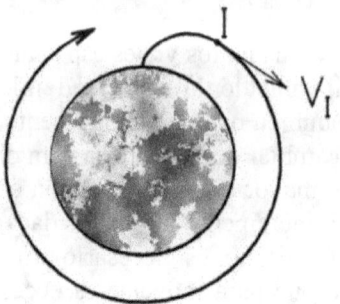

El lanzador lleva su carga útil (el satélite o vehículo en general) hasta el punto I, o punto de inyección en órbita. Allí le comunica el incremento de velocidad necesario para que alcance la velocidad v_I, o velocidad de inyección, necesaria para su inserción en órbita. (*Esquema: J.Casado*)

Órbitas de transferencia

Por supuesto, puede haber etapas intermedias antes de la inserción en la órbita definitiva, como es el caso de las misiones con órbita de aparcamiento: una órbita baja que actúa de etapa intermedia, antes de alcanzar la órbita final. En ese caso, hay una inserción inicial del vehículo en la órbita de aparcamiento, en la que permanecerá un tiempo determinado; después, la última etapa del lanzador o bien un motor impulsor independiente acoplado al satélite, se enciende en un punto dado para dar al vehículo otro incremento de velocidad en la dirección necesaria para cambiarlo de órbita. El vehículo entra así en una órbita de transferencia por la que discurre, de nuevo sin propulsión, hasta llegar a un punto en el que su trayectoria intercepte a la órbita definitiva que se desea lograr. En ese instante, se activa de nuevo el motor para dar un nuevo impulso de magnitud y dirección adecuada para insertarlo con la velocidad necesaria en la órbita final.

La órbita de transferencia puede ser de distintas formas, más larga o más corta, variando en cada caso el tiempo y propulsante necesarios para alcanzar su destino. Existen extensos estudios que muestran cuál es la trayectoria más adecuada en cada caso, dependiendo de la posición relativa de las órbitas inicial y final. En general, a las transferencias más cortas les corresponde un mayor consumo, un mayor impulso dado por el motor en cada uno de los dos puntos expuestos anteriormente.

Los lanzamientos de satélites o sondas desde el Space Shuttle parten siempre desde la órbita de aparcamiento descrita por el transbordador. Desde allí, un pequeño motor acoplado al satélite es el encargado de realizar la inserción en órbita final. En la foto, un satélite es expulsado de la bodega del Space Shuttle; en su parte inferior puede verse el motor de inserción, que será encendido una vez alcanzada una distancia de seguridad del transbordador, y que será eyectado tras su uso. (*Foto: NASA-JSC*)

La órbita simple de transferencia más económica entre dos órbitas circulares coplanarias es aquélla que es tangente a las órbitas inicial y final, y se denomina órbita de Hohmann. Existen posibilidades aún más económicas mediante combinación de dos órbitas diferentes (órbita bielíptica), pero se trata de soluciones poco utilizadas al resultar extremadamente largas, y por lo general no suelen justificar el ahorro obtenido. En el caso de transferencia entre una órbita circular y otra elíptica (ambas coplanarias), la órbita más económica es la que conecta el mayor apocentro con el pericentro de la otra órbita. Los casos de transferencia óptima entre dos órbitas elípticas o entre órbitas no coplanarias se complican mucho más, pero en la práctica la mayor parte de las misiones pueden englobarse en los casos anteriores: téngase en cuenta que las órbitas de los planetas del Sistema Solar son, en general, muy próximas a un círculo, y la mayoría están contenidas en las cercanías del mismo plano (la eclíptica); además, también muchas órbitas de satélites son circulares, por lo que en la práctica los casos anteriores comprenden un gran número de casos reales.

Cuando hablamos de economía en las órbitas de transferencia lo hacemos en términos energéticos, pero esto es algo que al final se traduce directamente en dinero: a mayor energía necesaria, mayor y más caro será el motor requerido, y también estaremos metiendo más peso tanto en el propio motor como en la mayor masa de propulsante necesario para alimentarlo, lo que al final significará que tendremos menor capacidad de carga útil en nuestro vehículo. Queda claro, por tanto, que la búsqueda de la órbita de transferencia más económica no es algo baladí cuando se trata de lanzar al espacio un vehículo espacial.

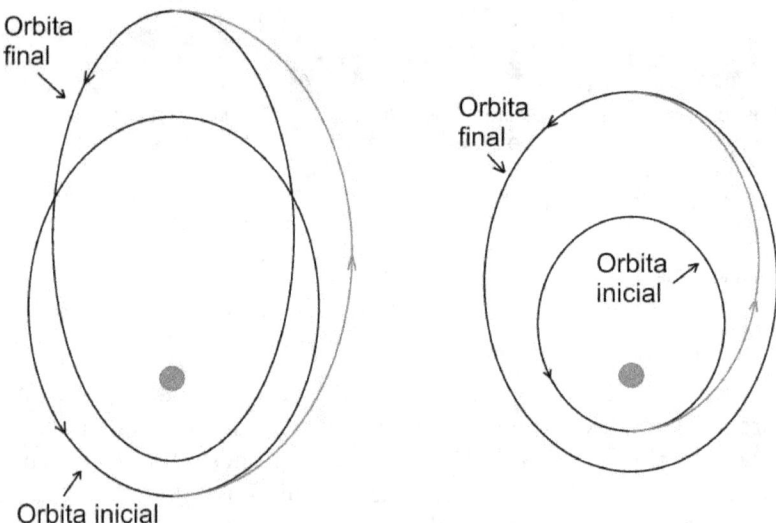

En el caso de transferencia entre una órbita circular y otra elíptica (ambas coplanarias), la órbita más económica es la que conecta el mayor apocentro con el pericentro de la otra órbita. (*Esquema: J.Casado*)

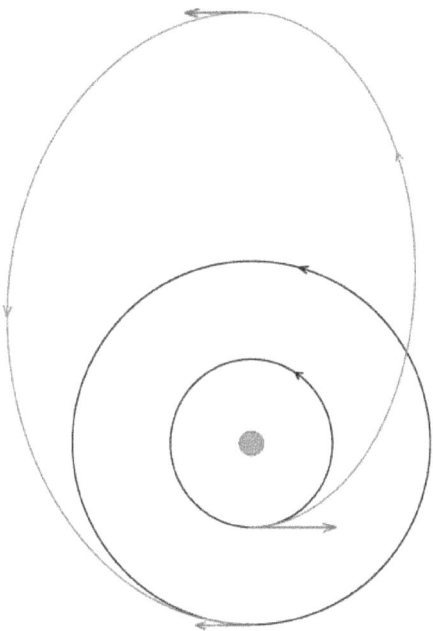

la órbita de transferencia bielíptica, que consta de dos tramos correspondientes a dos órbitas elípticas diferentes, es la órbita de transferencia más económica, pero el excesivo trayecto a recorrer la convierte en poco interesante con respecto al caso anterior. Los vectores rojos indican los impulsos que debe efectuar el motor a lo largo de la trayectoria. (*Esquema: J.Casado*)

Sin embargo, existen ocasiones en las que, por diversos motivos, se requieren órbitas de transferencia más cortas, que se recorran en menos tiempo, aunque no se trate de la transferencia óptima: en ese caso, se busca que la trayectoria sea tangente al menos a una de las dos órbitas, inicial o final, ya que así se ahorra propulsante. La mayor economía de propulsante se consigue haciéndola tangente a la órbita inicial, dejando el cambio de ángulo para la órbita final (que puede incluir el cambio de plano orbital, si se trata de órbitas no coplanarias). Hay casos, no obstante, en los que requisitos especiales de la misión impiden que la órbita de transferencia sea tangente a ninguna de las dos, inicial o final; de todas formas, en esos casos el ángulo formado con la órbita de partida suele ser pequeño, para evitar una penalización excesiva de la misión.

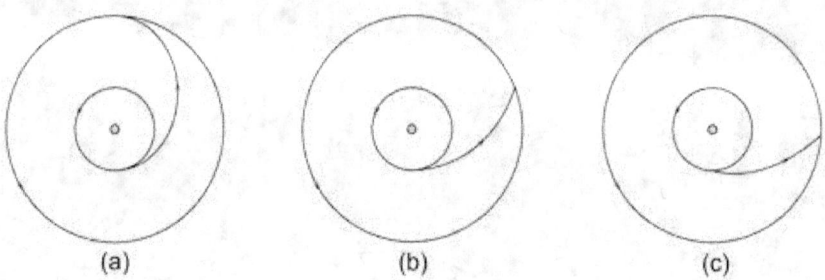

Tres tipos de órbitas de transferencia entre órbitas circulares coplanarias: a) órbita de Hohmann, la más lenta y económica; b) órbita de transferencia tangente a la órbita inicial, la mejor opción después de la de Hohmann en cuanto a economía; c) órbita no tangente a la órbita inicial ni a la final: la menos económica pero más rápida. (*Esquema: J.Casado*)

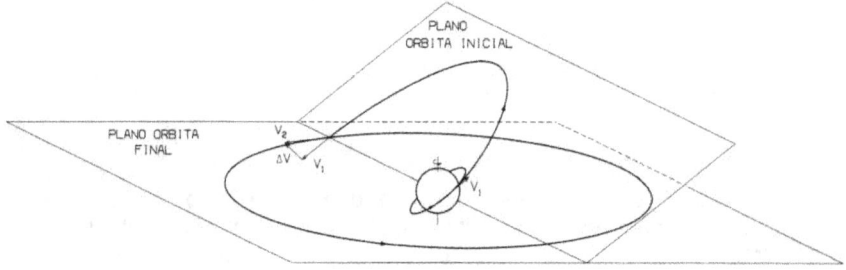

Transferencia típica de órbita de aparcamiento a órbita geoestacionaria (caso particular de transferencia entre órbitas circulares no coplanarias). La órbita inicial tiene su inclinación mínima limitada por la latitud del lugar de lanzamiento, obteniéndose dicha inclinación mínima con un lanzamiento hacia el este; para lograr la órbita geoestacionaria de inclinación 0° se requiere, por tanto, un cambio de órbita posterior. El cambio de plano orbital se deja para el punto de intersección con la órbita final, consiguiéndose así una mayor economía de combustible. (*Esquema: J.Casado*)

Hasta ahora hemos hecho referencia en la mayor parte de los casos a cambios de órbita alrededor de un solo cuerpo, es decir, a cambios de órbita de satélites. Pero el caso de las trayectorias interplanetarias no es muy diferente, y también aquí podemos reducir el itinerario de la misión a una serie de órbitas de transferencia: en realidad, la trayectoria interplanetaria no es más que una órbita de transferencia entre el punto inicial (que suele ser una órbita de aparcamiento terrestre) y el final (que podría ser una órbita de aparcamiento en el planeta de destino). La principal diferencia en este caso es que la órbita de transferencia, la principal parte del viaje, se corresponde de forma muy aproximada a una órbita heliocéntrica, alrededor del Sol, durante la mayor parte del trayecto, mientras el vehículo está lo suficientemente alejado de las influencias gravitatorias de los planetas de origen y destino. Pero ésta es otra historia que trataremos en otro momento.

El lugar de lanzamiento

Para poder lanzar un objeto al espacio, lo primero que necesitamos es contar con un cohete adecuado. Pero una vez conseguido esto, deberemos elegir el lugar de lanzamiento. Y no basta con encontrar un sitio tranquilo donde no molestemos demasiado... la selección de un lugar de lanzamiento adecuado puede ser un factor de suma importancia en el desarrollo de la misión.

Si echamos un vistazo a un mapa en el que se encuentren colocadas las principales bases de lanzamiento del mundo, podremos observar un detalle curioso: mientras que los países del hemisferio norte han colocado la suya lo más al sur posible de su territorio, las situadas en el hemisferio sur están colocadas en la zona norte de cada país. Y no se trata de un capricho o de simple casualidad: se trata siempre de aproximarse hacia el ecuador.

Así, los Estados Unidos han situado su principal centro de lanzamiento, el Centro Espacial Kennedy, en un lugar a 28,6º de latitud norte: Cabo Cañaveral, en el estado de Florida, el territorio más meridional del país. Por su parte Europa ha ido más allá, aprovechando la ex-colonia francesa de la Guayana, para ubicar allí su base de Kourou, a tan sólo 5º por encima del ecuador. Los rusos, con menos suerte dado lo septentrional de su territorio, han tenido que conformarse con su ubicación en Baikonur, a 45,6º de latitud norte, en la república de Kazajstán, al sur de la antigua URSS. En cuanto a Brasil, tiene situada su base de lanzamiento de Alcántara en una excepcional posición de 3º de latitud sur, por lo que es mirada con ojos codiciosos por las dos grandes potencias espaciales.

telecomunicaciones y buena parte de los meteorológicos, entre otros. La órbita de estos satélites tiene la particularidad de que el vehículo situado en ella gira con la misma velocidad de la Tierra, por lo que, visto desde la superficie terrestre, el satélite parece permanecer inmóvil siempre en el mismo punto. Para lograrlo, la órbita debe estar situada a aproximadamente 36.000 km de altura, y con su plano coincidiendo con el plano ecuatorial terrestre.

Y aquí es donde entra en juego la cercanía o lejanía de la base de lanzamiento al ecuador: y es que la inclinación de las órbitas que pueden obtenerse con un lanzamiento desde una base determinada tiene limitado su valor mínimo por la latitud geográfica del lugar de lanzamiento. Es decir, si se efectúa un lanzamiento desde Cabo Cañaveral, a 28,6° de latitud norte, la órbita conseguida nunca podrá tener una inclinación inferior a 28,6°, la cual se obtendrá con un lanzamiento hacia el este. Direcciones de lanzamiento diferentes darán lugar a órbitas con mayor inclinación, pero nunca menor.

Por supuesto, es posible alcanzar la órbita geoestacionaria de inclinación 0°, pero a costa de efectuar un cambio de órbita una vez en el espacio. Y ese cambio de órbita requiere tanto más consumo de propulsante cuanto mayor sea la diferencia de inclinaciones entre la órbita inicial y la final. Es fácil entender, por tanto, que si la latitud del lugar de lanzamiento es baja, la diferencia de inclinaciones a superar para alcanzar la órbita geoestacionaria será menor, y por tanto será mayor la economía conseguida en el lanzamiento. O, visto de otra forma, un mismo lanzador será capaz de poner en órbita geoestacionaria mayor cantidad de carga útil desde Kourou, por ejemplo, que desde Baikonur: si desde Kourou es capaz este lanzador de colocar 200 kg de carga útil en órbita geoestacionaria, su capacidad sería de 172 kg desde Cabo Cañaveral, y sólo de 145 kg desde Baikonur. Como se puede ver, la ventaja de la cercanía al ecuador es evidente.

Criterios de seguridad

Otra consideración a tener en cuenta al elegir la ubicación para una base de lanzamiento es la seguridad en su entorno. El lanzamiento de un vehículo espacial siempre entraña un cierto riesgo, pues se opera con enormes estructuras llenas de compuestos peligrosos, inflamables y explosivos, que además pueden caer sobre los alrededores en el caso de

Buscando el centro

Existe una importante razón para buscar estas ubicaciones lo más cerca posible del ecuador, y es la economía de combustible que supone para la mayor parte de los lanzamientos, lo cual significa menor coste o mayor carga útil mandada al espacio. El motivo es sencillo: la rotación de la Tierra, la cual puede aprovecharse para ayudar al lanzador en su misión.

La Tierra gira de oeste a este, por lo cual todos los objetos situados en su superficie son arrastrados en dirección este con una velocidad que es igual a la velocidad de rotación de la tierra por su distancia al eje de giro. Y los puntos de la Tierra situados a mayor distancia de su eje son, evidentemente, los situados sobre el ecuador.

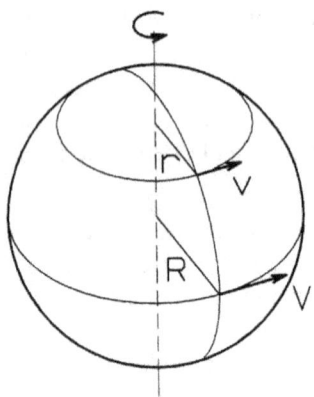

La velocidad de desplazamiento de un punto situado sobre la superficie terrestre es directamente proporcional a su distancia al eje de la Tierra, siendo así máxima en el Ecuador. (*Esquema: J.Casado*)

Por esta razón, los objetos situados sobre el ecuador son los que se mueven a mayor velocidad alrededor del eje terrestre. De hecho, y debido a la mayor fuerza centrífuga, una misma masa pesa menos en el ecuador que en otro punto de la Tierra, aunque este hecho es despreciable a la hora de enviar un objeto al espacio, dada su pequeña magnitud. La razón de elegir el ecuador no es esa, sino la velocidad en sí misma: para que un objeto se mantenga en órbita, debe desplazarse a una determinada velocidad, la cual depende de la altura de la órbita. Y la misión del lanzador no es otra que la de aportar a su carga esa velocidad necesaria para mantenerlo en órbita. Pues bien, el truco está en aprovechar la un despegue fallido. Por ello, las bases de lanzamiento suelen estar alejadas de las poblaciones, y además tienen limitadas las posibles orientaciones de los despegues, de forma que no se sobrevuelen lugares poblados durante el ascenso. Un ejemplo claro del peligro que puede suponer no respetar estas normas lo tenemos en el accidente que tuvo lugar el día 15 de febrero de 1996 en China: durante el lanzamiento de un satélite comercial, el lanzador CZ-3B perdió el control durante el ascenso, estrellándose contra la vecina aldea de Xichang y matando a un gran número de personas. Por ello, de forma general las principales bases de lanzamiento están situadas en lugares costeros o en medio de áreas deshabitadas, y con sus posibles orientaciones de lanzamiento (*acimut*) limitadas a aquéllas que no sobrevuelen zonas pobladas.

En esta fotografía de un lanzamiento del Space Shuttle desde el Centro Espacial Kennedy en Cabo Cañaveral, pueden observarse claramente dos cosas: la inclinación hacia el este de la trayectoria, y la situación del mar en esa dirección, como medida de seguridad frente a lanzamientos fallidos. (*Foto: NASA*)

Existen casos llamativos en cuanto a los acimuts de lanzamiento de ciertas bases, como puede ser el caso de la base de lanzamiento rusa de Kapustin Yar, cuya ubicación en el interior del país y a 30 km al oeste de la frontera con Kazajstán, obligan a pedir permiso al gobierno de esta república cada vez que se quiere realizar un lanzamiento en dirección este; o el caso anecdótico de las dos bases japonesas de Tangashima y Kagoshima, ambas situadas en la costa, que tienen restringidos sus lanzamientos solamente a algunos meses del año para no interferir con las actividades de pesca en la zona sobrevolada por el lanzador durante los principales meses de actividad pesquera; aunque en este último caso, las restricciones se deben, más que a motivos de seguridad, a las fuertes presiones ejercidas por el colectivo pesquero japonés, que argumenta que los lanzamientos ahuyentan a los peces, afectando a sus capturas.

Sea Launch: ecuador y seguridad, todo en uno

La importancia que representa la elección del lugar idóneo de lanzamiento está bien reflejada en la creación empresa Sea Launch a través de la cooperación de la empresa norteamericana Boeing con la rusa RSC-Energiya y otras dos empresas de Noruega y Ucrania, para desarrollar una plataforma marítima de lanzamiento de cohetes. La base de lanzamiento, derivada de una plataforma petrolífera, ha sido ubicada en el Océano Pacífico exactamente sobre el ecuador. Una situación óptima por partida doble: su ubicación exacta en latitud cero, unida a la seguridad que le otorga el disponer de miles de kilómetros de agua todo alrededor.

Las nuevas plataformas marítimas móviles de lanzamiento, introducidas a finales del siglo XX, proporcionan una mayor flexibilidad en cuanto a elección del lugar óptimo de lanzamiento, evitando además los problemas de seguridad en su entorno. *(Foto: Sea Launch)*

El tiempo es oro
Ventanas de lanzamiento

Disponer de un lanzador y una base de lanzamiento son requisitos necesarios para poner un vehículo en órbita. Pero de poco nos servirán si no llevamos a cabo el lanzamiento en el momento adecuado. En cierto modo, podemos decir que los lanzamientos los realizamos por la ventana... por la ventana de lanzamiento.

Cuando se planifica una nueva misión espacial, ya sea ésta una misión orbital terrestre o una misión interplanetaria, es necesario hacerlo teniendo en cuenta el lugar de lanzamiento. Éste vendrá determinado en parte por razones políticas y de nacionalidad, y en parte por las necesidades de la órbita requerida, la cual impondrá unos requisitos determinados en cuanto a dirección, día y hora de lanzamiento. Ya hablamos de las particularidades del lugar elegido para el lanzamiento en un artículo anterior, pero recordemos rápidamente algunas de las características más importantes: que la inclinación de la órbita elegida nunca podrá ser inferior (aunque sí superior) a la latitud del lugar de lanzamiento (a menos que se realice un cambio de órbita posterior, naturalmente), y que la dirección requerida de lanzamiento deberá estar comprendida dentro de los acimuts permitidos por razones de seguridad para la base de lanzamiento dada: direcciones hacia el este para la mayoría de las órbitas, y hacia el oeste para órbitas polares o de muy alta inclinación.

Pero una vez que se ha elegido el lugar de lanzamiento, queda por elegir el día y la hora más adecuados para efectuarlo. Esto es lo que se conoce como ventanas de lanzamiento.

Mirando el calendario

Para misiones en las que se trate de poner un objeto en órbita alrededor de la Tierra, a menudo el día de lanzamiento es indiferente, siendo la hora el único factor a tener en cuenta; la excepción serían las misiones en las que se quiera realizar un encuentro con algún objeto ya en órbita, teniendo importancia el día de lanzamiento en ese caso, ya que en general el objeto en órbita sobrevolará zonas diferentes en días distintos. Sin embargo, para misiones más allá de la órbita terrestre, ya sea a la Luna o a otros planetas del sistema solar, es evidente la importancia del día del año en que se efectúa el lanzamiento, pues, debido a la rotación de la Tierra y los planetas alrededor del Sol, la situación relativa entre ellos varía a lo largo del año. En el caso del planeta Marte, hay que esperar casi dos años para que vuelva a darse una configuración relativa similar, dada la velocidad con que se mueve el planeta en su órbita, mientras que para el resto de planetas, se produce una repetición de configuraciones al menos una vez cada año o poco más.

La selección del día de lanzamiento para el caso de misiones interplanetarias vendrá determinada por la configuración planetaria más adecuada para la misión, es decir, aquélla que permita el viaje más corto o más económico hasta el objetivo. Aquí entra en juego de forma fundamental el análisis de trayectorias, para seleccionar aquélla que se considere más conveniente para la misión; en dicha selección intervienen múltiples factores, como pueden ser economía, duración de la misión, requisitos científicos... En cualquier caso, una vez seleccionada la trayectoria, ya tendremos definida una duración de misión y una configuración de planetas que nos determinan el día de lanzamiento del vehículo. Aunque lo cierto es que como las configuraciones planetarias no cambian de forma radical de un día para otro, en realidad el día de lanzamiento puede moverse en un pequeño entorno del día teórico, ajustando la velocidad de inyección en la órbita de transferencia (es decir, la velocidad aportada por el lanzador) de forma que dicha transferencia hasta su destino se ajuste a la variación de la nueva configuración planetaria con respecto a la del día de lanzamiento óptimo. A mayor flexibilidad del lanzador para ajustar la velocidad de inyección a los requisitos de cada día, mayor flexibilidad tendremos en cuanto a día de lanzamiento. En general, para el caso de misiones interplanetarias se suele establecer una ventana de lanzamiento de treinta días en torno al momento óptimo. Evidentemente, sería arriesgado pensar en efectuar el lanzamiento únicamente en el día teórico, pues unas malas condiciones climatológicas o un problema de última hora, podrían impedirlo; esta ventana de lanzamiento de 30 días supone así un margen aceptable en el que podremos esperar que nuestra misión se lance con una razonable seguridad.

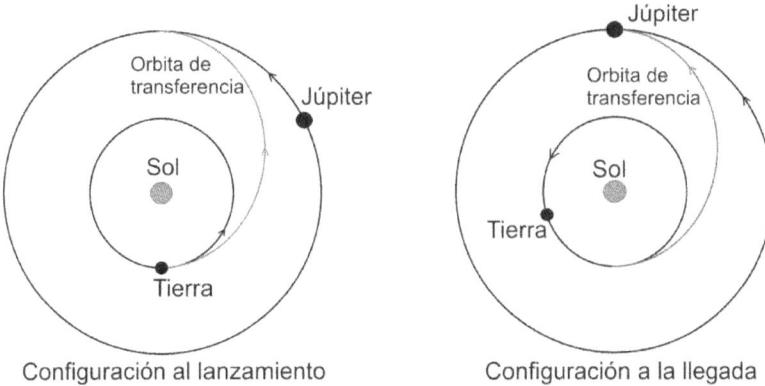

Configuración al lanzamiento   Configuración a la llegada

La trayectoria interplanetaria elegida nos define el día en que debemos efectuar el lanzamiento: cuando la configuración de los planetas de origen y destino es tal que nos asegure que el planeta de destino se encontrará en el punto adecuado cuando lleguemos allí. (*Esquema: J.Casado*)

Reloj en mano

Además de elegir el día de lanzamiento más adecuado, la hora de lanzamiento también es un parámetro fundamental para cualquier misión espacial, ya sea interplanetaria o simplemente a la órbita terrestre. Ello es debido a la rotación de la Tierra, que hace que cada momento de despegue tenga unos requisitos diferentes para el lanzamiento, ya que el lugar de lanzamiento se mueve respecto a la órbita final que se quiere conseguir. Como sabemos, una órbita alrededor de un planeta es independiente de la rotación del mismo; es decir, la órbita no rota con el planeta, sino que mantiene su posición en el espacio (dejando aparte la traslación alrededor del Sol) ajena a lo que haga el planeta que tiene debajo. Por ello, si vemos el planeta desde el plano de la órbita, veríamos que éste gira bajo nosotros, y por tanto la posición relativa del lugar de lanzamiento respecto a la órbita que se quiere lograr está cambiando constantemente. Y, al contrario de lo que ocurre con las configuraciones planetarias, que cambian lentamente, aquí los cambios son muy rápidos, pues la Tierra da una vuelta completa sobre sí misma en tan sólo 24 horas. Por ello, la hora de lanzamiento se convierte en un factor muy crítico.

Analizar de forma detallada cómo influye la hora, el acimut y el lugar de lanzamiento sobre la órbita terrestre conseguida implica un estudio geométrico relativamente complejo. Pero baste decir que, para una base de lanzamiento dada, habrá un margen horario dentro del cual será posible el lanzamiento, ajustando convenientemente el acimut (dirección de despegue). A cada instante de lanzamiento le corresponde un acimut determinado. Por lo tanto, cuanto mayor sea el margen de acimuts de despegue permitidos por la base de lanzamiento, tanto mayor será el margen horario durante el cual se podrá efectuar el mismo. Este intervalo de horas durante las cuales es posible efectuar el lanzamiento, es lo que se conoce como *ventana de lanzamiento*. Si la órbita final permite un lanzamiento hacia el este (acimut 90°), la hora ideal para el lanzamiento será la que coincida con este acimut, pues se consigue así la mayor economía de combustible. De hecho, en el caso de órbitas terrestres, en las que el día de lanzamiento no es crítico, puede ser conveniente restringir las ventanas de lanzamiento más de lo que imponen los acimuts permitidos por la base, para evitar grandes penalizaciones durante el despegue al hacerlo con acimuts muy alejados del ideal.

Requisitos especiales

Pero no es únicamente la geometría la que determina las ventanas de lanzamiento de una determinada misión. Pueden existir numerosos parámetros adicionales que restrinjan aún más las horas y días válidos para el lanzamiento, aparte de los requisitos puramente geométricos o de mecánica orbital, que son los imprescindibles para poder alcanzar la órbita requerida. Podríamos tener, por ejemplo, el requisito de que un determinado momento de la misión transcurra durante una parte iluminada de la órbita; o que un instante crítico de la misma, como puede ser la inyección en órbita interplanetaria a partir de la órbita de aparcamiento, suceda mientras el vehículo está dentro del campo de cobertura de alguna estación de seguimiento terrestre. Requisitos "artificiales" como estos pueden restringir aún más las ventanas de lanzamiento "naturales" impuestas por la naturaleza o la física.

Un buen ejemplo lo tenemos con la reanudación de las misiones del transbordador espacial norteamericano en julio de 2005 tras el largo *impasse* de dos años y medio impuesto por la recuperación tras el accidente del Columbia. Además de las ventanas de lanzamiento "naturales" impuestas por la necesidad de coordinación entre órbitas para permitir un acoplamiento con la Estación Espacial Internacional, existe el requerimiento adicional de que el momento de separación del tanque externo tras alcanzar la órbita se realice bajo condiciones óptimas de iluminación; el motivo es permitir el correcto fotografiado del depósito tras su separación, en busca de posibles zonas de desprendimiento de espuma aislante como ocurrió durante el lanzamiento del Columbia en su último vuelo (y como había ocurrido en numerosas misiones más, aunque sin el fatal resultado de ésta). Entre unos requisitos y otros, se introducen restricciones múltiples que convierten las que en un principio podían ser unas ventanas de lanzamiento relativamente amplias en unas restrictivas ventanas limitadas a sólo algunos días y meses a lo largo del año. Algo que ha supuesto importantes limitaciones en cuanto a ventanas de lanzamiento en esta nueva etapa operativa del transbordador espacial norteamericano.

Un espacio sin parquímetros
Las órbitas de aparcamiento

Cuando uno piensa en el lanzamiento de una misión espacial interplanetaria, tiende a suponer que la nave recorrerá su trayectoria de forma continua desde el despegue hasta llegar a su destino. Sin embargo, en casi todos los casos existe una fase intermedia: la órbita de aparcamiento.

En realidad, las dos opciones son posibles, y la elección entre una u otra es una de las decisiones que hay que tomar a nivel de diseño de la misión. En el primer caso hablaremos de una trayectoria "de ascenso directo", mientras que en el segundo tendremos una órbita de aparcamiento.

El ascenso directo, como su propio nombre indica, es el modo de lanzamiento en apariencia más sencillo: una trayectoria continua desde el instante del lanzamiento hasta la inserción en la órbita final. La órbita de aparcamiento, en cambio, parece añadir complejidad aparente a este método, al dividir la misión en dos partes: un ascenso inicial hasta una órbita baja, que es la que se denomina órbita de aparcamiento, en la que el vehículo permanece un tiempo variable; y una segunda fase en la que el vehículo parte de la órbita de aparcamiento hacia su inserción en la órbita final, ya sea ésta una trayectoria interplanetaria, o una órbita terrestre de gran altitud (geoestacionaria, por ejemplo). Sin embargo, vamos a ver que esta supuesta mayor complejidad otorga en realidad grandes beneficios al planteamiento de la misión.

Lo más simple no es siempre lo más sencillo

Las órbitas de aparcamiento son utilizadas en la práctica en la inmensa mayoría de las misiones interplanetarias, así como en muchas puestas en órbita de satélites geoestacionarios y en gran parte de las misiones de órbitas altas en general. La principal razón es la gran flexibilidad que aportan en cuanto a ventanas de lanzamiento se refiere.

Ya vimos en un artículo anterior que las ventanas de lanzamiento, es decir, el periodo durante el cual puede procederse con el lanzamiento de una determinada misión desde un lugar dado, están restringidas por diversos factores, como la configuración planetaria (en el caso de misiones de espacio profundo), la rotación de la Tierra, la latitud del lugar de lanzamiento, los azimuts de despegue permitidos por razones de seguridad en el entorno, etc. Si a estos factores que podríamos llamar geométricos unimos los de otros tipos (por ejemplo, determinados requisitos de iluminación durante el ascenso, sobrevolar determinado lugar, encontrarse con otro objeto en órbita, etc), la situación se complica considerablemente, provocando que las ventanas de lanzamiento resultantes sean tremendamente limitadas, o incluso, en ocasiones, inexistentes.

En estas condiciones, utilizar una órbita de aparcamiento intermedia entre la fase de despegue y la órbita o trayectoria final, otorga una flexibilidad mucho mayor al lanzamiento. Por un lado, se consigue así independizar el momento del despegue del momento de inyección en la órbita definitiva, al poder permanecer en espera el vehículo en dicha órbita de aparcamiento durante el tiempo necesario, aguardando la configuración geométrica correcta para la siguiente fase. Y, por otra parte, también posibilita efectuar un cambio de órbita posterior para conseguir alcanzar así órbitas a las que sería más complicado o costoso llegar de otro modo (caso de las órbitas geoestacionarias, por ejemplo).

La última revisión previa al viaje

Pero existe una ventaja adicional en la utilización de las órbitas de aparcamiento, y ésta adquiere especial importancia en el caso de misiones interplanetarias, más aún si son tripuladas. Se trata de la posibilidad que ofrece la órbita de aparcamiento de realizar aún en órbita terrestre una comprobación de todos los sistemas de forma previa al inicio de la fase interplanetaria. De esta forma, en caso de detectarse algún fallo, aún puede existir la opción de abortar la misión, o de proceder a las reparaciones necesarias antes de que quizás sea demasiado tarde.

Fue el caso, por ejemplo, de la misión del Apollo 12: tras sufrir un impacto directo de un rayo durante el ascenso a través de la atmósfera, los astronautas se enfrentaron a un repentino apagón de todos los sistemas eléctricos que estuvo a punto de dar al traste con la misión a los pocos minutos del lanzamiento, mientras los equipos de tierra dudaban si dar la orden de abortar. Aunque en los instantes siguientes pudo realizarse una recuperación rápida de los sistemas esenciales, permitiendo evitar el accionamiento apresurado del sistema de escape, para la recuperación completa de la nave fue preciso seguir trabajando durante las dos horas largas que se permaneció en órbita de aparcamiento terrestre. Finalmente, todos los problemas fueron resueltos y la misión pudo continuar hasta la Luna, pero de haberse detectado algún problema mayor, siempre habría sido posible volver de nuevo a la Tierra sin necesidad de enfrentarse a un peligroso periplo lunar.

Por unas y otras razones, hoy en día es prácticamente impensable que una misión interplanetaria no cuente con una etapa inicial en una órbita de aparcamiento terrestre. También las misiones de satélites a órbita geoestacionaria utilizan por lo general este esquema, empleando esta órbita intermedia como primer paso de una trayectoria compuesta por un ascenso inicial, un periodo en órbita baja, una órbita de transferencia a geoestacionaria, y finalmente la órbita final a 36.000 km de altitud. Pero la principal pregunta que se le plantea al ingeniero que planifica la misión es: ¿a qué altura ponemos la órbita de aparcamiento?

Vale, pero… ¿dónde aparco?

La respuesta a esta pregunta es fácil, y se conoce desde los comienzos del programa espacial: lo más bajo posible. Efectivamente, se demuestra matemáticamente que es más eficiente hacerlo de esta forma, que se consume menos propulsante enviando primero el vehículo a una órbita de aparcamiento baja y dando luego un impulso mayor para ponerlo en su órbita definitiva, que enviándolo inicialmente a una órbita alta, gastando mayor propulsante en ello, aunque el impulso siguiente sea de menor entidad, y por tanto de menor consumo.

Por esta razón, las órbitas de aparcamiento suelen estar situadas en un entorno de 200 km de altitud: ésa es la mínima a partir de la cual comienzan a ser despreciables los efectos de rozamiento con la atmósfera terrestre. Hablamos, en todo caso, de órbitas circulares y no elípticas, pues se demuestra también que ésta es la forma con la que se consigue aprovechar mejor la energía suministrada por el empujón final del motor cohete.

Otras utilidades

Existen también otros tipos de órbitas que pueden denominarse "órbitas de aparcamiento", aunque su finalidad es muy distinta a las comentadas anteriormente. Se trata, por ejemplo, de las órbitas en las que se sitúa un determinado vehículo en espera de llevar a cabo una determinada acción.

Por citar algún ejemplo, durante los años de ocupación de la estación espacial Mir era relativamente frecuente que una nave carguero Progress tuviera que ser desacoplada del complejo orbital para permitir el acoplamiento en su puerto de una nave Soyuz visitante; cuando la Soyuz partía de nuevo, la Progress volvía a acoplarse, en espera de ser llenada de basura por los cosmonautas para deshacerse de ella con la desintegración del vehículo de carga durante su reentrada en la atmósfera. Pues bien, durante el periodo en el que la Progress permanecía desacoplada, se la enviaba a una distancia prudencial de la estación espacial, en lo que también puede denominarse "órbita de aparcamiento", quizás incluso con más propiedad que en los casos descritos con anterioridad.

Órbitas cementerio

Otras órbitas que pueden denominarse de aparcamiento son las destinadas a almacenamiento de satélites obsoletos. Es el caso, por ejemplo, de los satélites geoestacionarios: debido al elevado número de satélites que realizan su misión desde esta misma órbita geoestacionaria (una órbita ecuatorial a 35.800 km de altitud), ésta comienza a estar bastante saturada. Aunque el principal problema de saturación se da en la banda de frecuencias utilizadas, pudiéndose generar interferencias entre diferentes satélites, también la disponibilidad de espacio físico puede llegar a ser problemática en determinadas zonas, a medida que se acumulan los satélites obsoletos con los nuevos enviados a sustituirlos.

Para paliar en cierta medida esta saturación, hace algunos años se impuso la norma de que todo satélite enviado a la órbita geoestacionaria debería abandonarla una vez terminada su vida útil, evitando así la acumulación de desechos en esa saturada zona del espacio. Por esta razón, ahora los satélites geoestacionarios están obligados a reservar una parte de su propulsante para llevar a cabo esa maniobra final.

Pero lamentablemente, esta norma internacional no impuso que el satélite debería retirarse a una órbita inferior, donde el mayor rozamiento con las capas altas de la atmósfera tenderían a frenarlo con el tiempo enviándolo finalmente a una desintegración durante la reentrada. En ausencia de dicha imposición, los satélites geoestacionarios obsoletos suelen ser enviados a una órbita superior, dado que ésta es una maniobra que precisa menos propulsante. Dicha nueva órbita también puede denominarse "de aparcamiento", aunque suele denominarse con más propiedad como "órbita cementerio".

De esta forma se consigue despejar la órbita geoestacionaria, aunque lamentablemente el resultado es que el satélite puede permanecer como basura espacial durante cientos de años.

Viajes interplanetarios
Hasta el infinito, y más allá

El viaje interplanetario tiene muchas similitudes con las operaciones de puesta en órbita de satélites, pero también presenta algunas características particulares, que analizaremos en el presente artículo.

Una trayectoria interplanetaria parece que no tiene demasiada similitud con la órbita que sigue un satélite alrededor de la Tierra. Sin embargo, no es así: ambos se rigen por las mismas leyes de la mecánica celeste, y en ambos casos estamos hablando de órbitas; sólo que la trayectoria interplanetaria está constituida en la mayor parte de su recorrido por una órbita alrededor del Sol.

Tomemos como base el viaje de una sonda espacial que vaya a estudiar el entorno de otro planeta. Supongamos, como es bastante habitual, que dicha sonda parte de una órbita de aparcamiento terrestre en la que ha sido colocada en una primera fase por el cohete lanzador, y que su destino es otra órbita alrededor del planeta a estudiar, donde permanecerá durante el tiempo que dure su misión científica.

Pues bien, el viaje interplanetario entre la órbita de origen y la órbita de destino es una órbita de transferencia similar a las utilizadas habitualmente para la puesta en órbita de muchos satélites, y de las que ya hemos hablado en un artículo anterior. La principal diferencia en este caso es que, mientras en el caso de las órbitas de satélites sólo consideramos, en una primera aproximación, la influencia gravitatoria terrestre (las influencias del Sol y otros astros son a esa escala de orden muy inferior, y se tratan más bien como perturbaciones), en este caso tendremos tres influencias gravitatorias claras según cuál sea la fase de la misión: la influencia terrestre en la fase inicial, la influencia solar en la fase principal del viaje, y la influencia gravitatoria del planeta de destino cuando la sonda se encuentre ya en sus proximidades.

Un viaje en tres etapas

Y es justamente de esta forma como se realiza el estudio de la trayectoria en un primer análisis: descomponiendo el viaje en tres etapas, inicial, media, y final, en cada una de las cuales se considerará únicamente la influencia del cuerpo principal: la Tierra, el Sol, y el planeta de destino, en nuestro caso. La frontera entre una zona y otra vendrá determinada por las llamadas "esferas de influencia" de cada uno de los planetas, entelequia matemática que nos define la zona en la que podemos despreciar otras influencias gravitatorias que no sean las de ese cuerpo principal. Obtendremos así una descomposición de la órbita en tres fases: una órbita terrestre de escape, una órbita heliocéntrica que constituirá la parte principal del viaje, y una órbita hiperbólica (de escape también, pero a la inversa, de llegada en lugar de salida) en el planeta de destino. Allí, llegado el caso, se realizaría la maniobra pertinente para inyectar a la sonda en una órbita circular o elíptica alrededor del planeta, pero esa sería ya una nueva fase. Tenemos así una simplificación que nos da resultados muy aproximados e intuitivos para un primer estudio, que luego podrán refinarse mediante cálculos más complejos en los que se tendrá en cuenta de forma real todas las influencias gravitatorias en cada una de las fases.

Pero antes de seguir hablando del viaje interplanetario, hagamos un pequeño inciso para estudiar las diferencias entre estas órbitas comentadas: las elípticas y las hiperbólicas o de escape.

Tipos de órbitas

Las órbitas simples pueden tener tres formas básicas: elíptica, parabólica o hiperbólica; existe también la órbita circular, pero puede considerarse un caso particular de órbita elíptica, con excentricidad nula (la excentricidad es el parámetro que mide la desviación de la forma de una elipse con respecto a una circunferencia).

Si analizamos la puesta en órbita de un vehículo alrededor de la Tierra o de otro astro cualquiera, tenemos que para cada velocidad de inyección en órbita obtendremos una órbita distinta. Consideremos que para describir una órbita circular el vehículo requiere una velocidad "v". Pues bien, si aumentamos dicha velocidad, empezaremos a hacer la órbita cada vez más elíptica, de mayor excentricidad. Si seguimos aumentando la velocidad, llegará un momento en que ésta sea tan grande que la gravedad terrestre no podrá contrarrestarla: dado que la fuerza de la gravedad decrece con la distancia, para una velocidad determinada el vehículo se seguirá alejando sin que la gravedad, cada vez menor, sea capaz de detenerlo, sino sólo de frenarlo cada vez con menos fuerza. El vehículo escapará a la atracción terrestre, y vagará libremente por el espacio. En esas condiciones, diríamos que está en una trayectoria "de escape" del campo gravitatorio terrestre, y la forma de la órbita vista desde la Tierra sería una hipérbola (o una parábola para el caso exacto, y poco probable, de que su velocidad coincida exactamente con la velocidad mínima de escape, ni un poco más ni un poco menos).

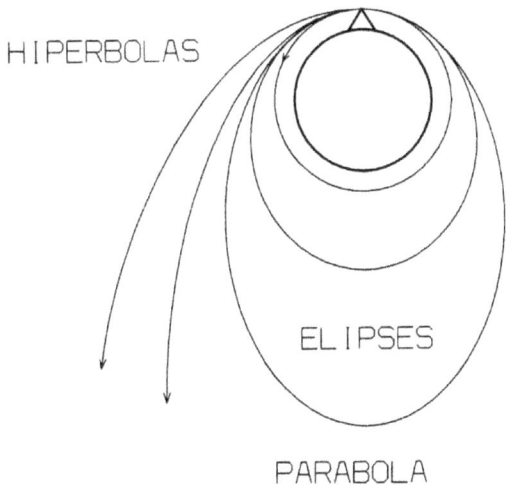

Si se aumenta la velocidad por encima de la correspondiente a la órbita circular, se van obteniendo órbitas elípticas cada vez de mayor excentricidad, para llegar a la velocidad de escape, correspondiente a la parábola; velocidades mayores darán lugar a trayectorias hiperbólicas. (*Esquema: J.Casado*)

En estas condiciones, olvidando el efecto de la Tierra, ya suficientemente lejos, y si no existiera ningún otro objeto en el universo, el vehículo continuaría viajando de forma rectilínea y con velocidad constante eternamente. Al no haber ninguna influencia exterior, ninguna fuerza que lo frene o lo desvíe, el vehículo sigue por propia inercia. Según la segunda ley de Newton, en ausencia de influencias exteriores, un cuerpo mantiene su estado de movimiento uniforme y rectilíneo o de reposo eternamente.

Pero en la realidad no ocurre así: en el espacio hay más cuerpos celestes, aparte de la propia Tierra. Cuando un objeto en trayectoria de escape ha abandonado la influencia terrestre, otros efectos gravitatorios actúan sobre él. El primero, el del Sol. De esta forma, el objeto que abandona la órbita terrestre, se encuentra inmerso en una órbita alrededor del Sol, como los planetas. Es decir, la órbita que vista desde la Tierra era hiperbólica, es en realidad una órbita elíptica alrededor del Sol... o hiperbólica también, si la velocidad fuera tan enorme como para superar la velocidad de escape del campo gravitatorio solar.

Volvamos ahora de nuevo a nuestra trayectoria interplanetaria:

Según lo explicado anteriormente, lo único que hay que hacer para conseguir el viaje interplanetario es comunicar a nuestro vehículo una velocidad adecuada para que recorra la órbita heliocéntrica de transferencia que le llevará a las proximidades del planeta de destino. Esa velocidad será, por supuesto, superior a la velocidad de escape terrestre (cuyo valor aproximado son 11 km/s); cuánto superior dependerá de la órbita de transferencia elegida en cada caso. Esa cantidad en exceso de la velocidad de escape es lo que se denomina "exceso de velocidad hiperbólica" (o simplemente, velocidad hiperbólica), y en nuestro análisis simplificado equivale a la velocidad con la que se insertaría el vehículo en la órbita heliocéntrica de transferencia.

Correcciones de trayectoria

De acuerdo con esto, en un caso ideal, una vez insertado el vehículo en su trayectoria, debería recorrerla sin ningún problema hasta llegar a su destino. Es decir, bastaría el impulso inicial dado por el lanzador para que el vehículo llegase hasta el planeta a estudiar. Pero en la práctica no es así: desde el mismo momento de la inserción en órbita hay errores en la posición y en la velocidad del vehículo, pues, aunque la precisión de los lanzadores y de los motores auxiliares es cada vez mayor, la exactitud total no existe. Además de esto, hay multitud de perturbaciones exteriores de mayor o menor magnitud que actúan sobre el vehículo durante su viaje desviándolo de su trayectoria nominal.

Estos efectos no se pueden evitar, y por ello la única solución es corregir los errores a los que dan lugar. Para ello se equipa al vehículo con pequeños motores encargados de realizar esas correcciones en su orientación (actitud), en su posición, o en su velocidad. A estos motores se los alimenta a partir de un depósito de propulsante cuya cantidad está estimada con la mayor precisión posible de forma que sea el necesario, pero no más, para cumplir su cometido durante toda la vida prevista para la misión. Los motores y su propulsante son un lastre indeseado aunque imprescindible, y su peso debe mantenerse al mínimo por razones obvias.

La trayectoria de cualquier vehículo espacial está sometida a perturbaciones de diferente tipo que será necesario corregir periódicamente. (*Imagen: NASA*)

Los cálculos que determinan la cantidad de propulsante requerido para llevar a cabo las correcciones necesarias durante la misión son complejos, pues la propia naturaleza de las perturbaciones y errores del lanzador hace que su predicción sea resultado de estimaciones, no de cálculos exactos. Los datos de partida para esta estimación tampoco son exactos, sino que la mayor parte de las veces proceden de datos estadísticos: valores medios y desviaciones típicas de los errores del lanzador en cuanto a posición y velocidad de inyección, valores medios de perturbaciones tales como la presión de radiación solar, etc. En otros casos, las fuentes de error son incluso incuantificables: perturbaciones en el movimiento de la sonda debido al movimiento del líquido propulsante dentro del depósito, errores cometidos por los propios motores encargados de corregir estos... Sin embargo, incluso en estos casos se intenta acotar la magnitud de su influencia en base a datos de misiones similares, reservándose un porcentaje de propulsante para la corrección de este tipo de errores más aleatorios.

De este modo, de una forma estadística, basándose en datos históricos, y utilizando sofisticados métodos de cálculo, se cuantifica de una forma bastante aproximada el propulsante necesario para la misión. Que no es el necesario para cubrir el caso más desfavorable posible, pues la probabilidad de que absolutamente todos los factores actúen en contra es muy baja, sino únicamente el necesario para cubrir el caso más desfavorable dentro de los casos probables. Es, como se ve, un estudio complejo, en el que se llegan a generar miles e incluso millones de trayectorias por ordenador, cada una de ellas consecuencia de unas condiciones diferentes (debidas a los errores y perturbaciones), para analizar qué se necesitaría en cada caso para volver a la trayectoria prevista.

Estas estimaciones y cálculos estadísticos sirven para preparar la misión y prever la cantidad de propulsante que necesitará el vehículo. Pero una vez comenzada la misión, son ya datos reales, medidos por el propio vehículo mediante sus sensores de velocidad, posición, aceleración y actitud, o medidos desde tierra a partir de observaciones, los que determinan la magnitud de las correcciones a aplicar y el momento de hacerlo. Un software incorporado al propio vehículo se encarga de comparar datos reales y teóricos y de llevar a cabo las maniobras oportunas. De esta forma conseguimos enviar esos pequeños robots a explorar nuevos mundos situados a millones de kilómetros.

Manteniendo el contacto seguimiento desde tierra

El seguimiento desde tierra de una misión espacial, sea ésta tripulada o no, tiene una importancia fundamental para el éxito de la misma. Desde tierra se envían a la nave o su tripulación instrucciones para el desarrollo de la misión, se establece comunicación con los astronautas en caso de haberlos, se determina con precisión la órbita seguida para comprobar que todo se desarrolla según lo previsto, o se reciben los datos enviados por los equipos de la nave.

El seguimiento desde tierra es llevado a cabo a lo largo de todas las fases de la misión. Desde que el lanzador deja el suelo, su ascenso es meticulosamente seguido por cámaras y antenas que reciben constante información de los sensores del vehículo sobre el funcionamiento de los diferentes equipos, la orientación del lanzador en el espacio, su situación en cada instante, su velocidad, aceleraciones, etc. Asimismo, el control de tierra en ocasiones envía órdenes al vehículo para realizar determinadas acciones, o incluso para ordenar al lanzador autodestruirse si durante el ascenso se observasen anomalías que pudieran resultar peligrosas. Este seguimiento se mantendrá, en mayor o menor medida, hasta la finalización de la misión.

La parte de seguimiento desde tierra comienza previendo, en la fase de preparación de la misión, cuáles van a ser los territorios sobrevolados por el lanzador durante su fase operativa, así como los que sobrevolará el vehículo final, ya sea un satélite terrestre o una sonda interplanetaria. Se obtiene así lo que se denomina la *traza* de la órbita del vehículo, es decir, la proyección sobre la superficie terrestre de la trayectoria seguida por éste, su "sombra" sobre el terreno, por expresarlo de una forma gráfica.

Dado que los parámetros orbitales de la misión son perfectamente conocidos desde las fases iniciales del proyecto, es relativamente sencillo calcular cuál va a ser esa traza, lo cual permite en caso necesario redefinir la trayectoria (al menos el tramo de ascenso inicial) si, por alguna razón, se requiere que sobrevuele una zona determinada. Por ejemplo, puede haber casos en los que se quiera enviar desde tierra una orden determinada en un momento dado de la misión, o realizar un chequeo de los sistemas antes de proceder con alguna fase crítica. Para ello, habrá que prever que en ese momento el vehículo esté dentro del radio de cobertura de una de las múltiples estaciones de seguimiento repartidas por el mundo.

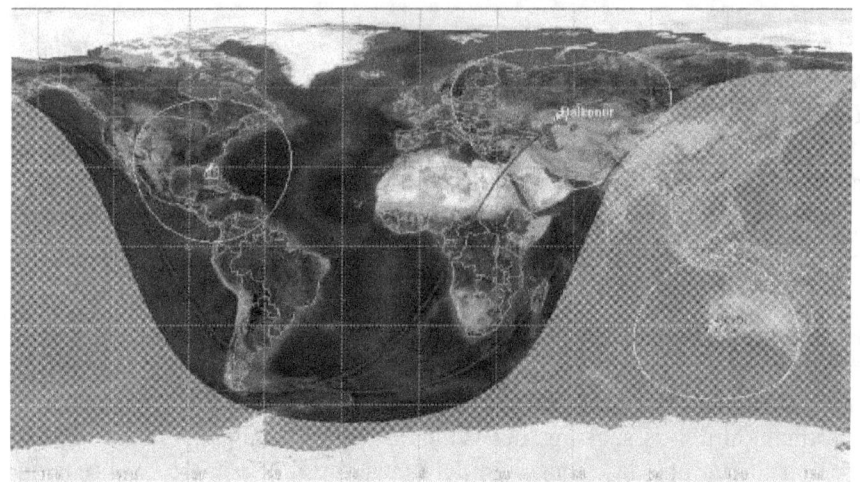

Representación de la traza de la trayectoria de un satélite sobre la superficie terrestre, y de las áreas de cobertura de algunas estaciones de seguimiento. (*Esquema: J.Casado*)

El seguimiento desde tierra es también importante para corregir los pequeños errores que el vehículo pueda sufrir en su trayectoria, ya sea debido a pequeños errores del lanzador, siempre inevitables, o a perturbaciones exteriores, como los efectos gravitatorios de otros planetas, por ejemplo. Por ello, aunque el propio vehículo suele incorporar sensores que detectan dichos errores de trayectoria, en muchos casos es conveniente contrastarlos con las determinaciones hechas desde tierra, basadas en datos suministrados por el propio vehículo y en observaciones directas del mismo. De esta forma, la estación de tierra puede dar con gran precisión las órdenes necesarias para efectuar las correcciones de trayectoria pertinentes.

Asimismo, el seguimiento desde tierra es fundamental para enviar nuevas órdenes o para recibir información. Esto es muy evidente en misiones científicas, en las que, por un lado, se están recibiendo continuamente datos suministrados por el vehículo (datos de sensores, fotografías, etc.), y por otro lado puede que también sea necesario enviar desde tierra órdenes para cambiar algunos parámetros de la misión en función de los datos recibidos. Por ejemplo, en el caso de telescopios espaciales montados sobre satélites, se pueden enviar órdenes para apuntar el telescopio hacia un objeto celeste determinado.

Centro de control de misión en Rusia. (*Foto: Roskosmos*)

Las estaciones de seguimiento

Todo ello ha originado que existan un gran número de estaciones de seguimiento repartidas por diferentes puntos del globo terráqueo, y especialmente concentradas en las zonas más a menudo sobrevoladas por ciertas misiones. Cada una de estas estaciones está equipada con múltiples antenas de diferentes tipos, capaces de enviar y recibir información, disponiendo a su vez de los ordenadores y centros de control necesarios para procesar toda esa información. Una opción alternativa, muy utilizada en su día por Rusia, fue la de utilizar barcos diseminados por diferentes océanos como estaciones de seguimiento móviles. Hoy Rusia ha paralizado su flota de seguimiento no por cuestiones de operatividad, sino simplemente por falta de liquidez para su mantenimiento.

El campo de cobertura de una estación de seguimiento varía con la altura a la que se encuentre el vehículo a seguir. El área de cobertura tiene la forma de un cono con su vértice situado en la estación y su base hacia arriba. Por ello, a mayor altura del objeto, mayor porción de su trayectoria estará dentro del cono de cobertura. El ángulo de apertura del cono lo determinan los obstáculos naturales que puedan hacer "sombra" a las radiaciones electromagnéticas, como montañas o elevaciones del terreno. En el caso ideal de un entorno totalmente llano, el cono se convertiría en una semiesfera. Por ello, los lugares ideales para situar una estación de seguimiento estarían en principio en zonas llanas, sin obstáculos en sus inmediaciones. En la práctica, sin embargo, esos obstáculos pueden convertirse en beneficiosos para la estación de seguimiento, pues, aunque limitan el ángulo de observación de las antenas, también las protegen de fuentes electromagnéticas de origen terrestre: todos hemos comprobado lo mal que se escucha la radio cuando se está entre montañas. La ubicación ideal para una estación de seguimiento estaría, por tanto, en un lugar alejado de fuentes de radio (ciudades, por ejemplo), con horizonte despejado de montañas elevadas, sobre todo en las principales direcciones de observación, y, en caso necesario, situado en una pequeña hondonada como protección frente a radiaciones electromagnéticas de origen terrestre.

Dado que el campo de cobertura disminuye al disminuir la altura del vehículo al que se quiere efectuar el seguimiento, el número de estaciones de seguimiento necesarias para órbitas bajas es mucho mayor que para órbitas altas. En el caso de órbitas bajas, esto supone un problema, pues, incluso disponiendo de un gran número de estaciones repartidas a lo largo del mundo, pueden en algunos casos ser escasas para proporcionar la cobertura necesaria, como puede ser el mantenimiento de comunicaciones constantes con una estación espacial. En estos casos se suelen utilizar satélites de comunicaciones como complemento a las estaciones terrestres, actuando como intermediarios en las transmisiones entre la estación y el control de tierra.

Misiones de espacio profundo

El extremo opuesto lo representa el seguimiento de misiones interplanetarias: cuando el vehículo está lo suficientemente lejos de la Tierra, la posible observación del mismo aumenta considerablemente, pudiéndose realizar un seguimiento durante varias horas desde casi cualquier punto de la superficie terrestre. De esta forma, la *red de estaciones de seguimiento del espacio profundo* de la NASA, o DSN (*Deep Space Network*) cuenta con tan sólo tres estaciones distribuidas por tres continentes: Goldstone, en California (EE.UU.), Canberra, en Australia, y Robledo de Chavela, en Madrid, España. Estas estaciones están localizadas en puntos separados por aproximadamente 120° de longitud geográfica uno del otro, con lo cual, a pesar de la rotación de la Tierra, con estas tres estaciones se puede conseguir un seguimiento prácticamente constante de vehículos en misiones interplanetarias.

Pero en la práctica no suele ser necesario llevar a cabo un seguimiento constante, que, por otra parte, representaría un coste excesivamente alto, al tener que dedicar medios humanos e instalaciones a controlar incesantemente un determinado vehículo. En realidad, observaciones espaciadas cada determinado tiempo, por lo general son suficientes para corregir los posibles errores habidos en las últimas horas, recoger la información que se haya ido acumulando durante ese tiempo en los sistemas de almacenamiento de la nave previstos al efecto, y transmitir las órdenes oportunas. Esto es especialmente importante en el caso de misiones de espacio profundo, pues en estos casos se necesitan antenas de alta ganancia (grandes antenas parabólicas, de varias decenas de metros de diámetro) apuntadas en exclusiva al objeto en cuestión, dedicadas por completo al mismo. Es evidente que en estos casos, un seguimiento exhaustivo sería costosísimo.

Por ello, la red del espacio profundo de la NASA reparte su tiempo en el seguimiento de varias misiones. El tiempo dedicado a cada una de ellas dependerá de las particularidades e interés de la misión en cada momento determinado. Asimismo, cada antena utilizada en el seguimiento se seleccionará en función de la lejanía del vehículo, la cantidad de información a transmitir por unidad de tiempo, la frecuencia de transmisión, y otros parámetros. La DSN cuenta con antenas de hasta 70 metros de diámetro, auténticos gigantes de las telecomunicaciones, de más de 8000 toneladas de peso y la altura de un edificio de 26 pisos, gracias a las cuales se han podido recibir, por ejemplo, las imágenes de

Neptuno que la sonda norteamericana Voyager 2 envió desde los confines de nuestro Sistema Solar. No hace falta decir que la precisión en el apuntado de la antena, tanto la de tierra como la de la sonda, debe ser exquisita en situaciones como ésta.

Antena de 70 metros de diámetro de la red de espacio profundo de la NASA. (*Foto: NASA*)

Potencias de emisión

Pero no sólo el apuntado de la antena debe tener una enorme precisión. Existe otra importante limitación, y es la potencia de emisión por parte del vehículo espacial. Mientras que la estación de tierra no tiene demasiados problemas para poder emitir con una potencia importante, la potencia de emisión de la nave está severamente limitada por la disponibilidad de energía eléctrica a bordo, siempre muy reducida. Así, mientras la sonda o nave espacial puede utilizar una relativamente pequeña antena para recibir la potente señal enviada desde tierra, en tierra se necesitan antenas muchísimo mayores para recibir la débil señal enviada por la sonda desde distancias de a veces muchos cientos de millones de kilómetros. En estos casos, la señal recibida en la Tierra es tan débil que, aunque consiga captarse con grandes reflectores parabólicos, podría quedar perdida sobre el ruido de fondo generado por los propios equipos electrónicos de recepción. Evidentemente, no es sólo importante la magnitud de la señal recibida, sino sobre todo, la relación señal/ruido, de modo que sea fácilmente identificable y decodificable. Para ello, el ruido de los equipos receptores debe reducirse al mínimo posible, a través no sólo de equipos de la máxima calidad, sino además sumergiendo los elementos de recepción incluso en helio líquido para reducir al máximo el ruido electrónico propio del equipo. Algo que, evidentemente, convierte estos equipos en pequeñas joyas tecnológicas de elevadísimo coste.

Como una gota de agua en el mar

Pero en casos excepcionales, ni siquiera las antenas gigantes de 70 metros de diámetro de la red de espacio profundo de la NASA resultan adecuadas para comunicarse con un vehículo espacial. En algunos casos en los que ha sido necesario disponer de la máxima capacidad de recepción posible, se han llegado a conectar en serie varias antenas para así amplificar al máximo la débil señal recibida desde un vehículo averiado o demasiado lejano. Se ha tratado de los casos de la sonda Voyager 2, emitiendo desde Neptuno, o de la Galileo con sus problemas de apertura de antena, desde Júpiter.

La diferencia entre potencias de emisión y recepción cuando hablamos de vehículos interplanetarios resulta abrumadora: para una potencia típica de emisión de unos 20 vatios, realizada por una sonda desde la órbita de Saturno a través de su antena de alta ganancia, la potencia recibida en la Tierra sería de tan sólo 10^{-16} vatios (un 1 con 16 ceros delante). Pero si esta ínfima magnitud ya resulta difícil de imaginar, en el caso de la sonda Galileo, que sólo podía utilizar su antena de baja ganancia para la transmisión debido a un problema con la de alta, los 20 vatios emitidos desde Júpiter se convertían en tan sólo 10^{-20} vatios cuando la señal alcanzaba la Tierra. Hagamos un símil con volúmenes: si la potencia de emisión tuviera el volumen de un gigantesco lago cuadrado, de 60 km de lado y 55 metros de profundidad, la potencia recibida sería tan sólo una minúscula gota de agua de ese enorme lago. Si ahora tenemos en cuenta que el lago representa la potencia de una bombilla de bajo consumo, podemos imaginar lo que significa detectar la gota...

Javier Casado

Dos importantes estaciones de seguimiento internacionales en nuestro país

A pesar de que nuestro país tiene una presencia limitada en el sector espacial en general, España goza del privilegio con contar en su territorio con dos de las más importantes estaciones de seguimiento espacial del mundo: la de la Red del Espacio Profundo de la NASA, en Robledo de Chavela (Madrid), y VILSPA, la Estación de Seguimiento-Observatorio de la ESA en Villafranca del Castillo, también provincia de Madrid.

La estación de Robledo de Chavela es una de las tres estaciones repartidas por la NASA a lo largo del mundo para seguimiento de misiones interplanetarias. Cuenta con seis enormes antenas parabólicas, una de 11 metros, otra de 26 metros, tres de 34 metros y la gigante de 70 metros de diámetro. Antenas que no sólo se utilizan para seguimiento de misiones, sino que en un momento dado pueden dedicarse también a trabajos de radioastronomía.

Estas antenas están equipadas con preamplificadores MASER (como un láser pero trabajando con ondas de radio en lugar de luz visible) enfriados a temperaturas de -269 ºC (sólo 4 ºC por encima del cero absoluto), para reducir el ruido propio al mínimo nivel posible. En cuanto a emisión, están equipadas con transmisores klystron de hasta 400 Kw de potencia para la antena de 70 metros.

La estación de la ESA en Villafranca del Castillo (VILSPA) no es tan espectacular por el tamaño de sus antenas, pero no por ello tiene menos importancia. Aunque equipada con antenas de 4, 12 y 15 metros dedicadas fundamentalmente al seguimiento de satélites científicos de la ESA, quizás lo más importante es que actúa también como un instituto de investigación en el que decenas de científicos europeos trabajan procesando los datos enviados por estos satélites, entre los que están algunos de los más importantes telescopios espaciales de la Agencia Espacial Europea. En septiembre de 2005 se añadió a las instalaciones una nueva antena de 35 metros para seguimiento de misiones del espacio profundo en Cebreros, Ávila, en dependencia directa de VILSPA. Se trata de una de las dos antenas que forman a día de hoy la red de espacio profundo de la Agencia Espacial Europea, ubicándose la otra antena en New Norcia, Australia.

Antena de 35 metros de diámetro de la red de espacio profundo de la ESA en Cebreros, Ávila. (*Foto: ESA*)

Las perturbaciones de la trayectoria

En una misión espacial, una vez que el vehículo ha sido inyectado por el lanzador en la trayectoria deseada, sea ésta una órbita terrestre o una trayectoria interplanetaria, teóricamente la seguirá de forma inercial por tiempo indefinido. Pero en la práctica, existen perturbaciones que alterarán la trayectoria seguida y obligarán a ejecutar diferentes correcciones en el transcurso de la misión.

Las perturbaciones pueden afectar tanto a la trayectoria como a la actitud (orientación en el espacio) del vehículo, y pueden ser de muy diversa naturaleza. Para empezar, tenemos el propio error de inyección del lanzador: lógicamente, ninguna máquina es perfecta, y el cohete encargado de situar al vehículo en su trayectoria correcta siempre comete algún pequeño error al hacerlo. Dichos errores pueden darse en dirección (hacia dónde se mueve), posición (altura en la que es dejado por el cohete) y velocidad del vehículo. Estos errores son inevitables, y aunque en los lanzadores actuales se encuentran bastante minimizados, a menudo será necesario corregirlos con pequeñas maniobras de corrección posteriores.

Pero los errores de inyección del lanzador son eso, errores, y no perturbaciones propiamente dichas. Las perturbaciones pueden venir inducidas por múltiples factores, tanto externos como incluso internos al propio vehículo, y todos ellos pueden afectar al desarrollo de la misión, dando lugar a la necesidad de maniobras de corrección de actitud o corrección de órbita. Veremos aquí una pequeña muestra de estas posibles fuentes de perturbación.

Un tiquismiquis al que todo le perturba

En los entornos de los planetas, uno de los principales efectos perturbadores pueden ser los gradientes de gravedad creados sobre el vehículo. Principalmente en el caso de satélites, y no de sondas interplanetarias, este efecto llega a ser notorio con el paso del tiempo; se basa simplemente en el hecho de que, al no estar la masa del satélite uniformemente distribuida, y al depender las fuerzas gravitatorias de la masa del cuerpo, resulta que no todos los elementos del vehículo están sometidos a la misma fuerza de atracción por parte de la Tierra (o del planeta correspondiente), sino que los componentes más pesados son atraídos con más fuerza que los ligeros. La diferencia es muy pequeña, pero con el paso del tiempo la actitud del satélite puede llegar a cambiar. Este efecto no altera su posición, pues la fuerza de atracción total sobre el centro de masas del vehículo no cambia, pero sí puede hacerle rotar sobre sí mismo. Hay que tener en cuenta, no obstante, que este efecto puede ser beneficioso si se ha considerado adecuadamente a la hora de repartir las masas, pues puede ayudar a la estabilización del vehículo si se diseña para que las mayores masas estén en la parte que debe mirar hacia la Tierra. De hecho, este efecto se ha utilizado a veces como forma de estabilización de algunos satélites de órbita baja, para mantener sus antenas u otros instrumentos apuntando hacia la Tierra.

Un efecto similar al anterior es el del campo magnético planetario; en este caso las fuerzas que actúan no son de origen gravitatorio, sino magnético, pero su efecto es muy análogo al descrito anteriormente: al estar el satélite inmerso en el campo magnético del planeta, y al portar en su interior componentes metálicos, cables que conducen electricidad y aparatos generadores de campos electromagnéticos, aparecen fuerzas que tienden a rotar el vehículo para alinearlo con las líneas del campo. Al igual que en el caso anterior, el efecto es sólo de perturbación de la actitud, no de la posición, pues la carga total del satélite es nula, y por tanto no hay fuerzas globales sobre el mismo. Y también, como en el caso anterior, el efecto puede aprovecharse como forma de estabilización, y de hecho se utilizó, por ejemplo, en el primer satélite español, el Intasat, lanzado en 1974.

Tenemos también los efectos causados por el achatamiento terrestre: la Tierra no es una esfera perfecta; en realidad tiene una forma más bien de pelota aplastada por los polos, aunque si vamos más al detalle veremos que todavía tiene más irregularidades de menor magnitud. Todo ello hace que la masa de la Tierra no se encuentre uniformemente distribuida, lo que provoca que las fuerzas gravitatorias que genera no sean iguales en todos los puntos situados a la misma distancia de su centro, como ocurriría en el caso ideal. Esto produce irregularidades en las órbitas de los satélites que hoy en día son previsibles en gran parte, pues la forma exacta de la Tierra se conoce ya con mucha precisión y se tiene en cuenta al realizar los cálculos de órbita, pero siempre quedarán pequeñas irregularidades imposibles de considerar que alterarán las órbitas respecto a las teóricas.

Siguiendo en el caso de órbitas terrestres (o de planetas similares), tenemos también los efectos de la resistencia atmosférica: la atmósfera terrestre no termina a una altitud determinada, sino que se va diluyendo poco a poco en el espacio haciendo que sea difícil determinar cuáles son sus límites. Debido a ello, los satélites en órbitas bajas o medias se encuentran inmersos en tenues trazas de gases procedentes de la atmósfera exterior, que, aunque lentamente, lo van frenando en su recorrido debido a la resistencia aerodinámica. Evidentemente, el efecto es mayor cuanto más baja sea la órbita, aunque todavía pueden notarse leves efectos a 1000 kilómetros de altura, por ejemplo. La disminución producida en la velocidad del satélite va provocando que la órbita sea cada vez más baja, acentuando así el efecto. La forma de contrarrestarlo es con periódicos impulsos del motor cohete que compensen la pérdida de velocidad. El inconveniente es que el gasto de propulsante es elevado, lo que supone un límite para la vida del vehículo situado en órbitas bajas. Cuando el propulsante se acaba, no hay forma de compensar la pérdida de altitud debida a la resistencia aerodinámica, y el satélite termina por entrar de lleno en la atmósfera, desintegrándose por efecto de las altas temperaturas que provoca la fricción con el aire a esas velocidades.

Además del Sol, el planeta de partida, y, en su caso, el planeta de llegada, también los demás cuerpos celestes ejercen su influencia gravitatoria sobre el vehículo, tanto en misiones orbitales como interplanetarias. La influencia de estos astros más alejados es prácticamente imposible tenerla en cuenta en la etapa de diseño de la misión, pues la complejidad que supondría el considerar la influencia de más de unos cuantos cuerpos sobre el vehículo sería enorme. Por otra parte, esta influencia puede considerarse prácticamente despreciable, debido a su lejanía. Sin embargo, con el paso del tiempo, esta pequeña influencia gravitatoria actúa sobre el vehículo perturbando su órbita, lo que la convierte en una perturbación más que debe ser corregida por los subsistemas de control de órbita y de control de actitud del vehículo.

El empuje de la luz

Otro importante efecto de perturbación, especialmente en el caso de misiones interplanetarias, es la presión de radiación solar: efectivamente, aunque nos pueda parecer increíble, los fotones y partículas componentes del viento solar que inciden sobre la superficie del vehículo espacial, ejercen una fuerza sobre el mismo que se conoce como presión de radiación solar (se utilizan términos de presión porque se trata de una fuerza por unidad de superficie: a mayor superficie expuesta, mayor número de fotones incidirán y mayor será la fuerza total). En realidad, de hecho, es la luz (los fotones) los que ejercen la mayor parte de esta fuerza; la contribución de las partículas con masa del viento solar, mucho menos numerosas, es mucho menor que la contribución de los fotones, partículas en principio sin masa, pero que provocan efectos de presión comparables a los de las partículas "reales" tal y como demostró Einstein con su fórmula que relaciona masa y energía.

La presión de radiación solar cae rápidamente con la distancia al Sol, por lo que el efecto sobre sondas interplanetarias será variable a lo largo de la misión. Por otro lado, el efecto precisa de la exposición a la luz solar para actuar, lo que significa que en el caso de satélites esta perturbación no tendrá lugar durante la parte de la órbita que se encuentre en el lado de sombra. El efecto a que da lugar esta perturbación es doble: por un lado, se trata de una fuerza sobre el vehículo que afecta a la órbita del mismo; su magnitud puede ir desde despreciable en muchos casos, hasta causar un cambio significativo en la velocidad (y por lo tanto la órbita) del vehículo, si la superficie expuesta es considerable y la distancia al Sol no muy alta. Y por otro lado, la perturbación afecta a la actitud del vehículo si el centro de presiones de la fuerza no está alineado con el centro de gravedad del mismo, lo cual sucede en la mayor parte de los casos. Esta influencia sobre la actitud es el principal problema de la presión de radiación solar, ya que este efecto sí es a menudo de una magnitud apreciable, obligando a un relativamente importante consumo de propulsante para corregirlo. La presión de radiación solar es una de las perturbaciones a largo plazo más importantes sobre gran parte de los vehículos espaciales, y en particular es la más importante en el caso de satélites geoestacionarios.

Sin embargo, la presión de radiación solar, bien utilizada, puede pasar de ser una perturbación a ser una fuente de propulsión gratuita. Un claro ejemplo de esto son las propuestas de naves impulsadas por medio de velas solares, concepto actualmente en desarrollo. Otro caso práctico fue el de la Mariner 10 en su viaje a Mercurio: en aquella ocasión se utilizaron los paneles solares de la sonda como una especie de vela solar para aprovechar el importante efecto de la presión de radiación solar en la órbita de este planeta; de esta forma se realizaron unas maniobras que permitieron llevar a cabo un nuevo sobrevuelo de Mercurio cuando ya no quedaba propulsante en los motores para hacerlo por medios más convencionales.

Si la presión ejercida por la luz del Sol nos puede parecer algo casi de magia para los que estamos acostumbrados a no sentir otro efecto que su luz y calor en nuestra vida en la Tierra, quizás nos sorprendamos más al saber que no es ésta la única presión que actúa sobre un vehículo que surca el espacio. Aunque parezca increíble, el vehículo se ve sometido también a la presión de radiación de su propia antena. Efectivamente, la antena del vehículo emite una radiación electromagnética resultante de las transmisiones a la Tierra, que, de acuerdo con la dualidad onda-corpúsculo de la mecánica cuántica, equivale a la emisión de partículas. Por tanto, esta emisión provoca una reacción sobre el vehículo (principio de acción y reacción) que equivale a una fuerza actuando sobre el mismo. La magnitud de esta fuerza es proporcional a la potencia de emisión de la antena, pero en cualquier caso suele ser muy pequeña, por lo que su efecto sobre la órbita es prácticamente despreciable. Sin embargo, si la antena está descentrada respecto al centro de masas del vehículo, sí aparecerá un momento de giro sobre el mismo que, aunque pequeño, afectará con el tiempo a su actitud. Por ello, debe tenerse en cuenta al calcular los consumos de propulsante debidos al control de actitud, siendo por otra parte perfectamente conocida la magnitud del efecto en función de la potencia de la antena.

Para perturbarme me basto solo

Siguiendo con las perturbaciones de origen interno, tenemos también las debidas a la propia mecánica del satélite o sonda espacial: el vehículo porta en su interior mecanismos y pequeños motores que, debido a su movimiento y al principio de acción y reacción, provocan alteraciones en la actitud del mismo. Por ejemplo, si hay un motor que hace girar una unidad de cinta magnética o un disco duro encargados de almacenar datos para su envío a Tierra en una próxima transmisión, el giro de ese motor provoca un giro de sentido contrario sobre el vehículo que lo porta. Se trata, sin embargo, de un efecto en general pequeño y difícil de cuantificar de forma precisa, por lo que su corrección se realiza en función de las necesidades, y la cantidad de propulsante necesaria se basa en una estimación aproximada.

Además de mecanismos, en el interior del vehículo también suele haber líquidos, principalmente propulsante, que pueden moverse con cierta libertad en respuesta a pequeñas aceleraciones, pudiendo provocar dicho movimiento una variación momentánea de la distribución de masas de la nave. El buen equilibrado de un vehículo espacial es fundamental para su correcto control de actitud, por lo que el movimiento de líquidos puede afectarlo al desequilibrarlo. El efecto se puede minimizar situando el principal depósito de propulsante coincidiendo con el centro de masas del satélite o sonda, pero nunca será posible eliminar por completo esta fuente de perturbación.

Existen más efectos perturbadores sobre la órbita y la actitud de los vehículos espaciales, aunque podemos considerar que los que hemos enumerado son los más comunes e importantes. Pero hay que tener en cuenta que, aparte de éstas, existen otras múltiples perturbaciones de tipo más instantáneo, como pueden ser las producidas por eyección de elementos del vehículo, expulsión al exterior de algunos desechos en el caso de misiones tripuladas, etcétera. En conjunto, todas ellas afectan bien a la órbita o bien a la actitud de la nave espacial, por lo que necesitarán correcciones por parte de los motores dispuestos al efecto. Lo que a su vez requiere detallados cálculos, a menudo basados en datos estadísticos, para prever el propulsante necesario para poder llevar a cabo de forma satisfactoria la misión durante la vida operativa prevista.

Un viaje muy perturbado

Como hemos visto, toda misión espacial se ve sometida a distintas fuentes de perturbaciones de su trayectoria y su orientación en el espacio, que será preciso corregir por medio de impulsos de los motores de la nave a lo largo de la misión. Pero un caso muy especial, en el que las posibles perturbaciones adquirieron la máximo importancia, fue el vivido por la tripulación del Apollo 13 durante su épica vuelta a la Tierra a bordo de una nave gravemente averiada:

Tras habérselas ingeniado para efectuar las necesarias maniobras que lo pusieran rumbo a nuestro planeta gracias a los motores del módulo lunar (los del módulo servicio se encontraban inoperativos), los técnicos de tierra tenían el temor de que cualquier pequeña perturbación pudiese afectar a la trayectoria del vehículo, amenazando la seguridad de la misión. Para evitarlo, se solicitó a los astronautas que se abstuvieran de expulsar cualquier desecho al exterior, como solía hacerse habitualmente; como sabemos, debido al principio de acción y reacción, la expulsión de cualquier masa provocaría un pequeño movimiento de reacción en la nave Apollo, algo muy delicado en la situación en la que se encontraba la tripulación del Apollo 13. El problema que se encontraron los astronautas era dónde almacenar la orina: cuando llegaron a la Tierra, algo tan simple como esto se había convertido en un grave problema, pues para entonces ya habían agotado su imaginación sobre posibles bolsas y recipientes donde acumularla durante los seis largos días que duró su odisea espacial.

La reentrada en la atmósfera

Una de las fases más críticas de una misión espacial la constituye la reentrada en la atmósfera, si es que ésta tiene lugar, algo que se da solamente si el vehículo debe introducirse en la atmósfera de un planeta para descender sobre su superficie. Los casos más típicos son los regresos a la Tierra de cualquier misión espacial tripulada, o el descenso de sondas sobre la superficie de otros planetas para su exploración.

Como decimos, la reentrada es una de las fases de mayor riesgo en una misión espacial, pero evidentemente el caso más crítico lo suponen las misiones tripuladas, tanto por la presencia de seres humanos a bordo como por los grandes tamaños de los vehículos involucrados.

El problema de la reentrada es que, en un espacio relativamente corto, el vehículo es frenado por el rozamiento con los gases de la atmósfera desde unas altísimas velocidades orbitales hasta una velocidad de aterrizaje inmensamente más reducida. Estas fricciones a alta velocidad originan un aumento de temperaturas tal sobre la superficie del vehículo, que éste podría desintegrarse si no estuviera adecuadamente protegido y con su trayectoria de reentrada cuidadosamente calculada. Aunque por otro lado, el efecto de frenado de la atmósfera puede considerarse beneficioso, pues bien aprovechado evita tener que utilizar motores para el frenado del vehículo en su descenso sobre la superficie del planeta.

Reentradas balísticas y sustentadoras

Inicialmente, en las primeras misiones orbitales de los proyectos Mercury o Vostok, las cápsulas no tenían capacidad de maniobra en el espacio, y la reentrada se producía muy bruscamente, siguiendo una trayectoria parabólica que producía enormes deceleraciones y calentamientos. Una vez incorporados sistemas de maniobra a las naves espaciales, se pudieron aprovechar para realizar reentradas más suaves, siguiendo una trayectoria más plana, aprovechando la sustentación aerodinámica generada por la propia atmósfera para producir un pequeño efecto de planeo (las anteriores misiones caían "como una piedra", por así decirlo). De este modo se reducen las aceleraciones sufridas por el vehículo y sus ocupantes, así como el calentamiento exterior del mismo. Los primeros tipos de reentradas, que siguen una trayectoria parabólica análoga a la que seguiría una bala de cañón, se denominan reentradas balísticas, mientras que las segundas, que utilizan la sustentación aerodinámica que ofrece la atmósfera para suavizar la trayectoria, se denominan sustentadoras.

La incorporación de sistemas de guiado a las naves que hizo posible la utilización de reentradas sustentadoras permitió pasar, por ejemplo, de las 8-9 g de deceleración media que soportaban los astronautas del proyecto Mercury durante la reentrada, a unas muchísimo más soportables 3 g en el proyecto Gemini. Pero este procedimiento de reentrada en la atmósfera requiere un control muy preciso de la trayectoria del vehículo: una desviación de la trayectoria prevista podría destruir la nave o matar a sus ocupantes. En el caso de misiones tripuladas, y más concretamente, en el caso de la reentrada del transbordador espacial norteamericano, el ángulo de reentrada se halla en el entorno de los 2-3º de inclinación, y el margen de variación es muy pequeño: ángulos mayores provocarían la destrucción del vehículo debido a las fuertes deceleraciones y el calor producido, mientras que ángulos menores provocarían su "rebote" en la atmósfera terrestre, como sucede con una piedra lanzada de forma rasante a un estanque.

El bloqueo de las comunicaciones

Además de estos problemas que presenta la reentrada, hay otro que se suma a ellos para terminar de dificultarla, especialmente en el caso de misiones tripuladas: se trata de la pérdida de contacto por radio con tierra que se produce durante cierta fase del descenso. La razón es la ionización del aire que rodea a la nave espacial durante la etapa de máxima deceleración, debido a las enormes temperaturas provocadas por el rozamiento con la atmósfera. Durante un cierto periodo de tiempo, el vehículo se encuentra literalmente rodeado por una nube de plasma incandescente que provoca interferencias en las comunicaciones por radio con la base terrestre, llegando a bloquearlas por completo durante algunos minutos.

Este efecto, experimentado desde las primeras misiones Vostok y Mercury hasta nuestros días, se vio ligeramente atenuado con la entrada en servicio del transbordador espacial norteamericano: su trayectoria de reentrada y, sobre todo, su forma, atenuó el efecto a un periodo ligeramente inferior al de misiones anteriores. La pérdida de comunicaciones intentó minimizarse también colocando las antenas del transbordador en la parte superior del mismo, alejadas de la zona de máximo calentamiento; de este modo, el tiempo de incomunicación quedó en unos 13 ó 14 minutos, pero seguía siendo un periodo delicado, durante el cual los astronautas permanecían aislados por radio con el exterior, mientras en el control de la misión dejaban de recibirse no sólo sus comunicaciones, sino todos los datos de los diversos sensores y sistemas del vehículo.

La solución vino en 1988 con la introducción de una red de satélites de comunicaciones dedicados específicamente al servicio de las misiones espaciales, tanto para permitir las comunicaciones cuando la nave se encontraba fuera del área de cobertura de las estaciones de seguimiento, como para ayudar durante la etapa de bloqueo de la radio durante la reentrada. Aprovechando que la forma del transbordador deja durante la reentrada un "agujero" en la nube de plasma por su parte superior, las ondas de radio pueden "escapar" por allí en dirección a un satélite, que a continuación las reenvía hacia la Tierra. Aunque siguen existiendo interferencias y comunicaciones a veces algo entrecortadas, con este sistema se ha conseguido eliminar definitivamente el periodo de incomunicación por radio durante los últimos años de operación del transbordador espacial.

Protegiendo al vehículo

En cualquier caso, el problema del calentamiento durante la reentrada es uno de los que más se ha investigado para lograr reducirlo lo más posible. El mayor inconveniente que presenta, aparte de su efecto en las comunicaciones y del evidente peligro que supone para el vehículo, es la necesidad de incorporar pesados escudos térmicos que suponen un costoso lastre para la misión. Para minimizarlo, la forma del vehículo y la trayectoria que sigue están perfectamente estudiadas en vías a lograr un menor aporte de calor al revestimiento exterior, pero finalmente el calor recibido por éste debe ser soportado por algún sistema que evite su transmisión al resto de la nave. Existen varias soluciones posibles para lograrlo, como la utilización de escudos refractarios, formados por un material muy resistente al calor (generalmente cerámico) que irradia éste al exterior. Es el caso del transbordador espacial norteamericano, cuya parte inferior se encuentra recubierta por cerca de 30.000 losetas de cerámica que soportan temperaturas de hasta 1.600 ºC durante la reentrada.

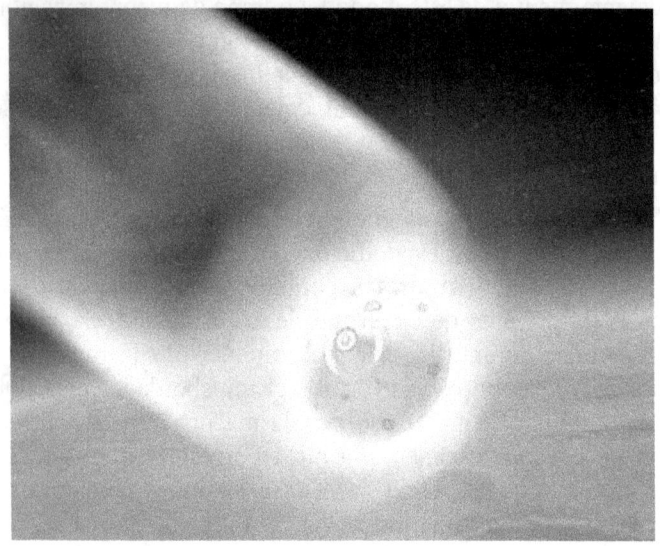

El descenso a través de la atmósfera de un planeta genera temperaturas elevadísimas alrededor del vehículo, que podrían llegar a desintegrarlo si no se encuentra adecuadamente protegido. (*Imagen: NASA*)

Otro sistema utilizable como protección térmica es la utilización de un recubrimiento con materiales que tengan una gran capacidad de absorción de calor (alto calor específico), como pueden ser el berilio o el molibdeno. El problema es que este sistema implica un peso considerable para vehículos de cierto tamaño, y sólo es apto para reentradas rápidas, con altos ángulos de entrada en la atmósfera (misiles balísticos, por ejemplo), lo que en general lo hace poco apto para misiones tripuladas. No obstante, este método fue utilizado en algunas de las primeras misiones suborbitales del programa Mercury, en las que, al no alcanzarse velocidad orbital, la deceleración y por tanto el calor generado durante el descenso era menor.

Otra posibilidad es el recubrimiento con materiales que se destruyan por acción del calor, ya sea por sublimación (evaporación directa desde el estado sólido) o por fusión y posterior evaporación; en este proceso se absorbe calor, pero presenta como inconvenientes, entre otros, la imposibilidad de reutilización, y la variación de masa y geometría externa del vehículo. A pesar de ello, este tipo de escudos son la solución más sencilla y económica, y han sido los utilizados en todas las naves no recuperables hasta la llegada del transbordador espacial. De hecho, incluso se los considera como una interesante alternativa de cara a futuros diseños de naves reutilizables, que podrían ir equipadas con escudos térmicos desechables que se renovarían en cada misión; sería una forma de evitar los problemas de fragilidad de los escudos refractarios cerámicos que causaron la tragedia del Columbia.

Existe una alternativa adicional como sistema de protección térmica durante la reentrada, aunque hasta ahora nunca se ha utilizado de forma operativa: se trata de la inyección de gas desde el interior del vehículo a través de una serie de orificios colocados en el revestimiento del mismo, de forma que se genera una película de gas fresco que actúa como aislante. Aunque su efectividad es bastante elevada, presenta el inconveniente de una alta complejidad, peso y, por tanto, coste, y estas razones son las que lo mantienen, por ahora, apartado de las alternativas realistas como posibles sistemas a corto plazo. De todas formas, aunque no se utiliza en vehículos espaciales, este sistema sí es utilizado con éxito en los álabes de turbina de los motores a reacción, para protegerlos de las altas temperaturas de los gases de escape.

El aterrizaje

La reentrada del vehículo espacial en la atmósfera finaliza con la reducción de su velocidad, por efecto del rozamiento con los gases atmosféricos, hasta llegar el momento en que pueden utilizarse medios más convencionales para continuar el descenso. Los procedimientos más utilizados son el empleo de paracaídas para amortiguar la fase final del descenso, o el planeo como un avión convencional, si bien se han realizado misiones (hasta ahora, sólo en misiones no tripuladas a otros planetas) en las que la fase de descenso final ha sido amortiguada por retrocohetes o por una especie de colchón de aire que se infla por debajo o alrededor del vehículo para amortiguar su impacto con el suelo, a modo de *airbag*. Este último sistema es de introducción relativamente reciente, pero ha sido utilizado con éxito, combinado con paracaídas, en varias de las últimas misiones a Marte.

En ocasiones también se han utilizado los sistemas anteriores para misiones tripuladas, aunque siempre combinados con paracaídas. Es el caso, por ejemplo, de la cápsula Soyuz, la cual desciende frenada por un paracaídas, pero amortigua el impacto final con el suelo mediante el encendido de unos retrocohetes; o las cápsulas del proyecto Mercury, que también descendían en paracaídas, pero frenaban el impacto con el mar mediante el despliegue de un colchón neumático en su base a modo de airbag, desplegado entre el escudo térmico y el casco de la nave al soltar los cierres del primero.

La nave Soyuz utiliza para su aterrizaje una combinación de sistemas, el paracaídas, que actúa como elemento principal, y un sistema de retrocohetes que realiza un frenado final para un aterrizaje suave. En la fotografía se observa la nube de polvo levantada por la activación de este sistema de retrocohetes instantes antes de tomar tierra. (*Foto: NASA*)

En cualquier caso, y a pesar del grave inconveniente que representa la existencia de atmósfera cuando se trata de descender sobre un planeta procedente del espacio, debido a la necesidad de pesados escudos térmicos, en conjunto podemos decir que resulta sumamente beneficiosa por el frenado natural y gratuito que proporciona. Frenado que puede complementarse con sistemas pasivos (ligeros, fiables y de bajo coste) como los paracaídas, evitando así el enorme peso y coste que supondría contar sólo con sistemas activos, como retrocohetes, para realizar el descenso sobre otro planeta o la propia Tierra en el curso de una misión espacial.

El frenado atmosférico

Pero además del beneficio que supone la atmósfera para frenar un vehículo espacial durante su descenso sobre un planeta, existe una ventaja adicional a la que últimamente se le está sacando bastante jugo en las misiones no tripuladas a Marte: se trata de las maniobras de frenado atmosférico.

Estas maniobras consisten en utilizar el rozamiento con las capas altas de la atmósfera de un planeta para producir un efecto de frenado del vehículo que le permita entrar en una órbita adecuada alrededor del mismo. Aunque el efecto puede conseguirse perfectamente mediante encendidos del motor cohete de la nave, de esta forma se ahorra una importante cantidad de propulsante, que permite aligerar el vehículo a su partida, bien para reducir costes, o bien para aumentar su carga útil.

En la realización de este tipo de maniobras, habitualmente se deja el vehículo en una órbita elíptica de alta excentricidad alrededor del planeta de destino, por medios convencionales (encendidos del motor cohete). Dicha órbita se elige de forma que su pericentro (punto de la órbita más próximo al planeta) roce ligeramente las capas altas de la atmósfera. Así, en cada vuelta en su órbita, la nave se ve ligeramente frenada en un entorno de ese punto, lo que provoca que el apocentro de la órbita vaya descendiendo poco a poco; en otras palabras, la órbita se va circularizando, de forma "gratuita". Conseguir la circularización por medio de cohetes precisaría de un importante frenado que consumiría una gran masa de propulsante.

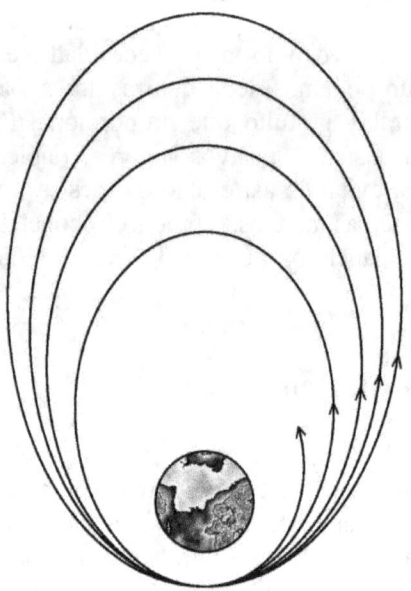

Proceso de circularización progresiva de la órbita alrededor de un planeta mediante frenado atmosférico. (*Esquema: J.Casado*)

Evidentemente, el éxito de este tipo de maniobras requiere del buen conocimiento de la atmósfera del planeta en cuestión, de forma que sea predecible de forma muy aproximada cuál va a ser el efecto de frenado experimentado, para evitar sorpresas que puedan dar al traste con la misión en su última fase.

Las asistencias gravitatorias

Las asistencias gravitatorias dadas por un planeta a un vehículo espacial, son un tipo interesante de maniobras ampliamente utilizadas en misiones de sondas espaciales. El caso de las sondas Voyager puede ser uno de los más representativos, aunque posteriores misiones como Galileo y Cassini profundizaron aún más en esta técnica.

La asistencia gravitatoria consiste en aprovechar la gravedad de un planeta para producir una desviación en la trayectoria seguida por el vehículo, al mismo tiempo que se produce un incremento en su velocidad. Bien utilizado, puede emplearse para ir modificando la trayectoria de un punto a otro, para así estudiar diversos puntos del espacio sin apenas gastar propulsante en los cambios de trayectoria (caso de las Voyager), o bien para aumentar la velocidad inicial de un vehículo pesado y enviarlo así a misiones a planetas lejanos utilizando lanzadores no excepcionalmente potentes (caso de las sondas Galileo o Cassini).

Desviaciones gravitatorias

Que un campo gravitatorio puede desviar una trayectoria es fácil de ver. Basta con pensar en una tela elástica extendida con una hondonada en su centro (la cual representa el campo gravitatorio), sobre la que lanzamos una bola de forma tangencial a dicha deformación. La trayectoria, en principio recta, de la bola se curvará al pasar cerca de la hondonada, continuando su desplazamiento a continuación (si la velocidad era suficiente) de nuevo en línea recta, pero en una dirección desviada con respecto a la original.

Si la velocidad con la que lanzamos la bola es demasiado baja, es posible que caiga hacia el fondo de la hondonada y se quede allí. Sería el equivalente a una captura gravitatoria por parte de un planeta. Pero si la velocidad inicial era suficientemente alta, continuará su camino sin más que una alteración de su trayectoria. Tendremos la desviación gravitatoria a la que hacíamos referencia.

Este efecto nos puede ser muy útil en una misión espacial si queremos desviar el itinerario de un determinado vehículo sin gasto de propulsante. El caso más representativo fue el de la Voyager 2, cuando a su paso por cada uno de los planetas exteriores era desviada de su trayectoria anterior lo necesario para enviarla hacia el siguiente planeta del Sistema Solar. La aproximación a cada uno de ellos estaba perfectamente calculada para conseguir exactamente la desviación requerida en cada caso.

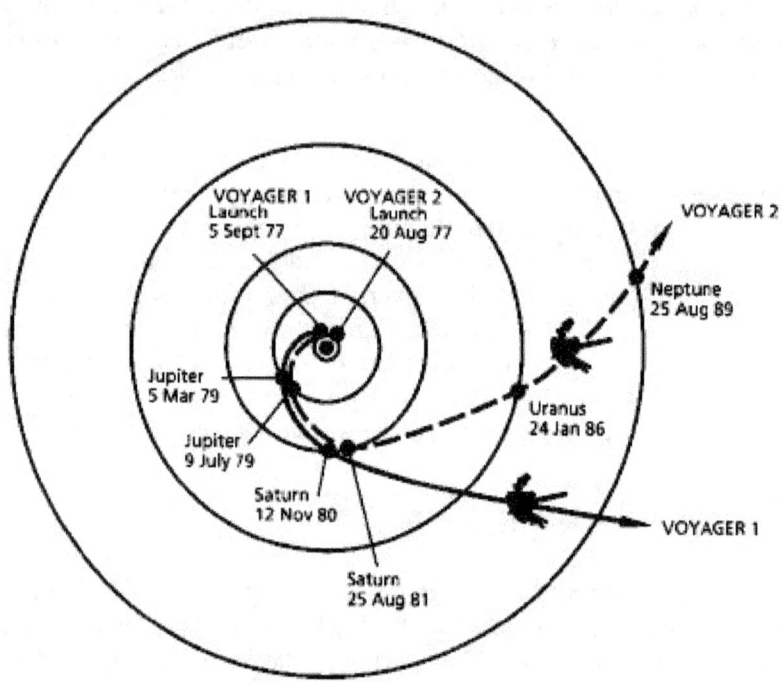

Trayectoria de las sondas Voyager, que utilizaron una especial configuración de los planetas exteriores del Sistema Solar para ir visitándolos uno detrás de otro por medio de asistencias gravitatorias.
(*Imagen: NASA*)

Acelerones gravitatorios

Hasta ahora hemos hablado de desviaciones en la trayectoria, pero ¿no habíamos dicho que estas maniobras también se utilizan para ganar velocidad?

Efectivamente, aunque esto quizás ya no es tan fácil de ver de una forma intuitiva. Empecemos por analizar qué le pasaba a la bola de nuestro ejemplo: teníamos que, tras su paso por las inmediaciones del punto de máxima deformación de la tela, la bola continuaba su trayectoria más o menos con la misma velocidad con la que había llegado inicialmente. En realidad, en este ejemplo su velocidad "de salida" será algo menor que la "de entrada" debido al frenado al que se ve sometida constantemente nuestra bola por el rozamiento con la superficie sobre la que se desplaza. Pero en el caso real de un objeto moviéndose libremente en el espacio en las inmediaciones de un cuerpo masivo, ambas velocidades serán idénticas en magnitud aunque orientadas en diferente dirección. En ambos casos, el objeto se habrá acelerado al aproximarse al cuerpo que crea el campo gravitatorio (cuando la bola "cae" hacia la deformación) para luego decelerarse al alejarse de él (cuando "asciende" de nuevo para salir de la zona hundida), contrarrestándose ambos efectos para dejar una velocidad final igual a la inicial en cuanto a magnitud.

Pero si las velocidades de entrada y salida son iguales, ¿dónde está la ganancia en velocidad a la que hacíamos referencia?

La razón está en que hasta ahora hemos considerado que el cuerpo central, el que crea el campo gravitatorio (que no es más que una deformación del espacio-tiempo, gráficamente simulada por la tela deformada) está inmóvil. O bien que, si se mueve, nosotros lo hacemos con él; es decir, que estamos realizando la observación desde un sistema de referencia ligado a dicho cuerpo. En ese caso, todo lo dicho es cierto: hay desviación, pero no hay diferencia en cuanto a velocidades.

Pero veámoslo ahora desde otro punto de vista: supongamos que el cuerpo con masa se mueve por el espacio con una velocidad determinada (Vp) y que ahora nosotros lo observamos todo "desde el exterior", es decir, sin movernos con dicho cuerpo. ¿Qué es lo que veremos?

Pues en este caso sí apreciaremos una aceleración de nuestra bola, o de nuestra nave espacial, y veremos que realmente sale de su encuentro con el cuerpo masivo a una velocidad mayor de la que tenía durante su acercamiento.

Javier Casado

La forma más fácil de comprobarlo es con un diagrama vectorial en el que se comparen velocidades relativas con velocidades absolutas, como el que ilustra este artículo. Como hemos visto anteriormente, la velocidad de llegada (v1) y de salida (v2) del vehículo **relativas** al planeta son idénticas, aunque con diferente dirección. Pero su velocidad **absoluta**, vista desde el exterior, será el resultado de sumar a esta velocidad relativa al planeta, la velocidad del propio planeta en su órbita (Vp); de esta forma veremos que la velocidad real de nuestro vehículo no sólo ha cambiado de dirección, sino que también ha crecido en magnitud, como puede observarse en el gráfico.

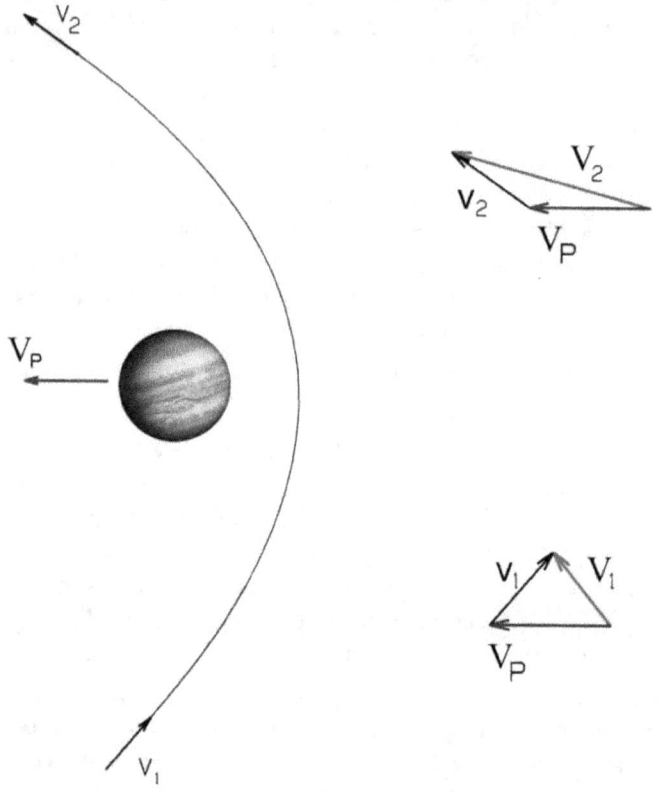

En este croquis vectorial puede observarse cómo la velocidad de la sonda tras su encuentro con el planeta, V2, no sólo es distinta en dirección a la velocidad con la que llegó, V1, sino que también ha aumentado en magnitud. (*Esquema: J.Casado*)

La realidad es que, debido a que el planeta está moviéndose en su órbita, "arrastra" al vehículo que se le aproxima con su movimiento, consiguiendo que tras pasar por sus inmediaciones, su velocidad sea mayor. Ahora sí podemos hablar con rigor de "asistencia" gravitatoria, pues habremos conseguido aumentar la velocidad de nuestro vehículo sin coste alguno de propulsante.

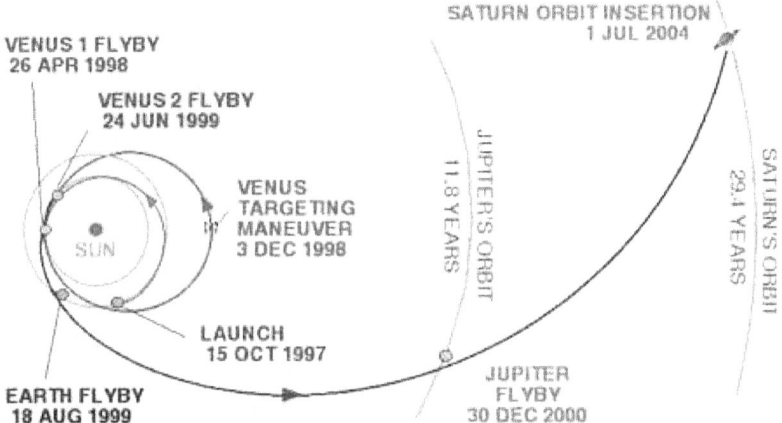

Trayectoria seguida por la sonda Cassini, con uno de los esquemas de asistencias gravitatorias más complejos seguidos hasta ahora. La sonda recibió dos asistencias gravitatorias por parte de Venus, una por parte de la Tierra, y una última a su paso por Júpiter, para llegar hasta Saturno con la mayor economía de lanzamiento posible. (*Imagen: NASA*)

Ajustando la ayuda

La magnitud de la asistencia gravitatoria, tanto en incremento de velocidad como en grado de desviación, depende principalmente del acercamiento de la sonda al planeta y de la masa del propio planeta. Cuanto mayor sea el planeta, y cuanto más cerca se pase de su superficie, más acusado será el efecto obtenido. A modo de ejemplo, y suponiendo que pudiéramos aproximar una sonda hasta rozar la superficie del cuerpo (lo cual es casi siempre imposible, por la existencia de atmósfera o fuerte radiación), los máximos incrementos en la velocidad que podríamos obtener serían 7 km/s para Venus, casi 8 km/s para la Tierra, 3,5 km/s para Marte, 43 km/s para Júpiter, o 26 km/s para Saturno. Se puede ver fácilmente por qué en las misiones Galileo o Cassini se ha utilizado Venus o la Tierra para dar asistencias gravitatorias, en lugar de utilizar a Marte. Júpiter, por su parte, es el más atractivo de todos, pero primero hay que llegar hasta allí...

Pero no siempre nos interesa acelerar un vehículo en su periplo por el Sistema Solar: hay casos en los que puede interesarnos frenarlo. Por ejemplo, cuando queremos ponerlo en órbita alrededor del planeta de destino. Y de nuevo podemos aprovechar lo que nos ofrece gratis la naturaleza para hacerlo con un gasto mínimo de propulsante.

La forma de conseguirlo es sencilla, pues no hay más que darle la vuelta al efecto anteriormente descrito; si hacemos que la sonda se aproxime al planeta "por delante" en lugar de hacerlo "por detrás" (en relación al desplazamiento de éste en su órbita), habremos conseguido frenarla en lugar de acelerarla.

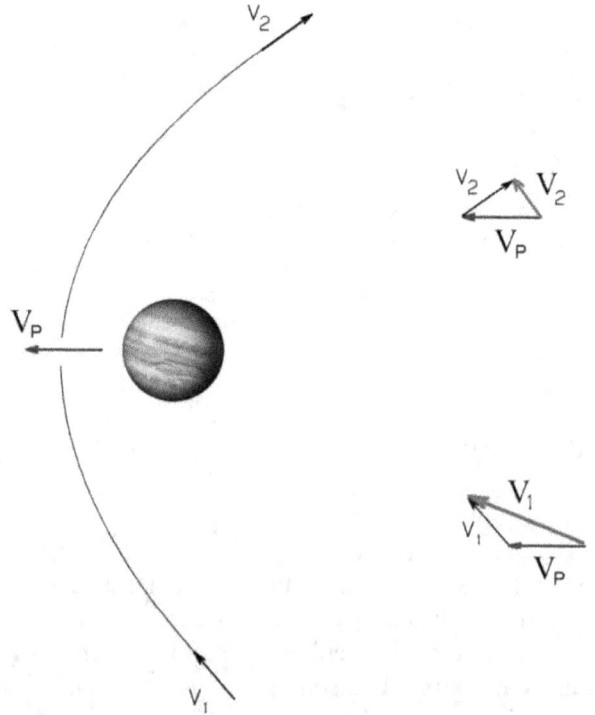

Rodeando al planeta en el sentido contrario, lo que conseguimos no es una aceleración, sino un frenado. En este croquis vectorial observamos que ahora la velocidad de salida, V2, es inferior a la de llegada, V1.
(*Esquema: J.Casado*)

Esta es la razón por la que la trayectoria de las naves Apollo a la Luna tenía esa famosa forma de "ocho": entrando en órbita alrededor de nuestro satélite "a derechas" en lugar de hacerlo "a izquierdas" (como podría parecer más natural) se consigue una deceleración gratuita que ayuda a la puesta en órbita selenocéntrica, a la vez que posibilita un retorno a la Tierra de emergencia sin necesidad de motor. De hacerlo en sentido contrario, la tendencia sería a acelerarse hacia el exterior, adentrándose en el Sistema Solar.

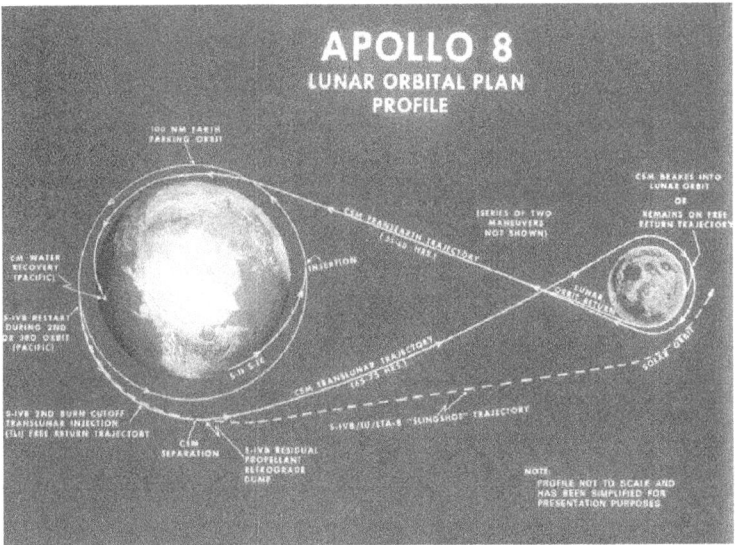

La famosa trayectoria "en ocho" de las misiones Apollo.
(Imagen: NASA)

Un rodeo muy beneficioso: de la Tierra al Sol pasando por Júpiter

Utilizar asistencias gravitatorias en las misiones de sondas espaciales es un modo eficaz de abaratar costes, utilizando la ayuda planetaria para incrementar la velocidad del vehículo, y permitiendo así utilizar lanzadores más pequeños y económicos; pero también es en ocasiones la única forma de llevar a cabo una determinada misión, al existir casos en los que no hay ningún lanzador con la potencia requerida para llevarla a cabo de forma directa.

Fue el caso de la misión de la sonda europea Ulysses, enviada a explorar los polos solares desde una órbita heliocéntrica casi polar. En esta misión se utilizó una asistencia gravitatoria de Júpiter para alcanzar la órbita definitiva: la sonda fue enviada hasta Júpiter siguiendo una trayectoria habitual, dentro del plano de la eclíptica, utilizando allí la gravedad del planeta gigante para lanzar a la sonda fuera de dicho plano en un ángulo cercano a los 90°. El lanzamiento directo a órbita heliocéntrica polar desde la Tierra hubiera supuesto que el lanzador habría tenido que proporcionar no sólo la velocidad necesaria para recorrer la órbita, sino también la necesaria para contrarrestar la velocidad de traslación de la Tierra alrededor del Sol (para así conseguir la máxima inclinación). Por ligera que fuera la sonda, no existía lanzador sobre la Tierra capaz de comunicar dicha velocidad.

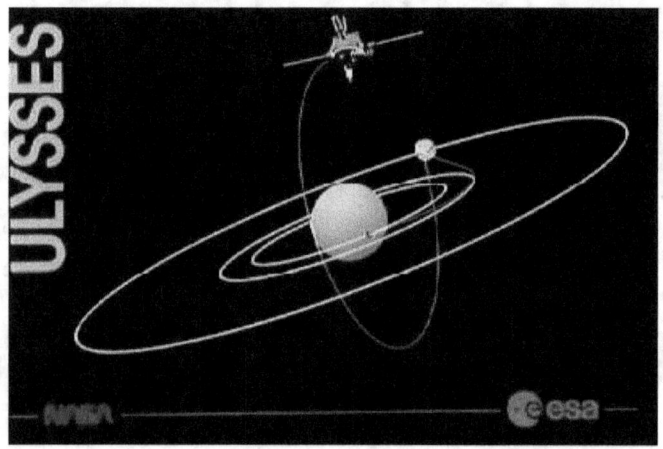

El largo rodeo de la sonda Ulysses para llegar desde la Tierra hasta el Sol. (*Imagen: NASA*)

El precio que hay que pagar

Naturalmente, la Naturaleza no regala nada: en una asistencia gravitatoria, el incremento de velocidad de la sonda se consigue a costa de una disminución de la velocidad del planeta en su órbita; en realidad se produce un intercambio de cantidad de movimiento entre el planeta y la sonda, y lo que uno recibe lo pierde el otro. Sin embargo, el efecto en la velocidad es inversamente proporcional a las masas respectivas, de modo que el importante aumento de velocidad experimentado por el vehículo se corresponde con una absolutamente despreciable disminución de la velocidad del astro. No hay peligro de que lleguemos a sacar un planeta de su órbita por utilizarlo en dar asistencias gravitatorias a cientos de sondas espaciales.

Javier Casado

Sopa de letras orbital

LEO, GEO, SSO, GTO, GSO... Los aficionados al espacio ya estamos acostumbrados a leer estos galimatías cuando se tratan informaciones relativas a órbitas de satélites. Pero, ¿sabemos realmente lo que significan?

Lo cierto es que a veces ni siquiera los expertos tratan esta terminología con propiedad, como podemos comprobar con las frecuentes confusiones entre GEO y GSO. Pero en realidad, el tema no es tan complejo, si bien es cierto que para recordar las siglas es bastante útil conocer algo de vocabulario básico en inglés, idioma en el que están construidos estos acrónimos.

Cuestión de altura

La primera diferenciación básica entre tipos de órbitas se realiza por su altitud. Así, llamamos órbitas bajas (LEO, *Low Earth Orbit*) a las situadas entre los 160 y los 2000 km, más o menos. Aunque se trata de un término más bien cualitativo, sin que existan límites claros para decidir cuándo una órbita pasa de ser baja a ser media. Lo que sí está claro es que raramente encontraremos órbitas muy por debajo de los 200 km, al ser esa cota la mínima a partir de la cual los efectos de resistencia atmosférica permiten el mantenimiento orbital de forma razonable; a menos altitud, los objetos vuelven a caer hacia la Tierra rápidamente, debido al frenado aerodinámico.

Las órbitas LEO son las utilizadas habitualmente por las misiones tripuladas a la órbita terrestre, siendo las empleadas tanto por la ISS (400 km) como por el transbordador (entre 200 y 800 km de altura, dependiendo de la misión). También se las usa como órbitas de aparcamiento para misiones que tienen como destino final una órbita superior: por ejemplo, las misiones Apollo a la Luna, que tenían como primera etapa una órbita LEO, o sirviendo como primer escalón en la puesta en órbita de satélites geoestacionarios, como veremos más adelante.

Los más puristas distinguen también las órbitas MEO, o medias (*Medium Earth Orbit*), que serían aquellas con una altitud superior a las órbitas LEO, pero por debajo de las geoestacionarias. Pero en la práctica, el acrónimo MEO apenas se utiliza.

GEO y GSO

Entre las órbitas altas, la reina es la órbita geoestacionaria, a menudo denominada simplemente GEO (*Geostationary Earth Orbit*). Se trata de una órbita circular ecuatorial (con su plano orbital coincidiendo con el plano del ecuador terrestre) situada a 35.786 km de altura, y que posee la particularidad de recorrerse con una velocidad idéntica a la de rotación de la Tierra. De esta forma, un satélite situado en dicha órbita permanecerá siempre en la vertical de un punto determinado de la superficie de nuestro planeta, aparentemente inmóvil para los que vivimos aquí abajo. Esta característica la convierte en una ubicación privilegiada para satélites de telecomunicaciones o meteorológicos, entre otros.

La gran altitud de la órbita geoestacionaria, así como su requisito de paralelismo con el ecuador, obliga a una estrategia algo particular para la puesta en órbita de estos satélites: por economía energética (que se traduce al final en ventaja económica) la mejor forma de llevarlo a cabo es enviar primero el satélite a una órbita LEO circular, de la que partirá después a la órbita GEO definitiva. Esa trayectoria que lleva al satélite de LEO a GEO es también un fragmento de órbita terrestre, elíptica en este caso, que recibe el nombre de GTO: *Geostationary Transfer Orbit*, órbita de transferencia a geoestacionaria.

Pero si bien todo el mundo sabe lo que es una órbita geoestacionaria, no todo el mundo tiene claro el significado de órbita geosíncrona, y así, los términos GEO y GSO (*GeoSynchronous Orbit*) son confundidos a menudo, incluso en publicaciones especializadas. Y es que una órbita geoestacionaria es un tipo particular de órbita geosíncrona, pero no toda órbita geosíncrona es geoestacionaria.

El término geosíncrona hace referencia a la sincronización del periodo de la órbita (el tiempo que se tarda en recorrer completamente) con la velocidad de rotación de nuestro planeta. Es decir, una órbita geosíncrona es aquella que tiene un periodo de casi 24 horas (exactamente 23 horas, 56 minutos y 4 segundos, o día sidéreo). Aquí entran las órbitas geoestacionarias, por supuesto, pero también todas las demás órbitas circulares situadas a 35.786 km de altitud, aunque su plano orbital no coincida con el del ecuador. En estos casos, el movimiento aparente del satélite sobre la superficie terrestre (su "traza") no es un punto, como en el caso geoestacionario, sino que adquiere una curiosa forma de ocho.

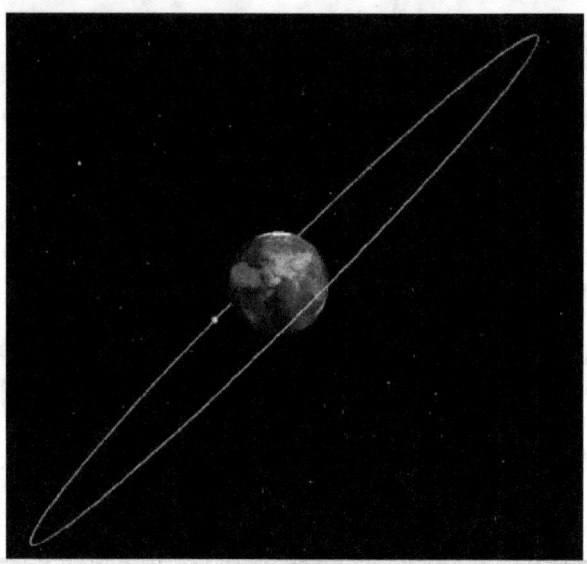

Vista tridimensional y traza terrestre de una órbita geosíncrona circular de inclinación 45°. (*Imágenes: J.Casado*)

Órbitas Tundra y órbitas Molniya

Claro que una órbita de periodo 23,93 horas no tiene por qué ser circular. Así, dentro de la categoría de geosíncronas también caerán multitud de órbitas elípticas de diferente inclinación (ángulo del plano orbital con respecto al ecuador) siempre que cumplan este requisito de periodo orbital.

Entre estas múltiples órbitas geosíncronas elípticas tenemos la órbita tipo Tundra. Se trata de una órbita especial de alta excentricidad (es decir, muy elíptica) y alta inclinación (63,4°), cuya traza sobre la superficie terrestre es un ocho con uno de sus lóbulos mucho más grande que el otro.

La particularidad de esta órbita es que permite dar cobertura constante a una determinada zona de la superficie terrestre con una flota de sólo dos satélites. Aunque no parece una gran ventaja si pensamos que con un único satélite geoestacionario podríamos conseguir el mismo objetivo. El problema es que los satélites geoestacionarios, al estar situados sobre el ecuador, tienen muy mala cobertura sobre las regiones más meridionales o septentrionales de nuestro planeta. Por simple trigonometría, podemos ver que la órbita GEO es inobservable desde latitudes superiores a los 65°; en la práctica, los obstáculos naturales limitan aún más las transmisiones, haciéndolas inviables a partir de los 60° de latitud, aproximadamente. Para esas regiones del planeta, las órbitas de los tipos Tundra y Molniya son la solución.

Como decíamos, las órbitas Tundra son muy elípticas. De acuerdo con las leyes de Kepler, en una órbita elíptica la parte baja se recorre a una gran velocidad, mientras que la parte más alta se recorre mucho más despacio. De esta forma, situando la órbita de modo que su apogeo (punto más alejado de la Tierra) quede más o menos sobre la vertical de la zona geográfica a cubrir, tendremos que el satélite resulta visible desde esa ubicación geográfica durante la mayor parte de su periodo orbital. En la práctica, con dos satélites recorriendo esta misma órbita, se tiene cobertura completa sobre la región.

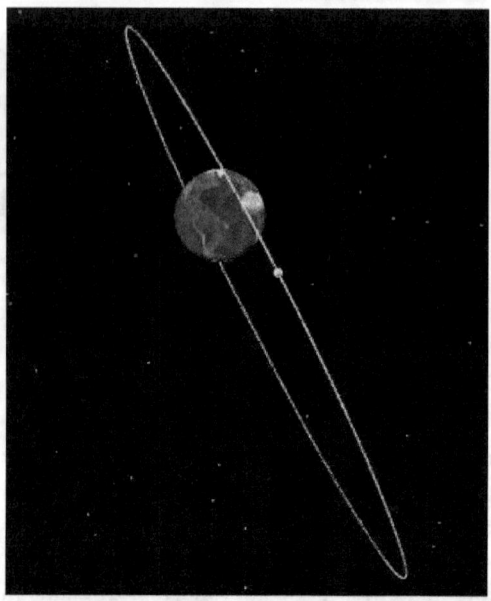

Vista tridimensional y traza terrestre de una órbita Tundra, utilizada por los satélites norteamericanos Sirius con fines similares a las órbitas Molniya rusas. (*Imágenes: J.Casado*)

Lo mismo puede decirse de las órbitas tipo Molniya, que son idénticas en concepto a las Tundra, excepto que su periodo orbital es de unas 12 horas en lugar de 24. Su nombre lo toma de una serie de satélites de comunicaciones rusos, que fueron los que inauguraron esta modalidad orbital para poder dar cobertura a las áreas septentrionales del territorio de la antigua URSS. En estas órbitas, el satélite pasa dos veces al día sobre la zona a cubrir, con una permanencia efectiva por encima del horizonte de unas 8 horas. De este modo, una constelación de tres satélites equiespaciados sobre la misma órbita permite una cobertura continua sobre el área elegida.

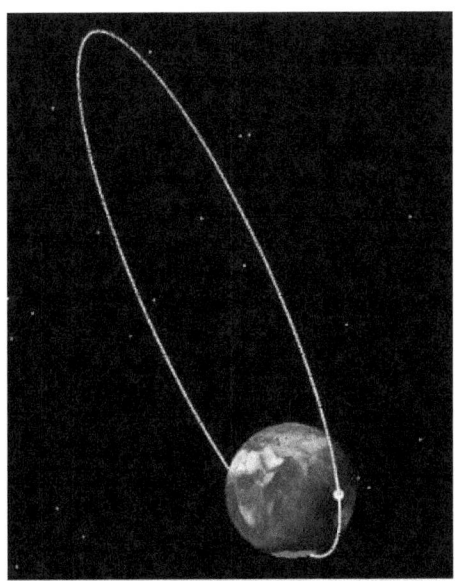

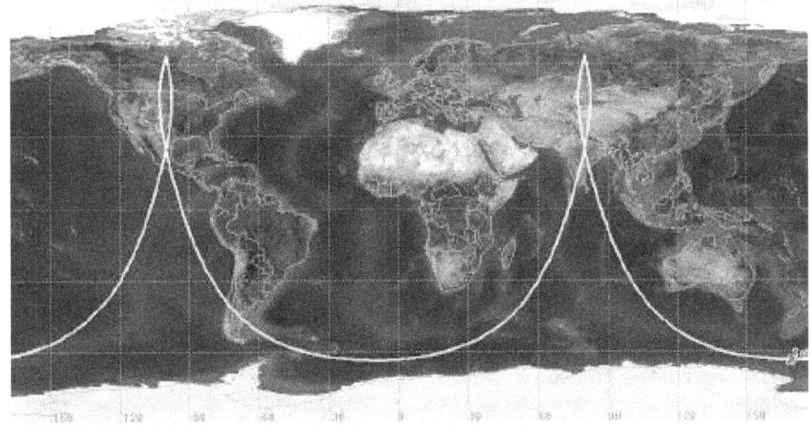

Vista tridimensional y traza terrestre de una órbita Molniya, utilizada principalmente por satélites de comunicaciones rusos. (*Imágenes: J.Casado*)

SSO: la órbita polar

Las últimas siglas de hoy las reservamos para la órbita SSO: *Sun-Synchronous Orbit*, o órbita sol-síncrona, más a menudo referida en castellano como heliosíncrona (aunque este término debería reservarse en sentido estricto al tipo de órbita alrededor del Sol equivalente a la órbita geosíncrona alrededor de la Tierra).

La particularidad de los satélites en órbita SSO es que pasan sobre la vertical de un determinado punto terrestre siempre a la misma hora del día. Conseguirlo requiere una gran habilidad, ya que obliga a que el plano de la órbita gire alrededor de la Tierra a la misma velocidad que gira ésta alrededor del Sol. Es decir, el satélite gira sobre una órbita cuyo plano a su vez gira alrededor del eje terrestre.

En realidad, éste es un fenómeno natural en todas las órbitas no ecuatoriales: debido a que la Tierra no es una esfera perfecta, el irregular reparto de la masa del planeta provoca en todas las órbitas inclinadas un movimiento de precesión, esto es, un giro del plano orbital alrededor del eje de rotación terrestre. Habitualmente ésta es una perturbación indeseable que hay que corregir con los motores del satélite, pero en el caso de las SSO es un efecto aprovechable; lo que hay que conseguir es que este movimiento de precesión tenga un periodo exacto de 365,25 días.

Afortunadamente, esto puede lograrse combinando adecuadamente la inclinación y la altura de la órbita. Aunque existen varias soluciones, las órbitas SSO más habituales suelen tener una altitud alrededor de los 800 km, con una inclinación próxima a los 98°, y con un periodo orbital de unos 96 minutos. Se trata, por tanto, de órbitas casi polares que cruzan el ecuador terrestre 15 veces en un mismo día, siempre a la misma hora. Son muy adecuadas para la observación terrestre, no sólo por barrer buena parte de la superficie del planeta en su recorrido, sino por la particularidad de repetir las pasadas en las mismas condiciones de iluminación solar, lo que permite una mejor comparación de las observaciones en diferentes intervalos, posibilitando el seguimiento de fenómenos dinámicos con mayor facilidad.

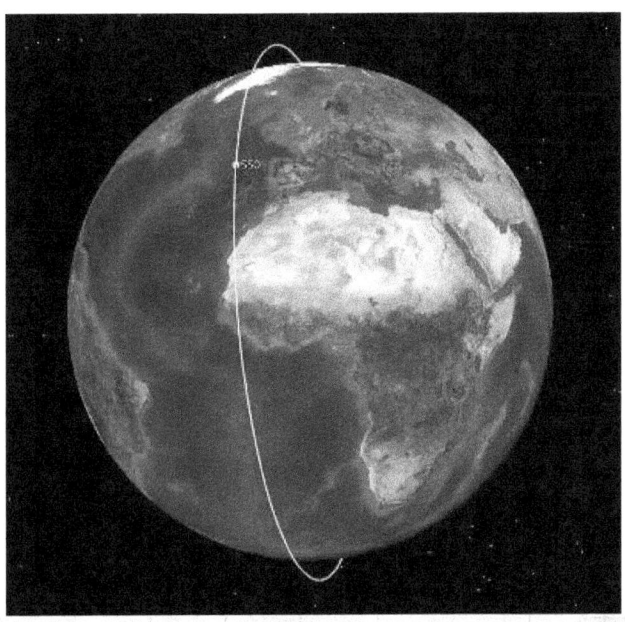
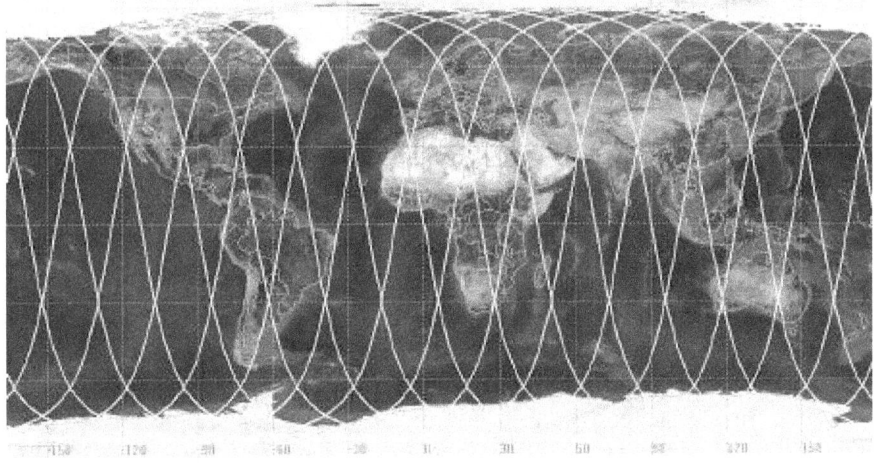

Vista tridimensional y traza terrestre de una órbita heliosíncrona, a veces también denominada polar por su paso cercano a los polos terrestres. Ampliamente utilizada por satélites de observación terrestre.
(*Imágenes: J.Casado*)

Javier Casado

¡Arrojadlo por la borda!

Arrojar objetos al espacio desde una estación espacial es tan arriesgado como lanzar un vaso de agua por la ventanilla de un coche circulando a gran velocidad: si no lo hacemos con cuidado, podemos encontrarnos empapados en el segundo caso... o con una peligrosa colisión, en el primero.

Aunque los efectos puedan ser similares, las razones son muy distintas, siendo efectos aerodinámicos en el caso del coche, y de mecánica orbital en el de la estación espacial, los que provocan el resultado final. Y precisamente por ser los mecanismos tan diferentes, y siendo la mecánica orbital algo tan poco intuitivo para nosotros, por no vivirla en nuestra vida habitual, el resultado de lanzar algo "por la borda" desde una estación espacial suele resultar bastante sorprendente.

La situación se puede convertir en un verdadero problema cuando hay que llevar a cabo el lanzamiento de algún objeto desde una estación espacial en órbita alrededor de la Tierra. Algo de lo que tenemos dos recientes ejemplos en la Estación Espacial Internacional: el lanzamiento del Suitsat el 3 de febrero de 2006, y el del "drive" de golf el 23 de noviembre de ese mismo año. En el primer caso, se trataba de descartar un antiguo traje espacial ruso "Orlan", aprovechando para equiparlo con un transmisor de radio para el seguimiento por radioaficionados de todo el mundo hasta su reentrada en la atmósfera; y en el segundo caso, fue una actividad publicitaria de una compañía canadiense, que había llegado a un acuerdo previo con la agencia espacial rusa para rodar este "spot".

Analizando el lanzamiento

Ante una maniobra de este tipo, lo primero que hay que determinar es en qué dirección efectuar el lanzamiento para evitar riesgos para la estación. Parecido a lo que hacían los marineros antiguos en cubierta cuando, antes de orinar por la borda, observaban cuidadosamente la dirección del viento; solo que en el caso espacial no es tan sencillo.

Y es que no olvidemos que, aunque a un astronauta que realiza una salida al espacio desde una estación espacial le parezca que flota inmóvil en el vacío, lo cierto es que se desplaza a una enorme velocidad describiendo una órbita alrededor de la Tierra. Y si lanza algo al exterior, lo que en realidad está haciendo es variar ligeramente la velocidad del objeto con respecto a la que tenía inicialmente; en otras palabras, lo que está haciendo es modificar ligeramente la órbita que sigue ese objeto. Con resultados que pueden ser realmente curiosos, como veremos a continuación.

Supondremos que realizamos el lanzamiento desde la Estación Espacial Internacional, a 400 km de altura sobre la superficie terrestre. Es decir, a una velocidad inicial de desplazamiento de 27600 km/hora. Y el lanzamiento lo efectuaremos a una velocidad de entre 5 km/hora (objeto arrojado suavemente con las manos) y 100 km/hora (un golpe "profesional" a una pelota de golf). En cualquier caso, velocidades prácticamente despreciables con respecto a la velocidad de la estación en su órbita.

Veamos ahora las diferentes posibilidades:

Lanzamiento lateral

Si lanzamos el objeto hacia un lateral de la estación, de forma perpendicular a la dirección de desplazamiento, veremos que, como es de esperar, el objeto se aleja de nosotros, cada vez más y más. Es la típica imagen del astronauta al que se le suelta el cordón de seguridad y queda perdido en el espacio; uno supone que se seguirá alejando para siempre... Pues no: si esperamos el tiempo suficiente (y quizás con la ayuda de unos prismáticos), veremos que su alejamiento se va frenando poco a poco, hasta detenerse y comenzar entonces un viaje de vuelta hacia nosotros, cada vez más rápido, hasta alcanzar de nuevo la estación con la misma velocidad con la que partió de ella. Un boomerang espacial.

¿Por qué ocurre esto? Nada más sencillo, aunque para entenderlo con más facilidad sería preciso hacerlo de forma gráfica, con vectores, pues se trata de sumar vectorialmente la velocidad inicial (la de la estación en su órbita) a la del empujón suministrado al objeto. En este caso, el empujón es perpendicular a la velocidad de desplazamiento inicial, y de una magnitud muy inferior. Como resultado, la velocidad final estará levemente desviada de la original hacia el exterior, pero sin cambio apreciable en su magnitud total (sin variación significativa en su módulo, en lenguaje vectorial). Si no cambia la velocidad total, no cambia el periodo orbital, el tiempo que tarda el objeto en dar una vuelta entera en su órbita. Y lo que habremos hecho habrá sido simplemente cambiar ligeramente el plano orbital, inclinando la nueva órbita (la del objeto lanzado) con respecto a la inicial (la de la estación). La nueva trayectoria cortará a la primera en dos puntos: el de lanzamiento, y el diametralmente opuesto. Y como el periodo es el mismo, quiere decir que el objeto volverá a impactar contra la estación exactamente media órbita más allá de su lanzamiento. Es decir, dentro de unos 45 minutos, en la órbita de la ISS.

Efectos de arrojar un objeto con una velocidad reducida respecto a la del vehículo espacial, de forma lateral con respecto a la dirección de desplazamiento. En amarillo, la órbita de partida (vehículo); en azul, la órbita obtenida (objeto arrojado). Efecto exagerado para mayor claridad. (*Imagen: J.Casado*)

Lanzamiento vertical

Vale, vemos que no es buena idea lanzar el objeto hacia los lados, salvo que queramos jugar al frontón sin necesidad de pared... ¿Y hacia arriba?

En este caso, veríamos cómo el objeto se aleja y, al mismo tiempo, se empieza a retrasar con respecto a la estación. Es lógico, pues al subir en altura, aumenta el periodo orbital (disminuye la velocidad de rotación alrededor de la Tierra). Bien, parece que nos hemos conseguido deshacer del trasto, cada vez más lejos por arriba y dejándolo olvidado a nuestra espalda... Pero no: media órbita más allá, el objeto habrá descendido hasta nuestra altura de nuevo, y se nos acercará peligrosamente por detrás; a alguna distancia de la estación, aún sin alcanzarnos, cruzará nuestra órbita y seguirá descendiendo ligeramente mientras se sigue acelerando hasta rebasarnos a poca distancia por debajo. Luego su velocidad comenzará a disminuir ligeramente, mientras comienza a ascender de nuevo, y nuestra estación empieza a darle alcance. Cuando se cumpla una órbita completa desde el lanzamiento, nos alcanzará desde abajo, con la misma velocidad a la que lo expulsamos hacia arriba. ¿Cosa de meigas...?

Pues no, de nuevo la mecánica orbital ha vuelto a jugarnos una mala pasada. Y es que, con una suma vectorial de velocidades análoga a la del caso anterior, lo que hemos conseguido ahora es un vector velocidad desviado ligeramente hacia arriba, y con una magnitud, o módulo, muy similar al inicial. Esto nos ha originado una órbita ligeramente elíptica (suponemos que partíamos de una órbita circular), con su apogeo algo más elevado, y su perigeo más bajo, pero con un periodo orbital prácticamente idéntico al inicial (por la pequeña magnitud del empujón, en comparación con la velocidad de partida). La nueva elipse cortará a la órbita de la estación en dos puntos, el de lanzamiento, y otro próximo al diametralmente opuesto, aunque sólo coincidirán en el mismo punto al cabo de una órbita completa, cruzándose a corta distancia en el punto intermedio. Este análisis, realizado para un lanzamiento hacia arriba, resulta simétrico para un lanzamiento hacia abajo; en ese caso, el objeto inicialmente nos adelantaría en lugar de retrasarse, pero el resultado final sería el mismo.

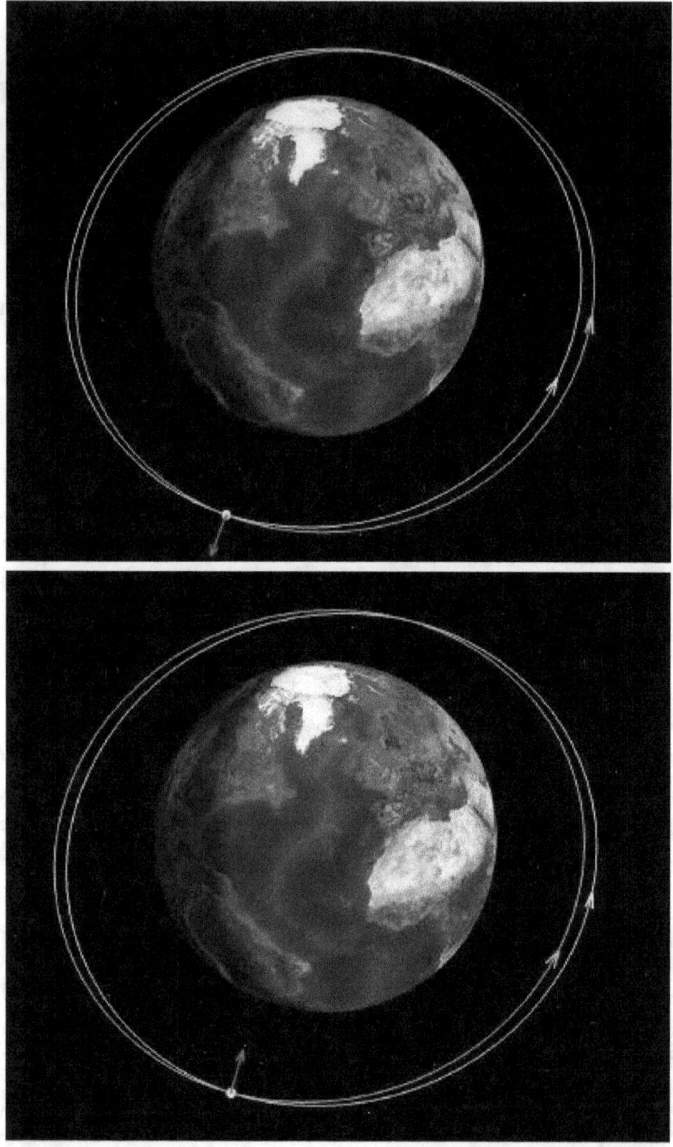

Efecto de un lanzamiento vertical con respecto a la dirección de desplazamiento, tanto hacia arriba como hacia abajo. (*Imágenes: J.Casado*)

Lanzamiento hacia adelante

¿Pero es que no hay forma de deshacerse de objetos indeseables en el espacio? ¿Y si lo lanzamos hacia adelante, en la dirección de desplazamiento de la estación?

En este caso, estamos aumentando directamente su velocidad. Como resultado, inicialmente se separa por delante, y a la vez comienza a ascender (a mayor velocidad, órbita de mayor altura). A medida que asciende, pierde velocidad de rotación, y pasado un tiempo lo veremos pasar sobre nosotros mientras lo adelantamos por debajo. Bueno, parece que esta vez nos deshicimos de él, abandonado en una órbita superior, ¿no?

Realmente, no. Lo que hemos hecho con el impulso adicional es elevar la altura del apogeo de la nueva órbita, pero su perigeo se mantiene, coincidiendo con el punto de partida. Como, además, la diferencia en velocidad total es prácticamente despreciable, el periodo orbital se mantendrá muy similar. Así, veremos que, tras recorrer media órbita, el objeto que se había ido alejando hacia arriba y quedándose retrasado, empieza de nuevo a descender y a acelerarse, como si empezase a perseguirnos. Y al cumplirse una órbita completa desde el lanzamiento, de nuevo lo tendremos cayendo sobre la estación desde arriba y por detrás.

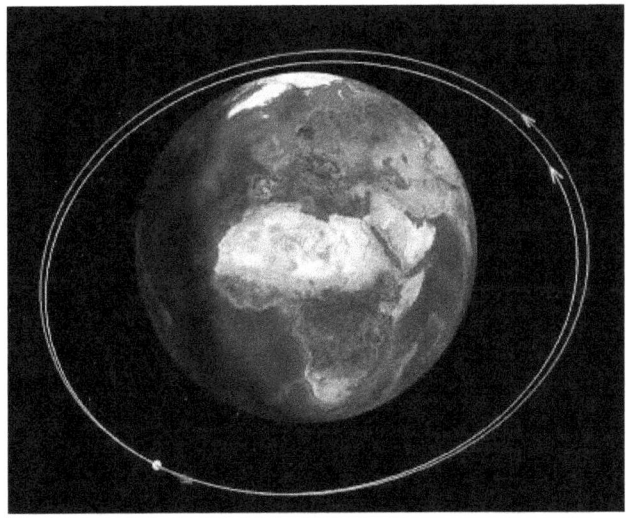

Efecto de un lanzamiento hacia adelante. (*Imagen: J.Casado*)

Lanzamiento trasero: ¿la solución?

Afortunadamente, nos queda una opción: lanzarlo hacia atrás. De esta forma, estamos reduciendo su velocidad total, lo que debería hacerlo caer hacia una órbita inferior. Efectivamente, lo veríamos empezar a alejarse por detrás de la estación, y luego descender ligeramente mientras se va acelerando al describir una órbita de menor radio. Algún tiempo después lo veríamos rebasarnos por debajo, a algunos cientos de metros, mientras sigue su camino más allá, alejándose en dirección contraria a donde lo habíamos lanzado.

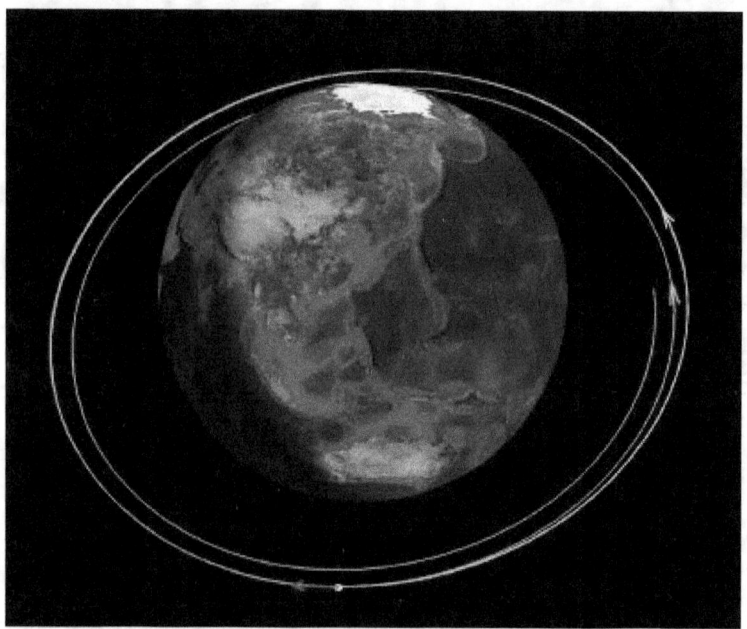

Efecto de un lanzamiento hacia atrás... la única forma de deshacerse de algo en el espacio. (*Imagen: J.Casado*)

En condiciones ideales, tampoco ahora habríamos conseguido deshacernos del indeseable objeto: de forma similar a lo que ocurría al lanzarlo hacia delante, ahora lo que habremos hecho es disminuir el perigeo de su órbita, pero manteniendo su apogeo coincidente con el punto de partida, por lo que nos podría dar alcance de nuevo en la siguiente órbita. Pero en este caso, la atmósfera juega a nuestro favor:

situado en una órbita ligeramente inferior, el objeto es frenado por las leves trazas de la atmósfera a más velocidad de la que es frenada la estación, situada ligeramente por encima; de esta forma, el descenso natural de la órbita es más acusado para el objeto lanzado, que irá describiendo una trayectoria en espiral, cada vez más baja, y sin volver a impactar contra la estación en ese desagradable efecto boomerang. Por fin, lo conseguimos.

Y es que en el espacio, hasta para tirar la basura hay que saber matemáticas…

Anexo 1: cuestión de velocidades

Hasta aquí hemos supuesto que el lanzamiento se efectúa a una velocidad reducida con respecto a la que lleva la estación en su órbita. Pero, ¿qué sucedería si la velocidad de lanzamiento fuese considerablemente mayor?

El caso extremo lo tendríamos si con el empujón conseguimos superar la velocidad de escape: en ese caso, habremos introducido nuestro objeto en una órbita hiperbólica en la que nunca más se acercará a la estación espacial… ni a la propia Tierra, vagando libre por el espacio a merced del campo gravitatorio solar y de otros cuerpos celestes que pueda encontrar por su camino.

Pero entre este extremo y el analizado en el artículo hay muchos otros intermedios, para los que es prácticamente válido todo lo explicado aquí, aunque con una diferencia: el periodo orbital. Si las velocidades no son parecidas, no lo serán los tiempos necesarios para describir la órbita, y aunque las trayectorias de ambas se cruzarán como hemos explicado, los movimientos no estarán sincronizados de modo que coincidan en el mismo punto al mismo tiempo. Se producirán así sucesivos cruces entre el objeto y la estación a diferentes distancias, sin golpearse directamente. Aunque, con ambas órbitas cruzándose y recorriéndolas a diferentes velocidades, que chocasen algún día sólo sería cuestión de tiempo…

Anexo 2: Viajes interplanetarios

Lo expuesto en este artículo es válido para órbitas terrestres o alrededor de cualquier otro planeta, pero ¿qué sucede en trayectorias interplanetarias? ¿Volverá la basura contra nuestra nave espacial si la tiramos al exterior camino de la Luna o de Marte?

Teóricamente sí, pues las leyes de la mecánica orbital son universales. Pero en la práctica, no. ¿Por qué? Pues porque aunque una trayectoria interplanetaria es una órbita heliocéntrica (alrededor del Sol), dicha órbita no se recorre en su totalidad. Es decir, una trayectoria interplanetaria es una combinación de órbitas, en la que se combina una de escape terrestre, una elíptica heliocéntrica, y otra de escape (pero de entrada) en el planeta de destino. La órbita heliocéntrica, durante la cual se realiza la mayor parte del viaje, y durante la que se supone que tiramos nuestra basura, no la recorreremos más que en una pequeña parte. De modo que, cuando la basura vuelva para cruzarse con la órbita recorrida por nosotros, al cabo de media o una órbita completa alrededor del Sol, en realidad nosotros no estaremos allí. De modo que, si vamos a la Luna, podemos ensuciar nuestro entorno espacial sin miedo: la revancha de la Naturaleza no nos alcanzará, en este caso.

¿Quieres lanzar un satélite? ¡Dale cuerda!

Para lanzar piedras con una gran velocidad y que alcanzasen grandes distancias, nuestros antepasados inventaron la honda. Hoy, este mismo concepto está siendo reestudiado para la puesta en órbita de satélites.

En los últimos años se está viviendo un gran interés por las aplicaciones que los cables de gran longitud pueden tener en el espacio: puesta en órbita de satélites, propulsión eléctrica, o desorbitado pasivo de aparatos obsoletos son algunas de las principales utilidades de unos dispositivos aún solamente teóricos, pero que podrían abaratar sensiblemente el envío de cargas al espacio. En unos casos se trata de un uso simplemente mecánico, utilizando un cable giratorio de alta resistencia a modo de honda, para enviar cargas a una órbita más alta; en otros casos, se trata de utilizar largos cables conductores por los que se hace discurrir una corriente eléctrica, que interactúan con el campo magnético terrestre generando fuerzas que puedan servir de propulsión. Hablamos de las cuerdas de intercambio de momento, o de las cuerdas electrodinámicas, respectivamente.

Intercambio de momento: la honda espacial

Las cuerdas de intercambio de momento actuarían de forma puramente mecánica, al igual que la antigua honda de los pastores: se trataría de utilizar un cable giratorio, "anclado" de algún modo en el espacio, para capturar con su extremo libre la carga que se quiera enviar a una órbita superior, y lanzarla en la dirección deseada con una velocidad mayor a la que tenía inicialmente.

El concepto es sencillo, pero su puesta en práctica no tanto. Primero, ¿cómo podemos anclar una cuerda giratoria en el espacio?

En la práctica, esto es lo más fácil: basta con situar una masa relativamente pesada en el extremo que queremos "anclar", y poner el conjunto en órbita, con el cable girando alrededor de dicha masa.

En realidad, el punto de giro (o de "anclaje") no será exactamente el contrapeso del otro extremo, sino el centro de masas del sistema, que se encontrará situado en algún punto de la longitud de la cuerda, tanto más cerca del balasto cuanto mayor sea la relación de masas contrapeso/cuerda. Será este centro de masas el que orbite la Tierra mientras la cuerda, con un extremo libre y el otro ocupado por el balasto, gira a su alrededor.

Ya tenemos nuestra "honda espacial". Ahora, ¿cómo la utilizamos? Pues, simplemente, enviamos nuestro satélite al espacio con un lanzador pequeño, de bajo coste, en un vuelo que puede ser suborbital, en una trayectoria perfectamente sincronizada con la cuerda giratoria, de modo que el satélite intercepte el extremo libre del cable en el punto más bajo de su recorrido giratorio. En ese momento, un dispositivo de acoplamiento en el cable capturará el satélite, lanzándolo a una nueva trayectoria rotatoria alrededor del nuevo centro de masas del conjunto.

Ese centro de masas, naturalmente, habrá cambiado, situándose ahora en un punto mucho más centrado del cable. Mientras el satélite es acelerado por el extremo libre de la cuerda, que lo arrastra en su movimiento, el centro de masas del conjunto se ve frenado en su desplazamiento, y la órbita del conjunto satélite-cable-contrapeso decae. Pero lo que nos importa es que estamos acelerando a nuestro satélite, arrastrándolo en una trayectoria circular y liberándolo en el momento que consideremos oportuno para así enviarlo sin gasto de propulsante a una órbita superior. Habremos conseguido realizar una puesta en órbita a muy bajo coste.

Sin embargo, existe el problema que acabamos de comentar: si el precio de acelerar nuestro satélite es hacer decaer la órbita de nuestra "honda", algo está fallando. Si para volver a poner nuestro sistema de cable rotatorio en disposición de uso tenemos que utilizar propulsión convencional para elevarlo a su órbita original, lo ganado por un lado lo estaremos perdiendo por otro.

Afortunadamente, existe una solución, y eso nos lleva a la segunda aplicación de los cables orbitales:

Cuerdas electrodinámicas: propulsión "a cuerda"

Las leyes de la física nos dicen que sobre un conductor que se mueva en el interior de un campo magnético, aparecerá una corriente eléctrica. Si extendemos un cable conductor de varios kilómetros de longitud en órbita terrestre, dicho cable se estará moviendo a través del campo magnético de nuestro planeta, apareciendo sobre el mismo una diferencia de potencial entre extremos que puede alcanzar niveles de varios cientos de voltios por kilómetro.

Este efecto tiene dos aplicaciones principales: en la primera, podemos aprovechar la corriente eléctrica generada para alimentar equipos a bordo de nuestro vehículo. Pero esto tiene un precio: la aparición de una fuerza perpendicular al cable que se opone a su movimiento a través del campo magnético; es decir, un frenado del vehículo en su órbita.

Esta aplicación puede ser útil para desorbitar sin gasto de propulsante un satélite que ha llegado al final de su vida útil, pero también podemos darle la vuelta para utilizarlo como sistema de propulsión para elevar una órbita. ¿Cómo? Pues sin más que invertir el sentido de la corriente por el cable. Es decir, aportando energía en lugar de consumiéndola.

Este efecto nos brinda una solución para devolver a su órbita original a nuestra "honda espacial" una vez que ha perdido altura tras lanzar al satélite "cliente" a su órbita superior: no hay más que utilizar energía eléctrica obtenida fácilmente a través de paneles solares, para generar una corriente eléctrica a través del cable que haga aparecer, en combinación con el campo magnético terrestre, una fuerza que empuje el conjunto y le haga ganar velocidad, y con ello altura. Problema resuelto.

La dura realidad

Si este sistema es tan eficaz, ¿por qué aún no ha sido puesto en práctica? Pues, lamentablemente, porque aún quedan muchos problemas por resolver.

El primero, es la propia cuerda o cable. Para su utilización en la aplicación de "intercambio de momento", o de "honda espacial", como la hemos denominado de forma coloquial, necesitamos fabricar un cable de elevadísima resistencia, capaz de soportar las fuerzas centrífugas que aparecen sobre el mismo durante el proceso de aceleración de la carga hacia órbitas superiores. Pero este problema no parece a día de hoy insalvable, y, al contrario que la utilización de "ascensores espaciales", donde se requerirían materiales aún no fabricables de forma industrial, para esta aplicación la tecnología actual ya puede alcanzar los niveles de resistencia requeridos.

Por esta razón, el problema de la resistencia, aunque importante, queda relegado a una categoría menor frente a otros más difíciles de resolver. Y uno de ellos es la propia supervivencia del cable en el entorno espacial, su resistencia a impactos de micrometeoroides y otros efectos.

Efectivamente, los experimentos realizados hasta la fecha con cables de gran longitud extendidos en el espacio han tenido, por lo general, resultados desalentadores. En algunos casos, la cuerda se ha roto incluso antes de su extensión completa (debido a su fusión frente a los altos voltajes generados, en combinación con moléculas de aire atrapadas en su interior); en otros, al cabo de pocas horas, por el efecto de los impactos de partículas de polvo espacial; aunque otros experimentos utilizando estructuras de fibras especiales, han llegado a durar años. Éste es, en cualquier caso, un campo donde debe llevarse a cabo aún una importante investigación, de cara a conseguir cables resistentes y duraderos.

Otro problema es el del sistema de acoplamiento con la carga, en el caso de las aplicaciones como "honda espacial". Dicho acoplamiento debe realizarse de forma prácticamente instantánea y con una gran precisión, ya que el cable debe atrapar al satélite mientras gira, y a su vez el satélite debe estar en el punto exacto en el momento justo. Nada que se parezca a lo que se ha hecho hasta ahora en materia de acoplamientos en el espacio. Aunque se especula con navegación por GPS diferencial combinada con sistemas que pudieran lanzar una especie de arpones o redes desde el extremo del cable para atrapar al satélite, lo cierto es que a día de hoy no pasa de ser eso: pura especulación.

El Inspector Gadget en el espacio

En cualquier caso, lo que es claro es que existe un gran interés por la investigación en estos sistemas de cara al futuro. El 17 de abril de 2007, un cohete ruso Dnepr lanzado desde Baikonur ponía en órbita una curiosa carga. Entre los 14 pequeños satélites que portaba este lanzador se encontraba un experimento diseñado para probar la supervivencia de las cuerdas en el espacio. En este experimento, una cuerda de 1 kilómetro de largo se extiende entre dos picosatélites de 1 kg de masa; a lo largo de la cuerda se desplaza, arriba y abajo, un tercer ingenio de también 1 kg de masa, apodado "Gadget", con la misión de inspeccionar el estado de la cuerda durante su estancia en órbita, de cara a futuras aplicaciones como las descritas en este artículo.

Está claro que aún queda mucho por aprender de cara a la futura utilización de cables espaciales de forma práctica; quizás lo más inmediato y sencillo sea la utilización del efecto electrodinámico, con cables pasivos para desorbitar satélites al final de su vida útil, reduciendo así la chatarra espacial, o sistemas activos que utilicen placas solares para elevar la órbita de vehículos (como una estación espacial) sin consumo de propulsante. Pero quién sabe si algún día no veremos cómo lanzamos satélites al espacio igual que nuestros bisabuelos lanzaban las piedras: con una honda.

Un trabajo de titanes

Está claro que subir al espacio no es tarea fácil. Pero tampoco parece fácil para el hombre volar, y en cambio esto último se ha convertido en algo cotidiano mientras que el viaje espacial no sólo sigue siendo sinónimo de aventura, sino que parece aún restringido únicamente a los países más avanzados. ¿Qué razones hay detrás de estas grandes diferencias?

En realidad existen múltiples y variadas razones que hacen del vuelo espacial una actividad mucho más compleja de lo que pueda serlo el vuelo atmosférico. Se suele hacer referencia, por ejemplo, a la complejidad de operar en un medio hostil, con vacío exterior y temperaturas extremas. Pero lo cierto es que tampoco los aviones comerciales a los que subimos rutinariamente para irnos de vacaciones operan en un medio mucho más amable: al otro lado de la fina pared de aluminio que nos separa del exterior más allá del panel decorativo de la cabina, hay temperaturas de hasta 50 grados bajo cero, y si bien no hay vacío, la presión es tan baja que seríamos incapaces de respirar. Y eso en un avión convencional, porque si pensamos en el retirado Concorde o en aviones de combate, a ese ambiente hay que sumarle las temperaturas extremas que se dan sobre el revestimiento, de varios centenares de grados, debidas al rozamiento con el aire enrarecido a esas enormes velocidades. Está claro que no es igual que el entorno espacial, pero tampoco las diferencias son tan enormes como para justificar la dificultad de volar al espacio.

Efectivamente, no es éste el principal motivo que convierte a la astronáutica en una actividad mucho más costosa que la aeronáutica. Como tampoco lo es el hecho de que el avión cuente con sus alas para "apoyarse" en el aire, frente a la "fuerza bruta" de los motores cohete empleados por los lanzadores para elevarse. Es cierto que en el primer caso la naturaleza nos ofrece gratis lo que en un cohete debemos conseguir a fuerza de inyectar combustible, pero lo cierto es que nada nos impediría fabricar lanzadores que ascendiesen hasta cotas muy elevadas ayudados por alas, usando el impulso puro de sus cohetes sólo cuando éstas ya no les fuesen de utilidad. De hecho, ha habido y hay proyectos basados en esta idea, y se demuestra que, con una velocidad adecuada, prácticamente podría alcanzarse el límite de la atmósfera por medios aerodinámicos, como un avión. Y, sin embargo, a pesar de la complejidad tecnológica que un aparato de este tipo pudiera tener, lo cierto es que la potencia necesaria seguiría difiriendo de forma más que notable entre una misión y la otra. Aunque usáramos alas, aún sería mucho más costoso subir al espacio que volar hasta las antípodas.

La altura no lo es todo

Como hemos dicho, existen multitud de razones que dificultan el vuelo espacial frente al atmosférico. Pero lo cierto es que entre esa multitud de motivos hay uno sobre el que recae por sí solo la mayor parte de la responsabilidad en dicha dificultad: la inmensa diferencia de energía necesaria para poner un objeto en órbita, frente a la que se necesita para que ese mismo objeto realice un vuelo más "convencional".

¿A qué se debe esta enorme diferencia energética? Está claro que un satélite vuela más alto que un avión, pero la altura no lo justifica todo. Si así fuera, países como España tendrían fácilmente lanzadores espaciales, cosa que no tenemos. Hace años que hemos fabricado cohetes de sondeo capaces de alcanzar alturas de 250 km, bien dentro de lo que se considera como "espacio", el cual, por convencionalismo, se supone que empieza a los 100 km de altitud. De hecho, la de 250 km era la altura típica de las misiones del transbordador espacial, antes de que las labores de construcción de la estación espacial internacional obligasen a elevarla hasta los 400 km, por compatibilidad con la órbita de la estación. Y, sin embargo, esos cohetes de sondeo españoles capaces de llegar a los 250 km de altitud no podrían poner ni un solo gramo de masa en órbita alrededor de la Tierra.

Está claro, pues, que la altitud no lo es todo. Al fin y al cabo, no basta con poner un objeto fuera de la atmósfera para que se ponga a dar vueltas alrededor de la Tierra: aunque lo elevemos hasta 10.000 km, por decir algo, si lo dejamos ahí sin más empezará a caer hacia nuestro planeta atraído por la gravedad, como ya nos explicó Newton al ver caer su famosa manzana. Para evitarlo, además de altura el objeto debe tener velocidad: una velocidad que lo mantenga girando alrededor de nuestro planeta, de modo que la inercia de su desplazamiento (la famosa fuerza centrífuga) sea capaz de contrarrestar la atracción de la gravedad.

A vueltas con la energía

Como decíamos, la principal razón de la dificultad para alcanzar el espacio la tenemos en la energía necesaria para conseguirlo. Energía que, si nos acordamos un poco de las clases de física de secundaria, recordaremos que se descompone en dos términos complementarios: energía cinética más energía potencial.

La altitud, a la que hacíamos referencia antes, representa la energía potencial. Sin ánimo de asustar a los enemigos de las matemáticas, recordaremos que su fórmula es m x g x h, o lo que es lo mismo, masa por altura y por la aceleración de la gravedad. Si la masa es constante y la gravedad también, tendremos que la energía potencial varía exactamente igual que la altura. En realidad la aceleración de la gravedad no es constante, al depender también ligeramente de la altura, pero a distancias no demasiado elevadas de la superficie terrestre su variación es prácticamente despreciable y podemos suponerla constante para mayor sencillez. De acuerdo con esto, a doble altura, doble energía potencial, y así sucesivamente.

Un avión comercial suele volar a una altitud de crucero de unos 10.000 a 12.000 metros. Si lo comparamos con una órbita a 200 km, tendremos que la energía potencial necesaria para la órbita es de unas 20 veces mayor que la del avión que nos lleva de vacaciones. No está mal, pero si el billete al espacio nos costase sólo 20 veces lo que volar a Canarias, ya habría colas en las taquillas del espacio-puerto más cercano. Pero esperad, que habíamos dicho que la energía era la suma de dos términos, y sólo hemos hablado de la potencial...

La otra parte es la energía cinética. Sí, la de la fórmula esa de ½ x m x v^2 (disculpas de nuevo, no lo haré más). Es decir, la mitad de la masa por la velocidad al cuadrado. De nuevo, si consideramos una masa constante, tenemos que la energía cinética aumenta con el cuadrado de la velocidad. A doble velocidad, cuádruple energía cinética; si la velocidad se triplica, la energía es nueve veces superior, y así sucesivamente.

Veamos cómo se traduce esto en una comparación entre avión y cohete: un avión comercial suele volar a unos 800 km/h; en cambio, un satélite en una órbita circular de 200 km lleva una velocidad de 28000 km/h. Traducido en términos energéticos, la diferencia es de... ¡1225 veces superior!

Las enormes necesidades energéticas de las misiones espaciales obligan a utilizar gigantescos mastodontes llenos de combustibles como lanzadores. En la imagen, el Saturn V, de 110 metros de altura, el cohete encargado de enviar al hombre a la Luna. (*Foto: NASA*)

Cuestión de velocidades y de masas

En resumen, entre un avión comercial y un vehículo en órbita a 200 km de altura tenemos una diferencia de 20 veces en energía potencial, y 1225 veces en energía cinética; en total, resulta que se necesita 1245 veces más potencia para ir al espacio que para volar. Pero quizás la conclusión más importante de esta comparativa es que la contribución de la energía potencial es mínima en términos relativos: lo realmente costoso es acelerarlo, no subirlo.

Aun así, cualquiera firmaría ahora mismo porque el viaje espacial fuera "sólo" 1200 veces más costoso que el vuelo en avión. Porque la realidad es que, en términos económicos, lo es mucho más. Y lo cierto es que os hemos engañado un poco, y en términos energéticos la diferencia también es superior a esas 1200 veces que acabamos de obtener.

Lo que hemos hecho aquí es una comparativa excesivamente simplificada, en la que estamos contemplando la energía necesaria para colocar un objeto de un peso dado en vuelo atmosférico o en órbita alrededor de la Tierra, pero sin considerar el vehículo que debe transportarlo. Pero para suministrar esa energía, hay que aportar combustibles que irán en el vehículo, lo cual supone más peso, un peso adicional que también hay que elevar y acelerar. Debido a la gran diferencia energética entre ambas misiones, el peso de combustible para la misión orbital será al menos mil veces superior al de la misión atmosférica; pero como ese combustible también hay que elevarlo y acelerarlo durante buena parte de la trayectoria, necesitaremos más combustible adicional sólo para ello, con lo que entramos en un círculo vicioso que hace que la diferencia real entre una misión y otra sea enormemente superior a esas 1200 veces obtenidas cuando consideramos únicamente el objeto final, y no su vehículo.

Aun así, el combustible es barato en comparación con lo que cuesta el vehículo propiamente dicho. A nadie se le ocurriría utilizar un avión para un solo vuelo, y en realidad eso es exactamente lo que hacemos con cada misión espacial: enormes y complejísimos vehículos con las más modernas tecnologías son convertidos en chatarra con el único objetivo de poner a su pasajero en órbita alrededor de la Tierra. No es de extrañar que el sueño de alcanzar un lanzador espacial completamente reutilizable (y que no requiera ser prácticamente revisado pieza a pieza tras la misión) siga siendo la panacea de cara al abaratamiento del acceso al espacio, aunque la experiencia del Space Shuttle haya demostrado que no es tarea fácil.

En cualquier caso, y por mucho que avance la tecnología y por mucho que se empeñen los soñadores futuristas, volar al espacio nunca será, ni de lejos, tan sencillo como volar en avión: las leyes de la física no cambiarán por mucho que nos esforcemos.

El Santo Grial del SSTO

Muchos años antes de que la era espacial se hiciera realidad, ya se pensaba que el futuro de los viajes espaciales se basaría en el concepto de avión espacial: un vehículo con forma de avión que despegaría y aterrizaría de forma convencional, pero con capacidad para viajar también por el espacio. En la actualidad, a pesar de múltiples planes fallidos, el avión espacial aún se considera el Santo Grial de la exploración espacial, a menudo semioculto bajo las siglas SSTO.

En este acrónimo se encierra una aparente contradicción con lo que ha venido siendo el diseño de los lanzadores espaciales desde el Sputnik hasta nuestros días. La idea del *"Single Stage To Orbit"*, o llegar a la órbita y volver con un vehículo íntegro, va en contra del concepto de lanzador por etapas en el que se va liberando masa muerta durante el ascenso para así aligerar el vehículo. Parece, por tanto, un paso atrás en este sentido. Sin embargo, no debemos olvidar que el lanzador por etapas casi puede considerarse desechable por definición, dada la dificultad que supone hacer que todas esas etapas desechadas retornen intactas a la Tierra y sean recuperadas fácilmente. Si queremos tener un vehículo totalmente reutilizable, lo más sencillo (al menos en teoría) es diseñar un vehículo compacto, integral, que vuelva a la Tierra en la misma configuración que partió de ella. O, como mucho, que en la etapa inicial despegue ayudado por un avión nodriza. Es decir, estamos hablando de hacer un avión espacial.

En realidad, el concepto SSTO no implica necesariamente un diseño del tipo "avión espacial", pues un vehículo de etapa única bien podría despegar y aterrizar también de forma vertical; pero en general, la mayor parte de los conceptos de este tipo de vehículos optan por una configuración tipo avión, por una razón muy sencilla: que las alas son una forma económica de ganar altura durante la fase atmosférica del vuelo con un consumo de propulsante tremendamente inferior al requerido por un ascenso vertical. Si la naturaleza nos ofrece gratis una fuerza ascensional sin más que añadir a nuestro vehículo unos apéndices llamados "alas", a priori será más económico esto que utilizar la fuerza bruta para ascender en vertical impulsado por un chorro de gases; aunque diseñar un vehículo con alas capaz de resistir después las cargas de la reentrada, no es tan sencillo... Para soportar mejor la etapa más crítica de la reentrada en la atmósfera es mucho más fácil diseñar un cuerpo compacto que uno con alas, al ser más rígido y soportar por ello mejor los esfuerzos de las grandes deceleraciones a que se ve sometido el vehículo durante esta fase. Pero nadie dijo que hacer un avión espacial fuese fácil...

Respirando aire

Al igual que el concepto tipo avión suele ser una configuración muy común en los diseños SSTO, también lo es el hecho de aprovechar el oxígeno del aire para alimentar los motores durante las fases atmosféricas del vuelo, eliminando así la necesidad de tener que cargar con oxígeno líquido para esa etapa. Esto puede conseguirse sin más que incorporar al vehículo unos motores de reacción más o menos similares a los que equipan los aviones que conocemos, aunque tiene el inconveniente de tener que añadir este tipo de motores además de los motores cohete que más tarde se utilizarán para seguir impulsando al aparato en las fases más altas de su vuelo. Lo importante es que el peso de estos motores adicionales compense el ahorro que supone el no cargar con el oxígeno necesario para esa parte del vuelo (más la masa de los depósitos asociados).

Por otra parte, lo ideal es aprovechar la etapa atmosférica, con su oxígeno gratuito, para acelerar al vehículo a la máxima velocidad posible, y eso supone un grave problema para los turborreactores habituales; para operar a estas altas velocidades se requiere utilizar lo que se conoce en inglés como "scramjets", o estatorreactores de combustión supersónica. Se trata de utilizar el concepto estatorreactor, una especie de tubo hueco sin partes móviles que, por efectos aerodinámicos, permite una compresión en su interior del aire que entra a alta velocidad por su toma delantera; a medio camino por el interior se procede a quemar combustible en el seno de este aire comprimido, con lo que los gases de la combustión salen a gran velocidad por la tobera posterior proporcionando empuje. Un concepto muy sencillo y conocido desde hace décadas, pero que se complica cuando se utiliza a muy altas velocidades, cuando el aire recorre el aerorreactor a velocidad supersónica por su interior. Mantener una combustión estable en estas condiciones no es nada fácil, y éste es un campo en el que en la actualidad se está investigando con interés en varios países, como Estados Unidos, Rusia o la India, por ejemplo.

De hecho, en la India se ha desarrollado un concepto que va aún más allá: no se trata sólo de utilizar el oxígeno atmosférico para alimentar los motores a reacción durante las primeras fases del vuelo, sino que podemos utilizar ese mismo oxígeno del aire para alimentar los motores cohete más adelante. ¿Cómo? Pues montando una pequeña fábrica de oxígeno líquido en el interior del vehículo. Así, el aparato despegaría sin un solo gramo de oxígeno líquido en sus depósitos; después, a gran altura, cuando ya se haya aligerado peso al haberse gastado buena parte del combustible durante el vuelo, se empezará a tomar oxígeno del aire, a licuarlo y a almacenarlo en los depósitos para utilizarlo después en el motor cohete. Si las máquinas encargadas de realizar la licuefacción son lo suficientemente livianas, ésta sería una buena forma de aligerar la masa al despegue y aumentar, por tanto, la eficiencia del sistema.

Múltiples aplicaciones

Sea cual sea la forma de llevarlo a la práctica desde un punto de vista tecnológico, lo que está claro es que el avión espacial tendría múltiples aplicaciones, siempre que se consiguiera el objetivo de hacerlo suficientemente económico, por supuesto.

Por una parte, tendríamos el uso espacial ya comentado, como paso adelante en la búsqueda del abaratamiento del acceso al espacio. Es decir, se trataría de dar un paso más allá del Shuttle, con un vehículo totalmente reutilizable (el Shuttle sólo lo es parcialmente, pues el depósito central se pierde en cada uso) y más económico. Dicha economía habría que buscarla principalmente a través de la reutilización total y de la utilización de esa etapa de propulsión atmosférica ya comentada; aunque, naturalmente, también habría que solucionar los grandes problemas que tiene hoy el Shuttle: sus tremendos costes de revisión y mantenimiento, y su fiabilidad.

Pero si pensamos en un "verdadero" avión espacial, su utilización como lanzador sería sólo una de las opciones posibles. Otra sería su uso justamente como eso, como avión hipersónico, para desplazarse a enormes velocidades de un punto a otro del planeta surcando no el aire, sino el espacio. Algo así como el Concorde pero llevado a su máxima expresión, un medio de transporte capaz de ir de Madrid a Tokio en un par de horas. El jet-lag sería de órdago, pero las ventajas, innegables.

Aunque quienes de verdad parecen mostrar un continuo interés hacia los "aviones espaciales" son los militares. Desde los orígenes del concepto hasta nuestros días, la posible utilización bélica de estos ingenios ha sido uno de los principales argumentos para mantener viva la idea. Desde el "Bombardero de América" de la Alemania nazi (rebautizado luego con el más políticamente correcto nombre de "Bombardero antipodal", cuando sus creadores pasaron a trabajar con los aliados tras el fin de la guerra) hasta las posibles capacidades bélicas que los rusos temían pudiera tener el Space Shuttle, la posibilidad de elevar los grandes bombarderos estratégicos hasta fuera de la atmósfera terrestre, siempre ha estado en la mente de los altos mandos militares. Estos bombarderos orbitales mantendrían prácticamente la misma capacidad de respuesta rápida que los clásicos misiles intercontinentales, pero con varias ventajas adicionales: entre otras, la posibilidad de cambiar de órbita a mitad de camino, bien por una redefinición del objetivo a bombardear o, más útil aún, para engañar al enemigo o confundir sus sistemas de defensa; o también, la posibilidad de suspender el ataque en el último momento, por ejemplo.

También la observación y el reconocimiento sobre territorio ajeno resulta un buen argumento para que los militares defiendan un vehículo de estas características. Y es que, aunque estas tareas ya se llevan a cabo de forma bastante satisfactoria por parte de los llamados "satélites espía", también es cierto que al país observado le puede resultar relativamente sencillo ocultar algunos de sus mayores secretos a estos ingenios espaciales, al ser perfectamente conocidas sus horas de paso en función de la órbita del satélite. Un avión espacial, sin embargo, puede llevar a cabo este reconocimiento desde el espacio sin aviso previo, en respuesta a una necesidad puntual, y con la capacidad comentada de cambiar de órbita "sobre la marcha" para así sorprender al enemigo.

Todas estas posibilidades civiles y militares, unidas a su teórica ventaja económica sobre vehículos espaciales convencionales, convierten al avión espacial tipo SSTO en lo que decíamos al comienzo: el Santo Grial de la astronáutica. Sin embargo, al igual que esta copa sagrada, su búsqueda se está convirtiendo en larga y, hasta ahora, infructuosa. Los motivos pueden ser variados, desde que la tecnología actual no esté preparada aún para dar respuesta a las complejas necesidades de este tipo de sistemas, siendo necesaria mucha más investigación en ciencia y tecnología básicas antes de poder dar el paso, hasta que se esté enfocando el problema desde puntos de vista equivocados o erróneos. Pasando por motivos mucho más prosaicos, como que muchos proyectos han arrancado para luego desaparecer de nuevo sometidos a los vaivenes políticos o presupuestarios. A pesar de todo, a lo largo de las últimas décadas casi siempre ha habido algún proyecto de "avión espacial" o similar sobre las mesas de los ingenieros espaciales de medio mundo, una situación que aún persiste a día de hoy. En un próximo artículo daremos un repaso a los más importantes de estos proyectos.

Javier Casado

El Santo Grial del SSTO
Segunda parte

Muchos recordaremos las esbeltas líneas del avión espacial que, con las insignias de Pan-Am, surcaba el espacio llevando pasajeros a una estación orbital en los inicios de la película "2001, una odisea del espacio". La idea no es exclusiva de la ciencia-ficción: en la realidad, el avión espacial siempre ha estado presente en las mesas de diseño de los ingenieros.

De los sueños de Hitler al Dyna-Soar

Uno de los primeros conceptos de avión espacial que fue tomado realmente en serio fue el "Silbervogel" del alemán Eugen Sänger. A finales de los años 30, este ingeniero colaborador de Von Braun y Hermann Oberth en la asociación de aficionados VfR de Berlín, publicó algunos artículos sobre la posibilidad de fabricar un avión propulsado por cohete que saliera de la atmósfera y fuera capaz de de dar la vuelta a la Tierra en poco tiempo. Estos trabajos llamaron la atención de los militares, que pronto lo pusieron a trabajar en un proyecto secreto para diseñar el que sería llamado "Amerika Bomber", un bombardero orbital capaz de despegar desde Alemania para bombardear el corazón de los Estados Unidos y luego volver de nuevo a su base tras dar la vuelta entera a nuestro planeta.

Aunque el proyecto fue cancelado en 1942 por considerarse que no daría tiempo a terminarlo antes del fin de la guerra, no por ello la idea cayó en el olvido. Finalizada la contienda, Sänger marchó a trabajar a Francia, donde fue objeto de un intento de secuestro por parte de agentes soviéticos, que querían utilizar sus conocimientos técnicos para desarrollar el bombardero orbital en la URSS. Tras el fracaso, el proyecto fue asumido por técnicos rusos bajo la dirección del científico Mstislav

Keldysh, pero la idea nunca llegaría a progresar más allá de la mesa de diseño.

Maqueta para túnel de viento del Silbervogel de Eugen Sänger.

También en los Estados Unidos por aquella época existía un gran interés por los diseños de Sänger. Propuesto a sus superiores por los técnicos de Von Braun con el nombre de "Bombardero de las Antípodas", el proyecto sería retomado para convertirse finalmente en el X-20 Dyna-Soar: un pequeño avión espacial militar concebido principalmente con objetivos de observación estratégica y como demostrador del concepto. Pero a pesar de que durante un tiempo se avanzó en este proyecto, sería finalmente abandonado por razones presupuestarias y ante la evidencia de que los satélites artificiales satisfacían muchas de las necesidades planteadas con un menor coste.

El Shuttle y el Buran

En la década de los 70 el concepto de avión espacial seguiría fresco en las mentes de los diseñadores espaciales a ambos lados del telón de acero. Una vez conseguido el hito de llegar a la Luna, Wernher von Braun proponía como próximo paso en los Estados Unidos el desarrollo de un avanzado transbordador espacial totalmente reutilizable impulsado por un avión nodriza en su primera etapa atmosférica. Es decir, un avión espacial de dos etapas.

Las realidades políticas y presupuestarias llevarían finalmente a la NASA a recortar considerablemente el proyecto, reduciéndolo al transbordador espacial parcialmente reutilizable que todos conocemos. Aun así, el Shuttle se veía como un gran paso adelante hacia el abaratamiento y la cotidianeidad en el acceso al espacio, y también como un interesante aparato de posible uso militar. Tanto es así que en la URSS se ordenó a sus ingenieros "copiar" el aparato norteamericano: si el Shuttle tenía alguna utilidad militar, los soviéticos no podían perdérsela. Así nacería el Buran, mientras otras iniciativas rusas como el Spiral o el MAKS no llegarían a pasar de la mesa de diseño.

Maqueta del proyecto ruso de avión espacial Spiral, con una primera etapa constituida por un avión nodriza, del que más adelante se desprendería el orbitador. La apuesta norteamericana por el Space Shuttle y los temores rusos acerca de su posible uso militar, les llevaron a desecharlo a favor de una réplica más directa del transbordador norteamericano: el Buran.

Pero tras unas cuantas misiones del Shuttle pronto quedaría claro que las expectativas levantadas en torno al mismo, tanto económicas como militares, distaban mucho de hacerse realidad. Ante esta evidencia, el Buran soviético ni siquiera llegaría a entrar en servicio, cancelándose el proyecto tras un único y exitoso vuelo de pruebas. Aunque estos hechos hicieron que muchas personas involucradas en el programa espacial empezaran a mirar con escepticismo hacia los vehículos recuperables, la idea de ir más allá en busca del avión espacial ideal seguiría latente en la mente de muchos ingenieros aeroespaciales.

X-30 NASP, Tupolev 2000, HOTOL y Skylon

En la década de los 80, y sobre todo en la de los 90, los proyectos de avión espacial volvieron con fuerza. Primero fue el X-30, la resurrección por parte de la Fuerza Aérea del proyecto de avión de reconocimiento estratégico o bombardero espacial. Inicialmente concebido para sustituir al avión espía SR-71, sería anunciado por el presidente Ronald Reagan como "un nuevo Orient Express", un futuro avión orbital capaz de ir de Nueva York a Tokio en sólo dos horas. El X-30 recibiría también el apelativo de "Avión Aeroespacial Nacional", o NASP.

El X-30 NASP (*Imagen: NASA*)

El X-30 sería un auténtico SSTO o vehículo orbital de etapa única, despegando como un avión y acelerándose a velocidad hipersónica dentro de la atmósfera gracias a nuevos motores "scramjet", que idealmente serían capaces de acelerarlo hasta la velocidad orbital, dejando si acaso el empujón final para un pequeño motor cohete líquido convencional. Pero el NASP nunca pasaría de estudios teóricos, a pesar del interés del ejército, principal promotor del proyecto. Y es que a medida que se avanzaba en los análisis, se iba comprobando que los requisitos térmicos, propulsivos y de peso resultaban ser mucho más severos que lo inicialmente previsto. Esto conllevaría sucesivos aumentos del presupuesto y retrasos en la fecha prevista para su puesta en servicio. En paralelo, se multiplicaban las críticas en el Congreso y entre los propios militares que no veían con claridad la misión bélica que justificaría las posibles ventajas de un sistema así frente a los sistemas ya existentes. El resultado fue la cancelación del programa a mediados de los 90.

El X-30, mientras tanto, había levantado una expectación en la Unión Soviética similar a la que levantara anteriormente el Space Shuttle. Esto llevaría al lanzamiento de un programa paralelo en aquel país, el Tupolev-2000. El proyecto ruso moriría prácticamente a la vez que su contrapartida norteamericana, y por similares motivos, pero no sería el único: también los británicos habían arrancado un proyecto similar casi al mismo tiempo, el HOTOL. Enfrentado a similares problemas técnicos y presupuestarios que sus rivales, moriría también en paralelo con aquellos en los años 90. No obstante, uno de los participantes en el proyecto ha seguido desarrollando el concepto de forma privada hasta nuestros días, bajo el apelativo de "Skylon".

Proyecto privado británico Skylon, heredero del HOTOL
(*Imagen: Reaction Engines Ltd*)

X-33 Venture Star y X-34

A mediados de los años 90, otros dos proyectos de vehículos SSTO nacían de forma casi simultánea en los Estados Unidos: el X-33 y el X-34.

El X-34 tenía la forma de un esbelto avión espacial. De hecho, se especulaba con posibles derivados futuros que cumpliesen exactamente esa función, la de subir al espacio en un vehículo tipo avión. Sin embargo, su verdadera misión era otra más simple: la de ensayar nuevas tecnologías avanzadas en vuelos hipersónicos a gran altura, como complemento al programa X-33.

El X-33 era una versión reducida, a escala 1/3, de lo que debía convertirse finalmente en el "Venture Star": un vehículo espacial de etapa única (SSTO) de despegue vertical y aterrizaje horizontal, concebido con el propósito de reducir drásticamente el coste de acceso al espacio. El X-33 introducía un gran número de nuevas tecnologías, como motores cohete con una tobera lineal de alta eficiencia llamada "aerospike", nuevos escudos térmicos, depósitos de propulsante ultraligeros, etc. Y, al contrario que proyectos anteriores, esta vez el programa iría más allá de la mesa de diseño, llegándose a ensayar en banco los nuevos motores e incluso a avanzarse bastante en la fabricación del primer prototipo, junto con lo que debía ser una nueva plataforma de lanzamiento. Pero al final terminaría como todos los demás: cancelado al cabo de unos cuantos años debido a los problemas técnicos encontrados durante el desarrollo, que continuamente incrementaban tanto los costes como los plazos para su entrada en servicio.

El fiasco del proyecto X-33 unido a la mala prensa que estaban adquiriendo los vehículos reutilizables por los problemas del Shuttle hizo que los proyectos de vehículos SSTO parecieran finalmente aparcados en el contexto del programa espacial norteamericano. Los rusos, por su parte, bastante tenían por entonces con la grave crisis económica que sobrevino a la caída del régimen comunista, aunque sobre sus mesas de diseño seguirían apareciendo nuevas ideas. Finalmente, la nueva estrategia de la NASA de sustituir al Shuttle por un vehículo tipo cápsula convencional parecía matar por el momento cualquier intento de resucitar el concepto SSTO.

El X-33, uno de los proyectos de SSTO en el que más se llegó a avanzar antes de su cancelación. (*Imagen: NASA*)

El misterio del Blackstar

En 2006, el avión espacial volvía a saltar a las portadas de la prensa especializada con un artículo de la prestigiosa revista Aviation Week anunciando un programa militar secreto: el "Blackstar".

Aunque sin confirmación oficial y contemplado con bastante escepticismo en círculos especializados, según Aviation Week el Blackstar habría llegado a ser un avión espacial operativo de la Fuerza Aérea estadounidense utilizado en secreto durante la década de los 90, aunque finalmente habría sido de baja por razones presupuestarias o simplemente operativas. Sea o no cierto, lo que sí sabemos es que el ejército norteamericano sigue interesado en el concepto, como lo demuestra el proyecto X-40 introducido a finales de los 90, inicialmente como demostrador atmosférico de algunas tecnologías para un futuro avión espacial, pero que podría irse desarrollando hasta adquirir la capacidad orbital si se ponen los fondos necesarios para ello. También se mantiene sobre el papel el proyecto militar "Blackswift", derivado del fallido NASP, aunque también está pendiente de financiación para hacerse realidad.

Proyecto militar Blackswift (*Imagen: Lockheed Martin*)

Ingenio hindú: Avatar

Quizás el proyecto en activo más sorprendente, por su origen y su originalidad, sea el Avatar. Se trata de un proyecto de avión espacial desarrollado en la India que comparte con muchos de los otros proyectos su despegue y aterrizaje en horizontal, y su utilización de motores atmosféricos en las primeras fases del vuelo. Pero presenta como novedad la generación en vuelo del oxígeno líquido necesario para las siguientes fases de propulsión cohete, tomándolo del aire exterior y licuándolo en el propio vehículo, ahorrándose así levantar este peso de oxígeno al despegue. Siempre que el peso del sistema de licuefacción consiga ser inferior al peso de oxígeno líquido ahorrado, por supuesto.

La idea parece prometedora, y el gobierno indio apuesta por ella, estándose trabajando en estos momentos en un demostrador atmosférico del sistema de licuefacción en vuelo, y con pruebas de motores scramjet en tierra. El gran problema del proyecto es la financiación, ya que se admite que sin la cooperación internacional será imposible que un vehículo operacional pueda ver la luz. Y por ahora no parece que las grandes potencias espaciales muestren interés por involucrarse en el proyecto.

Mirando al futuro

Después de 50 años de actividad espacial, el vehículo tipo SSTO sigue siendo, como decíamos en un artículo anterior, algo así como "el Santo Grial" de la exploración espacial: algo perseguido y deseado, pero cuya búsqueda está resultando infructuosa. Tanto, que muchos hoy piensan que no tiene sentido seguir invirtiendo más dinero en programas siempre abocados al fracaso. Como hemos visto en este breve repaso de los principales proyectos, muchos de estos fracasos han sobrevenido ya sobre el papel, sin llegarse nunca a fabricar una sola pieza, generalmente como consecuencia de un exceso de confianza en el momento de lanzar el proyecto, que se hizo evidente una vez arrancado éste con tremendos incrementos en los presupuestos y plazos previstos. Sin embargo, también proyectos que realizaron grandes avances reales, como el X-33, terminaron en la basura; probablemente la principal razón sea que nuestra tecnología necesita aún mayores avances antes de poder desarrollar un vehículo de estas características cuyo peso se mantenga en los niveles de viabilidad requeridos. En cualquier caso, parece que durante algún tiempo el avión espacial seguirá presente donde siempre lo ha estado: en la imaginación de todos los aficionados al espacio.

Festines en gravedad cero

Cuando muchos de nosotros éramos niños, era frecuente que se asociase la comida de los astronautas con píldoras alimenticias. Incluso algunos profetizaban que allá por el "lejano" año 2000 todos nos alimentaríamos de pastillas y nos vestiríamos con mallas blancas. Afortunadamente aún usamos vaqueros y comemos jamón, pero... ¿sabemos lo que comen los astronautas?

En realidad los astronautas nunca han usado pastillas para alimentarse en el espacio, aunque es posible que aquel mito que corría por los años 70 tuviera su origen en las primeras experiencias de alimentación en gravedad cero, llevadas a cabo durante las misiones Mercury y Vostok. Porque si bien nunca se tomaron píldoras como las que podemos comprar en la farmacia, sí que se consumieron pequeñas pastillas alimenticias que, por su aspecto, hoy nos parecerían más aptas para usar como detergente en el lavavajillas o la lavadora.

Enfrentándose a lo desconocido

En las primeras misiones Vostok y Mercury, destinadas a permanecer en el espacio durante muy pocas horas, la comida tenía un objetivo más experimental que alimenticio. Se trataba de averiguar si el cuerpo humano sería capaz de ingerir alimentos en gravedad cero, algo que quedó definitivamente confirmado con la primera misión de Gagarin, por parte de la URSS, y la de John Glenn para los Estados Unidos. A medida que las misiones fueron haciéndose de mayor duración, no obstante, la actividad de llevarse algo a la boca dejó de ser un experimento científico para convertirse en una necesidad fisiológica; pero desde luego, distaba mucho de constituir un placer.

En aquellas primeras misiones, con los astronautas prácticamente embutidos en pequeñas cápsulas y con severas restricciones de peso, el tipo de alimentos a transportar a bordo estaba limitado principalmente por esos condicionantes: debían ocupar poco volumen y pesar poco; además, por supuesto, deberían ser capaces de conservarse adecuadamente a temperatura ambiente durante el tiempo que durase la misión.

Una forma sencilla de cumplir todos estos requisitos era deshidratar los alimentos; así se disminuía drásticamente su volumen, a la vez que se reducía su peso y se favorecía su conservación durante periodos prolongados. Esto daría lugar a dos tipos de alimentos utilizados durante las misiones Mercury y Gemini: las pastillas y los purés deshidratados. En el primer caso, se trataba de pequeños cubos de material seco prensado que el astronauta mordisqueaba, y en el segundo se trataba de bolsitas de plástico con polvos deshidratados en su interior, algo parecido al puré de patatas de sobre. Para su consumo, el astronauta simplemente tendría que rehidratar el contenido del paquete inyectando agua a través de una válvula dispuesta en la bolsa, con una especie de pistola que se alimentaba de los depósitos de agua de la nave. El menú de aquellas misiones se completaba con tubos de pasta alimenticia, parecidos a tubos de dentífrico pero rellenos de un puré comestible.

Alimentos deshidratados del proyecto Mercury, en pastillas y en polvo.
(*Foto: NASA*)

Primeros pasos

Este tipo de alimentación se mantuvo prácticamente invariable durante los programas Mercury y Gemini. Entre uno y otro simplemente se mejoraron algunos detalles: por ejemplo, las pastillas se recubrieron de una gelatina que reducía la posibilidad de que se soltasen migajas que flotaban por la nave, amenazando con dañar los instrumentos (por interponerse en contactos eléctricos, por ejemplo) o pudiendo ser inhalados por el propio astronauta. También los tubos de pasta modificaron el material con el que estaban fabricados, al haberse comprobado que en las primeras versiones pesaba más el envase que su contenido. Y por último, se mejoraron las bolsas de comida deshidratada para facilitar el proceso de rehidratación. Pero básicamente podemos decir que la alimentación se mantuvo prácticamente invariable, y desde luego poco apetitosa para los tripulantes. Hasta tal punto era así, que el intento del astronauta Gus Grissom durante la misión Gemini 3 de alegrar algo su monótona dieta provocó una controvertida anécdota que estuvo a punto de costarle un disgusto:

Grissom había escondido un sándwich de ternera entre sus enseres personales de a bordo, comiéndolo durante el vuelo. La anécdota provocó un gran revuelo, en parte por la indisciplina mostrada por el astronauta al saltarse las reglas, y en parte por el riesgo que las migas desprendidas pudieron suponer para la misión, además del peligro que hubiera supuesto que el astronauta sufriera una indisposición por consumir un sándwich que llevaba oculto varios días sin unas condiciones de conservación adecuadas. El asunto llegó a provocar una queja formal del Congreso de los Estados Unidos, saldándose finalmente sin mayores consecuencias, para alivio del astronauta y de los responsables de la NASA.

La situación empezó a mejorar ligeramente con la llegada del proyecto Apollo. Aunque la base de la alimentación seguían siendo los alimentos deshidratados, ahora ya no se trataba únicamente de polvos que se convertían en purés, sino que alimentos de alguna mayor consistencia empezaron a incluirse en el menú, cuya variedad había aumentado considerablemente. También el proceso de rehidratación se había facilitado por el hecho de contar con agua caliente a bordo frente al agua a temperatura ambiente de misiones anteriores; esto, además, mejoraba el sabor de los alimentos y permitía a los astronautas la agradable sensación de tomar comida caliente.

Las misiones Apollo introdujeron también los primeros alimentos termoestabilizados, productos conservados al vacío en su estado normal tras haber sufrido un proceso de esterilización térmica para evitar la proliferación de microorganismos y permitir así su conservación a bordo.

La era de las estaciones espaciales

La situación siguió mejorando en los años siguientes, principalmente con el establecimiento de una presencia humana casi permanente en el espacio a bordo de las estaciones espaciales rusas Salyut y Mir. Se introdujeron los dispositivos calentadores, que permitían calentar los alimentos en una especie de horno de baja temperatura, y en algunos casos incluso se disponía de frigoríficos y congeladores a bordo que favorecían la conservación de los alimentos. Además, los suministros periódicos por medio de naves carguero Progress permitían incluso la presencia de alimentos perecederos como frutas y verduras en su estado natural, que eran consumidas en los días siguientes a su recepción. La base de la alimentación en el espacio, no obstante, seguía basándose en los alimentos deshidratados y termoestabilizados, a los que se añadían ahora los alimentos irradiados, tratados con radiación ionizante para inhibir el crecimiento microbiano que provoca su descomposición. En el lado ruso se añadía además la presentación de alimentos en latas de conserva, algo desechado por los norteamericanos por el aumento de peso que implica esta opción.

Hoy, con la Estación Espacial Internacional casi a pleno funcionamiento, podemos decir que la alimentación de los astronautas en el espacio ha alcanzado un cierto grado de madurez, aunque todavía queda mucho por avanzar de cara a futuras misiones de larga duración sin soporte exterior (misiones tripuladas a Marte, por ejemplo). Aunque ha aumentado espectacularmente la variedad de alimentos consumibles a bordo, y aunque su presencia y sabor ha aumentado también de forma más que notable con respecto a las primeras misiones de los años 60, todavía queda un grave problema por resolver de cara a futuras misiones interplanetarias: la generación de comida a bordo, a partir de vegetales cultivados en un invernadero, por ejemplo. Y es que, aunque con los medios actuales sería posible equipar una nave con suficientes alimentos previamente tratados para conservarse durante toda la misión, la carencia de frutas y verduras frescas obligaría a utilizar complementos vitamínicos de origen artificial para mantener la buena salud de la tripulación, aparte de la monotonía que para los astronautas supondría tener que depender durante largos años de alimentos envasados. Todo ello sin olvidar que la generación de alimentos a bordo podría suponer un importante ahorro en peso frente al transporte de la totalidad de los alimentos en forma envasada desde el comienzo de la misión.

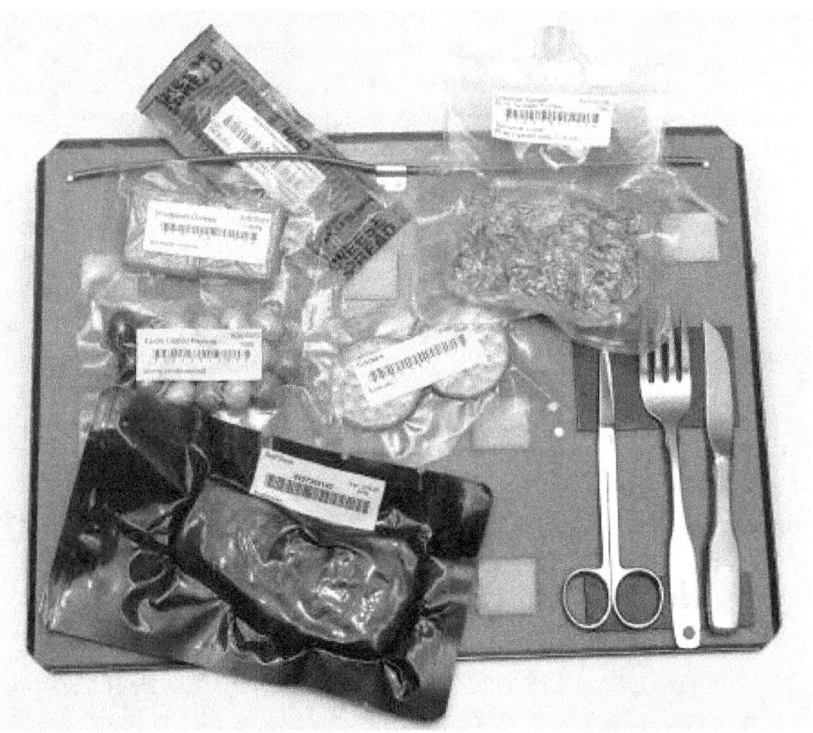

Pack de comida en el transbordador espacial norteamericano. (*Foto: NASA*)

No apto para gourmets

Pero pese a todos los esfuerzos, a toda la variedad de alimentos introducida en las misiones, y a todas las mejoras en los métodos de conservación, aún no podemos decir que comer en el espacio sea una experiencia tan gratificante como hacerlo sobre nuestro planeta. No sólo por la incomodidad que supone la falta de gravedad, que obliga a utilizar recipientes especiales y a llevarse los alimentos a la boca con sumo cuidado para que no escapen flotando gotas o fragmentos que acaben ensuciando todo lo que hay alrededor (algo que, no obstante, casi siempre termina por ocurrir), sino por el cambio de sabor que un mismo alimento tiene en el espacio frente al que tiene en la Tierra.

Parte de la culpa la tienen los propios procesos de conservación (deshidratación, irradiación o termoestabilización), que, al igual que sucede con los alimentos precocinados que compramos en el supermercado, consiguen que el sabor de la comida no sea todo lo bueno que sería de desear. Pero a esto se le suma lo que parece ser un cambio en el sentido del gusto de los astronautas cuando se encuentran en gravedad cero. Por una parte, la redistribución de líquidos en el cuerpo que tiene lugar en el espacio, con su mayor acumulación en la cabeza, torso y miembros superiores, le provoca al astronauta una sensación de congestión similar a la del catarro, disminuyéndole el sentido del olfato y con ello la apreciación de los sabores; pero no se descarta que no se altere también de alguna forma el sentido del gusto, de acuerdo a los comentarios de quienes lo han vivido. En cualquier caso, afirman que la misma comida no les sabe igual en órbita que sobre la superficie terrestre; en general, suelen coincidir en que en algunos casos cambia la textura, y en la mayoría se pierde sabor. Por esta razón, suelen preferir comidas algo más fuertes y especiadas de las que tomarían normalmente en nuestro planeta.

En la variedad está el gusto

Pese a todo, se hace lo posible por hacer de las comidas de los astronautas un momento placentero. Y para ello se cuenta con la variedad (hasta 200 elecciones tienen los astronautas norteamericanos en su menú, aunque los rusos no les van muy a la zaga, con 100 especialidades para elegir), y con la posibilidad de que cada astronauta elija antes de partir cuáles son los alimentos que desea consumir en órbita, siempre que no se salgan de una dieta equilibrada que es supervisada por nutriólogos. Y en cualquier caso, los momentos de las comidas son siempre una pequeña fiesta, siendo habitual que los tripulantes de distintas nacionalidades intercambien sus alimentos para disfrutar de la novedad de probar algo diferente a lo habitual. Y es que, a diferencia del resto de animales, para el hombre la comida siempre será un placer. O, al menos, se intenta...

El fuego en el espacio

Pocos accidentes son más temidos en el interior de una vivienda que la posibilidad de un incendio. La aparición de un fuego en un lugar cerrado nos provoca fácilmente el pánico, a pesar de que casi siempre podremos contar con algún medio para intentar escapar del incendio. Pero imaginemos ahora que el incendio tiene lugar mientras estamos en un vehículo espacial...

La situación, sin duda, es muy diferente: en la Tierra, lo que llamamos lugares cerrados en realidad no lo son tanto: en situaciones normales, salvo que su acceso esté bloqueado por el fuego, existen puertas y ventanas por las que quizás sea posible escapar del incendio. También se puede contar con la ayuda exterior, con que en un momento dado llegarán los bomberos a intentar ayudarnos. Aun así, el simple hecho de pensar que podamos alguna vez hallarnos en una situación similar, nos causa terror.

El escenario es muy diferente en el interior de un vehículo o de una estación espacial. Aquí no hay puertas, no hay ventanas, el espacio es extremadamente reducido, y no podemos contar con ninguna ayuda del exterior. ¿Qué pasaría si se produjera un incendio en estas circunstancias?

La posibilidad de que algo así pueda suceder en el interior de un vehículo espacial quedó claramente expuesta con el accidente del Apollo 1. Algo que nadie se había planteado que podría ocurrir, ocurrió, y ni siquiera fue necesario que hubiera dado comienzo la misión: durante el curso de un simple ensayo en tierra, tres astronautas murieron en el interior de su nave Apollo como consecuencia de un incendio provocado por un cortocircuito, y rápidamente propagado por el interior del pequeño habitáculo con atmósfera de oxígeno puro. De nada sirvieron los esfuerzos de los técnicos que rodeaban la cápsula para intentar salvar a los astronautas: antes de que pudieran abrir la escotilla, ya habían muerto.

El accidente del Apollo 1 removió las conciencias de los técnicos e ingenieros involucrados en el programa espacial. El peligro de incendio resultaba ser un riesgo real, algo que podía ocurrir incluso antes de abandonar la plataforma de lanzamiento. Y un riesgo que necesariamente se agravaría durante los extensos periodos de permanencia a bordo de una estación espacial.

Interior de la cápsula del Apollo 1 tras el incendio. (*Foto: NASA*)

Más vale prevenir…

Desde un primer momento, la lucha contra el peligro de incendio a bordo de un vehículo espacial se basó en la prevención: evitar por todos los medios los posibles orígenes de cualquier llama o chispa, eliminar o reducir al mínimo imprescindible la presencia de materiales inflamables a bordo, utilizando por el contrario materiales ignífugos o autoextinguibles, y prescindir en lo posible de las atmósferas con altas concentraciones de oxígeno. Actuando de esta forma, con unos criterios de seguridad sin duda acentuados tras el accidente del Apollo 1, se consiguió que la historia de la exploración espacial tripulada fuese avanzando sin que apareciese el temido incendio en el espacio.

Así fue hasta 1997. Hasta entonces, pequeños fuegos de origen eléctrico habían aparecido a bordo de algunas estaciones Salyut, pero siempre se habían autoextinguido antes de llegar a representar un problema serio (generaron humo y olor a cable quemado, pero poco más). Pero el 23 de febrero de 1997, un incendio estalló a bordo de la estación espacial rusa Mir. Seis hombres ocupaban en aquel momento la estación, al haberse producido durante el periodo de solape entre dos tripulaciones sucesivas; entre ellos, un norteamericano y un alemán que formaban parte de las visitas internacionales a la estación espacial tras los acuerdos de colaboración establecidos tras la caída del régimen soviético. Seis hombres que se enfrentaron al estallido de un fuego que les hizo temer seriamente por sus vidas y por la integridad de la estación que ocupaban. Un fuego que se prolongó durante unos interminables 14 minutos, durante los cuales la tripulación luchó con todos los medios a su alcance para extinguirlo pero sin éxito, mientras lo preparaban todo para una evacuación de emergencia de la Mir. Un incendio que sólo se apagó al consumirse el combustible del cual se alimentaba, un cartucho de perclorato de litio utilizado para la generación química de oxígeno, y que no se extendió gracias al diseño a base de materiales ignífugos de la estación espacial. Pero un incendio que generó llamas de más de medio metro que impedían el acceso de los cosmonautas a una de las naves Soyuz que debían servirles de vehículo de escape en caso de necesidad, y que además amenazaban con fundir las delgadas paredes de aluminio de la Mir, lo que habría podido provocar una descompresión fatal.

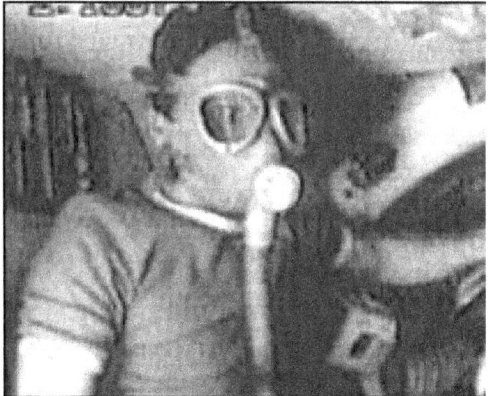

El incendio de 1997 en la Mir estuvo a punto de terminar en catástrofe. Una vez extinguido, los astronautas tuvieron que usar máscaras de gas durante horas, debido al denso humo que llenaba la estación. (*Foto: NASA*)

Aquel accidente tuvo un final feliz, pero faltó poco para que el resultado hubiese sido otro mucho más trágico. Y lo que realmente mostró aquel accidente fue la ineficacia de los medios habituales de lucha contra el fuego en estado de ingravidez: los extintores disponibles en la Mir, de agua pulverizada y CO_2, se mostraron totalmente ineficaces contra el fuego, pero además se demostró que la tripulación no estaba preparada para saber cómo atacar un fuego cuyo comportamiento es muy diferente en el espacio de aquel al que estamos acostumbrados en la Tierra.

El fuego en ingravidez

En nuestro entorno cotidiano, el comportamiento del fuego está muy determinado por la gravedad: la combustión genera un intenso calor en el núcleo del fuego, con generación de gases a alta temperatura y calentamiento del aire del entorno, que ascienden rápidamente como consecuencia de su menor peso frente a la atmósfera circundante. Así, estamos acostumbrados a que las llamas (que no son otra cosa que gases incandescentes) asciendan hacia lo alto, con el núcleo del fuego en su base.

En condiciones de microgravedad, en cambio, los gases calientes no tienen motivo alguno para ascender. La convección en ausencia de gravedad no existe, por lo que los gases calientes se acumulan esféricamente alrededor del núcleo central. El fuego tiende a convertirse así en una bola de llamas, una bola de fuego con el núcleo de la combustión alojado en su centro. La tendencia a formar esta bola esférica obstaculiza el acceso de oxígeno fresco al núcleo central, lo que en parte dificulta el desarrollo del incendio, pero por otra parte también dificulta enormemente la extinción del mismo, al imposibilitar el acceso directo al núcleo con los medios de extinción habituales. En la Tierra, los bomberos dirigen sus extintores y mangueras siempre que es posible a la base de las llamas, donde son más efectivos; en el espacio, esa base no existe.

Además, en el espacio el comportamiento de los extintores frente al fuego es muy distinto. Cuando los cosmonautas a bordo de la Mir intentaron utilizarlos para apagar el incendio de 1997, se llevaron una desagradable sorpresa: al dirigir el chorro de agua pulverizada sobre las llamas, ésta se vaporizó, como era de esperar; pero mientras que en la Tierra ese vapor asciende hacia arriba por convección, en la ausencia de gravedad de la Mir simplemente se expandió de forma uniforme, volviendo hacia el cosmonauta que sostenía el extintor y abrasándole las manos. Nuestra intuición y experiencia en fuegos en nuestro entorno cotidiano no sirve en el espacio.

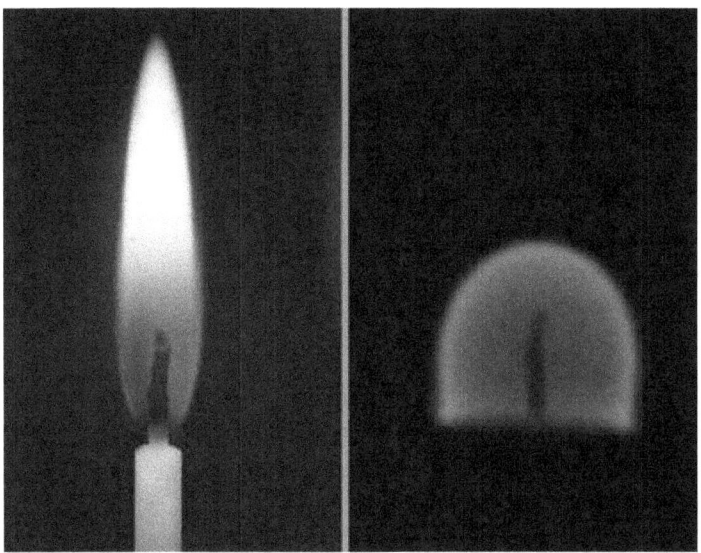

La llama de una vela en condiciones terrestres y en ingravidez. En ausencia de gravedad, la llama adquiere una forma esférica (deformada aquí en su base por la presencia de la propia vela). (*Foto: NASA*)

La ausencia de convección tiene otros efectos igualmente inesperados en el comportamiento del fuego en ingravidez. Sin convección, apenas hay refrigeración de los gases en el entorno del núcleo del fuego; al no haber afluencia de gases frescos, el entorno del fuego se calienta hasta extremos desconocidos en la Tierra. El calor, carente de la convección para escapar, sólo puede hacerlo mediante radiación y conducción; pero como el aire es un pésimo conductor térmico, en la práctica sólo queda la radiación, lo que limita enormemente la evacuación del calor.

Debido a la ausencia de convección, en una atmósfera en calma (sin movimiento inducido por ventiladores, como suele ocurrir en las estaciones espaciales, o por personas moviéndose alrededor), el fuego tendería a autoextinguirse, ahogado por sus propios gases, al no haber afluencia de oxígeno del exterior. Siempre habría un pequeño aporte por difusión a través de la esfera de gases calientes que rodean el núcleo, pero en la práctica el fuego como lo conocemos desaparecería, haciéndose invisible. Pero sólo sería un espejismo: en algún lugar, invisible a la vista, habría una acumulación de gases a enorme temperatura rodeando un núcleo incandescente, esperando la llegada de cualquier corriente de aire para reavivarse de forma casi explosiva. Podemos imaginar el peligro que esto supondría para un astronauta que se acercase inadvertidamente a su entorno cercano: la corriente de aire inducida por el movimiento del astronauta podría reavivar instantáneamente el fuego, que podría prender sobre las ropas del infortunado astronauta. No resulta un panorama muy tranquilizador.

Aprendiendo a combatirlo

El incendio de 1997 en la estación Mir hizo cambiar la perspectiva con la que hasta entonces se miraba la combustión en condiciones de ingravidez. Hasta ese momento, los esfuerzos en materia anti-incendios en el espacio iban principalmente por el camino de la prevención, prestándose poca atención a la extinción: se suponía que extinguir un fuego en el espacio no debía ser muy distinto de hacerlo en la Tierra. Por ello, los experimentos sobre combustión realizados hasta entonces a bordo de diferentes misiones espaciales se habían centrado más bien en un análisis de la misma en las condiciones simplificadas que impone la ausencia de convección de cara a mejorar los procesos de combustión en motores, por ejemplo. Pero prácticamente nada se había investigado hasta entonces en materia de extinción de fuegos en condiciones de gravedad cero.

Las cosas cambiaron después de 1997. La experiencia de aquel accidente en la Mir demostraba que aún había mucho que estudiar sobre cómo combatir los incendios en el espacio. Desde entonces, diferentes experimentos se han llevado a cabo en busca del medio más óptimo de combatir los incendios a bordo de un vehículo espacial. La malograda misión STS-107 del Columbia fue una de las dedicadas a estos estudios, experimentándose la extinción de fuegos por el nuevo método de "niebla acuosa"; extintores de agua finamente pulverizada (mucho más de lo habitual en estos aparatos) que parece ser más efectiva en la refrigeración y extinción del fuego, generando además muchos menos residuos.

Y es que los residuos resultantes de la extinción de un fuego son otro importante problema a bordo de un vehículo espacial. No se trata sólo del humo y posibles gases tóxicos generados (que ya por si solos constituyen un problema considerable), sino también de los restos de los medios de extinción utilizados. Aunque se trate simplemente de agua, esa agua se convierte en un verdadero problema a bordo de un vehículo espacial, al flotar y depositarse sobre cualquier superficie o equipo, y requerir de una costosa y lenta limpieza posterior. Por ello, un sistema de extinción que arroje menor cantidad de agua para conseguir el mismo efecto, es altamente beneficioso a bordo de un vehículo espacial.

De todas formas, aunque parece que el agua pulverizada, mejorada con las "nieblas acuosas" actualmente en experimentación, puede ser uno de los mejores medios de extinción en el espacio, tampoco es el medio universal e ideal. El agua presenta una gran problemática cuando se trata de extinguir fuegos de origen eléctrico, pudiendo ocasionar cortocircuitos o provocar una descarga sobre los astronautas que intentar extinguir el fuego. Aunque la primera medida de seguridad cuando se detecta un fuego a bordo es cortar el suministro eléctrico al área afectada, no deja de ser un grave inconveniente.

Un medio alternativo utilizado en extintores a bordo de vehículos espaciales es el dióxido de carbono (CO_2). Pero, al igual que los medios acuosos, también el CO_2 presenta problemas. Uno de ellos es la dificultad o incluso imposibilidad de acceder directamente al núcleo del fuego, que es donde el CO_2 es realmente efectivo. Mientras que la extinción por agua actúa principalmente por refrigeración, evacuando calor del incendio y así apagándolo, por lo que puede ser efectivo aplicándolo sobre el exterior del fuego, el CO_2 actúa por ahogamiento, evitando el acceso de oxígeno al núcleo del fuego y así extinguiéndolo; pero si no hay acceso directo a ese núcleo, difícilmente se conseguirá dicho ahogamiento. Igualmente se plantean dudas de si un extintor de CO_2 no actuaría indirectamente avivando un fuego en el espacio, al forzar la convección alrededor del mismo cuando incide sobre él. Por último, presentan el problema de aumentar la concentración de dióxido de carbono en la atmósfera del vehículo, exceso que debería ser posteriormente eliminado mediante filtros adicionales a los habituales.

Otros medios de extinción utilizados en tierra, como los halones, presentan aún mayores inconvenientes a bordo de un vehículo espacial. Primeramente, presenta problemas medioambientales que limitan cada vez más su uso y producción en tierra, pero sobre todo, presenta el problema de su elevada toxicidad, grave inconveniente en un entorno cerrado como es un vehículo espacial; además, los gases que genera son a día de hoy incompatibles con los sistemas medioambientales y de soporte vital presentes a bordo de los vehículos y estaciones actuales. Todo ello ha descartado hasta el momento la utilización de estos sistemas en el espacio.

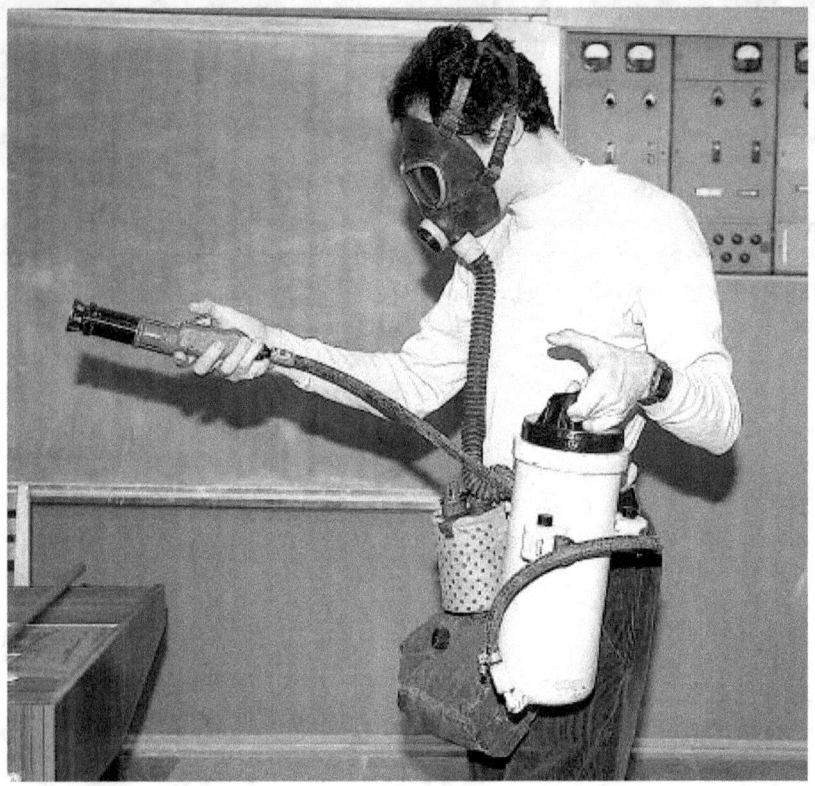

El astronauta español Pedro Duque practica con un extintor ruso de los que equipan la ISS durante su periodo de entrenamiento en la Ciudad de las Estrellas. (*Foto: ESA*)

Los extintores a bordo de la Estación Espacial Internacional son hoy día de dos tipos: de agua pulverizada en los módulos rusos, y de CO_2 como solución base a lo largo de la estación. La Mir incluía extintores mixtos, de agua y CO_2, pudiéndose seleccionar un sistema u otro accionando una pequeña palanca en el mismo extintor. En la única aplicación práctica hasta ahora, el incendio de 1997 en la Mir, se probaron ambos sistemas, pero fue el acuoso el finalmente utilizado, al parecer más efectivo, aunque nada pudo hacerse contra un fuego que se alimentaba del propio componente que se consumía (al ser éste un generador de oxígeno); en aquella ocasión, sólo pudo esperarse hasta que el compuesto se consumió en su totalidad.

Una dificultad adicional: la detección

Pero si la extinción es un problema, no lo es menos la detección de un posible incendio a bordo de un vehículo o estación espacial. Es evidente la importancia que tiene detectar el fuego desde el momento en que se origina, antes de que se extienda dificultando o imposibilitando por completo su extinción. Pero para ello hay que conseguir instalar unos detectores de alta sensibilidad en los lugares adecuados.

De nuevo, la situación es muy diferente en el espacio de como se desarrolla en nuestro entorno cotidiano. En la Tierra, basta con situar detectores de humos en los techos: sabemos que si se produce un fuego, generará humo que inmediatamente subirá hasta la parte superior de la habitación, alcanzando rápidamente el sensor y activando la alarma anti-incendios o los medios de extinción. En el espacio, en cambio, nos encontramos de nuevo con el problema de la ausencia de gravedad y por tanto de convección: el humo no asciende, y de hecho tiende a acumularse alrededor del núcleo del fuego; difícilmente alcanzará un sensor en un plazo razonable, salvo que dé la casualidad de que se encuentre uno muy próximo.

¿Cómo solucionar este problema? Realmente, no es tarea fácil. Lo que se ha hecho en la práctica en la Estación Espacial Internacional es ubicar estos detectores en el interior de los conductos de ventilación. Dado que toda la atmósfera de la estación está sometida a un sistema de ventilación forzada, para conseguir eliminar los gases de desecho y malos olores, a la vez que mantener una temperatura adecuada, tarde o temprano los posibles humos producidos serán conducidos a través de estos conductos de ventilación, alcanzando los sensores. Es quizá la única solución, pero, aunque se han distribuido numerosos sensores y aunque la ventilación es bastante eficaz, el sistema no resulta tan instantáneo como sería de desear.

La ventilación forzada es imprescindible a bordo de un vehículo espacial. Sin ir más lejos, en ausencia de dicha ventilación, un astronauta podría ahogarse en el propio dióxido de carbono que exhala mientras yace inmóvil durante el sueño. También, como hemos visto, la ventilación forzada es necesaria para que los detectores de humos sean efectivos y puedan anunciar la presencia de un incendio. Pero al mismo tiempo, esta ventilación favorece la propagación del fuego una vez originado éste. Es un inconveniente que hay que asumir, y que se ataca desactivando automáticamente los sistemas de ventilación de la zona afectada por un posible incendio una vez detectado éste.

La conclusión final es que los mayores esfuerzos deben seguir empleándose, como hasta el momento, en la prevención. Un fuego en el espacio será siempre un gravísimo problema, tanto a nivel de detección, como de extinción y eliminación de residuos, además de representar un peligro de gran intensidad tanto para la tripulación como para el propio vehículo. Es fundamental, por lo tanto, evitar en lo posible que llegue a aparecer. Pero la historia nos demuestra que estos esfuerzos preventivos pueden llegar a ser insuficientes en algún momento, y cuando este momento llegue, habrá que estar preparados con los medios de extinción adecuados y con una tripulación convenientemente entrenada para dar una respuesta rápida y eficaz. Aún hay mucho trabajo por delante para conseguirlo.

Anexo: Bolas de fuego invisibles

El comportamiento del fuego en ingravidez es a menudo sorprendente. Uno de los extraños fenómenos que están siendo estudiados en la actualidad es el de las pequeñas bolas de fuego invisibles que pueden formarse en el seno de un fluido (aire) con pequeñas trazas de gases inflamables (hidrógeno, por ejemplo).

En estas condiciones, una chispa de origen eléctrico podría iniciar pequeños núcleos de fuego que resultan prácticamente invisibles a la vista en condiciones normales. Se trata de pequeñas bolas de fuego prácticamente transparentes, que flotan en la atmósfera y en las que la combustión se produce en la superficie de la bola o burbuja; los residuos de la combustión fluyen hacia el interior de la burbuja mientras ésta sigue alimentándose del oxígeno y restos de combustibles gaseosos de su entorno, irradiando el calor hacia el exterior.

Estas pequeñas burbujas de fuego son tan minúsculas que su potencia calorífica es de 50 a 100 veces inferior a la que produce la llama de una vela de cumpleaños. Ello las hace arder sin apenas emitir brillo, resultando invisibles salvo en condiciones de experimentación adecuadas (fondos negros, sin iluminación...). Una propiedad peligrosa la de su invisibilidad si estas bolas de fuego aparecen a bordo de un vehículo espacial.

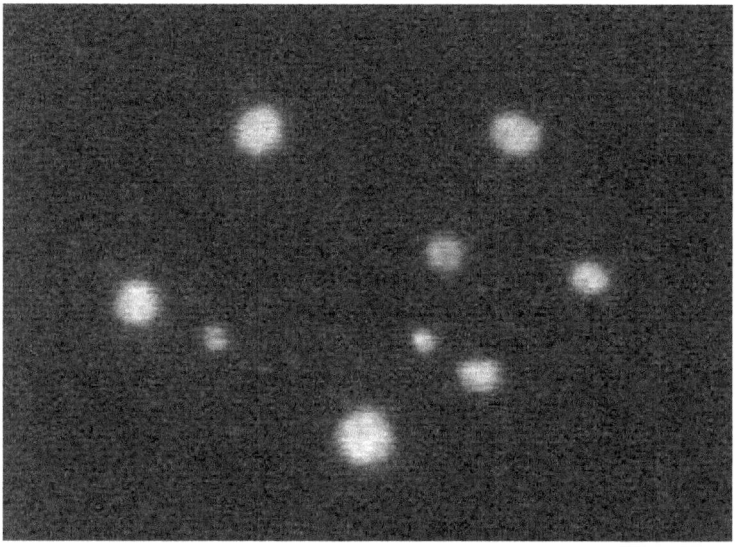

Bolas de fuego en ingravidez, fotografiadas en un experimento a bordo del transbordador espacial norteamericano. Hubo que fotografiarlas en total oscuridad y utilizarse intensificadores de imagen, dada la casi invisibilidad de estos fenómenos. (*Foto: NASA*)

El estudio de las bolas de fuego tiene múltiples aplicaciones. Por un lado, permite el estudio de la combustión en condiciones altamente simplificadas, lo que permite avanzar más fácilmente en su comprensión de cara a conseguir motores cada vez más efectivos y menos contaminantes (ya sean éstos motores de coches, aviones o cohetes). Pero por otro lado es importante averiguar si estas minúsculas e invisibles burbujas de fuego podrían producirse de forma espontánea a bordo de un vehículo espacial ante la presencia de una chispa fortuita (la presencia de pequeñas concentraciones de hidrógeno en ciertas zonas no es descartable, al poder ser desprendido por productos orgánicos, o por actividad animal quizás en futuras misiones). También es importante saber si estas burbujas son capaces de extender un incendio al flotar hasta contactar con otros materiales inflamables.

Haciendo habitable el espacio: sistemas de soporte vital

Mantener con vida a una tripulación durante un tiempo prolongado a bordo de una nave o estación espacial no es tarea fácil. Visto de forma simplificada, se trata de proporcionar aire, agua y comida a la tripulación y gestionar sus desechos, pero esto que se dice tan rápido resulta en la práctica bastante más complejo de lo que pueda parecer.

En este artículo nos centraremos principalmente en los mecanismos de control ambiental. Esquemáticamente, para mantener una atmósfera habitable y agradable, es necesario mantener una presión, temperatura y humedad adecuadas, eliminar el dióxido de carbono generado por la tripulación, mantener una adecuada proporción de gases en la atmósfera (oxígeno y nitrógeno, básicamente), y eliminar los posibles gases nocivos y malos olores.

Atmósferas artificiales

Tradicionalmente han existido dos tipos de atmósfera diferentes a bordo de las naves espaciales: la atmósfera compuesta íntegramente por oxígeno a una presión reducida (0,3 atmósferas), y la formada por aire similar al de la Tierra (mezcla de oxígeno y nitrógeno) a presión de una atmósfera. En ocasiones se han utilizado también híbridos entre las dos, como fue el caso del laboratorio espacial norteamericano Skylab, que utilizaba una mezcla de oxígeno con una pequeña proporción de nitrógeno, manteniendo la presión en torno a las 0,35 atmósferas.

El motivo de la utilización de la atmósfera de oxígeno puro es básicamente el peso: por un lado, la presión reducida permite aligerar la estructura del vehículo, que tiene que soportar una carga de presurización inferior, y, sobre todo, se simplifican y aligeran los sistemas de control ambiental al tener que gestionar un único gas. Como ventaja adicional, se facilitan las salidas de los astronautas al espacio al eliminar el periodo de adaptación previo a la salida (ver recuadro). Pero sin embargo, este tipo de atmósfera tiene también inconvenientes: una menor confortabilidad para los astronautas, y un mayor peligro de incendio a bordo.

La NASA optó por este tipo de atmósfera a bordo de sus naves Mercury, Gemini y Apollo, y por una solución intermedia, como hemos comentado, a bordo del Skylab. Los rusos, en cambio, siempre optaron por la atmósfera convencional. En la actualidad, tanto el transbordador espacial norteamericano como la Estación Espacial Internacional han optado también por esta composición similar a la terrestre para su aire a bordo, asumiendo el sobrepeso y el engorro de las preparaciones previas a las EVAs, como concesión frente a una mayor confortabilidad en misiones de larga duración y un menor peligro de incendio.

La problemática de las EVAs

Las salidas de astronautas al exterior, o EVAs, presentan una problemática especial. Y es que, independientemente de que la nave o estación espacial disponga de una atmósfera similar a la terrestre, los trajes espaciales siguen funcionando hoy en día con oxígeno puro a presión reducida. La razón es evidente: una atmósfera similar a la terrestre en el interior del traje espacial obligaría a convertir éste en una especie de bombona a presión; los trajes habituales se hincharían como un globo en esas condiciones. Aunque están en estudio trajes semirrígidos que mantengan su funcionalidad a presiones mayores, aún no han sido implementados.

En este estado de cosas, si el astronauta pasara directamente de una atmósfera similar a la terrestre al vacío del espacio con la presión reducida de su traje espacial, sufriría un grave trastorno bien conocido por los submarinistas: la ebullición del nitrógeno disuelto en su sangre, lo que produce en el mejor de los casos una especie de borrachera, y en los peores, incluso la muerte. Por ello los submarinistas deben realizar frecuentes paradas de descompresión cuando ascienden desde grandes profundidades. En cuanto a los astronautas, de forma previa a la salida deben permanecer varias horas respirando únicamente oxígeno para así eliminar todo rastro de nitrógeno presente en su sangre. Esto impide realizar salidas urgentes, todas ellas deben ser planificadas y preparadas con la suficiente antelación.

El dióxido de carbono: un desecho biológico muy molesto

En cualquier caso, ya tengamos a bordo una atmósfera de oxígeno puro o de oxígeno y nitrógeno, es necesario que la composición de dicha atmósfera se mantenga constante a lo largo de la misión. Para ello es preciso eliminar el CO2 producido por la respiración de los astronautas, reponer el oxígeno que se pierde en dicho CO2, y eliminar los olores y los posibles gases o vapores que puedan generarse de una forma u otra (equipos, experimentos...) a bordo del vehículo.

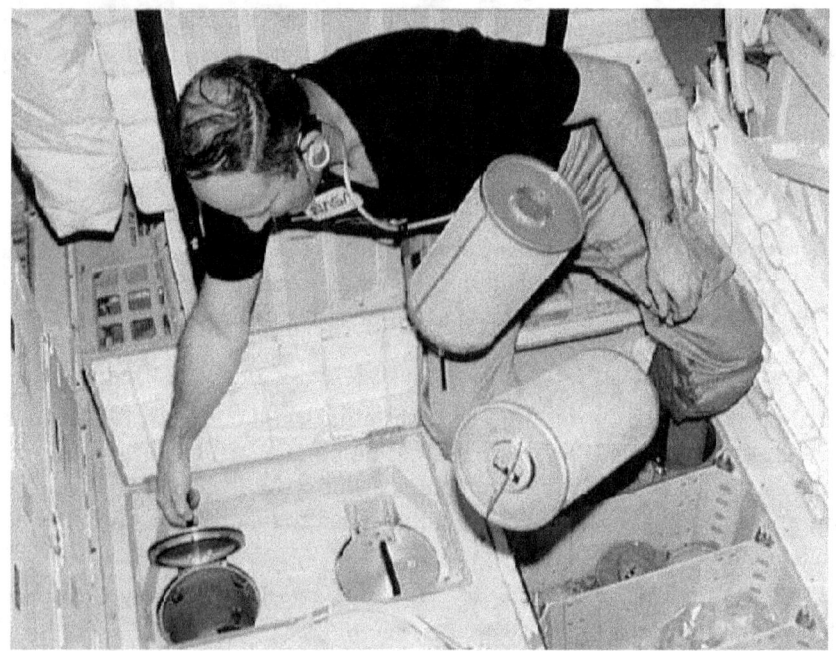

Un astronauta cambia los filtros de hidróxido de litio a bordo del transbordador espacial. Los filtros son sistemas no reutilizables, que se saturan y es necesario renovar cada cierto tiempo. (*Foto: NASA*)

Para la eliminación del dióxido de carbono se utilizan filtros por los que se hace circular el aire del vehículo, quedando el CO2 atrapado en su interior. Estos filtros pueden ser consumibles o reutilizables. En misiones relativamente cortas, como las misiones Apollo a la Luna, los filtros consumibles resultaban suficientes. Se trata de compuestos de hidróxido de litio que absorben el CO_2 hasta que se saturan y hay que cambiarlos por otros. Cuando el aire pasa a través de estos filtros, se produce una reacción química que descompone el hidróxido para formar carbonato de litio más agua; aunque podrían utilizarse un gran número de hidróxidos diferentes, se suele utilizar el de litio por su ligereza. Como inconveniente tiene su naturaleza fungible: no son reutilizables, por lo que para misiones de larga duración se requeriría un inmenso almacén de filtros que tendrían que irse sustituyendo continuamente. Esto no resulta óptimo ni en coste ni en peso.

Por ello los rusos desarrollaron el sistema conocido como Vozduj para sus estaciones espaciales. Este sistema, hoy utilizado a bordo de la ISS, es un filtro de CO_2 reutilizable. Utiliza unos filtros de zeolita, un material poroso que absorbe el CO_2, y que puede regenerarse una vez saturado mediante su exposición al vacío del espacio. Haciéndolos funcionar de forma rotativa (mientras unos funcionan, otros se regeneran) se consigue una operatividad continua. Aunque el funcionamiento no es tan simple como sólo eso: dado que la humedad del aire saturaría la zeolita, previamente se hace pasar el flujo de aire por un desecante (gel de sílice), tras lo cual el aire seco es desprovisto de su contenido en CO_2 a su paso por los filtros de zeolita; en estos procesos, el aire se ha calentado. Finalmente, y antes de devolverlo a la atmósfera de la estación, el aire filtrado y seco se pasa de nuevo por la cama de gel de sílice, de la que extrae la humedad que había dejado previamente y refrigerándose en el proceso; de esta forma, el desecante se regenera a la vez que se devuelve a la atmósfera de la estación un aire desprovisto de CO_2 pero con una humedad y temperatura adecuadas.

De todas formas, y a pesar de la efectividad de los filtros Vozduj, la ISS mantiene también los filtros clásicos de hidróxido de litio como sistema de reserva, con una capacidad de absorción de 1600 litros de CO_2 por cartucho; un astronauta produce de media 480 litros de CO_2 por día. Estos filtros adicionales pueden servir como sustitutos de los Vozduj en caso de avería, o como refuerzo en el caso de un eventual aumento de la concentración de CO_2 en el ambiente (solape de dos tripulaciones a bordo, por ejemplo).

Recientemente también se ha incorporado a algunos módulos de la estación un sistema equivalente a los filtros Vozduj rusos, pero de fabricación norteamericana: se trata del CDRA, siglas en inglés de "dispositivo de eliminación del dióxido de carbono".

Un astronauta trabaja en el mantenimiento de los filtros de CO2 de fabricación norteamericana CDRA en el interior del módulo japonés Kibo de la Estación Espacial Internacional. (*Foto: NASA*)

Oxígeno: el componente vital

Pero los filtros de CO2, cualquiera que sea su naturaleza, presentan un problema: formando parte de ese CO2 van eliminando también el oxígeno de la atmósfera del vehículo. Un oxígeno que es necesario reponer.

Básicamente hay tres métodos para la reposición del oxígeno en la atmósfera: hacerlo a partir de depósitos de oxígeno líquido, hacerlo a partir de productos químicos que se descomponen liberando oxígeno, o hacerlo mediante electrólisis del agua. El primero fue el método utilizado por las naves Apollo, por ejemplo, mientras que el segundo es el habitual en las Soyuz. Tanto en la estación espacial Mir en su día como ahora en la ISS se utiliza una mezcla de los tres, actuando los dos primeros como complemento al sistema principal de electrólisis, un equipo ruso conocido como Elektron.

Los equipos Elektron funcionan descomponiendo mediante reacción electrolítica el agua de desecho y la orina para generar oxígeno, que se devuelve a la atmósfera del vehículo, e hidrógeno, que se vierte al espacio. Dado que el agua se compone en un 89% por ciento de su peso de oxígeno, el sistema resulta bastante eficiente. Un litro de agua produce unos 600 litros de oxígeno a presión ambiente, suficientes para mantener a una persona durante un día. En el proceso se consumen aproximadamente 0,25 kw de electricidad por persona y día.

El cosmonauta ruso Krikalev sujeta en sus manos un equipo Elektron que acaba de llegar como repuesto a bordo de la Estación Espacial Internacional. (*Foto: NASA*)

Pero los Elektron históricamente han sufrido frecuentes averías, por lo que tanto en la Mir como en la ISS se hace necesario acudir a menudo a los sistemas de producción química de oxígeno. Estos sistemas también se utilizan como complemento a los Elektron durante los periodos en que la estación está ocupada por más miembros de lo habitual, para proporcionar el oxígeno adicional necesario. Aunque su nombre oficial es el de "generadores de oxígeno de combustible sólido" (o SFOG, por sus iniciales en inglés), son tradicionalmente conocidos como "velas".

Estas velas consisten en unos cartuchos metálicos rellenos de perclorato de litio (o de potasio, según la versión), que se hacen arder en el interior de unos receptáculos preparados al efecto, transformándose en cloruro de litio (o de potasio) y liberando oxígeno en el proceso. Cada cartucho libera unos 600 litros de oxígeno en un proceso que dura unos 20 minutos y durante el que se calientan hasta unos 400-500 °C, siendo suficiente para mantener a una persona durante un día.

Sistemas auxiliares

Por último, para eliminar gases nocivos, impurezas y malos olores, existen una serie de filtros y catalizadores de carbón activado. Los catalizadores convierten el posible monóxido de carbono existente en la atmósfera a dióxido, y el hidrógeno a agua; otros posibles gases nocivos como amoniaco, acetona, hidrocarburos, etc., se eliminan en filtros combinados que tienen carbón activado y un disolvente químico. Los filtros de carbón activado eliminan también los malos olores. Todos estos filtros son reciclables, regenerándose tras exponerlos al vacío del espacio durante 12 horas mientras se calientan hasta 200 °C.

Otro elemento básico del sistema de control medioambiental son los ventiladores encargados de hacer circular el aire a lo largo del vehículo o estación espacial. Estos ventiladores funcionan en combinación con el sistema de control de temperatura, actuando de modo similar a los sistemas de aire acondicionado con distribución por conductos. En ausencia de gravedad, no existe la convección natural que hace moverse al aire como en la Tierra, y la utilización de un sistema de ventilación forzada es necesaria no sólo para unificar temperaturas e impulsar el aire a través de todo el circuito de purificación, sino simplemente para evitar que se formen peligrosas acumulaciones de CO_2 alrededor de los miembros de la tripulación mientras se hallan estos en reposo.

Los astronautas no son sólo una constante fuente de CO_2 y un sumidero de oxígeno: además, cada miembro de la tripulación genera aproximadamente 1,2 litros de agua al día en forma de vapor, a través de la respiración y la exudación de la piel. Este exceso de humedad se retira continuamente de la atmósfera, siendo reciclado para su posterior reutilización como agua potable. El proceso parte de la condensación de la humedad en las partes frías de los equipos de refrigeración, tras lo cual el agua extraída se hace pasar a través de una serie de filtros para su purificación de posibles elementos nocivos; a continuación se le añaden sales minerales e iones de plata, y el agua queda lista para el consumo humano.

El sistema de control atmosférico se complementa con analizadores de gases y sensores encargados de medir la presión, temperatura, humedad relativa y proporción del contenido en gases de la atmósfera. En base a estos datos, los ordenadores de a bordo se encargan de tomar las medidas adecuadas (apertura y cierre de válvulas, control térmico...) para mantener una atmósfera apropiada que permita una vida cómoda a bordo durante largos periodos de tiempo. Además de mantener el control de forma automática, el sistema se encarga también de hacer sonar las correspondientes alarmas si alguno de los parámetros se sale fuera del margen previsto (déficit de oxígeno, exceso de CO_2, presencia de contaminantes, caída de presión, etc.)

Por poner algunos ejemplos, en la ISS el sistema de control medioambiental mantiene una temperatura constante entre 20 y 25 °C, y una presión atmosférica de 1 atmósfera más/menos 13%. Entre las especificaciones (aunque con poca capacidad de control una vez en operación) está también el nivel de ruido, que para la ISS debe mantenerse por debajo de los 60 dB. En combinación con los sistemas de suministro de agua, preparación de comidas y gestión de residuos, se consigue así mantener al hombre en unas condiciones aceptables de vida mientras se encuentra inmerso en el vacío hostil del espacio.

Javier Casado

El control térmico

En la órbita terrestre, la superficie de un satélite artificial puede pasar rápidamente de los 80 °C cuando está iluminado por el Sol, a los 200 °C bajo cero en zona de sombra. Mantener los equipos de su interior a una temperatura adecuada es la tarea encomendada al subsistema de control térmico.

Estas temperaturas, típicas de un satélite en órbita terrestre, pueden ser aún más extremas en el caso de una sonda enviada a Mercurio, donde la temperatura en el lado iluminado crecería espectacularmente, manteniéndose a un nivel similar en el lado de sombra. Para el caso de sondas interplanetarias que se alejen del Sol, como las Voyager o la New Horizons enviada a Plutón, las temperaturas en el lado de sombra caerán cerca de los 3 K (-270°C) a los que se encuentra el medio interestelar, mientras que la cara levemente iluminada por el Sol apenas conseguirá acercarse a los -200 °C.

A pesar de ello, las temperaturas de su interior deberán mantenerse a unos niveles mucho más cercanos a los habituales en nuestro planeta, si queremos que sus diferentes equipos puedan funcionar. Por poner unos ejemplos, la electrónica habitualmente sólo trabaja bien entre los -10 °C y los 40 °C; los depósitos y conductos del propulsante de control de actitud deben mantenerse entre los 10 °C y los 50 °C, aproximadamente; y las baterías, uno de los equipos más exigentes, requieren estar entre 0 °C y 25 °C. Todo ello por no hablar de vehículos tripulados, donde la temperatura del habitáculo debe mantenerse a niveles próximos a los 20 °C con las menores variaciones posibles.

Todo ello obliga a los diseñadores de vehículos espaciales a incorporar una serie de sistemas encargados de mantener su interior en los rangos de temperaturas requeridos por su carga, independientemente de las temperaturas extremas que se estén dando en el exterior. Y esto, por supuesto, con un mínimo peso y un mínimo consumo de potencia (a poder ser, nulo). El conjunto de dispositivos que permiten dar solución a este serio problema constituyen el subsistema de control térmico de la nave, uno de los más complejos de diseñar en todo vehículo espacial.

Una tarea complicada

Y es que conseguir el objetivo de una temperatura "agradable" en el interior, independientemente de las temperaturas extremas del exterior y de sus enormes fluctuaciones, y sin agotar todas las reservas de energía de la nave en el intento, no es tarea fácil.

En primer lugar, habrá que tener en cuenta los diferentes focos de calor, internos y externos, que afectan al vehículo. Entre los primeros, tenemos el calor disipado por los equipos, mientras que entre los segundos está el calor recibido por el Sol, el del albedo (reflejo de la luz solar) del planeta que se está orbitando (si se trata de una misión orbital), y el de la radiación infrarroja de dicho planeta. Sin olvidar, además, las bruscas variaciones en el flujo de calor exterior a la nave cuando ésta pasa de una zona iluminada a otra de sombra.

¿Cómo vivir con todo esto? La forma más habitual de conseguirlo es intentando aislar térmicamente el vehículo de su entorno exterior. Dado que las mayores fluctuaciones proceden de fuera, aislándolo se consigue que la única fuente de calor sea la de sus propios equipos, mucho más controlable y continua. Por ello es habitual que la mayor parte de satélites y sondas espaciales presenten un color dorado, correspondiente a los aislantes térmicos multicapa que intentan aislarlos del entorno térmico exterior. Se trata de unas mantas aislantes de una enorme eficiencia con un mínimo peso, formadas por varias láminas superpuestas de mylar o kapton aluminizados, unas películas plásticas especiales de gran resistencia y capaces de soportar amplios rangos de temperatura. El color dorado brillante, por su parte, contribuye a que estas mantas tengan una enorme reflectividad, manteniendo a niveles bajísimos el nivel de calor absorbido por radiación. En otros casos, no obstante, puede ser deseable lo contrario: en misiones destinadas a operar en el Sistema Solar exterior puede ser interesante limitar al mínimo las pérdidas de calor interior (de los equipos) a la vez que se maximiza la absorción del escaso calor que pueda recibirse por radiación. Todo depende de las necesidades de la misión.

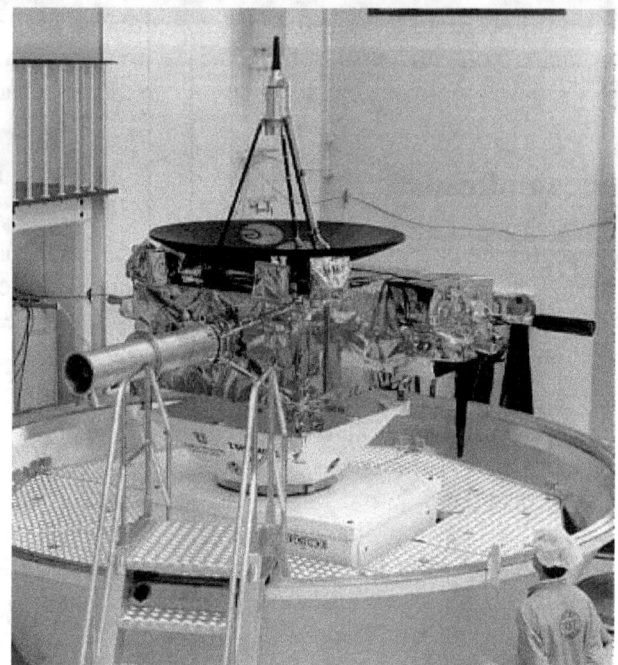

El recubrimiento dorado de buena parte de satélites y sondas espaciales corresponde a las mantas térmicas que aíslan al vehículo del medio ambiente espacial. (*Foto: ESA*)

Una mantita... y a sudar

Bien, ya tenemos nuestro vehículo bien arropado y aislado del temperamental entorno térmico del exterior (más o menos... pues el aislamiento perfecto nunca existe, lógicamente). Pero si lo dejamos así, el calor generado por los equipos irá haciendo aumentar poco a poco la temperatura interior hasta extremos inaceptables. De modo que hay que disponer de algún sistema capaz de evacuar al exterior ese exceso de calor.

El problema es que en el vacío del espacio sólo hay una forma de evacuar calor: por radiación. En el espacio no existe la convección, que tanto ayuda a la transmisión de calor en la Tierra. Ni la conducción. Sólo mediante placas radiantes podremos emitir al exterior el calor sobrante de nuestra nave espacial.

Con este fin, todos los vehículos espaciales equipan uno o varios radiadores encargados de evacuar el exceso de calor. Pero a veces esto solo no es suficiente. Y es que diseñar un radiador es sencillo si la generación de calor en el interior es más o menos constante, y si la temperatura también lo es. Pero si cambia uno de estos parámetros, podemos encontrarnos con que el radiador disipe más o menos calor del que desearíamos. Para ello, entre otras cosas, se inventaron las persianas.

El transbordador espacial norteamericano lleva sus radiadores instalados en la parte interior de las compuertas de la bodega. Por esta razón, las compuertas siempre permanecen abiertas cuando se alcanza la órbita terrestre, para irradiar el exceso de calor al exterior.
(*Foto: NASA*)

Sí, como en casa, sólo que al revés: en casa cerramos la persiana en verano para evitar que nos entre el Sol, y la abrimos en invierno para aprovechar su calorcito. Pues con los radiadores suele hacerse algo similar: muchos de ellos se equipan con una especie de persianas venecianas que exponen la placa radiante cuando la temperatura de su superficie alcanza un valor determinado, permitiendo así la evacuación de calor al exterior, y se cierran si dicha temperatura baja de un cierto límite establecido, anulando el efecto del radiador y evitando el enfriamiento excesivo del interior. Problema resuelto, aunque, eso sí, añadiendo cierto peso y consumo energético para el accionamiento de las persianas. Nadie es perfecto...

Buscando el equilibrio

Bien, ya hemos aislado nuestro vehículo del exterior, hemos calculado el calor generado en su interior, y hemos dispuesto un radiador, con persianas si es necesario, para evacuar el sobrante. Pero que tengamos en el interior el calor que queremos, no significa que esté bien repartido. Efectivamente, lo más habitual es que unos cuantos equipos sean los que generan la mayor parte del calor, elevando su temperatura por encima de lo deseable, mientras que otros se mantienen muy por debajo de lo requerido. Habrá que hacer lo que sea necesario para que el exceso de calor de unos caliente a los otros.

Hay varias formas de conseguirlo. Si fuera posible, podrían ponerse diferentes equipos en contacto, transmitiéndose calor de los más calientes a los más fríos por conducción a través de sus carcasas, o bien situándolos sobre placas conductoras que repartan el calor entre los que están en contacto con ella. Pero también podemos jugar con las ubicaciones y los colores y acabados exteriores de los diferentes equipos para así modificar sus coeficientes de emisión y de absorción de calor por radiación entre ellos, intentando conseguir un equilibrio térmico pasivo, sin necesidad de elementos adicionales que añadan peso o consumo energético.

Pero no siempre de esta forma se consiguen los resultados deseados, y en esos casos hay que añadir otros elementos que ayuden a distribuir el calor entre los diferentes equipos, como conductos con líquido en su interior que transportan el calor de unos elementos a otros. Se trata en estos casos de dispositivos pasivos, que no consumen electricidad, pero añaden un peso indeseado. En el último extremo, para los elementos más fríos también podrá hacerse necesario utilizar calentadores eléctricos cuando todas las demás soluciones se demuestren insuficientes.

Vehículos tripulados: los más exigentes

El caso más exigente de control térmico lo representan, sin duda, los vehículos tripulados. El estrecho margen de temperaturas en que debe mantenerse el habitáculo para que la tripulación pueda desenvolverse confortablemente, obliga siempre al empleo de sistemas de control térmico activos, mucho más eficaces que los pasivos pero siempre indeseables por el sobrepeso y consumo energético que conllevan.

Aunque los sistemas son complejos, podemos imaginarlos en una primera aproximación como sistemas de aire acondicionado de gran sofisticación. Y, como todo sistema de aire acondicionado, al final generarán calor que será necesario evacuar al exterior, de nuevo mediante radiadores, naturalmente. Es la razón, por ejemplo, por la cual el transbordador espacial mantiene las compuertas de su bodega abiertas durante toda su estancia en órbita: la cara interior de dichas compuertas está cubierta por los radiadores encargados de disipar el calor sobrante de su interior.

Casos especiales: telescopios infrarrojos y vehículos de reentrada

Si ya es difícil mantener un correcto entorno térmico en vehículos "normales", imagínese lo que supone mantener el sensor principal de un telescopio espacial infrarrojo a temperaturas próximas al cero absoluto mientras a pocos centímetros los paneles solares se calientan hasta cerca de los 200 °C.

En estos casos, además de todos los sistemas de control ya descritos, se hace necesario contar con algo adicional: la refrigeración directa con un líquido criogénico, que se va haciendo evaporar poco a poco para mantener su temperatura constante. En estos casos, la vida útil del telescopio suele determinarla el agotamiento de dicho refrigerante.

Una solución similar se utiliza para la refrigeración del habitáculo del Space Shuttle durante la reentrada en la atmósfera. Con las compuertas de la bodega necesariamente cerradas y eliminada así la posibilidad de evacuación de calor por radiación justamente en los momentos de mayor calentamiento exterior, la única forma de refrigerar es la evaporación. Depósitos de agua y amoniaco se disponen con este fin, expulsándose sus vapores al exterior tras haberse utilizado para enfriar el circuito principal de refrigeración del habitáculo.

Lanzadores espaciales: depósitos gigantes

Todos lo sabemos: un lanzador espacial es básicamente un gigantesco depósito de propulsantes con un motor en su base y una pequeña carga útil en la punta. Por eso, si queremos intentar aligerar el peso del lanzador, uno de los principales puntos a atacar es precisamente el peso del depósito. Pero la tarea no es tan fácil como parece.

En los orígenes de la cohetería, los depósitos de propulsante en los cohetes eran eso, depósitos simples que se alojaban en el interior de la estructura principal del aparato. La única finalidad del depósito era contener los gases o líquidos a la presión y temperatura requeridas, y ser capaz a la vez de soportar las aceleraciones y vibraciones del ascenso sin generar grietas que pudieran dar lugar a fugas. Aunque en algunos casos las presiones a soportar en su interior podían ser grandes, esta aplicación era fácilmente solventada con depósitos simples no muy diferentes a los utilizados en la industria en general o en vehículos más convencionales. El diseño de los primeros cohetes realmente avanzados de la historia, las V-2 alemanas, seguía esta filosofía: una estructura para el cohete que soportaba las cargas principales, y unos depósitos independientes en su interior.

Sin embargo, los ingenieros aeroespaciales rápidamente se dieron cuenta de que ese diseño era ineficiente en peso. ¿Por qué añadir un depósito independiente en el interior de la estructura, si podía hacerse que la propia estructura actuase como depósito? Si podía eliminarse el material que constituía el recipiente, y alojar el propulsante directamente en una parte sellada de la estructura, podría ahorrarse un peso importante.

Depósitos integrales: primer gran paso

Esta filosofía fue introducida de forma prácticamente simultánea en aplicaciones tanto aeronáuticas como espaciales: tras la Segunda Guerra Mundial, los aviones empezaron a incorporar depósitos integrales en las alas, mientras que el primer cohete que incorporaba esta filosofía era el misil norteamericano Redstone, derivado de la V-2 y desarrollado por el equipo de Von Braun en los Estados Unidos.

Con este concepto de diseño, el líquido está en contacto directo con la estructura, que lógicamente debe hacerse perfectamente estanca. En un cohete o lanzador, el revestimiento exterior hace a la vez las funciones de estructura transmisora de cargas de vuelo, y de confinamiento de los líquidos o gases que conforman los distintos componentes del propulsante líquido. En un avión ocurre algo similar, con el combustible ocupando directamente parte del interior del ala, en contacto con los revestimientos.

Segundo paso: aprovechar la presión

Con la integración de los depósitos directamente en la estructura se había conseguido una importante reducción de peso frente a los conceptos anteriores, pero quedaba aún mucho camino por recorrer; en la industria aeroespacial, la lucha contra el peso no tiene fin.

El siguiente paso sería concentrarse en los materiales y en los espesores. El material más habitualmente utilizado en aplicaciones aeroespaciales es el aluminio, en forma de diversas aleaciones que le otorgan mejores propiedades mecánicas. La razón de usar aluminio es por sus buenas propiedades de resistencia y rigidez en relación con su densidad (peso). Secundariamente también es utilizado el titanio, con mejor resistencia y rigidez que el aluminio pero también más caro y pesado; su utilización se suele reservar a aplicaciones donde no haya espacio suficiente para colocar una pieza de aluminio (que necesitaría más espesor) o en entornos de altas temperaturas, por su mejor comportamiento en este ámbito. Y para casos extremos se reserva el acero, aunque su elevado peso hace que esté prácticamente "vetado" en aplicaciones aeroespaciales.

Sin embargo, existe un caso particular donde el acero sí puede ser una buena opción por peso, y es precisamente el caso de depósitos presurizados. En este caso, podríamos fabricar un depósito que funcionase como un globo, con una finísima membrana de acero formando su pared, y siendo únicamente la presión interior la que le impidiese colapsar ante cargas externas. Con la suficiente presión, este globo metálico sería capaz de resistir las cargas de lanzamiento de un cohete convencional, a la vez que mantendría eficazmente alojados los propulsantes en su interior, y todo con un mínimo peso gracias a la finísima piel de dicho "globo".

La idea puede parecer algo descabellada, pero lo cierto es que se ha utilizado con éxito en misiles y lanzadores, y sigue usándose hoy en día en la etapa Centaur de los lanzadores Atlas. En realidad, ha sido esta familia derivada del misil Atlas (el primer misil balístico intercontinental de los Estados Unidos) la única en aplicar esta arriesgada técnica... y no siempre con éxito.

En 1963, un Atlas Agena D colapsó bajo a su propio peso debido a la falta de presión en el interior de su depósito de delgadísima pared.

Efectivamente, el 11 de mayo de 1963, un cohete Atlas Agena D colapsó en la plataforma de lanzamiento debido a una combinación de este diseño de los tanques del Atlas con un fallo humano. Durante la fase de preparación para el lanzamiento, los técnicos de tierra detectaron una burbuja en las líneas que alimentaban de oxígeno a los tanques del Atlas (necesario para compensar la evaporación continua que se produce en los tanques por la baja temperatura a la que debe mantenerse el oxígeno líquido, -183°C). Para solucionarlo, decidieron vaciar los tanques de oxígeno del lanzador, sin recordar que estos tanques una vez vacíos tenían una resistencia no muy superior a la de una lata de refresco. Su acción tuvo el resultado que era de esperar: el cohete colapsó sobre sí mismo bajo el peso de sus secciones superiores, afortunadamente sin llegar a explotar y sin causar víctimas. Es un ejemplo de por qué este tipo de diseños, efectivo en peso pero problemático de utilizar, no se ha popularizado en otros lanzadores.

Tercer paso: materiales compuestos

Pero si con los "globos metálicos" de los que es ejemplo el Atlas parecía haberse llegado al máximo en aligeramiento de tanques metálicos, una nueva puerta para el ahorro de peso en estos elementos se abrió con la popularización de los materiales compuestos de fibra de carbono.

Como sabemos, la fibra de carbono presenta una magnífica relación resistencia/peso que en los últimos años le está haciendo ganar terreno a pasos agigantados frente a los metales en la fabricación de estructuras aeroespaciales. Su aplicación a los depósitos sometidos a altas presiones, o a depósitos integrales que forman a su vez la estructura de un lanzador, parecía resultar por ello evidente.

Sin embargo, pronto se comprobó que la idea no sería tan sencilla de implementar. Por una parte, la resina epoxi que forma la matriz del material compuesto no era compatible químicamente con buena parte de los líquidos o gases a contener en el tanque. Y por otra parte, la existencia de microporos o la aparición de microgrietas en el seno del material compuesto, sin afectar a la integridad de la estructura sí que afectan gravemente a su estanqueidad, algo fundamental cuando hablamos de contener gases con una elevada capacidad de difusión como el hidrógeno o el helio, muy típicos en aplicaciones espaciales.

La solución fue combinar el tanque de compuesto con un revestimiento interior metálico de muy bajo espesor que garantizara dicha estanqueidad y compatibilidad química, mientras el carbono exterior realizaba la mayor parte de la labor estructural. Con esta solución se consigue un aligeramiento frente a un depósito metálico convencional, pero no se alcanza el potencial teórico que tendría un tanque fabricado completamente en fibra de carbono.

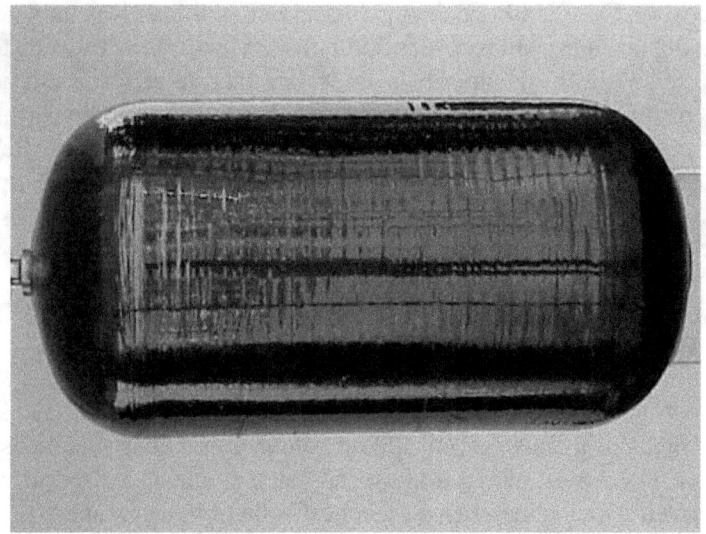

Un típico depósito de fibra de carbono

Situación actual

En la actualidad nos encontramos justamente en este punto, en el que conviven todavía tanques puramente metálicos con los llamados COPV, siglas de "depósitos presurizados recubiertos de compuesto", ya que en determinadas circunstancias los sencillos depósitos metálicos siguen siendo competitivos en coste y peso. Pero la investigación continúa, y hoy está centrada en la consecución, por un lado, de depósitos de compuesto con la capa metálica reducida a espesores ínfimos, comparables al del papel de aluminio, y por otra parte en la búsqueda de resinas capaces de garantizar la estanqueidad en depósitos fabricados íntegramente en material compuesto.

En el primer caso, existen ya depósitos operativos con espesores de lámina metálica de tan sólo 0,15 mm en aluminio, más o menos como el papel que usamos para envolver el bocadillo. Es el caso de los que equipaban los vehículos encargados de transportar hasta Marte los famosos rovers Spirit y Opportunity. Sin embargo, las dificultades de fabricación de la vasija metálica interna con un espesor tan mínimo fueron tan grandes que se tuvieron rechazos en las revisiones de calidad del orden del 50%; algo inaceptable económicamente para extender su aplicación de forma masiva. Hoy por hoy, el estándar está todavía en vasijas de 0,5 mm de titanio, recubiertas de fibra de carbono, pero se lucha por reducirlo porque ello supone indudables ventajas en peso.

En el otro lado tenemos los depósitos de fibra de carbono "puros". La NASA llevó a cabo una extensa campaña de investigación en este ámbito con el desarrollo del proyecto X-33 en los años 90, que debía incorporar depósitos de este tipo para ahorrar peso. Lamentablemente, el proyecto se canceló finalmente por problemas presupuestarios, lo que mantuvo la investigación en este terreno al ralentí hasta nuestros días. En cualquier caso, el tema no está olvidado, y hoy las investigaciones apuntan hacia el refuerzo de las resinas con nanopartículas que puedan aportar la requerida estanqueidad de cara a futuros depósitos con menores masas que los actuales. Como decía anteriormente, en la industria aeroespacial la lucha contra el peso no acaba nunca...

# Biomimética
Imitando a la Naturaleza

A lo largo de millones de años, la selección natural ha ido perfeccionando a los seres vivos optimizando el modo en el que llevan a cabo determinadas funciones. En la actualidad, los científicos e ingenieros de sectores vanguardistas como el de la investigación aeroespacial vuelven su mirada hacia animales y plantas para imitar sus diseños en el desarrollo de nuevas máquinas.

Esta actividad de "copiar" los mecanismos utilizados por los seres vivos en un desarrollo tecnológico recibe el nombre de biomimética, nombre que hace referencia a la imitación de estructuras biológicas. Se trata de un área que en la actualidad se encuentra presente en los departamentos de I+D e institutos de investigación de las áreas tecnológicas más punteras. El sector de la industria militar es el que quizás con más fuerza utiliza la biomimética en sus investigaciones en estos momentos; pero la investigación espacial no le va a la zaga, y organismos como la propia Agencia Europea del Espacio (ESA) disponen de un departamento dedicado en exclusiva a este tipo de investigaciones, que ya han dado sus frutos en forma de nuevos dispositivos que se irán incorporando en futuras misiones de exploración espacial.

Una técnica no tan nueva...

Aunque quizás sea en los últimos años cuando la biomimética está adquiriendo más fuerza y presencia en diferentes ámbitos de la investigación, no se trata de una filosofía en absoluto novedosa. En el fondo, el hombre siempre ha intentado imitar a la naturaleza cuando se ha propuesto inventar un nuevo aparato, y quizás uno de los ejemplos más claros lo tengamos en los primeros desarrollos que se hicieron para intentar volar imitando las alas de un pájaro, aunque en este caso la imitación directa no diera los frutos esperados. Y es que una de las claves para que la biomimética tenga éxito es que no basta con imitar sin más: primero hay que comprender en profundidad el mecanismo de funcionamiento del dispositivo a imitar, para luego poder reproducirlo con éxito. Y, si fuera posible, incluso mejorarlo…

Pero si el ejemplo del vuelo puede que no sea el más representativo por su escaso éxito, tenemos otra aplicación que hoy día forma parte cotidiana de nuestras vidas y cuyo desarrollo fue sacado directamente de la observación de la naturaleza: se trata del velcro.

Efectivamente, como todos sabemos, el velcro está basado en una imitación directa de esos pequeños frutos del cardillo silvestre que se pegan a nuestros pantalones y calcetines cuando paseamos por el campo, gracias a unos pequeños "ganchitos" naturales que cubren su piel exterior. En 1948 el ingeniero suizo George de Mestral, tras un paseo por el monte, se fijó en este ingenioso invento de la naturaleza para propagar las semillas por un área extensa y, observando lo complicado que era despegarlos después de la ropa, terminó desarrollando ese sistema de cierre rápido que hoy conocemos como velcro. Una aplicación de la biomimética en toda regla.

…con novedosas aplicaciones

En la actualidad, la investigación en biomimética se realiza en múltiples frentes y para campos muy variados. Algunos investigadores, por ejemplo, investigan la forma en la que el diablillo espinoso del desierto americano consigue tomar del suelo el agua que necesita para beber, extrayendo la humedad del suelo y conduciéndola a través de sus patas y su piel para terminar condensándola en su hocico; la comprensión de este mecanismo y su posterior transformación en un sistema tecnológico apropiado podría llevar agua a las regiones más áridas del planeta. En otras partes, los arquitectos estudian la efectividad con la que los hormigueros de termitas regulan la temperatura y controlan los flujos de aire para poder aplicar ese mismo diseño en nuevos edificios más eficientes energéticamente. Y en ámbitos militares las investigaciones se multiplican, desde la investigación de los sistemas de visión de diferentes animales para desarrollar equipos capaces de mejorar la visibilidad en condiciones extremas, hasta el estudio del mecanismo por el que el gecko puede andar boca abajo por un techo con el objetivo de diseñar pequeños robots capaces de trepar por cualquier parte e introducirse en cualquier edificio o refugio inexpugnable, por citar sólo algunos ejemplos.

Un robot capaz de trepar por superficies totalmente lisas como un vidrio de ventana, basado en la imitación del gecko. (*Foto: MIT*)

Aplicaciones espaciales

Centrándonos ya en el terreno de las aplicaciones espaciales, uno de los últimos desarrollos con éxito financiados por la ESA ha sido el de un mecanismo de taladrado capaz de profundizar hasta dos metros en el suelo con un consumo de tan sólo 2 vatios, una mínima fracción de lo que consumen los sistemas de taladro habituales de tipo rotatorio. El nuevo sistema ha sido desarrollado inspirándose en el ovopositor de la avispa de la madera o avispa barrenadora, que perfora agujeros en la corteza de los árboles para depositar allí sus huevos. Basándose en los estudios de dicho mecanismo ovopositor de la avispa, los ingenieros han desarrollado un taladro que no actúa de forma rotatoria como los convencionales, sino que está formado por un par de valvas dentadas que oscilan arriba y abajo en movimientos opuestos, con una geometría y movimientos perfectamente estudiados de modo que con muy pequeña energía se va profundizando en el agujero y al mismo tiempo extrayendo el material de desecho. La consecución de un sistema como éste, de gran simplicidad y mínimo consumo, tiene enorme importancia en aplicaciones de exploración espacial, donde el consumo energético es vital por su influencia en el peso y coste de la misión, así como por su relación con el número máximo de equipos que pueden incorporarse al vehículo.

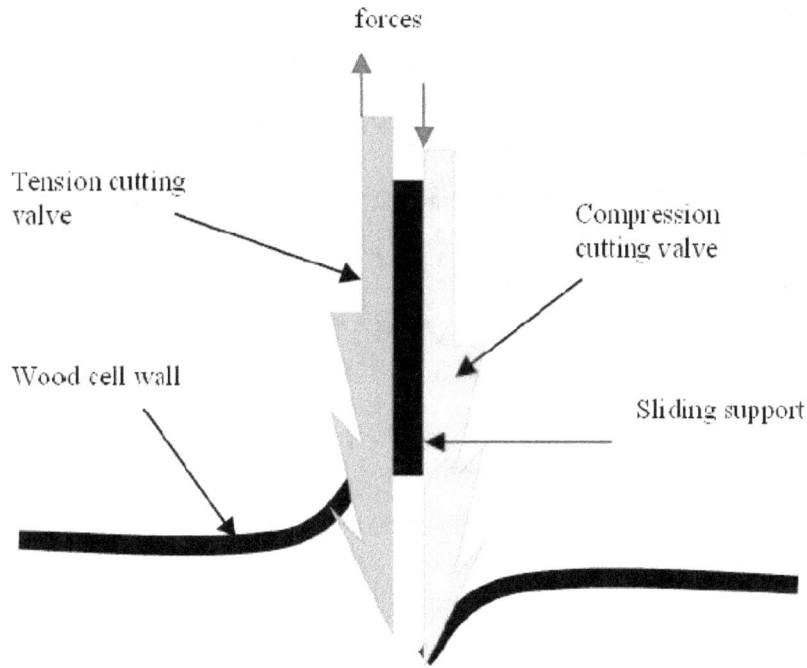

Mecanismo de taladrado de bajo consumo desarrollado por la ESA
basado en el mecanismo ovopositor de la avispa de la madera.
(*Imagen: ESA*)

Pero el taladro basado en la avispa no es más que un ejemplo: en los departamentos de biomimética y estudios avanzados de las principales agencias espaciales del mundo, las ideas y proyectos en marcha se cuentan por decenas. El estudio de las semillas de arce, por ejemplo, con su "hélice natural" que les ayuda a caer del árbol como con paracaídas, es una fuente de inspiración para posibles sistemas de frenado durante la reentrada en planetas con atmósfera. Y el cardo ruso, que forma esas bolas de ramas secas que vemos rodar empujadas por el viento en las películas ambientadas en el desierto americano (técnica adoptada por la naturaleza para extender sus semillas a enormes distancias), también está sirviendo como posible inspiración para sistemas de desplazamiento de sondas de superficie que aprovecharían los vientos para desplazarse a nuevos lugares donde investigar, con un sistema de locomoción simple, ligero y sin consumo energético.

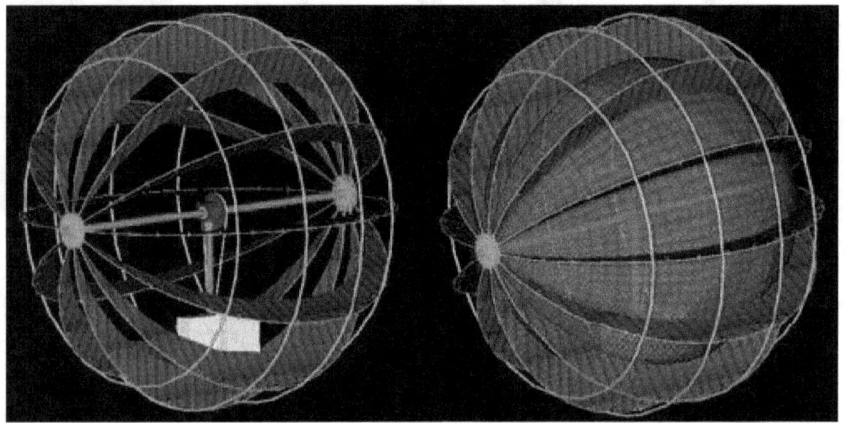

Sistema de desplazamiento pasivo bajo el efecto del viento basado en la observación del cardo ruso, otro novedoso desarrollo de la Agencia Espacial Europea. (*Imagen: ESA*)

Hasta ahora hemos visto ejemplos de aplicaciones de la biomimética a gran escala, que son sin duda las más llamativas, pero si descendemos a escalas mucho más pequeñas, las aplicaciones de la biomimética se multiplican: podemos hablar, por ejemplo, del desarrollo de sensores de luz, humedad o diferentes gases, basados en los mecanismos de detección utilizados por algunos animales, insectos o plantas; o de la investigación en microactuadores capaces de realizar pequeños movimientos con un mínimo coste energético, basándose en mecanismos naturales como puede ser el sistema que permite a ciertas plantas carnívoras cerrarse en décimas de segundo para atrapar a un insecto que se posa sobre ellas; por no hablar del estudio del cerebro humano de cara al perfeccionamiento de futuros sistemas de cálculo e inteligencia artificial… Cuando se trata de aplicaciones muy concretas a pequeña escala, el potencial de la biomimética crece hasta extremos casi inimaginables.

Un trabajo para científicos e ingenieros

En la investigación en biomimética, la estrecha colaboración entre científicos e ingenieros es imprescindible: en una primera fase, es el científico (o a menudo "los científicos", ya que suele involucrarse a expertos en diferentes áreas de la ciencia, como biólogos, químicos, físicos…) el que estudia en profundidad el mecanismo natural para llegar a comprender su funcionamiento hasta el más mínimo detalle. Y es después, cuando ya se ha comprendido la forma en la que la naturaleza resuelve un determinado problema, cuando entran los ingenieros para analizar cómo pueden incorporar esos conocimientos en nuevos desarrollos tecnológicos, los cuales pueden tener unas aplicaciones que en ocasiones sean muy diferentes a las que se encuentran en el medio natural…

Pero en la práctica, conseguir esto es mucho más complicado que decirlo. No sólo resulta difícil en ocasiones llegar a entender en profundidad el mecanismo desarrollado por la naturaleza, basado a menudo en sutiles interacciones entre multitud de mecanismos dentro del ser vivo. Pero es que, además, si se consigue llegar a descifrar esa intrincada interrelación de sistemas con los que el organismo biológico resuelve ese determinado problema, a menudo nos encontramos después con que reproducir eso en una máquina puede resultar poco menos que imposible o, al menos, poco práctico. *"El precio que pagamos por la complejidad a pequeñas escalas es mucho mayor que el que paga la Naturaleza"*, expresa el ingeniero de Mark Cutkosky de la Universidad de Stanford, desarrollador de un pequeño robot que intenta reproducir la habilidad del gecko para trepar por superficies verticales perfectamente lisas. Y es que lo que la Naturaleza puede quizás resolver con unas cuantas células especializadas agrupadas en un pequeño órgano, transformado a una máquina puede en ocasiones requerir una complejidad, un volumen, un peso y/o un coste que lo hagan prácticamente inviable en la práctica.

Por ello, una de las primeras preguntas que se hace el ingeniero de biomimética cuando se encuentra ante los mecanismos descubiertos por sus colegas científicos es: ¿cuáles de estos mecanismos son la verdadera clave para resolver el problema? ¿cuáles son realmente útiles para su incorporación en una máquina? ¿puede existir alguna aplicación alternativa de alguno de esos mecanismos para resolver un problema diferente al que se resuelve en la naturaleza? Aislar y simplificar, después de una profunda reflexión para llegar a ENTENDER, con mayúsculas, son las primeras acciones que debe realizar el ingeniero de biomimética. Una vez aisladas y simplificadas al máximo las principales características de interés, vendrá el momento de intentar reproducirlas de forma sencilla... y de buscarles una aplicación práctica. Como el taladro que nos ayudará a explorar nuevos planetas a partir del aguijón de una pequeña avispa...

Messenger
Tras los pasos de Mariner 10

Diciembre 2008

Desde el pasado mes de enero, la sonda norteamericana Messenger se encuentra por las inmediaciones de Mercurio, comenzando a ahondar en los secretos que este pequeño planeta ya revelara a la Mariner 10 entre 1974 y 1975.

Al igual que en aquella ocasión, la sonda no está en órbita alrededor del planeta (de momento), sino que recorre una órbita alrededor del Sol que la aproxima a Mercurio en cada revolución, permitiendo pasadas cercanas durante las cuales se llevan a cabo los objetivos de la misión. Pero las semejanzas entre Messenger y Mariner 10 no acaban en el planeta visitado y en la órbita utilizada (condicionada ésta por razones energéticas y de mecánica orbital, como veremos más adelante), sino que, como se hiciera en su día, la sonda está utilizando la presión de radiación solar como ayuda para llevar a cabo ciertas maniobras, utilizando sus paneles solares como velas y ahorrando así una preciosa cantidad de propulsante. Y también en ambas ocasiones se ha tratado de procedimientos desarrollados "sobre la marcha", no previstos inicialmente en el diseño de la misión.

Mariner 10: el dios Sol al rescate

En 1974, fue el resultado de una necesidad imprevista lo que daría lugar al primer uso práctico de la presión de radiación solar para propulsar a un vehículo espacial: en ruta hacia Mercurio, un problema surgido con el sistema de control de actitud de la sonda (el encargado de mantenerla en la orientación precisa a lo largo de su trayectoria) dio como resultado un gasto excesivo del propulsante almacenado para dichas maniobras. El problema era grave, pues el agotamiento de estas reservas podía dar al traste con los objetivos de la misión, al impedir la orientación precisa para llevar a cabo las maniobras finales encargadas de acercarla a Mercurio, además de amenazar el correcto apuntado de la antena hacia la Tierra. Aunque no se había llegado al vaciado completo de los tanques, su contenido había disminuido drásticamente, lo que podía significar un final prematuro de la misión científica, salvo que se encontrase alguna forma de racionarlo para permitir llevar a cabo la totalidad de la misión.

La sonda Mariner 10, representada aquí a su paso por las inmediaciones de Venus, camino de Mercurio. (*Imagen: NASA*)

La respuesta estaba en el Sol: su luz incidiendo sobre los paneles solares de la Mariner 10 podría aprovecharse como el viento que hincha las velas de un barco. Parece increíble, pero la luz ejerce una presión. No hablamos del viento solar (el conjunto de partículas elementales lanzadas por el Sol al espacio), que también ejerce una presión, pero de magnitud muy inferior; hablamos de los fotones, esas partículas sin masa encargadas de "transportar" la luz. Ellas también ejercen una presión. Y es que lo de partículas sin masa es relativo... ya sabemos que, de acuerdo a la ecuación de Einstein, masa y energía están directamente relacionadas, son dos manifestaciones de una misma realidad. Así, esas partículas intangibles que nos permiten ver el mundo a nuestro alrededor, se comportan como un tenue viento capaz de alterar el rumbo o la orientación de un cuerpo que flota libremente en el espacio, especialmente si este cuerpo cuenta con grandes superficies sobre las que este flujo solar pueda actuar.

La presión de radiación solar es un efecto apreciable, aunque nos parezca increíble; sin ir más lejos, es la principal fuente de perturbaciones externas en satélites terrestres de órbita alta (geoestacionarios, por ejemplo) o en sondas interplanetarias. Si ya en la Tierra podemos notar sus efectos sobre nuestros satélites de comunicaciones, es fácil imaginar que en Mercurio, mucho más cerca del Sol, su influencia será notablemente superior. De hecho, su intensidad varía con el cuadrado de la distancia al Sol, así que su intensidad en Mercurio es casi 5 veces superior a la que tiene en las inmediaciones de nuestro planeta.

En el caso de la Mariner 10, esta presión de radiación solar vino a aliviar la angustia a la que se enfrentaba un equipo técnico enfrentado a un posible final prematuro de la misión. Utilizando los paneles solares del vehículo como velas (es decir, girándolos de la forma más apropiada para conseguir el efecto deseado), los controladores pudieron realizar un buen número de las maniobras necesarias minimizando el uso del escaso propulsante que quedaba en los depósitos de la sonda, que pudo así llevar a cabo todos los objetivos previstos hasta el 24 de marzo de 1975. Fue entonces cuando finalmente se agotaron las reservas de los tanques, lo que significó el final definitivo de las operaciones del vehículo.

30 años después: Messenger revisita Mercurio

Pasarían más de 30 años hasta que un nuevo vehículo espacial visitase nuestro planeta más interior. Fue en enero de 2008 cuando la sonda Messenger volvía a acercarse a Mercurio, enviando nuevas fotografías con una resolución muy superior a la conseguida en su día por su predecesora.

En su misión de hace 30 años, la Mariner 10 no estaba destinada a orbitar Mercurio, sino que se situó en una órbita heliocéntrica que la llevó a pasar por las inmediaciones de este pequeño planeta en varias ocasiones a lo largo de su vida activa. La razón para no elegir una misión orbital, a priori bastante más eficiente para la observación científica de su objetivo, fue muy simple: economía. Y es que poner un artefacto en órbita alrededor de Mercurio no es nada fácil, energéticamente hablando.

Efectivamente, aunque en un principio nos pueda resultar chocante, resulta más costoso enviar un vehículo a Mercurio que a Júpiter, a pesar de encontrarse el primero siete veces más próximo a la Tierra que el segundo. Igualmente, una vez llegado allí, requiere bastante más energía la maniobra de entrada en órbita alrededor de Mercurio que la equivalente alrededor de Júpiter, para un vehículo de la misma masa. Combinando ambos (coste de llegar allí más coste de entrar en órbita alrededor del destino), resulta que una misión orbital a Mercurio requiere no sólo una gran potencia al lanzamiento sino también una tremenda carga de propulsante para llevar a cabo las maniobras posteriores. Todo ello se traduce en una gran masa para el vehículo y unos tremendos costes económicos para la misión (asociados a un lanzador de mucha mayor potencia, principalmente). Cambiar el requisito orbital por un simple sobrevuelo desde una órbita solar reduce sensiblemente estos requerimientos, razón por la cual en el caso de la Mariner 10 fue ésta la trayectoria elegida como "solución de compromiso".

La sonda norteamericana Messenger, heredera de la experiencia de la Mariner 10. (*Imagen: NASA*)

Algo parecido ha ocurrido con la Messenger, aunque en este caso no se ha querido desaprovechar la ocasión de orbitar nuestro planeta más interior, para poder llevar a cabo un estudio del mismo en mayor profundidad. La forma de hacerlo realidad sin incurrir en unos costes desmesurados ha sido el envío inicial de la sonda a una órbita heliocéntrica próxima a la de Mercurio, como en su día hizo la Mariner, para realizar después sucesivas aproximaciones al pequeño planeta que actúan como asistencias gravitatorias, modificando poco a poco la órbita heliocéntrica inicial hasta lograr una captura por la gravedad de Mercurio con el menor gasto de propulsante posible. De esta forma, ha podido utilizarse como lanzador para la misión un relativamente económico Delta II, en lugar de lanzadores más pesados que hubieran podido incluso poner en entredicho la viabilidad de la misión, dado el presupuesto asignado.

Las ventajas de la experiencia

Pero no acaban ahí las similitudes entre las misiones de la Mariner 10 y la Messenger. Y es que, aunque afortunadamente la Messenger no ha sufrido los problemas en el sistema de control de actitud que finalmente llevaron a los controladores de la Mariner 10 a desarrollar aquellas ingeniosas maniobras de tipo "vela solar", también en el caso de la Messenger se ha decidido aprovechar la radiación de nuestra estrella como ayuda gratuita en el desarrollo de la misión.

En este caso ya se contaba con la experiencia anterior, cuyos positivos resultados probablemente animaron a los técnicos actuales a reintentar el reto. Así, decidió utilizarse lo que hasta entonces se había considerado como una perturbación que había que contrarrestar con impulsos de los motores (la presión solar) como un medio de propulsión ofrecido gratuitamente por la madre naturaleza. Al igual que se hiciera en su día con la Mariner 10, para la ejecución de determinadas maniobras se está utilizando esta presión (adecuadamente "enfocada" realizando pequeños giros de los paneles solares) de modo que se minimice la utilización de los motores de la sonda. Y el resultado hasta ahora está siendo de lo más satisfactorio.

Con ello, se están ahorrando preciosos kilos de propulsante que serán valiosísimos para poder extender la misión más allá de su duración nominal, siempre que el resto de los sistemas vitales de la sonda sigan funcionando correctamente. Y, además, se está obteniendo una experiencia valiosísima para el futuro sobre la navegación "a vela" por nuestro Sistema Solar.

Con estas técnicas, se ha conseguido afinar el reciente sobrevuelo de Mercurio con una precisión de tan sólo 600 metros (sobre una altura de sobrevuelo de 200 km), sin utilizar ni un solo gramo del valioso propulsante a bordo de la Messenger. Una precisión más que destacable si tenemos en cuenta que no se había realizado ninguna otra maniobra de "afino" del objetivo desde 668 millones de kilómetros más atrás, y especialmente remarcable si tenemos en cuenta que se ha llevado a cabo sin más que el sabio uso de la iluminación del Sol sobre los paneles de la sonda.

Messenger está llevando a cabo un detallado estudio del que hasta ahora era uno de los planetas menos visitados del Sistema Solar, tras el único precedente de la Mariner 10 a mediados de las 70. Pero la verdadera misión no dará comienzo hasta marzo de 2011, cuando el vehículo finalmente entre en órbita alrededor del planeta, comenzando lo que se prevé sea al menos todo un año de investigación detallada de los secretos de este pequeño cuerpo abrasado por el Sol. El propulsante que haya conseguido ahorrarse hasta entonces con el hábil uso de la presión de radiación solar, como se ha hecho en esta ocasión, será tan valioso como el oro de cara a posibles extensiones de la misión más allá de ese año planteado inicialmente. La navegación a vela con la Messenger es una inversión para el futuro.

Tercera Parte:

Política Espacial

Javier Casado

El precio de ir al espacio

Cincuenta años después de haber enviado el primer objeto al espacio, el coste de hacerlo sigue siendo muy elevado. Mientras los viajes aéreos se democratizan cada vez más con la continua bajada de las tarifas y la aparición de las aerolíneas de bajo coste, sus primos los viajes espaciales siguen manteniendo prácticamente el mismo coste que tenían en los albores de la era espacial.

Los cohetes se modernizan, cada vez son más potentes y fiables, pero su rendimiento energético y los propulsantes utilizados siguen siendo los mismos que hace 50 años. Los satélites y vehículos espaciales son también cada vez mayores, más pesados, más eficientes y con mayor vida operativa, pero su desarrollo y fabricación sigue requiriendo unos procesos de alta tecnología y elevado coste, y, salvo excepciones, cada uno de ellos no deja de ser una especie de prototipo, sin una producción en serie que permita abaratar costes.

En estas condiciones, resulta ya menos extraño que el precio del acceso al espacio no haya cambiado mucho con el paso de las décadas. Pero lo que sí ha permitido todo este tiempo de actividad espacial es poder llegar a evaluar el coste de una misión espacial en términos de precio por kilogramo puesto en el espacio.

Analizando costes

En una primera aproximación, podríamos descomponer el coste de una misión espacial en el coste del lanzamiento, más el coste de fabricación del vehículo, el de diseño del mismo si se trata de un nuevo desarrollo, y el de los consumibles que lo equiparán (principalmente propulsante para los motores, así como oxígeno y comida en el caso de una misión tripulada, entre otros). Mención aparte merecerían los costes relacionados con toda la gestión de la misión, el control y seguimiento desde tierra, la formación y entrenamiento de los astronautas, etc. Pero en términos de magnitud, los costes más importantes corresponden al lanzamiento, diseño y fabricación del vehículo. Si tomamos como referencia la experiencia norteamericana en este sector, tenemos lo siguiente:

El coste del lanzamiento a una órbita baja está en el entorno de los 9.000 a 11.000 dólares/kg. Puntualmente pueden aparecer en ciertos países ofertas mejores, pero por lo general se suele tratar de reducciones por debajo de coste para conseguir cuota de mercado, o bien mejoras de precio puntuales por aprovecharse material bélico desechado (misiles) como lanzadores. Aunque pueda parecer extraño, este coste apenas ha cambiado en los últimos 40 años, ni parece que vaya a hacerlo en unas cuantas décadas. Aunque la NASA dedicó serios esfuerzos hace algunos años en investigación y desarrollo de cara a bajar significativamente este coste, el avance de las investigaciones resultó ser más lento de lo esperado inicialmente, y, paradójicamente, este programa de investigación fue finalmente cancelado por razones presupuestarias.

En cuanto al coste de diseño y fabricación del vehículo, si nos centramos en vehículos tripulados (los no tripulados son, lógicamente, más económicos por su menor complejidad), el coste de desarrollo está evaluado en 420.000 dólares/kg, y el de fabricación del primer prototipo en 29.000 dólares/kg. Pero estos datos, aunque actualizados de acuerdo a la inflación, tienen 20 años de antigüedad, fecha desde la cual no se ha desarrollado ningún nuevo vehículo tripulado en los EE.UU. Es de suponer que la mejora en los procesos fabriles, de diseño y de gestión en estos 20 años haría bajar hoy día estos costes. Si suponemos una mejora de la eficiencia del 2% anual durante estos 20 años (lo que parece ser un dato muy ajustado a la realidad), tendríamos que el coste para el desarrollo de un nuevo vehículo espacial tripulado estaría hoy en torno a los 280.000 dólares/kg, mientras que la fabricación del primer prototipo sumaría otros 19.500 dólares/kg.

Por otra parte, si se iniciase una producción en serie, sería de esperar que el coste disminuyese de acuerdo a la curva de aprendizaje del 85%, lo que quiere decir que el coste de fabricación bajaría al 85% del coste anterior cada vez que se dupliquen las unidades producidas. En la práctica, no obstante, las curvas de aprendizaje en la industria espacial pocas veces pueden aplicarse más allá de unas pocas unidades, pues las mejoras introducidas o nuevas versiones aparecidas a menudo impiden que pueda considerarse exactamente como una fabricación en serie.

Tenemos, por tanto, el coste del lanzamiento, el de diseño y desarrollo, y el de fabricación. Si añadimos el coste del propulsante y otros consumibles que equiparán el vehículo, ya tenemos el coste de enviar la misión al espacio (el coste del propulsante del lanzador ya está incluido en el coste de lanzamiento). Pero en la práctica podemos despreciar el coste de los consumibles frente a los anteriores, pues no representa un porcentaje significativo.

El vehículo no lo es todo

Pero en realidad, cuando tenemos la nave en el espacio es cuando realmente empieza la misión. ¿Y qué hay de los costes de todo el equipo de tierra, técnico y humano, involucrado en la misma? Los costes del seguimiento de la misión, de los años de entrenamiento de los astronautas y del equipo de tierra, de la infraestructura en general, los costes de gestión del programa... Costes indirectos, en cierto modo, pero que suman una cifra considerable a incrementar en el coste total de la misión.

Como es lógico, estos costes no pueden evaluarse en términos de coste/kg. Pero sin duda constituyen una parte importante del coste de toda misión espacial salvo, quizás, las estrictamente comerciales (puesta en órbita de satélites de comunicaciones, por ejemplo). Aunque en este artículo no entraremos en detalle sobre ellos, debemos tener en cuenta su importante contribución al coste total de cualquier misión.

Un ejemplo práctico

Basándonos en estos datos expuestos, vamos a calcular lo que costaría enviar una misión tripulada a Marte, como la planteada por la actual administración norteamericana para un futuro aún indeterminado. En este análisis aproximado nos olvidaremos de los últimos costes comentados asociados a la gestión y los equipos de tierra; aunque sea una simplificación algo excesiva, nos permitirá obtener de forma rápida un valor aproximado de lo que puede suponer una misión así.

Análisis preliminares realizados por expertos en materia aeroespacial han concluido que una nave tripulada sencilla enviada a Marte pesaría 500 toneladas a su partida de la Tierra, de las cuales 250 toneladas corresponderían a propulsante. Con unos cálculos sencillos en base a los costes actuales presentados anteriormente, tenemos que el desarrollo, fabricación y lanzamiento de dicha nave supondría un coste de 80.000 millones de dólares.

Pero sabemos que una misión así no estaría lista hoy. Con el calendario planteado por la administración americana para su "nueva visión espacial", los trabajos serios en esta dirección no comenzarán antes de, al menos, 10 años, cuando el CEV comience a estar disponible para la misión orbital. Diez años en los que es de suponer que la eficiencia empresarial seguirá aumentando, lo que abaratará los costes de desarrollo y fabricación del primer prototipo. También es de suponer que no habrá una única misión, sino varias, por lo que los costes de desarrollo deberán repartirse entre ellas, y los de fabricación irán bajando de acuerdo a la curva de aprendizaje.

Estudios realizados por la Sociedad Planetaria (asociación no gubernamental fundada por Carl Sagan) en base a estos criterios, han llegado a la conclusión de que una campaña de 9 misiones a Marte a desarrollar en el periodo comprendido entre 2024 y 2044 (con los trabajos iniciales comenzando en 2014), costarían una suma total de unos 125.000 millones de dólares. Prácticamente lo mismo que costaron las 6 misiones de alunizaje del programa Apollo entre 1969 y 1972 (130.000 millones de dólares actuales). Todo ello, por supuesto, sin contar los costes adicionales comentados anteriormente (infraestructura, equipo de tierra, entrenamientos, etc). Y sin olvidar que la historia nos demuestra que prácticamente siempre cualquier estimación de costes previa a un gran proyecto de este tipo, termina por quedarse corta.

Obviando el mayor o menor optimismo que pueda existir en estos cálculos, la conclusión es que ir a Marte en la actualidad no sería más descabellado, en términos económicos, que la campaña lunar acometida en la década de los 60. La pregunta clave es si los Estados Unidos, o cualquier otro país, se decidirán en algún momento a invertir una suma así sin una motivación política como la de entonces. El tiempo lo dirá.

Exploración tripulada
El eterno debate

Enero 2010

En pleno debate sobre el futuro de la NASA y sobre la continuidad o no del programa que debería devolver al hombre a la superficie lunar medio siglo después de hacerlo por primera vez, resurge de nuevo con fuerza en algunos sectores la vieja pregunta: ¿tiene sentido enviar seres humanos más allá de la órbita terrestre?

Esta pregunta se viene planteando desde los inicios de la era espacial. En un principio, enviar al primer hombre al espacio era un hito histórico que había que conseguir; más adelante, la llegada del hombre a la Luna se convirtió además en un objetivo político dentro de la Guerra Fría, y pocos se preguntaron si tenía o no sentido desde una perspectiva más racional. Pero con el paso del tiempo y la normalización de los viajes espaciales, las misiones tripuladas más allá de la órbita terrestre empezaron a ser cuestionadas. La misión a Marte que pocos años atrás pareciera lógica e inminente, quedó olvidada por el momento, y todas las misiones de exploración planetaria pasaron a ser desarrolladas por sondas robotizadas. Esta situación se ha mantenido hasta nuestros días, con presencia humana en la órbita terrestre para la realización de experimentos en microgravedad, y reservando a los ingenios automáticos las misiones de espacio profundo. En todo este tiempo, los abogados de la misión a Marte y de la exploración tripulada del espacio en general no han parado de argumentar las ventajas de un agresivo programa de exploración tripulada, sólo para encontrarse con réplicas de similar peso para no llevarla a cabo. En 2004, el presidente Bush pareció inclinar la balanza a favor de los primeros al anunciar misiones tripuladas a la Luna para la década de 2020, y quizás a Marte más adelante. En estos momentos, la administración Obama se encuentra ante el dilema de decidir si seguir adelante con esta política o cambiarla de algún modo. Y es que, más de 50 años después de iniciarse la era espacial, sigue sin estar claro, desde un punto de vista objetivo, si ésta es la mejor filosofía a seguir en la exploración del espacio.

Riesgo frente a rendimiento

A favor de la exploración robótica está el hecho de que es más segura, al no arriesgarse vidas humanas, y más económica, al prescindirse de la enorme complejidad y peso requeridos por una misión tripulada. Pero sus oponentes argumentan que un hombre puede realizar tareas mucho más valiosas que un robot, por lo que más que en el coste puro de la misión (dejando a un lado el aspecto de la seguridad, que no tiene réplica) deberíamos fijarnos en la relación de resultados científicos frente al dinero invertido.

Evidentemente, un ser humano es todavía mucho más versátil que una máquina, siendo capaz de obtener más y mejores resultados en menor o igual tiempo, pero también sale muchísimo más caro. La parte económica podemos cuantificarla, pero es más difícil cuantificar los resultados, sobre todo porque es complicado valorar cuánto de valiosos son los resultados "extra" que puede proporcionarnos un hombre. Y es que, generalmente, este valor marginal (el de ese incremento en los conocimientos) suele ser muy inferior al valor de los datos que es capaz de aportar el robot. Pongamos un ejemplo: cuando una sonda llega por primera vez a un planeta, pasamos de saber muy poco sobre el mismo a tener un conocimiento enorme, en comparación, de su composición, su geología, su atmósfera, su campo magnético, etc. Un astronauta podría aportar más detalles, por ejemplo de la composición del suelo, seleccionando muestras o extrayéndolas de lugares concretos, y podría tomar decisiones sobre el terreno. Pero ¿merece la pena este pequeño incremento de valor en los datos, comparativamente hablando, frente al sobrecoste que conlleva una misión tripulada? Salvo en casos especiales, en los que se busque obtener un dato concreto que un robot sea incapaz de conseguir, parece que no es así. Excepto en ese caso particular, parece que este argumento está ganado por los defensores de la exploración robótica.

El factor político

Pero consideraciones científicas aparte, existen otros argumentos a favor de la exploración tripulada. Uno de ellos es el prestigio que otorga a la nación que la lleva a cabo.

Parece evidente que la actividad espacial da prestigio internacional, lo cual puede resultar útil tanto a nivel de política exterior, como de cara al interior. Si esta actividad no se limita al lanzamiento de satélites y sondas, sino que se complementa con astronautas, y especialmente si estos ponen su pie en otro cuerpo celeste diferente a la Tierra, ese prestigio aumenta exponencialmente. Este argumento está claramente ganado por los defensores de la exploración tripulada, pero tiene el inconveniente de que el prestigio adquirido es difícil de cuantificar para valorar si merece las inversiones necesarias.

Fuente de inspiración

Otro argumento defendido por los defensores de la exploración tripulada es que ésta hace crecer las vocaciones técnico-científicas en el país de origen, lo cual redunda en beneficios para la nación. Esto es difícil de demostrar, y más aún de medir, pero probablemente es cierto: la astronáutica es algo que llama poderosamente la atención del ser humano, y en especial de los jóvenes, y esto puede aumentar el número de vocaciones por el estudio de la ciencia y la tecnología, sea simplemente por amor a dicho conocimiento, o por intentar llegar a ser astronauta algún día.

Esta aseveración parece haberse cumplido especialmente en momentos de gran actividad espacial, como durante la carrera lunar. También en la actualidad encontramos datos que parecen avalar esta afirmación: por ejemplo, en la reciente convocatoria de puestos de astronautas para la ESA, el número de aspirantes por millón de habitantes en cada país ha ido muy directamente ligado al nivel de participación nacional en los presupuestos de la agencia; parece, por tanto, que el grado de actividad espacial de un país sí influye en este tipo de vocaciones entre su población. Dado que un mayor número de científicos e ingenieros parece afectar favorablemente al desarrollo de la nación, éste es otro argumento a favor de la exploración tripulada del espacio, aunque lo realmente difícil es evaluar si el incremento de vocaciones justifica la inversión.

Espíritu aventurero

Entre los argumentos de los promotores de la exploración tripulada, existe otro de una naturaleza mucho más intangible: que la actividad espacial tripulada da respuesta al espíritu de exploración y de aventura innato en el ser humano.

Está claro que dicho espíritu existe: la llegada a los polos, la subida al Everest, o incluso, hoy en día, cruzar el Pacífico a bordo de una balsa o algún otro tipo de embarcación primitiva, son actividades que se realizan sin otro motivo que ese afán aventurero del ser humano. Estas expediciones siempre han encontrado personas dispuestas a llevarlas a cabo, y, lo que es más, otras dispuestas a financiarlas simplemente por el placer de participar indirectamente en dicha actividad. Sin embargo, que esto sea cierto no parece suficiente argumento como para que un gobierno invierta en estas aventuras el dinero de todos. Como es práctica común en esos casos, éste podría ser un argumento para que asociaciones y particulares decidan apoyar económicamente la exploración tripulada del espacio, pero no parece una razón válida para un estado.

La supervivencia de la especie

Pero no importa, porque no acaban ahí los argumentos a favor de las misiones de exploración tripuladas. Está, por ejemplo, el que dice que la Humanidad debe aprender a viajar por el Cosmos si quiere sobrevivir. Aparte de posibles catástrofes naturales o artificiales de todo tipo (impacto de un asteroide, holocausto nuclear, cambio climático...), la vida en la Tierra está condenada: algún día nuestro Sol concluirá su secuencia principal para convertirse en gigante roja y más tarde en enana blanca, imposibilitando totalmente la vida del ser humano en nuestro planeta. Tarde o temprano, la raza humana deberá buscar nuevos mundos que habitar, si quiere sobrevivir.

El argumento no tiene réplica, aunque la cuestión es si tiene sentido empezar ahora. Está claro que con la tecnología de hoy día no podemos ni siquiera soñar con viajes interestelares, pero también está claro que por algún sitio hay que empezar. Sin embargo, éste sería más bien un argumento a favor del desarrollo de tecnologías básicas que nos permitan realizar ese tipo de viajes en un futuro indeterminado. En este sentido, enviar hombres a Marte con nuestra tecnología actual tendrá tanto efecto sobre los viajes interestelares como los intentos de volar de da Vinci tuvieron sobre el éxito de los hermanos Wright. Utilizarlo para defender la realización de misiones tripuladas con los medios actuales es algo que se desmonta fácilmente.

Explotación económica

En línea con el anterior, existe otro argumento más próximo en el tiempo: la explotación energético-económica de nuestro entorno espacial a través de actividades como la minería espacial o similares. Ésta es una necesidad de nuestra sociedad más próxima que la anterior, y que requiere una tecnología también más asequible, superior a la actual pero no descabelladamente lejana. Lamentablemente, existe un grave problema: el económico. Mientras se mantenga el coste del envío de masa al espacio a los niveles actuales, estas actividades son impensables. Montar la infraestructura espacial necesaria requeriría multiplicar enormemente el nivel de inversión actual en el espacio, sólo para tener el punto de partida. La explotación posterior de dicha infraestructura requeriría de un esfuerzo económico sostenido en el tiempo de un valor no muy inferior. Para que este escenario fuera viable, sería preciso abaratar sensiblemente el envío de carga al espacio. Por lo que, de nuevo, éste sería más bien un argumento a favor del incremento de la investigación en ciencia y tecnologías encaminadas a ese objetivo.

Un debate sin solución

Resumiendo: los partidarios de la exploración robótica tienen a su favor el incontestable argumento económico, mientras que los razonamientos a favor de la exploración tripulada entran en su mayor parte dentro de lo intangible o, al menos, incuantificable. Por esta razón, el debate continúa año tras año sin un claro ganador. En esta situación es fácil deducir cómo se inclina la balanza hacia un lado o hacia el otro: en función, básicamente, de criterios políticos.

El programa espacial brasileño

Cuando pensamos en Brasil, habitualmente lo primero que llega a nuestra mente son los tópicos de carnaval, samba y selva amazónica, junto con imágenes de turistas en las playas de Río o de favelas hundidas en la droga y la miseria. Sin embargo, Brasil es mucho más que eso, pues además de su riqueza en recursos naturales, es una potencia mundial en aeronáutica, y en el campo espacial está a punto de incluirse en el selecto grupo de países que poseen un lanzador de satélites propio.

Además de lanzadores, Brasil fabrica algunos de sus propios satélites de comunicaciones y observación terrestre, y tiene una pequeña participación en la Estación Espacial Internacional. También ha puesto un astronauta en el espacio, Marcos Pontes, que subió a la ISS en marzo de 2006 como compensación a las contribuciones brasileñas al proyecto de la estación.

Pero quizás la parte más representativa y vistosa del programa espacial brasileño es su programa de cohetes. Con unos recursos mínimos, partiendo de unos primeros cohetes de sondeo diseñados en 1967, y sin recibir ayuda exterior, los ingenieros aeroespaciales brasileños han conseguido diseñar un lanzador de satélites que está a punto de otorgar a Brasil su ansiada independencia en materia espacial.

Interés temprano

La inquietud brasileña por los temas espaciales surgió de forma bastante temprana. En 1961 se iniciaban las actividades que conducirían, en 1963, a la creación de la Comisión Nacional de Actividades Espaciales. En 1965 se inauguraba el Centro de Lanzamiento de la Barrera del Infierno con el lanzamiento de un cohete sonda norteamericano, después de que un grupo de técnicos brasileños volviera de pasar una temporada de formación en centros de la NASA. Puede decirse que éste sería prácticamente el único apoyo exterior que recibiría Brasil a lo largo del desarrollo de su programa espacial.

En 1967 se lanzaba con éxito el primer cohete sonda brasileño, el Sonda I. De apenas 4 metros de longitud y 59 kg de peso, era un cohete de dos etapas que alcanzaba una altura de 65 km con una carga útil de 4 kg. Le seguiría el Sonda II, algo más potente, y en 1971 se introducía el Sonda III, que representaba ya una importante madurez en el diseño de cohetes brasileños. Este cohete sonda, que aún hoy día sigue operativo en Brasil para estudios atmosféricos, tiene una masa al despegue de 1590 kg, con una longitud de 8 metros y un diámetro en su base de 557 mm; su capacidad es de hasta 150 kg con un apogeo de 500 km.

En 1971, lo que había nacido como un programa de desarrollo de cohetes de sondeo atmosférico, comenzó a derivar hacia unos objetivos mucho más ambiciosos. Ese año, el gobierno brasileño decidió iniciar un verdadero plan de desarrollo espacial, que debería alcanzar el objetivo de proporcionar a Brasil la capacidad de lanzar sus propios satélites. Las razones de esta política espacial brasileña eran básicamente dos: la necesidad de contar con la autonomía necesaria para lanzar una serie de satélites de observación terrestre para el seguimiento y control de los importantes recursos naturales del país, especialmente en la zona de la selva amazónica; y también impulsar el avance tecnológico que ayudase a dar un impulso estratégico a la economía de la nación.

Con este objetivo se iniciaron en 1976 los estudios que llevarían al desarrollo del Sonda IV, un nuevo cohete de sondeo que principalmente debería servir como paso intermedio en el dominio de las tecnologías críticas para desarrollar un verdadero lanzador de satélites. El Sonda IV suponía un gran salto con respecto a los anteriores cohetes de sondeo brasileños: con sus 11 metros de longitud y un metro de diámetro en su base, tenía ya una capacidad más que considerable para un cohete de sondeo, al conseguir elevar una masa de 500 kg a una altura de 600 km. De hecho, el Sonda IV podría ya considerarse como un posible lanzador de minisatélites.

El culmen de este programa de cohetes llegaría en noviembre de 1979, con la presentación de la propuesta de desarrollo del que debía ser el primer lanzador brasileño de satélites, el VLS-1 (siglas de *Veículo Lançador de Satélites*), y de la infraestructura de lanzamiento necesaria.

Cohete de sondeo Sonda IV, el paso previo al primer lanzador espacial brasileño. (*Foto: AEB*)

El salto a primera línea: un lanzador propio

Pero la puesta en marcha de este programa de desarrollo no sería nada fácil, y no sólo por las dificultades técnicas inherentes al caso, sino por los obstáculos impuestos por la comunidad internacional, especialmente los Estados Unidos. Liderados por los norteamericanos, los países firmantes de los tratados de no-proliferación nuclear vetaron todo tipo de asistencia técnica al programa espacial brasileño, incluido el embargo en la venta de los componentes más básicos, por considerar que el desarrollo de un vehículo lanzador podía ser utilizado igualmente como misil estratégico. Afirmación en principio cierta, pero que en realidad parece que respondía a otros intereses ocultos, como se vería algo más tarde.

Evidentemente, desarrollar un lanzador partiendo de cero sin asistencia técnica de expertos, es una tarea enorme. De hecho, todos los países poseedores de lanzadores espaciales hoy día han recibido ayuda de uno u otro de los dos países pioneros en la materia, Rusia o los Estados Unidos. Por ello, para evitar suspicacias, Brasil decidió convertirse también en uno de los países firmantes de los tratados de no-proliferación nuclear, a la vez que pasaba el control de sus actividades espaciales al ámbito civil, de forma externa al Ministerio de Aeronáutica (militar) del que había dependido hasta entonces. Es preciso señalar, no obstante, que el programa espacial brasileño nunca había tenido un objetivo militar, y su dependencia de este ministerio era similar a la que se producía o aún se produce en otros países (en España, por ejemplo, el INTA, o Instituto Nacional de Técnica Aeroespacial, responsable de los programas nacionales de cohetes de sondeo, depende también del Ministerio de Defensa).

Tras estas acciones, el veto internacional se relajó ligeramente, pero de hecho nunca desapareció del todo. Por parte sobre todo de los Estados Unidos, había una especial preocupación por no permitir ninguna transferencia de tecnología, lo que en la práctica obligó a los técnicos brasileños a trabajar prácticamente solos en el logro de su objetivo. Según algunos periodistas brasileños especializados, muchos responsables del programa espacial brasileño aún no han perdonado a los Estados Unidos y otros países por haberles puesto la tarea tan difícil. El mismo Ministro de Defensa brasileño José Viegas lo expresaba así recientemente en un discurso ante un grupo de senadores:

El programa de cohetes de Brasil produce un gran descontento entre algunas poderosas naciones. Siempre ha existido una oposición internacional y unas restricciones muy fuertes hacia cualquier tipo de transferencia de tecnología hacia nuestro programa, y no olvidemos que Brasil ha tenido que desarrollar su cohete por sí solo, al encontrar unas tremendas dificultades incluso para comprar los componentes más básicos fuera del país.

Muy probablemente lo que existe es el temor de que el sector espacial brasileño pueda convertirse en un peligroso competidor en el lanzamiento de satélites comerciales, como ha ocurrido con la empresa aeronáutica brasileña EMBRAER: empezando también casi de la nada, es hoy día el tercer fabricante mundial de aviones, después de los gigantes Airbus y Boeing, teniendo gran parte de su mercado en los Estados Unidos. La posible repetición de este panorama en el terreno de la comercialización del espacio posiblemente inquiete a más de uno.

VLS-1 (Foto: AEB)

Pero finalmente, a pesar de todos los problemas, en 1997 se conseguía tener terminado el primer prototipo del que debía ser el primer lanzador brasileño de satélites: el VLS-1. Con 19,5 metros de longitud y una masa al despegue de casi 50 toneladas, el VLS-1 es un lanzador de cuatro etapas capaz de poner en órbita baja (250 a 1000 kilómetros) satélites de hasta 350 kg de peso. De sus cuatro etapas (todas ellas de propulsante sólido), tres se hallan dispuestas en tándem, mientras que la cuarta (en realidad, la primera etapa) está compuesta por cuatro cohetes aceleradores dispuestos en paralelo o *"cluster"* alrededor de la segunda etapa.

Problemas técnicos... y políticos

El primer vuelo del VLS-1 tendría lugar el 2 de diciembre de 1997, pero desde el momento mismo de la llegada de la cuenta atrás a cero, se supo que el lanzamiento era un fracaso: uno de los propulsores de la primera etapa había fallado en encenderse, lo que obligó a la destrucción del cohete por parte de los técnicos de tierra poco después de su despegue. Casi exactamente dos años después del primer intento, el 11 de diciembre de 1999 tenía lugar el lanzamiento del segundo prototipo, pero para desconsuelo de los técnicos, a los tres minutos del ascenso el cohete resultaba destruido por una explosión.

Pero estos fracasos en el desarrollo del VLS-1 no disminuían la voluntad de Brasil de consolidar su programa espacial, como demostraban sus actuaciones también en otros campos. Así, durante los últimos años del siglo XX, Brasil se convertía en un socio más de la Estación Espacial Internacional, para la que se iban a desarrollar los distintos equipos que comentábamos al principio, a la vez que se daba comienzo a la formación de astronautas. Y al mismo tiempo se iniciaban maniobras encaminadas a la comercialización internacional de sus instalaciones de lanzamiento.

En particular, el Centro de Lanzamiento de Alcántara constituye un emplazamiento privilegiado para el lanzamiento de satélites comerciales, por su proximidad al Ecuador. Situado a sólo 3° de latitud sur, su situación geográfica lo hace idóneo para el lanzamiento de satélites geoestacionarios, principalmente, con un considerable ahorro de propulsante o un incremento proporcional de la carga útil.

Con esta intención de comercializar la utilización de su centro de lanzamiento, Brasil inició acuerdos con los Estados Unidos para que satélites y lanzadores norteamericanos pudiesen operar con base en

Alcántara. Pero para ello antes se verían obligados a firmar un restrictivo acuerdo que prevenía cualquier posible transferencia de tecnología norteamericana a Brasil; Estados Unidos no estaba dispuesto bajo ningún concepto a que el país sudamericano se beneficiase tecnológicamente de este acuerdo comercial.

El tratado, firmado por el presidente Cardoso en 2000, originó fuertes debates en el seno de la sociedad brasileña. Algunos políticos denunciaron incluso que el tratado vulneraba la soberanía de Brasil al establecer zonas restringidas de uso exclusivamente norteamericano en la base de Alcántara, llegando a prohibir a las autoridades brasileñas el control aduanero de las mercancías llegadas a dicha zona. Y lo que era aún más humillante: el tratado prohibía a Brasil la utilización de los beneficios económicos logrados con el alquiler de su centro de lanzamiento para el desarrollo de un vehículo lanzador propio.

El tratado había sido firmado por el Presidente de la República, pero para ratificarlo faltaba el apoyo del Congreso, proceso durante el cual se levantaron duras críticas por considerarlo no ya desventajoso, sino incluso humillante para Brasil. La ratificación por parte del Congreso se alargó así hasta producirse el relevo en la presidencia del país: tras la toma de posesión del nuevo presidente Lula da Silva, se decidió retirar este principio de acuerdo con los Estados Unidos. Por el contrario, poco tiempo después se firmaría otro acuerdo de colaboración para el uso del Centro de Lanzamiento de Alcántara con Rusia y Ucrania; en este caso, el acuerdo era mucho más equitativo, previéndose incluso la transferencia futura de tecnología rusa a Brasil para el desarrollo de motores cohete de propulsante líquido.

Un duro golpe

Pero casi al mismo tiempo que esto sucedía, el 22 de agosto de 2003 el naciente programa espacial brasileño recibía un duro golpe: mientras se ultimaban los preparativos para el lanzamiento del tercer prototipo del primer lanzador brasileño, el cohete explotaba repentinamente envolviendo en una gran bola de fuego toda la plataforma y la torre de lanzamiento, y causando la muerte a 21 técnicos que trabajaban en aquellos momentos en diferentes tareas de preparación del lanzador.

Un accidente fortuito como el ocurrido con el tercer prototipo del VLS-1, era algo prácticamente descartado hasta ese momento en lanzadores equipados con motores de propulsante sólido, altamente estables. Por esta razón, la sombra de un posible sabotaje planeó inicialmente sobre las posibles causas del accidente. Esta posibilidad fue incluso defendida por ciertos políticos y militares brasileños, que vertían sus sospechas sobre los servicios secretos norteamericanos. No obstante, esta posibilidad fue prontamente desmentida por la comisión investigadora, establecida con el apoyo de técnicos rusos en virtud del nuevo acuerdo de cooperación, y sería también descartada públicamente por el propio gobierno de la república.

En agosto de 2003, una explosión del prototipo del lanzador brasileño terminaba con la vida de 21 técnicos, ocasionando un serio parón en el programa de cohetes del país sudamericano. (*Foto: AEB*)

Un tercer fallo, y esta vez con víctimas, suponía un serio revés para las aspiraciones espaciales brasileñas. Pero el gobierno de la nación se apresuraría a dejarlo claro: el accidente no haría cambiar la voluntad de Brasil de contar con un programa espacial propio. El proyecto continuaría adelante, con el objetivo de ensayar el cuarto prototipo del VLS-1 en 2006. El calendario, sin embargo, se iría alargando con el paso del tiempo, como consecuencia de las medidas correctoras tomadas tras el accidente. El consecuente retraso técnico unido al escaso presupuesto asignado al programa espacial brasileño, provocaría que hubiera que esperar hasta 2008 para la realización de los primeros ensayos, esta vez en banco, de los nuevos propulsores desarrollados para el lanzador. Tras la finalización con éxito de estas pruebas, un primer vuelo está previsto para

2011, aunque se limitará en este caso a un ensayo suborbital, con tan sólo las dos primeras etapas activas; para el primer vuelo de pruebas completo habrá que esperar a 2012, si todo se desarrolla según lo previsto. A partir de entonces, el lanzador estaría listo para poner en órbita el primer satélite de fabricación nacional. Tras los fracasos anteriores, parece que los responsables brasileños han decidido avanzar paso a paso y con seguridad, aunque sin duda la modesta asignación económica con la que cuenta el programa es también una importante responsable de estos retrasos.

A pesar de todo, las ambiciones espaciales de Brasil no terminan en el VLS-1. Otros planes que se han anunciado, aunque no es posible conocer en este momento la solidez de los mismos, incluyen el VLM, o *Veículo Lançador de Microssatélites*, un escalón por debajo del VLS-1, para cargas de hasta 100 kg; y el VLS-2, un desarrollo de lanzador medio capaz de llevar hasta 600 kg hasta una órbita de 1000 km de altura, y que posiblemente incluirá alguna etapa de propulsante líquido. Sobre este último existe constancia de que se está analizando una variante del VLS-1 en el que se sustituiría la primera etapa por otra impulsada por propulsante líquido, aunque la decisión para iniciar su desarrollo se espera que se tome durante 2011. Planes aún algo indefinidos pero ambiciosos, sin duda. Todo un reto para un país cuyo presupuesto espacial está en unos ínfimos 30 millones de dólares anuales, pero que está demostrando que es capaz de alcanzar el espacio por méritos propios.

El programa espacial japonés

Febrero 2006

Si todo sale según lo previsto, en 2010 Japón se convertirá en el tercer país del mundo en traer a la Tierra muestras de un cuerpo del Sistema Solar. Serán muestras de un asteroide tomadas por la sonda espacial Hayabusa.

La misión de esta pequeña sonda japonesa, anteriormente conocida como Muses-C, ha sido la exploración, aterrizaje y toma de muestras del asteroide Itokawa, una pequeña roca de 300 x 700 metros de tamaño que sigue una órbita muy próxima a la de la Tierra. Catalogado como NEO (Near Earth Orbit), debe su nombre al profesor Hideo Itokawa, considerado el padre de la astronáutica japonesa. Su máxima aproximación durante este siglo se dio el 26 de junio de 2004, cuando nos "rozó" a tan sólo 0,0137 UA, unos 2 millones de kilómetros (5 veces la distancia Tierra-Luna).

Hayabusa completó su aproximación a Itokawa en septiembre de 2005, dando comienzo posteriormente una etapa de detenida observación del asteroide que fue culminada con una lenta aproximación final y descenso sobre su superficie. La misión estuvo plagada de problemas en su fase final, pero se cree que consiguió su objetivo de capturar pequeñas muestras de suelo del asteroide, hallándose en la actualidad en ruta de retorno hacia la Tierra, donde tenía planeado llegar en junio de 2007. No obstante, problemas de control de actitud y propulsión en la pequeña nave han aconsejado seguir una estrategia de aproximación diferente, que la devolverá a las cercanías de nuestro planeta en junio de 2010. Entonces, si todo funciona correctamente, una pequeña cápsula de reentrada nos entregará las primeras muestras de material extraído de un cuerpo celeste distinto de la Tierra y la Luna.

La misión de la sonda Hayabusa parece representar la madurez de un programa espacial, el japonés, que hasta hace unos años era visto como uno de los más dinámicos y avanzados del mundo. Sin embargo, en los últimos tiempos una serie de fallos consecutivos, unidos a la crisis económica atravesada por Japón, le han hecho perder protagonismo a favor de su vecino y eterno rival, China.

Sonda japonesa Hayabusa representada en su aproximación al asteroide Itokawa (*Imagen: JAXA*)

Naciendo de las cenizas

El nacimiento del programa espacial japonés podemos considerar que se remonta a 1955, con los primeros lanzamientos de un pequeño cohete desarrollado en la Universidad de Tokio por el profesor Itokawa. Aunque parece que durante la Segunda Guerra Mundial se lograron significativos avances en el área de la cohetería, el temor de ser acusados de crímenes de guerra llevó a los técnicos y científicos involucrados en estos programas a destruir toda la documentación e instrumentación relacionada con sus investigaciones. Así, en un país devastado por la guerra, la investigación en materia de cohetes debería empezar de nuevo desde cero.

También Itokawa tuvo que comenzar una nueva vida con el inicio de la posguerra. Ingeniero aeronáutico dedicado al diseño de aviones, Itokawa tuvo que reorientar su carrera toda vez que el tratado de Postdam prohibía a Japón la investigación, desarrollo y fabricación aeronáutica, entre otras áreas. Así, Itokawa desviaría sus esfuerzos hacia temas tan diversos como la tecnología médica o la acústica, incluyendo investigación... ¡sobre violines!

Pero en 1953, durante una visita a los Estados Unidos, Itokawa quedaría fascinado por lo que leyó sobre últimos avances en materia de cohetes y su potencial uso para la exploración del espacio. A su vuelta a Japón, sus actividades en la Universidad de Tokio se encaminarían hacia este objetivo: la investigación en cohetes y la exploración espacial.

Al igual que sucedería en los EE.UU. y en la URSS, la declaración de Año Geofísico Internacional (IGY) para el periodo 1957-1958 sería el detonante para el comienzo de actividades espaciales serias en Japón. El estudio de la alta atmósfera por medio de los nuevos cohetes sería uno de los temas principales del año geofísico. Así, mientras norteamericanos y rusos declaraban que pondrían en órbita un satélite científico durante ese periodo (lo que culminaría con el lanzamiento del Sputnik), Japón se decidía a desarrollar internamente un cohete sonda capaz de alcanzar la altura mínima requerida de entre 60 y 100 km. En la reunión preparatoria de Roma de 1954, la delegación de Estados Unidos ofreció su ayuda a Japón a través de la posibilidad de utilizar cohetes sonda norteamericanos que les permitieran participar en las actividades propuestas, pero la delegación japonesa eludió dar una respuesta concluyente: sus miras estaban puestas en los trabajos de Itokawa.

La arriesgada apuesta tendría éxito y, a pesar de múltiples problemas en su desarrollo, en junio de 1958 Japón conseguía participar en el IGY con el lanzamiento de 20 kg de instrumentos hasta 60 km de altura para el estudio de vientos, temperaturas y rayos cósmicos. El primer paso hacia la conquista japonesa del espacio ya estaba dado.

Unos pescadores con fuerza

El desarrollo de cohetes de sondeo de cada vez mayores prestaciones seguiría avanzando sin pausa en los años siguientes. En 1962 se comenzaba la construcción del Centro Espacial de Kagoshima, y en 1964 se fundaba el ISAS, Instituto para las Ciencias Aeronáuticas y Espaciales.

Entretanto, las prestaciones de los cohetes sonda japoneses, de varias etapas e impulsados por propulsante sólido, comenzaban a permitir pensar en un siguiente paso: la puesta en órbita del primer satélite japonés.

Pero con el desarrollo del programa espacial aparecería un inesperado problema que condicionaría seriamente las actividades del país oriental en esta área hasta nuestros días: las protestas de los pescadores. Con el aumento de los lanzamientos hacia 1963, el influyente colectivo pesquero japonés inició una serie de protestas alegando la influencia que las actividades espaciales tenían en sus capturas. El problema llegó a ser tan serio que los lanzamientos se paralizaron completamente durante los años 1967 y 1968, alcanzándose posteriormente un acuerdo enormemente restrictivo para el potenciamiento del programa espacial nipón: desde entonces, los lanzamientos espaciales y de cohetes sonda desde Japón están restringidos a 90 días anuales repartidos entre los meses de enero, febrero, agosto y septiembre. Combinados con las ventanas de lanzamiento de algunas determinadas misiones, este acuerdo supone un severo estrangulamiento de la capacidad espacial japonesa, que le impide, entre otros, una seria actividad comercial.

El programa de lanzadores

En 1969, el programa espacial japonés recibiría un fuerte impulso. Ese año se fundaba la NASDA, Agencia Nacional para el Desarrollo Espacial, con el objetivo principal de potenciar las capacidades en materia de satélites de servicios y vehículos lanzadores en el país oriental. Su funcionamiento sería paralelo al del ISAS, que mantendría su actividad, como hasta ahora, en un ámbito universitario, centrado en cohetes de sondeo y lanzadores derivados para el envío de satélites y sondas de carácter puramente científico. Coincidiendo con el nacimiento de la NASDA se firmaría también un acuerdo con los Estados Unidos para la transferencia de tecnología de lanzadores, aunque con una importante restricción: Japón no podría utilizar esta transferencia de tecnología para llevar a cabo ninguna actividad de índole internacional. Es decir, todos los desarrollos derivados de este acuerdo serían para uso exclusivamente interno, impidiendo la comercialización de los lanzadores resultantes.

Daría comienzo así en 1970 el desarrollo del N-1, básicamente un lanzador norteamericano Delta fabricado bajo licencia. Ese mismo año, tras varios intentos fallidos, el ISAS ponía en órbita el primer satélite nipón de 24 kg Ohsumi, por medio de un lanzador L-4S de propulsante sólido y fabricación nacional. En 1975, el primer vuelo del pequeño N-1 se llevaba a cabo con éxito, y un año más tarde se iniciaba el desarrollo del más potente N-2, aún basado en tecnología norteamericana. Durante esos años, la recién nacida NASDA también daría comienzo a un programa nacional de satélites de servicios (de comunicaciones, meteorológicos, etc), pero también en este caso con un fuerte componente norteamericano en su fabricación.

Con el comienzo de la década de los 80, las autoridades niponas se propondrían comenzar a desarrollar una tecnología propia que les permitiera abandonar la dependencia de los Estados Unidos. Ante la escasa capacidad real del lanzador N-2 (sólo 715 kg en órbita de transferencia a geoestacionaria, o GTO) se decidiría dar comienzo al desarrollo del nuevo H-I, más potente y, lo que es más importante, incorporando tecnología japonesa. Compuesto por tres etapas, la primera seguía siendo de fabricación norteamericana, pero se le añadía una segunda etapa criogénica y una tercera de propulsante sólido, ambas ya de desarrollo propio. La capacidad aumentaba hasta 1100 kg puestos en GTO, pero aún limitados a satélites nacionales: al mantener la primera etapa norteamericana, el lanzador seguía sometido a las restricciones del acuerdo comercial de 1969, que le impedían competir en el mercado comercial.

El primer vuelo del H-I tendría lugar con éxito en 1986, abriendo el camino hacia la siguiente y lógica etapa: el desarrollo de un lanzador aún más potente y de desarrollo completamente autóctono, que permitiera finalmente a Japón acceder a la apetitosa tarta del mercado comercial mundial. Ese mismo año comenzaba el proyecto H-II.

El H-II es un lanzador medio-pesado de dos etapas criogénicas suplementadas con dos aceleradores laterales de propulsante sólido, capaz de poner hasta 4000 kg de carga en GTO. Pero lo más destacable de este nuevo lanzador son sus motores: mientras que la segunda etapa utiliza el motor LE-5 ya desarrollado para el H-I, el motor LE-7 de la primera etapa es uno de los más avanzados del mundo, empleando la tecnología de combustión escalonada para aumentar sus prestaciones, e incorporando el control de empuje. La misma tecnología utilizada por los motores norteamericanos SSME (del Space Shuttle) y rusos RD-0120 (del supercohete Energiya).

El fuerte desafío tecnológico supuesto por el H-II demoraría su primer lanzamiento hasta 1994. Le seguirían otros cuatro hasta 1997, todos sin problemas, para terminar con dos fracasos consecutivos en 1998 y 1999, por fallos una vez de la primera, y otra de la segunda etapa.

Lanzador japonés H-II (*Foto: JAXA*)

Estos dos accidentes supusieron el inicio del declive, o al menos la deceleración, del programa espacial japonés. Ya en sus primeras misiones, el H-II había demostrado ser un lanzador no competitivo, con un elevado coste operativo que lo dejaba claramente fuera del mercado en el que aspiraba introducirse. Por ello se había decidido, en 1995, comenzar el desarrollo del nuevo H-IIA, orientado hacia un drástico recorte de los costes tanto de fabricación como de operación, dejándolos en algo menos de la mitad que los del H-I en un principio, con posibilidades de mayores reducciones en el futuro. Las perspectivas eran tan halagüeñas que, por primera vez, Japón consiguió 20 contratos de lanzamiento en 1996 para el nuevo lanzador, por parte de las empresas norteamericanas Hughes y Loral (10 cada una). Pero los dos accidentes sucesivos del H-II en 1998 y 1999 harían caer repentinamente la confianza en la fiabilidad de la tecnología espacial japonesa, y ambas compañías cancelarían sus pedidos en el año 2000.

Fue un duro golpe para el programa espacial nipón, afectado también por la recesión económica del país y por una serie de fallos más o menos sucesivos en satélites, sondas y lanzadores M-V del ISAS. Aun así, el H-IIA seguiría adelante, con un primer vuelo exitoso en 2001 seguido por otros tres, hasta repetirse un nuevo fallo con el quinto lanzamiento, en noviembre de 2003. A este fallo le seguiría una extensa investigación que paralizaría todos los vuelos hasta febrero de 2005, con la vuelta al servicio con éxito de este potente lanzador.

La participación en la ISS y el programa espacial tripulado

El ambicioso programa espacial japonés no deja de lado la parte tripulada. Así, por ejemplo, Japón fue uno de los primeros países en adherirse al proyecto de la Estación Espacial Internacional, con una contribución de casi un 13%. Su principal aportación es el módulo científico KIBO (Esperanza), uno de los que están en espera de lanzamiento con la vuelta al servicio del transbordador espacial norteamericano, junto con el europeo Columbus. El Kibo estará dedicado principalmente a la realización de experimentos en microgravedad, la observación de la Tierra, y la exploración astronómica en la banda de rayos X. Se complementa con una plataforma exterior asistida por un brazo robótico, en la que experimentar en condiciones de exposición directa al vacío del espacio.

El módulo laboratorio japonés Kibo es uno de los mayores de los de la Estación Espacial Internacional. (*Foto: NASA*)

El brazo robótico de la ISS (derecha) se dispone a atrapar al vehículo logístico japonés HTV para acoplarlo a la estación. (*Foto: NASA*)

También se está desarrollando un vehículo automático de suministro a la estación espacial, el HTV, similar a las naves Progress rusas o al ATV europeo. Japón también contribuye al proyecto con una centrifugadora para experimentar con diferentes grados de gravedad. Se trataría de un desarrollo nipón cedido a la NASA a cambio de sus servicios de puesta en órbita del módulo Kibo. No obstante, esta contribución está hoy en entredicho tras los recortes impuestos al programa ISS.

El programa tripulado japonés se ve reflejado también en sus astronautas. Ocho han sido formados hasta el momento, de los cuales cinco han volado al espacio desde 1992 (algunos dos veces), a través de acuerdos con la NASA en diferentes misiones del transbordador espacial. Para ellos y sus sucesores se había iniciado el proyecto Hope, que debía proporcionar a Japón su vehículo de transporte espacial. Concebido como un pequeño transbordador reutilizable similar al cancelado Hermes europeo o al posible futuro Kliper ruso, el proyecto Hope fue cancelado en agosto de 2000 por razones presupuestarias, coincidiendo con uno de los momentos más bajos del programa espacial nipón.

Pero precisamente el anuncio del nuevo Kliper podría hacer renacer las esperanzas japonesas de poseer un vehículo propio. Tras la cancelación del Hope, se plantea ahora una posible colaboración con los rusos en su proyecto, de cara a conseguir el objetivo buscado con las ventajas económicas de la cooperación internacional.

Explorando el Sistema Solar

Mientras la NASDA avanzaba en los segmentos de lanzadores, desarrollo de satélites de servicios, y programa espacial tripulado, el ISAS se mantenía como instituto de investigación espacial trabajando en paralelo y con escasa coordinación con el resto del programa. Es de destacar que incluso desarrolló su propia flota independiente de lanzadores, derivados de los cohetes de sondeo iniciales del equipo de Itokawa.

El cohete más destacable del ISAS es hoy día el M-V, un vehículo lanzador de tres etapas de propulsante sólido con capacidad de hasta 1800 kg puestos en órbita baja (LEO). El M-V se ha convertido en el caballo de batalla del programa de sondas espaciales del país oriental.

Además de sus actividades de estudio de la alta atmósfera con cohetes sonda, y el lanzamiento de diferentes satélites científicos, es quizás la actividad de exploración interplanetaria a través de sondas espaciales la parte más llamativa de los proyectos del ISAS. Pero también en los últimos años algunos estrepitosos fracasos han empañado lo que parecía un fructífero programa de exploración espacial.

Los primeros pasos se dieron en 1985 con el lanzamiento de las sondas Suisei y Sakigake al encuentro del cometa Halley. Ambas misiones fueron un éxito, animando a los técnicos japoneses a intentar una misión más ambiciosa: la de la sonda Nozomi, lanzada en 1998 hacia Marte para el estudio de su atmósfera. Lamentablemente, el fin del milenio no parecía favorecer las aspiraciones espaciales niponas, y la sonda se vería afectada por sucesivos fallos que obligaron a dar por perdida la misión en diciembre de 2003, sin haber alcanzado su objetivo.

A pesar de todo, los esfuerzos japoneses en materia interplanetaria no se abandonaron. Además del lanzamiento en 2003 de la sonda Hayabusa de la que hablábamos al principio, varias misiones lunares están previstas para los próximos años, incluyendo tanto orbitadores como elementos de superficie (penetradores, principalmente), y con vehículos de mucho mayor tamaño que en misiones anteriores; en concreto, la sonda de la misión Selene-1, con lanzamiento previsto para 2008, pesará unos nada despreciables 2900 kg. También en 2008 se espera lanzar la Planet-C con destino a Venus. Según parece, la actividad interplanetaria constituye una importante prioridad del programa espacial nipón.

Reorganización

La estructura del programa espacial japonés ha estado históricamente muy fragmentada y descoordinada, con tres organismos principales (ISAS, NASDA y NAL, Laboratorio Nacional Aeroespacial) actuando de forma independiente y sujetos a diferentes ministerios, más una serie de organismos adicionales que añadían complejidad e ineficiencia al sistema. En un intento de encarrilar esta desorganización, en 2000 se unificaron los tres organismos principales bajo un mismo ministerio, y en octubre de 2003 se fue más allá fusionándolos en un solo organismo, la Agencia Japonesa de Exploración Espacial (JAXA). A día de hoy, no obstante, la fusión no ha sido aún totalmente operativa, y de hecho las actividades siguen divididas en los grupos iniciales, que han visto poco modificados sus procedimientos de trabajo habituales.

Presupuestos y perspectivas de futuro

En abril de 2005, el programa espacial japonés recibió un importante soplo de aire fresco. Tras años de sobrevivir con escasos presupuestos (del orden de la décima parte del presupuesto de la NASA, o la tercera del de la ESA), se aprobaba un incremento de nada menos que un 53% para los próximos años. Al mismo tiempo, se anunciaba una importante campaña de exploración lunar no tripulada en paralelo al desarrollo de un vehículo tripulado (la colaboración en torno al Kliper podría estar relacionada con estas declaraciones), con posibilidades de llevar a cabo misiones tripuladas a la Luna en los próximos 20 años, a las que seguiría el establecimiento de una base lunar. No obstante, estos ambiciosos objetivos deberán ser revisados durante los próximos 10 años para darles o no la aprobación final.

En la parte negativa de la noticia, se reconoce que varios proyectos hasta ahora previstos tendrán que ser recortados en favor de la nueva política, aunque no se ha revelado cuáles. Sin duda, se trata de una nueva reacción a los ambiciosos planes chinos que ya han hecho despertar a la NASA y que parecen estar desencadenando una reacción en cadena a nivel mundial. Veremos qué es lo que finalmente nos depara el futuro.

Chandrayaan-1
Tecnología india en la Luna

Mayo 2006

Si se cumplen los plazos previstos, a finales de 2007 o comienzos de 2008 la India se convertirá en el quinto país del mundo en lanzar una sonda de exploración interplanetaria: la Chandrayaan-1, con objetivo la Luna.

De 523 kg de peso, la Chandrayaan (que significa "Viaje a la Luna" en hindi) será lanzada por un cohete PSLV a una órbita lunar polar de 100 km de altura, en la que pasará dos años. Durante ese tiempo, realizará un extenso barrido de exploración de la superficie selenita en los espectros visible, infrarrojo y de rayos X, en alta resolución. Buena parte de la instrumentación científica será suministrada por la ESA, siendo prácticamente idéntica a la que hace algunos años equipó a la sonda lunar europea SMART-1. El vehículo irá equipado también con un radar de apertura sintética suministrado por la NASA, convirtiendo así el proyecto científico final en uno de carácter internacional entre la India, Europa y los Estados Unidos. No obstante, tanto la sonda como el lanzador y el diseño de la misión son de desarrollo exclusivamente indio.

Y es que en realidad el carácter científico de esta misión es en cierto modo secundario. El principal propósito es, por una parte, potenciar la capacidad científica y tecnológica india con el desarrollo de su primer vehículo interplanetario; y por otra parte, se trata de una cuestión de prestigio: con la Chandrayaan-1, India demostrará al mundo que está a la vanguardia de la tecnología espacial.

Esta voluntad política del proyecto, reconocida incluso por el primer ministro en su anuncio oficial de la misión en 2003, supone un cambio de rumbo en la política espacial del país asiático que puede representar un salto cualitativo en sus aspiraciones en materia espacial. En efecto, la

Chandrayaan-1 no sólo supone la entrada de India en el campo de la ciencia interplanetaria, sino que podría suponer una publicidad de tipo tecnológico dirigida a los países vecinos, de cara a conseguir mercado en el campo del diseño y lanzamiento de satélites.

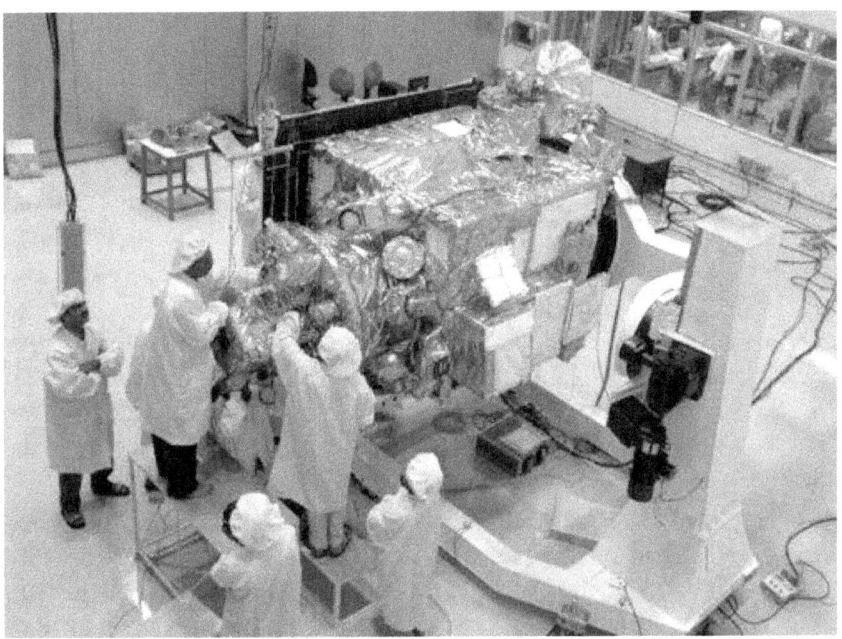

Técnicos indios ultiman los ensayos en tierra sobre la sonda lunar Chandrayaan-1. (*Foto: ISRO*)

Sensibilidad social en el espacio

Hasta el momento, el programa espacial indio tenía un enfoque puramente nacional y de servicio público, estando planteado como una vía más de solución a algunos de los múltiples problemas de su sociedad.

En efecto, la andadura de la India en el terreno espacial podemos decir que comenzó casi con su independencia de Inglaterra, en 1947. Bajo la dirección del primer ministro Jawahar Nehru, gran parte de los esfuerzos de la nación se enfocaron hacia el desarrollo económico e industrial, con la ciencia y la tecnología consideradas como aspectos clave de este desarrollo. En este contexto, la actividad espacial era vista como una faceta más de ese tren tecnológico que la India no podía permitirse el lujo de perder.

Como es de suponer, no tardaron en aparecer las críticas que apuntaban a lo absurdo de gastar dinero en cohetes cuando gran parte de la población vivía en la más absoluta miseria. Pero el planteamiento del gobierno era claro: la India debía estar a la cabeza del desarrollo tecnológico si quería resolver de forma eficiente los problemas de su población. El espacio era un camino más hacia la resolución de esos problemas. Y ciertamente, el paso del tiempo les ha dado la razón.

Con estas premisas, el programa espacial indio se enfocó hacia la creación de satélites de comunicaciones, meteorológicos y de observación terrestre que permitiesen aliviar en parte los problemas de su sociedad. Hoy, esos objetivos parecen plenamente conseguidos:

En el campo de las comunicaciones, India cuenta con ocho satélites que la ponen a la cabeza de toda la región Asia-Pacífico en términos de comunicaciones civiles. Con ellos se proporciona cobertura televisiva al 90% de la población del subcontinente, empleándose además en experiencias de telemedicina y de educación a distancia en remotas áreas rurales.

En el campo de la observación terrestre, los seis satélites indios la ponen a la cabeza mundial en este terreno. De nuevo, su objetivo es principalmente social: con su ayuda se vigilan las cosechas y se previenen problemas que podrían causar hambrunas; se detectan las mejores zonas para excavación de pozos, lo que ha supuesto pasar de una eficiencia del 45% al 90% en el suministro de agua a zonas rurales; se siguen los bancos de pesca, informando a la flota de su ubicación para mejorar las capturas, lo que ha permitido duplicarlas en la última década; y se alerta de la proximidad de catástrofes naturales como los ciclones, habiéndose reducido el número de víctimas producidas por estos fenómenos a un 10% de lo habitual hace unos años. Y últimamente se ha descubierto incluso un beneficio económico, al venderse fotografías tomadas por estos satélites a países vecinos e, incluso, a los Estados Unidos.

El largo camino hacia la independencia espacial

India no se limita a diseñar y fabricar sus propios satélites: también ha desarrollado los lanzadores necesarios para ponerlos en el espacio sin ninguna dependencia exterior, situándola entre el selecto grupo de seis países con capacidad de puesta en órbita de satélites geoestacionarios. Aunque no ha sido un camino fácil.

Los primeros pasos se dieron en 1962 con la creación del Comité Indio para la Exploración del Espacio (INCOSPAR), dedicado inicialmente a la investigación atmosférica y meteorológica mediante cohetes de sondeo. Para iniciar sus actividades, un equipo de técnicos indios recibió formación durante seis meses en los Estados Unidos sobre este tipo de cohetes, culminando a su vuelta con el lanzamiento del primer Nike-Apache (de fabricación norteamericana) en noviembre de 1963. El programa de cohetes de sondeo crecería luego rápidamente a través de la cooperación con varios países, incluyéndose la fabricación bajo licencia de ingenios franceses. Pero en las aspiraciones indias estaba el desarrollo de cohetes de sondeo propios que les proporcionaran las bases para construir finalmente un lanzador de satélites nacional.

En 1967 se lanzaba el primer cohete de sondeo de diseño indio, el Rohini; y dos años más tarde se aprobaba el comienzo del desarrollo de un vehículo lanzador de satélites. Ese mismo año, 1969, INCOSPAR se convertía en ISRO, Organización India para la Investigación Espacial, y se iniciaba la construcción de una base de lanzamiento de satélites.

Pero tras unos comienzos tan prometedores, apenas cinco años más tarde, en 1974, el panorama se ponía muy negro para las aspiraciones espaciales del país asiático. Ese año, India detonaba su primera bomba atómica, lo que desencadenaría una avalancha de condenas y sanciones por parte de los Estados Unidos y los países europeos, imponiéndose severas restricciones en cuanto a transferencia de tecnología para impedir el desarrollo de misiles nucleares. El avance en el lanzador de satélites propio se vería así gravemente amenazado, al impedirse el acceso a tecnología exterior, y obligando a la India a desarrollar de forma autóctona la tecnología necesaria. Aunque en la práctica, estas restricciones no serían finalmente tan drásticas ni tan duraderas, principalmente por parte de Europa.

El gobierno indio no se amilanó, y mantuvo su apuesta por el desarrollo de un lanzador propio que le proporcionara capacidad para lanzar sus satélites sin tener que comprar estos servicios al exterior. El embargo, que en un principio suponía un serio obstáculo para sus aspiraciones, permitió a la larga que la India desarrollara toda una completa infraestructura industrial y tecnológica alrededor de su programa espacial. Así, en 1979 se lanzaba el primer SLV-3 (siglas de Vehículo Lanzador de Satélites), un lanzador de propulsante sólido de 4 etapas con capacidad para poner en órbita baja satélites de hasta 42 kg. Aunque hay que reconocer que no todo fue un desarrollo propio: en el fondo, el SLV-3 era una copia prácticamente idéntica del Scout norteamericano, a cuya documentación habían tenido acceso los técnicos que se formaron en Estados Unidos en los inicios del programa espacial indio.

El primer lanzamiento del SLV-3 fue un fracaso, al estrellarse el cohete cinco minutos después de su lanzamiento; pero al año siguiente se conseguía la primera victoria con la puesta en órbita del satélite de fabricación propia Rohini 1-B, al que le seguirían los Rohini 2 y 3 en el periodo que va hasta 1983. Con el paso del tiempo, algunas de las restricciones de transferencia tecnológica se habían ido relajando, iniciándose una cooperación con la Agencia Espacial Alemana principalmente en el área del guiado.

Entretanto, el SLV-3 era potenciado con dos aceleradores sólidos adicionales añadidos alrededor de la primera etapa, para dar lugar al ASLV (con "A" de "Aumentado"), incrementando su capacidad hasta los 150 kg en órbita baja. Los dos primeros vuelos, en 1987 y 1988, terminaron en fracaso, pero en 1992 se conseguía ya un éxito parcial (aunque sin alcanzar la órbita prevista), culminando con un éxito completo en 1994.

Pero tanto el SLV-3 como el ASLV no eran sino pasos intermedios en el camino para conseguir un lanzador de satélites con una capacidad de carga realmente operativa. Mientras los grandes satélites indios seguían siendo enviados al espacio a bordo de lanzadores extranjeros (rusos, principalmente), la India daba el siguiente paso con el PSLV, Vehículo Lanzador de Satélites Polares. Como su nombre indica, estaba destinado a ser el caballo de batalla de la flota de satélites de observación terrestre indios en órbita polar heliosíncrona.

El primer lanzamiento del PSLV en 1993 falló por un problema menor de software, pero desde entonces ha funcionado satisfactoriamente, poniendo en órbita 7 satélites indios más 5 de otros países, y permitiendo entrar al subcontinente asiático en el mercado comercial. Con el PSLV, India se introducía por primera vez en los motores cohete de propulsante líquido, más eficientes pero también mucho más complejos que los sólidos. Para ello había contado con la inestimable ayuda francesa, que transfirió a los técnicos indios la tecnología necesaria para el desarrollo del motor Vikas, derivado del Viking-4 que equipaba a los primeros lanzadores Ariane.

El PSLV cuenta con cuatro etapas que combinan propulsante sólido y líquido, más seis pequeños aceleradores sólidos alrededor de la primera etapa (también sólida), que pueden ser sustituidos por dos de mayor tamaño. Las etapas 2 y 4 son de propulsante líquido hipergólico, la 2 equipada con el motor Vikas y la 4 con otro motor de desarrollo totalmente propio. La capacidad del lanzador es de hasta 1600 kg puestos en órbita polar heliosíncrona a 904 km de altura, aunque reducida a unos 1000 kg en la práctica por limitaciones en los acimuts permitidos desde la base de lanzamiento habitual, lo que impide utilizar la dirección óptima de despegue.

Lanzador GSLV, el mayor en la actualidad de la flota de lanzadores indios. (*Foto: ISRO*)

El siguiente paso tras conseguir su primer lanzador realmente operativo estaba bastante claro: alcanzar la capacidad de puesta en órbita geoestacionaria. Para ello había que desarrollar un nuevo lanzador, el GSLV (Vehículo Lanzador de Satélites Geoestacionarios), que debía elevar la capacidad orbital india desde los 1000 kg en órbita polar hasta las 2,5 toneladas puestas en órbita GEO.

El GSLV parte de un PSLV al que se le sustituyen las dos etapas superiores por una etapa única de propulsante criogénico, de mayor impulso específico, y al que se sustituyen también los aceleradores de propulsante sólido por otros de propulsante líquido. Pero desarrollar la etapa criogénica no ha sido tarea fácil.

Luchando contra los elementos

Comprendiendo que un desarrollo propio sería un proceso largo y complejo, la India decidió comprar la tecnología al exterior. Así se iniciaron contactos con Japón, aunque no darían ningún fruto. Viendo la oportunidad de negocio, tanto General Dynamics (EE.UU.) como Arianespace (Europa) ofrecieron sus productos, pero el coste resultaba desproporcionado para la débil economía india. Una tercera aproximación por parte de la entonces todavía URSS ofrecería unos precios mucho más asequibles.

Así, la India llegó a un acuerdo comercial con Rusia en enero de 1991, para el suministro de dos motores criogénicos KVD-1, junto con la transferencia de la tecnología necesaria para desarrollarlos posteriormente de forma doméstica. Se trataba de unos magníficos motores desarrollados en su día para el programa lunar ruso y que hoy se usan en la última etapa del Proton-M. Sin embargo, fuertes presiones de los Estados Unidos alegando que violaba los tratados de transferencia de tecnología de misiles, obligaron a los rusos a romper el acuerdo en agosto de 1993. Rusia podría vender los motores a la India, pero nunca la tecnología; a cambio, los rusos recibirían contratos para lanzar ocho satélites norteamericanos hasta el año 2000. La cooperación ruso-norteamericana en torno a la Mir y la ISS también pesaron como elementos de cambio en esta negociación, firmándose ambos acuerdos un mes después de la ruptura del compromiso con la India.

La argumentación de los Estados Unidos era un simple pretexto que no engañaba a nadie más allá de la opinión pública: no sólo habían sido los propios americanos los primeros en ofrecer la venta de este tipo de motores, sino que es de todos sabido que los misiles bélicos se impulsan con propulsante sólido o hipergólico, pero nunca criogénico, por razones puramente operativas. Los motores criogénicos sólo tienen sentido en el terreno espacial. Pero el desarrollo de un lanzador potente y de bajo coste situaría a la India en una peligrosa posición en el mercado mundial; obligarle a comprar los motores en el exterior mantendría los costes a un nivel que evitase la aparición de un lanzador extremadamente competitivo.

Forzada por las circunstancias, la India desarrolló el GSLV con los motores rusos, pero puso en marcha al mismo tiempo un proyecto encaminado a conseguir el primer motor criogénico indio. En 1998 las sanciones y restricciones sobre transferencia de tecnología se endurecieron de nuevo tras unas pruebas atómicas, pero para entonces la India ya apenas necesitaba la asistencia técnica exterior. Aunque plagado de problemas, el desarrollo del motor criogénico sigue su curso y parece que llegará a buen término en un plazo breve. De todas formas, según fuentes norteamericanas este motor indio no sería realmente de desarrollo doméstico, sino que estaría basado en tecnología rusa transferida de forma secreta a pesar de los acuerdos forzados en 1993.

El 18 de abril de 2001, el primer vuelo de pruebas del nuevo GSLV se completaba con éxito, repitiéndose con igual resultado en 2003. El 20 de septiembre de 2004 era utilizado para lanzar el satélite de 2 toneladas EDUSAT, el primero del mundo dedicado a proyectos educativos. La acción social sigue siendo el motor del programa espacial indio, aunque ahora la tecnología que la hace posible es totalmente propia.

Perspectivas de futuro

El desarrollo del motor criogénico indio ha seguido su camino, y de acuerdo a declaraciones del director del ISRO, ha superado ya todos los ensayos en tierra. Se prevé que el primer GSLV Mark II, equipado con el nuevo motor, pueda volar a finales de 2006. Según algunos técnicos involucrados, este motor indio sería similar al motor ruso que equipa el GSLV básico, pero más ligero y algo más potente; algo verdaderamente notable, si se confirma, teniendo en cuenta la gran calidad del motor ruso. Por otra parte, parece ser que dificultades en la consecución de aleaciones avanzadas debido a las sanciones internacionales, podrían disminuir las prestaciones finales de este motor en tanto no se solucionen los problemas de suministro.

También está en marcha el GSLV Mark III, que será un lanzador totalmente nuevo y mucho más potente, con una capacidad de hasta 4 toneladas en órbita geoestacionaria. Las autoridades indias prevén que el nuevo cohete reduzca los costes de lanzamiento a aproximadamente la mitad de lo que en la actualidad cargan los Estados Unidos, Europa o Rusia, lo que podría situar a la India en un lugar de privilegio en el mercado comercial. Se prevé que los ensayos en tierra den comienzo en 2006, y que el primer vuelo tenga lugar hacia 2008. Y ya hay prevista una versión Mark IV, aún más potente.

Existen también rumores de un lanzador reutilizable, que podría llevar a cabo los primeros vuelos de prueba entre 2007 y 2008. Pero al mismo tiempo se ha negado que se persiga iniciar un programa espacial tripulado, algo en lo que por el momento, según declaraciones oficiales, la India no tiene interés. No parece que estos rumores sean fiables, al menos en el corto plazo.

Pero aunque el programa de lanzadores continúa imparable, el programa de satélites sigue siendo prioritario en la política espacial del país. De los 450 millones de dólares de presupuesto anual para el espacio, más de la mitad van dirigidos al desarrollo de nuevos satélites. Vehículos que no sólo siguen sirviendo a fines sociales, sino que empiezan a ser fuente de ingresos a través de la venta de sus servicios a terceros países, o incluso la venta de satélites completos.

Un centro de lanzamiento envidiable, pero con problemas

La India no sólo puede ofrecer al mercado comercial unos potentes lanzadores a un bajo coste, sino que puede complementarlos también con un centro de lanzamiento, el SHAR, situado en una ubicación privilegiada. Localizado en la isla de Sriharikota, en la costa este del país y a tan sólo 13,5° al norte del ecuador, tiene hoy día la segunda mejor situación geográfica del mundo para el lanzamiento de satélites geoestacionarios, tras el centro espacial europeo de Kourou.

Por el contrario, esta misma ubicación, unida a restricciones en los acimuts de lanzamiento por razones de seguridad, lo hacen ineficiente para el lanzamiento de cargas a órbita polar, una de las principales necesidades indias para sus satélites de observación terrestre. Algo que, como hemos visto, no ha frenado los avances de este país asiático en esta materia, considerada prioritaria para la nación.

Un salto adelante

Ante este escenario, la misión de la Chandrayaan-1 parece tener un doble significado. Por un lado, representa la introducción de la India en el campo científico de la exploración espacial, abriendo paso a posteriores misiones de exploración planetaria de mayor carácter científico. Pero muy probablemente sea también una demostración tecnológica de cara a hacerse un hueco dentro del mercado comercial de lanzamientos y fabricación de satélites, donde el demostrado nivel de sus productos unido a su competitividad económica podría situar a la India como un importante competidor a nivel mundial.

En este contexto, la misión de la Chandrayaan sería más bien un ejercicio publicitario de la capacidad india, orientado a captar clientes potenciales en los países de su entorno e incluso a nivel mundial, a los que el subcontinente asiático podría ofrecer tanto el diseño de satélites de diferentes tipos, como el lanzamiento de los mismos con notable fiabilidad y bajo coste. Un mercado en el que también aspira a introducirse seriamente su vecino, China, con similares capacidades, lo que podría convertir a estos países en serios rivales en el campo espacial, y en una importante amenaza para los intereses europeos y norteamericanos en esta área.

China: Apostando por el futuro frente al ITAR

Noviembre 2007

Desde hace un par de décadas, China avanza paso a paso, pero imparable, por el camino de convertirse en uno de los grandes competidores mundiales en la arena espacial, a nivel comercial.

Hace ya 37 años que China se convirtió en el quinto país del mundo capaza de lanzar sus propios satélites, por detrás de EE.UU., Rusia, y Europa, y apenas un par de meses después de que Japón hiciera lo propio. Esta capacidad fue aumentando con nuevos y más potentes lanzadores, hasta dar un salto cualitativo en 2003 poniendo sus propios astronautas en el espacio (privilegio sólo compartido con EE.UU. y Rusia, a día de hoy). Sin embargo, hasta ahora, su capacidad a nivel comercial ha estado limitada por dos factores: principalmente, por las severas restricciones impuestas por los Estados Unidos, acogiéndose a las regulaciones ITAR sobre exportación, y, secundariamente, por el progresivo incremento de la masa de los satélites comerciales, que ha hecho perder algo de competitividad a sus lanzadores de tipo medio frente a otros pesados como el Ariane 5, capaces de poner en órbita dos satélites geoestacionarios de comunicaciones al mismo tiempo, con la consiguiente reducción de costes.

Pero esto último está a punto de cambiar tras el anuncio oficial del lanzamiento del Larga Marcha 5, que elevará hasta las 25 toneladas su capacidad de puesta en órbita LEO (frente a las 9 actuales), o hasta 14 toneladas en GTO, frente a las 5 del Larga Marcha 4. También se incrementa notablemente el diámetro de la cofia, desde los 3,4 hasta los 5 metros, posibilitando la puesta en órbita de cargas de mucho mayor volumen.

El lanzador CZ-3, o Larga Marcha 3, es el más utilizado de los lanzadores de satélites chinos. Sin embargo, su comercialización al exterior está severamente limitada por las regulaciones ITAR norteamericanas. (*Foto: Xinhua*)

Nuevo lanzador y nuevas infraestructuras

Evidentemente, las capacidades de este lanzador no serán únicamente comerciales, teniendo también un gran potencial dentro del programa espacial tripulado chino. Se destaca, por ejemplo, su capacidad para la puesta en órbita de posibles módulos de una estación espacial, además de allanar el camino hacia una hipotética futura misión tripulada lunar. Algo que aún queda lejos en todos los sentidos, y para lo que el Larga Marcha 5 aún resultaría escaso en capacidad si se quisiera hacer con un solo lanzamiento, pero posibilitando la misión mediante un lanzamiento doble: con un posterior acoplamiento en órbita terrestre entre los módulos lanzados independientemente, se tendría capacidad para una misión orbital lunar. Una misión tripulada de alunizaje, por su parte, requeriría de al menos tres lanzamientos de este nuevo cohete, haciendo excesivamente complicada toda la logística de la misión, y convirtiéndola, en la práctica, en algo poco probable con estos medios.

Para llevar a cabo el desarrollo de este nuevo lanzador, una nueva factoría va a levantarse en Tianjin, cerca de la capital, Pekín. El pasado 30 de octubre se colocó la primera piedra de este complejo, de donde se espera que salga terminado el primer cohete en 2013. Un año antes, en 2012, debería haberse terminado la nueva base de lanzamiento que se está preparando en Wenchang, en la idílica isla tropical de Hainan, el territorio más meridional de China, y un codiciado destino vacacional. Su proximidad al ecuador, a sólo 19º de latitud norte, lo convierte en una ubicación excepcional para un gran número de misiones, especialmente las de satélites geoestacionarios, de espacio profundo, o tripuladas. De hecho, esta base de lanzamiento se convertirá en la tercera mejor ubicada a nivel mundial, tras la europea de Kourou y la india de Sriharikota, además de solventar los graves problemas de seguridad en su entorno que presenta la actual base de Xichang, que obligan a evacuar varias aldeas próximas a la base de forma previa a cada lanzamiento, después de que un accidente causase decenas de víctimas mortales entre la población en 1995.

Un duro competidor en la arena comercial...

Con el CZ-5 (iniciales en chino de Chang Zheng, o Larga Marcha), China equipara su capacidad de lanzamiento con la de las principales potencias espaciales: el nuevo lanzador tendrá una capacidad muy similar a la de las versiones más potentes del Atlas V o Delta IV-Heavy norteamericanos, el Proton ruso o el Ariane 5-ECA europeo. De hecho, su capacidad será ligeramente superior a la que estos lanzadores tienen en la actualidad, probablemente con el objetivo de no hallarse por debajo, dadas las posibles evoluciones de estos lanzadores, cuando el chino entre en servicio en 2013.

El nuevo lanzador pesado CZ-5 (maqueta de la derecha) abrirá las puertas del mercado chino de lanzamiento a los grandes satélites geoestacionarios, lo que, unido a los bajos precios de los lanzamientos chinos, podría convertirlo en un serio competidor de los principales lanzadores occidentales.

Por todo ello, aunque se destaquen las capacidades del nuevo lanzador en el campo de la exploración espacial, lo cierto es que probablemente el mayor atractivo que presenta para las autoridades chinas es, precisamente, su capacidad para convertirse en un peligroso competidor de los que ahora dominan claramente el mercado comercial a nivel mundial, con el Ariane a la cabeza. Un mercado en el que la competitividad de los precios chinos podría hacerle ganar muchos enteros frente a sus competidores, pero en el que al mismo tiempo China ve seriamente restringida su entrada debido a las barreras impuestas por los Estados Unidos.

...con la venia de los Estados Unidos

Desde los años 90, Estados Unidos ha impuesto un fuerte veto al lanzamiento de satélites occidentales en lanzadores chinos, respaldándose en los términos del ITAR, *International Traffic in Arms Regulations*. Este conjunto de medidas se establecieron por el gobierno norteamericano sobre sus exportaciones internacionales con el objetivo de regular y restringir la exportación de elementos susceptibles de ser utilizados militarmente. Cualquier artículo que se establezca que pueda caer dentro de los límites del ITAR, sólo podrá ser exportado a otro país con autorización expresa del Departamento de Defensa.

Aunque establecidas con el propósito de evitar el envío de tecnología militar a países no amigos, en la práctica las regulaciones ITAR se han extendido a un gran número de productos comerciales civiles, estableciendo así un velado veto comercial a ciertos países. Este fue el caso concreto de China, cuando se prohibió que cualquier satélite con tecnología americana pudiera ser lanzado por aquel país. Dado que es prácticamente imposible encontrar algún satélite occidental que no porte algún elemento norteamericano en su interior, la normativa limitaba en la práctica el acceso de China al mercado comercial de satélites. Utilizaciones similares de los términos del ITAR se han llevado a cabo en otras ocasiones, como cuando el gobierno de los Estados Unidos prohibió a España vender aviones de transporte de fabricación española a Venezuela, a comienzos de 2006, porque equipaban algún componente electrónico de fabricación norteamericana al que podía aplicársele el ITAR; una medida generalmente considerada como represalia por la salida de las tropas españolas de Irak.

Debido a estas medidas restrictivas, China se ha visto imposibilitada de lanzar satélites occidentales desde 1996. Su mercado comercial se ha visto limitado así a satélites completamente autóctonos, o bien satélites foráneos que no portasen elementos de fabricación norteamericana en su interior. Esto ha restringido sus lanzamientos comerciales a seis desde 1999, entre los que solamente ha habido un fabricante occidental: la italiana Thales Alenia Space, que hace tiempo decidió seguir la estrategia de abrir una pequeña línea de fabricación de satélites con elementos libres de restricciones ITAR, con el objetivo de optar al mercado chino. Aunque los costes de esta decisión aún no han sido amortizados, por la dificultad que ha supuesto reemplazar a algunos grandes productores norteamericanos de componentes electrónicos, en Alenia se apuesta estratégicamente por esta línea de cara al futuro.

Apostando fuerte

Pese a todas las dificultades impuestas desde la otra orilla del Pacífico, China parece claramente dispuesta a no perder opciones en el mercado comercial con su CZ-5. Mientras las restricciones ITAR desaparecen, o mientras más países y empresas deciden soslayarlas con componentes no norteamericanos, podrá dar a conocer internacionalmente su flamante lanzador con espectaculares misiones tripuladas o de exploración del Sistema Solar. Y, al mismo tiempo, estará así en disposición de arrebatar una amplia porción de la tarta del comercio espacial, gracias a sus competitivos precios, si algún día el veto estadounidense es relajado o soslayado. Y ambas cosas podrían ocurrir de forma más o menos simultánea.

Efectivamente, acciones como la de la empresa italiana Alenia, capaz de eludir el veto del ITAR, amenazan seriamente a la competitividad norteamericana. No sólo se pierde mercado en la actualidad (terceros países pueden ahora encargar la fabricación de su satélite a Alenia para ser lanzado con un cohete chino a un menor coste), sino que se arriesga fuertemente la posición de exclusividad a futuro, al favorecerse la aparición de nuevos proveedores de componentes que hasta ahora eran prácticamente exclusivos de la industria norteamericana. Esto originó desde hace unos años la aparición de presiones internas en los Estados Unidos para que el gobierno relaje sus restricciones ITAR y así poder competir libremente en un mercado que quisieron estrangular, pero que en la práctica amenaza con escapárseles poco a poco.

Entre tanto, China va tomando posiciones. Sin duda aspira a convertirse en una gran potencia política y económica a nivel mundial, y el mercado comercial espacial es un apetitoso nicho que no desea dejar escapar.

Javier Casado

CEV
El nuevo vehículo de transporte de tripulaciones de la NASA

Junio 2005

Siguiendo las directrices trazadas por el discurso de Bush de enero de 2004 en cuanto a política espacial, la NASA lanzó el pasado mes de marzo la petición de propuestas técnicas para el desarrollo de su nuevo vehículo de transporte espacial, el CEV (*Crew Exploration Vehicle*).

El 14 de enero de 2004, todos los telediarios anunciaban una sorprendente noticia: el Presidente de los EEUU, George W. Bush, anunciaba los nuevos planes estratégicos para la Agencia Espacial Norteamericana, que pasaban por un retorno a la Luna en los próximos años, y una misión tripulada a Marte poco después. Una noticia como poco sorprendente, teniendo en cuenta la trayectoria seguida por la administración americana en materia espacial desde los años 70.

Dos días después, el escenario se complicaba: la NASA cancelaba su próxima misión de mantenimiento al telescopio espacial Hubble, lo que en la práctica suponía el fin de dicho telescopio en un plazo breve. Otra noticia desconcertante en principio, al suponer abandonar un magnífico instrumento que estaba proporcionando fantásticos descubrimientos para la ciencia, y que tenía un coste de fabricación astronómico, sólo por no llevar a cabo una misión de mantenimiento más.

Las razones esgrimidas para el abandono del Hubble eran consecuencia de las medidas a adoptar tras el accidente del Columbia de enero de 2003: se argumentaba que, por razones de seguridad, sólo se llevarían a cabo aquellas misiones que permitieran un acoplamiento del transbordador con la Estación Espacial Internacional (ISS) en caso de necesidad. Ello permitiría a la tripulación del transbordador esperar allí una misión de rescate en caso de graves daños durante el ascenso que hicieran peligrar la reentrada. Dado que la órbita del Hubble es incompatible con la de la ISS (el transbordador no tiene capacidad suficiente para maniobrar de una a la otra), esta filosofía obligaba a cancelar la misión de mantenimiento del telescopio espacial. No obstante, entre la comunidad técnica y científica este razonamiento resultaba poco convincente.

La nueva *Visión para la Exploración del Espacio* del Presidente Bush

El 14 de enero de 2004, el Presidente Bush dio un discurso exponiendo su "Nueva Visión para la Exploración del Espacio" (Foto: The White House)

Las directrices establecidas por Bush para la NASA el 14 enero de 2004, aunque inmersas en unas declaraciones impregnadas de discurso político, estaban muy claras en tres aspectos:

1. Retirada del servicio del transbordador espacial en 2010. Para entonces, debería haber terminado su contribución a la construcción de la Estación Espacial Internacional. Compromiso de finalizar la contribución norteamericana a la estación por esa

fecha (por supuesto, referido a la versión reducida de la estación, tras los recortes en la aportación norteamericana decididos por el mismo Bush un par de años antes).
2. Desarrollar un nuevo vehículo, el CEV, para transporte de tripulaciones a la Estación Espacial Internacional tras la retirada del transbordador, pero con capacidad de llevar a cabo misiones lunares e interplanetarias más adelante. El primer prototipo del nuevo vehículo debería estar listo para 2008, con una primera misión operativa para no más tarde de 2014.
3. Volver a la Luna hacia 2020, utilizando el CEV como vehículo.

Estos fueron los compromisos claros del discurso presidencial. En su alocución, Bush presentó la vuelta a la Luna como una etapa para la posterior expansión por el Sistema Solar, con misiones tripuladas a Marte y otros planetas. Pero no dejaban de ser vagas declaraciones de intenciones. La tan anunciada por la prensa misión a Marte no pasaba de grandilocuentes palabras inmersas en un discurso político, sin ningún compromiso.

Pero en el discurso había más: se especificaba también cómo deberían financiarse estos nuevos objetivos de la agencia espacial. Apenas habría incremento presupuestario para la NASA. Para acometer tan ambicioso programa, con el desarrollo de un nuevo vehículo y el inicio de misiones tripuladas lunares, únicamente se reforzaría el presupuesto de la agencia en un 1% anual durante los próximos cinco años. Pero se le requería que redistribuyese internamente un 13% de su presupuesto global para destinarlo a estos objetivos.

El significado de la Nueva Visión

El análisis del discurso aclaraba ciertas dudas, pero planteaba también otros interrogantes.

Para una gran mayoría de profesionales y aficionados al tema espacial, quedaba claro que la decisión de cancelar la misión de mantenimiento del Hubble era la consecuencia más visible de la necesidad de recortar gastos para dedicarlos al nuevo programa tripulado. Silenciosamente, con mucha menos repercusión pública, muchos otros programas de investigación en el seno de la agencia espacial empezaron a sufrir los mismos recortes y cancelaciones.

También se aclaraba el futuro del transbordador espacial, cuya sustitución por un nuevo vehículo era algo que se venía discutiendo desde hace años, aunque nunca se había llegado a acometer en serio. Aunque la alternativa propuesta no sería un sustituto como tal, pues no cubriría todas las funcionalidades abarcadas por el actual transbordador, al menos clarificaba lo que hasta entonces había sido una nebulosa en las previsiones a medio plazo del programa espacial norteamericano.

También se despejaban las posibles dudas que pudieran existir entre los países socios y la comunidad espacial en general sobre el futuro de la Estación Espacial Internacional. Después de los continuos retrasos en su desarrollo y construcción, los recortes decididos unilateralmente por la administración Bush en 2001 habían supuesto un duro golpe para la funcionalidad final de la estación, y existían temores de que la situación pudiese deteriorarse aún más en el futuro. El discurso dejaba claro que Estados Unidos mantendría sus compromisos para finalizar lo que, tras 2001, se conocía como la "configuración base", la mínima que permitiría al menos el acoplamiento de los módulos europeo y japonés, aunque con una tripulación y funcionalidad final severamente limitada frente al proyecto original.

Pero el principal interrogante era el porqué de la vuelta a la Luna. Las grandilocuentes palabras del discurso de Bush no aportaban razones claras para este nuevo objetivo de la agencia espacial norteamericana. Unas eran vagas y otras rotundamente erróneas, como indicar que la Luna sería el punto de partida ideal para misiones tripuladas a otros planetas, gracias a su reducida gravedad. Lo cual sólo sería cierto si los vehículos y su propulsante se fabricasen sobre la propia Luna a partir de materia prima lunar (algo impensable, por mucho que decidiéramos crear una gran infraestructura lunar, hasta dentro de muchas, muchísimas décadas... y a un coste inconcebible). Porque enviándolos antes desde la Tierra, el coste global sería mayor que si salieran desde aquí directamente a la misión interplanetaria.

Esta es la pregunta que aún se hacen muchos críticos de esta nueva política espacial. Y todavía nadie ha dado ninguna razón clara. De hecho, el "razonamiento" más claro realizado hasta ahora lo hizo el nuevo administrador de la NASA, Michael Griffin, en un discurso a finales del pasado mayo: *"¿Creen ustedes que Estados Unidos debe ceder la Luna a los chinos, los europeos, los rusos? Les apuesto que la respuesta sería... no"*. Pocas semanas más tarde, en junio, el veterano astronauta del proyecto Mercury Scott Carpenter declaraba en otro discurso: *"No importa de dónde saquemos el dinero. Debemos apoyar los vuelos a Marte. En estos momentos, la nación no ve la necesidad de ir a Marte porque ya no existe la Unión Soviética; pero China está al acecho, y esa es la razón por la que tenemos que ir*". Unas razones que, desde luego, pueden calificarse como mínimo como decepcionantes...

Y es que, efectivamente, parece que el desarrollo del programa espacial chino y sus declaraciones de mandar un hombre a la Luna en las próximas décadas, está creando bastante nerviosismo en ciertos sectores de la administración norteamericana. Puede que también esté influyendo el anuncio por parte de la agencia espacial rusa Roskosmos de apoyar el proyecto de la empresa RKK Energiya para el desarrollo de un nuevo vehículo espacial, el Kliper; concebido como ferry a la órbita terrestre con capacidad de seis personas y parcialmente reutilizable, sus diseñadores plantean también su posibilidad de ampliación modular para poder llevar a cabo misiones interplanetarias, si algún día se requiriera. La posible colaboración de la Agencia Espacial Europea con Rusia para este proyecto (a confirmar en consejo de ministros europeos en diciembre de este año) podría acelerar su desarrollo (al parecer comenzado hace unos cinco años por iniciativa propia de RKK Energiya), y dejar a los norteamericanos en aparente segundo plano en materia espacial. Pero algunos creíamos que la Guerra Fría y la Carrera Espacial eran cosas del pasado, y que el presente y el futuro del espacio irían más bien por el camino de la cooperación internacional, y no de la rivalidad... Se ve que no.

Un punto espinoso: el aspecto económico

Ya hemos indicado cuáles eran las directrices de Bush para su Visión para la Exploración del Espacio: básicamente redireccionar los fondos de la agencia al nuevo programa a través de una "redistribución" interna, y con un incremento de los presupuestos globales prácticamente despreciable (el 1% anual durante 5 años).

Como han alertado muchos profesionales, aunque con poco eco en general, esto representa un grave peligro: amenaza la desaparición de un gran número de programas de investigación básica pero poco llamativos de cara a la opinión pública, para sustentar un programa de gran espectacularidad pero de dudosa rentabilidad científica.

Al menos el telescopio espacial Hubble parece haberse salvado de la quema en el último minuto. Aunque su abandono fue anunciado tan sólo dos días después del discurso presidencial, en enero de 2004, fue a comienzos de 2005 cuando la noticia de su abandono saltó de nuevo a la prensa, al confirmarse que los presupuestos de la agencia espacial no contemplaban ninguna partida para su mantenimiento. Finalmente, parece que la presión de la opinión pública, sensibilizada ante la posible pérdida de un instrumento de gran popularidad por la belleza plástica de muchas de las imágenes que ha proporcionado a lo largo de su vida en servicio, ha conseguido presionar a la administración norteamericana para que se apruebe su mantenimiento. De hecho, en julio de 2005 el Congreso de los EE.UU. decidía incrementar ligeramente los presupuestos de la NASA para 2006 por encima de lo solicitado por el presidente, para dar cabida a la misión de mantenimiento del Hubble. El nuevo administrador de la NASA, por su parte, contradecía las palabras de su predecesor al declarar que podría asumirse la misión de mantenimiento sin que supusiera un riesgo excesivo para la seguridad de la tripulación del transbordador.

En cualquier caso, el "salvamento" del Hubble no hace sino camuflar la realidad: que decenas de otros programas de investigación en el seno de la agencia espacial están afectados por la misma situación de desvío de sus fondos hacia el programa presidencial. Por poner sólo unos ejemplos, el programa de investigación en nanotecnología se ha recortado en un 22%, el de investigación en redes y tecnologías de la información, en un 70%, y el programa de investigación del cambio climático, en un 8%; hay muchos más programas afectados, en las áreas del espacio, la aeronáutica, y la investigación científica de base.

Pero la parte económica del nuevo programa no sólo suscita este tipo de preocupaciones: también se duda profundamente en ciertos sectores de su viabilidad. Plantear una misión tripulada a la Luna implica unos tremendos costes que deberán ser asumidos por sucesivas administraciones para llevar el programa a buen término. Sin una motivación política tan clara como la carrera espacial con los rusos durante la Guerra Fría, surgen dudas de si el programa espacial de Bush seguirá siendo respaldado por los sucesivos presidentes hasta su culminación. Tenemos, además, el ejemplo del Apollo: una vez alcanzado el objetivo político de ganar a los rusos en la carrera espacial, el programa fue rápidamente recortado para evitar la sangría de fondos que estaba suponiendo para las arcas del estado. Y luego le siguió un largo periodo de "sequía" espacial. Un riesgo que podría repetirse si se cometen los mismos errores.

El CEV

Ha pasado algo más de un año desde el discurso de Bush, y la NASA se ha puesto manos a la obra en la definición del futuro sustituto del transbordador espacial. El pasado mes de marzo se lanzó la petición de propuestas técnicas para el desarrollo del que deberá ser su nuevo vehículo de transporte espacial, el CEV (*Crew Exploration Vehicle*).

Contemplado como una de las piedras base del nuevo programa *Constellation* de la NASA (concebido como respuesta a "la nueva visión espacial" expuesta por Bush en su discurso de enero de 2004), el CEV deberá sustituir al transbordador espacial norteamericano tras su baja del servicio, impuesta en el discurso presidencial para 2010. Aunque el actual desarrollo de los acontecimientos hace dudar seriamente de que la finalización de la Estación Espacial Internacional sea conseguible para esa fecha, la administración de la NASA ha decidido mantenerla como fecha de retirada del transbordador. La finalización de la estación espacial, si no se toman otras decisiones más drásticas, parece que tendrá que recaer al menos en parte en otros lanzadores.

Pero el CEV no será un sustituto del transbordador propiamente dicho. En realidad, el CEV tendrá una finalidad bastante diferente, siendo a la vez más ambicioso y menos ambicioso que el actual Space Shuttle, dependiendo del punto de vista.

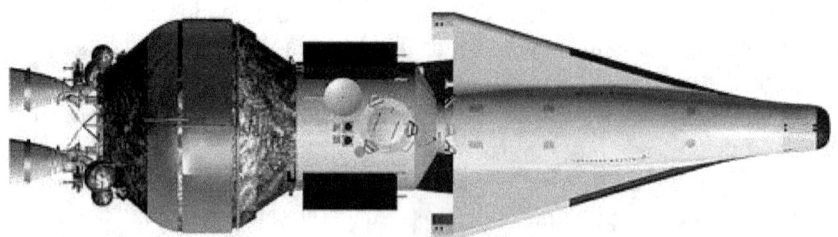

El concepto inicial de Lockheed Martin para el CEV era un vehículo de fuselaje sustentador parcialmente reutilizable, que sería enviado al espacio por un lanzador no reutilizable tipo Atlas. (*Imagen: Lockheed Martin*)

El CEV será puramente un vehículo de transporte de tripulaciones, lo que supone eliminar la capacidad de transporte de carga que posee el transbordador actual (cuya amplia bodega le permite llevar a la órbita terrestre cargas de hasta 21 toneladas), así como las facilidades para la realización de EVAs y misiones de mantenimiento que le otorga su brazo robótico. Tampoco se le exige al CEV que sea un vehículo reutilizable (si bien es posible que finalmente algunos elementos lo sean). En estos sentidos, el CEV es bastante menos ambicioso que el transbordador espacial. Pero sin embargo, al CEV se le pide que sea capaz de llevar a cabo misiones muy distintas: empezando como vehículo de transporte de tripulaciones a la órbita terrestre (para transportar tripulaciones de ida y vuelta a la Estación Espacial Internacional, por ejemplo), debería ser capaz también de llevar a cabo misiones lunares, y, en el futuro, puede que interplanetarias.

La conjunción de estos tres perfiles de misión en un solo vehículo es algo realmente ambicioso. A priori parece difícil que un vehículo capaz de llevar a cabo misiones tan diferentes pueda estar optimizado para cualquiera de ellas. De hecho, éste fue uno de los grandes errores del Space Shuttle, y lo que a la larga condicionó seriamente su operatividad y economía: querer abarcar demasiadas misiones diferentes con un diseño único. Probablemente por ello, a pesar de este requisito multimisión del CEV (ya esbozado por Bush en su discurso), la NASA ha buscado una salida "lateral", proponiendo un vehículo escalable. Es decir, partir de un diseño básico para la misión orbital, del que se irán derivando nuevas versiones en el futuro para las misiones lunar y (si llegara el día) interplanetaria. Una decisión lógica, que permitirá llevar a cabo los desarrollos de forma secuencial e incremental, aprovechando las bases anteriores y así abaratando costes, pero que al final dará lugar a tres vehículos diferentes, por mucho que hoy se quieran agrupar bajo un nombre único. Las diferencias podrían incluir importantes diferencias en dimensiones, a través de un diseño modular que podría incrementar el tamaño y prestaciones del vehículo en función de la misión a desarrollar.

El proyecto *Constellation* incluye también el lanzador para este nuevo vehículo, que podría ser de nuevo desarrollo, o utilizar uno ya existente. Y, al igual que en el caso del vehículo propiamente dicho, el lanzador también podría ser diferente según la misión a desarrollar. En conjunto, de lo que se trata es de tres sistemas de transporte espacial diferenciados, aunque hoy por hoy el proyecto se centra principalmente en el primero: el de la misión orbital terrestre.

Un desarrollo "en espiral"

La NASA ha denominado "desarrollo en espiral" a la filosofía que se seguirá con el proyecto *Constellation*. Una aproximación por etapas, en las que al vehículo inicial se le irán añadiendo módulos y mejoras progresivamente para ir cumpliendo las diferentes misiones que tiene encomendadas. Estos son los principales requisitos de la especificación técnica:

En la "Espiral 1", el vehículo tendrá capacidad orbital. Su objetivo es permitir el acceso tripulado a la órbita terrestre para 2014 (acortado a 2011 en recientes declaraciones). Con un peso máximo de 20 toneladas al despegue, deberá ser capaz de alojar al menos 4 astronautas (preferible hasta 6) durante misiones de hasta 16 días.

En la "Espiral 2", el vehículo tendrá capacidad lunar. Con un límite temporal situado hacia 2020, el vehículo deberá ser capaz de realizar misiones con una permanencia mínima de cuatro días en la superficie lunar. Los requisitos definen que se partirá del vehículo de la Espiral 1, al que se le añadirá un módulo propulsor de escape de la órbita terrestre, más un módulo de alunizaje.

En la "Espiral 3", a alcanzar "más allá de 2020", pero sin límite temporal fijado, el sistema deberá ser capaz de dar soporte a misiones lunares de más larga duración, del orden de meses, que teóricamente servirían de experiencia para posteriores misiones a Marte. Al vehículo de la Espiral 2 se le añadirán módulos, aún no definidos, que proporcionen habitáculo, energía y movilidad a la tripulación durante su estancia en la superficie lunar. La NASA espera afinar los requerimientos para esta "espiral" hacia julio de 2006.

Finalmente, en la "Espiral 4", el vehículo alcanzaría su capacidad interplanetaria, aunque los requerimientos para esta etapa no están aún definidos. El actual eslogan de la NASA "a la Luna, Marte y más allá" se queda, por el momento, en la Luna. Y esto, naturalmente, condicionado a la aprobación presupuestaria del Congreso durante los ejercicios de las próximas décadas, algo que hoy por hoy no está garantizado.

De todas formas, el escenario de trabajo parece estar en continuo cambio, y el nuevo administrador de la NASA, Michael Griffin, ha decidido recientemente abandonar el desarrollo "en espiral" planteado por la anterior administración e incluido en la petición de ofertas de marzo, en beneficio de una aproximación "mucho más directa", en sus propias palabras. Y a mayor velocidad, según parece.

Primeras indicaciones sobre el diseño

Aunque, como decimos, se encuentra en fase de preparación de propuestas, ya empiezan a trascender algunos datos sobre hacia dónde se enfocan las primeras ideas de diseño. Por ejemplo, parece que el diseño del vehículo probablemente optará por la solución tipo cápsula utilizada en todos los proyectos tripulados anteriores, tanto rusos como norteamericanos o chinos. En concreto, podría ser una cápsula cónica muy similar a la utilizada para el proyecto Apollo de finales de los años 60, unida a un módulo de servicio y, cuando proceda, a un módulo lunar, aunque todos ellos de mayor tamaño que en las Apollo originales.

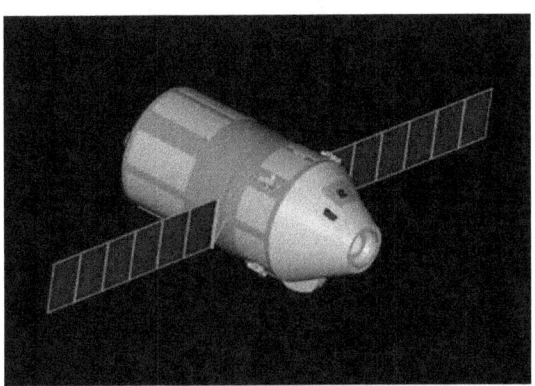

El diseño final favorecido por la NASA será uno de tipo cápsula muy similar a las naves Apollo de los 60-70. (*Imagen: Zsombok Gábor*)

En cuanto al vehículo lanzador, en un principio se hablaba principalmente de cohetes tipo Atlas o Delta, lanzadores habituales de satélites en los Estados Unidos, pero últimamente parece que la decisión se decantará más bien por derivados del Space Shuttle. En concreto se habla de dos desarrollos paralelos, uno para misiones tripuladas y otro para carga. Los CEV con su tripulación a bordo subirían a la órbita terrestre a bordo de derivados de los aceleradores de propulsante sólido del transbordador espacial. Las cargas pesadas -incluidos módulos adicionales para el CEV en misiones lunares o interplanetarias, que se acoplarían en órbita terrestre con la cápsula tripulada- se lanzarían en un sistema similar al del actual transbordador, aunque sin orbitador: el gran depósito central flanqueado por dos aceleradores sólidos, quizás con etapas adicionales, y con los motores principales incorporados (hoy van a bordo del orbitador).

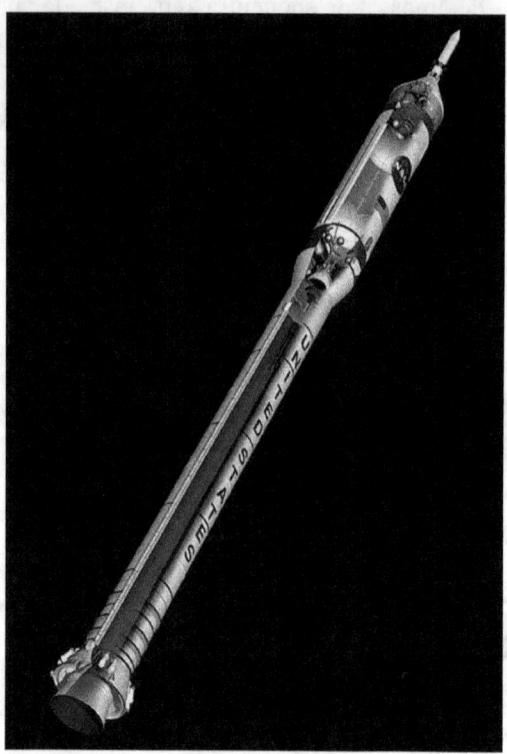

El lanzador del CEV será probablemente un derivado de los aceleradores sólidos del transbordador espacial, al que se le añadirá una etapa superior de propulsante líquido. (*Imagen: Alliant Techsystems Inc.*)

El calendario para el desarrollo de este nuevo sistema espacial es bastante apretado: en base al discurso de Bush, la NASA había previsto inicialmente el primer vuelo operativo para 2014, con el lanzamiento de un primer prototipo en 2008, y un primer vuelo no tripulado hacia 2010. Con estas fechas se crearía un vacío de 4 años entre 2010 y 2014, durante los cuales los EE.UU. carecerían de un vehículo para enviar hombres al espacio. Pero la nueva administración de la NASA parece decidida a reducir los plazos, hablándose de un nuevo objetivo de 2011 para el primer vuelo operativo. Lo cual reduce el periodo de diseño y desarrollo de forma espectacular para un proyecto de estas características.

Un nuevo rumbo en la política de lanzadores

El proyecto *Constellation* aparece como la vía más rápida y económica para dar respuesta a la petición de Bush: una alternativa al transbordador en un plazo breve y con recursos económicos limitados, con capacidad para enviar hombres a la Luna en un par de décadas, y con la posibilidad de convertirse en un vehículo interplanetario en un futuro indeterminado. Pero supone al mismo tiempo un giro bastante radical en la política seguida hasta ahora por la Agencia Espacial Norteamericana, cuyos desarrollos en esta materia pasaban por vehículos reutilizables que abaratasen el acceso al espacio.

El X-33 de la NASA investigaba el concepto SSTO en busca de un considerable abaratamiento del acceso al espacio. (*Imagen: NASA*)

En efecto, las actividades de la NASA a este respecto en los últimos años se veían reflejadas en los proyectos X-33 y X-34. El primero buscaba el abaratamiento de las misiones espaciales a través del concepto SSTO (*Single Stage To Orbit*, o etapa única a la órbita), consistente en un vehículo compacto que vuelve a la Tierra en la misma configuración en la que despegó (eliminando el concepto de vehículo por etapas, mantenido hasta ahora en todos los sistemas espaciales, tanto reutilizables como no reutilizables); esto supondría una reutilización integral del vehículo -frente a la reutilización parcial del transbordador espacial- que iría unida a nuevos desarrollos en materia de motores, materiales y demás. El X-33 era el primer paso en la búsqueda por parte de la NASA del abaratamiento del acceso al espacio, con el objetivo de conseguir un ahorro de orden 10 en una primera fase, y llegar a un ahorro de orden 100 en un futuro más lejano. Paradójicamente, el X-33 fue cancelado en 2001 por motivos presupuestarios.

En cuanto al X-34, también denominado *Orbital Space Plane*, o Avión Espacial Orbital, se trataba de un vehículo reutilizable de transporte de tripulaciones a la órbita terrestre. Investigando áreas complementarias al X-33, buscaba sobre todo el disponer a corto plazo de un vehículo más práctico y económico que el transbordador espacial para servir como "taxi" de los astronautas a las estaciones espaciales en órbita terrestre.

El X-34 se basaba también en el concepto SSTO para desarrollar un vehículo de transporte de tripulaciones a la órbita terrestre totalmente reutilizable. (*Foto: NASA*)

Hoy se abandonan ambas filosofías para volver a un diseño convencional, similar en concepto a las naves rusas Soyuz, o a las Apollo de hace 30 años. Evidentemente, con importantes mejoras en los sistemas, que serán más modernos, potentes, ligeros y eficientes, pero parece que el concepto del vehículo seguirá siendo el mismo que en su día llevó al hombre por primera vez al espacio y, después, a la Luna. Una filosofía un tanto conservadora, podríamos decir, que asegura un desarrollo más rápido y económico, pero que no modifica en absoluto el mayor problema con el que se encuentran hoy día las misiones espaciales tripuladas: el elevado coste de las mismas. Un coste que puede ser asumible para misiones a la órbita terrestre, como demuestran las Soyuz, pero que se dispara enormemente cuando hablamos de misiones lunares, y no digamos ya interplanetarias. Las misiones Apollo a la Luna se cancelaron por su extremado coste tras la sexta misión de alunizaje, y desde entonces el criterio generalizado ha sido que sería necesario abaratar significativamente los lanzamientos antes de que una campaña de exploración espacial tripulada pudiera llevarse a cabo con continuidad. Hoy, en cambio, parecen ignorarse estos criterios en aras de la rapidez y economía a corto plazo.

En cualquier caso, el proyecto *Constellation* nos brindará un nuevo vehículo de transporte espacial tripulado que sin duda nos ofrecerá la posibilidad de revivir espectaculares misiones a la Luna en las próximas décadas, si las sucesivas administraciones deciden apoyar el proyecto. De ser así, esperemos que esta vez dichas misiones tengan continuidad.

Javier Casado

Constellation: en la cuerda floja

Noviembre 2008

El 14 de enero de 2004, el Presidente de los EE.UU. George W. Bush anunciaba a la nación su nueva Visión para la Exploración del Espacio. Sus claves eran: el retiro del transbordador espacial en 2010, el desarrollo de su sustituto, y la vuelta a la Luna hacia la década de 2020.

Han pasado casi cinco años desde aquel discurso de Bush, durante los cuales se ha desarrollado el programa Constellation, diseñado para dar a luz al sustituto del Shuttle e iniciar las misiones lunares. Pero el proyecto no ha dejado de sufrir vicisitudes desde sus comienzos...

El nacimiento de un nuevo programa

Cuando Bush lanzó su discurso en 2004, el entonces Administrador de la NASA Sean O'Keefe pidió a la industria aeroespacial norteamericana que planteasen ideas para dar respuesta a las nuevas necesidades espaciales del país. Los gigantes Lockheed y Boeing respondieron con sendas propuestas basadas en sus respectivos lanzadores: Lockheed proponía un pequeño vehículo reutilizable de fuselaje sustentador impulsado por una variante de su cohete Atlas, mientras que Boeing optaba por un diseño más conservador de tipo cápsula para la nave, impulsada por un derivado de su lanzador Delta. No hubo ocasión de elegir un ganador: en abril de 2005, Michael Griffin asumía el cargo de nuevo administrador de la NASA, para poco después agradecer a ambas empresas su dedicación pero comunicándoles que ahora iba a ser la propia NASA la encargada de definir el diseño del nuevo vehículo.

El nuevo administrador venía con ideas ya preconcebidas acerca de cómo debería ser este diseño: en una etapa previa al frente del Dpto. Espacial de la Universidad Johns Hopkins, ya había escrito un extenso artículo proponiendo un nuevo lanzador para futuras misiones lunares. El equipo de estudio que estableció en el seno de la NASA al poco de llegar al cargo para definir los conceptos del programa Constellation daría como resultado un diseño no muy diferente del planteado anteriormente por el propio Griffin.

La nueva propuesta se anunciaba como más rápida, económica y segura que las realizadas anteriormente por Lockheed y Boeing, al aprovecharse buena parte de los elementos del transbordador espacial. Su principal característica era el desarrollo de dos nuevos vehículos lanzadores: el Ares I para la nave tripulada, y otro más pesado, Ares V, para transportar las etapas propulsivas y el módulo de descenso necesarios para las misiones lunares. En cuanto a la nave, denominada Orión, se volvía a un diseño de tipo cápsula cónica muy similar a las Apollo de los años 60, aunque más evolucionada y de mayor tamaño y capacidad.

La realidad se impone: rediseños

Esto sucedía a finales de 2005, y desde entonces se ha venido avanzando principalmente en el desarrollo del lanzador Ares I y de la nave Orión. Pero este proceso ha estado salpicado de múltiples y graves problemas que incluso han obligado en algunas ocasiones a replantearse algunas de las especificaciones iniciales del vehículo.

Inicialmente, el Ares I se había definido como un lanzador basado en uno de los aceleradores sólidos laterales del Space Shuttle, compuesto por cuatro segmentos de propulsante sólido, al que se le añadía una etapa superior de propulsante líquido impulsada por un motor SSME de los que equipan actualmente el transbordador. Sin embargo, problemas con los motores y con el cada vez más pesado vehículo Orión obligarían a elevar hasta cinco los segmentos de propulsante sólido de la primera etapa, a la vez que se elegía para la etapa superior un motor de nuevo desarrollo, el J-2X, derivado de uno de los que impulsase en su día al Saturn V.

Estos cambios intensificaron los ataques de los críticos con el diseño, pues parecían echar por tierra los argumentos con los que la NASA eligió esta configuración: simplicidad, seguridad y comunalidad con el Space

Shuttle. Ahora los aceleradores del transbordador ya no se usaban tal cual, sino que había que cambiarlos; y tampoco se aprovechaban sus motores principales, desarrollándose unos nuevos. La comunalidad se perdía en buena medida, se incrementaban los costes al precisarse nuevos diseños con nuevos ensayos, y en cuanto a seguridad se perdía la ventaja de utilizar elementos ya muy probados. En vista de la configuración final, las razones utilizadas para desechar las propuestas iniciales de Boeing y Lockheed basadas en lanzadores ya existentes, aparecían como bastante débiles.

Comienzan los problemas

Con los cambios vendrían los problemas: al modificarse la longitud del propulsor sólido con un nuevo segmento, aparecieron severas vibraciones en el motor que parecían amenazar la integridad física de los posibles tripulantes de la nave Orión. Ésta, por su parte, no hacía más que aumentar de peso a medida que avanzaba el diseño, amenazando seriamente la capacidad de incluso este nuevo Ares I repotenciado para llevar a cabo la misión.

Problemas de este tipo suelen ser habituales en el desarrollo de cualquier proyecto aeroespacial, dada su complejidad. Sin embargo, en el caso del proyecto Constellation, con el paso del tiempo los problemas no parecían solucionarse y disminuir en número, sino más bien todo lo contrario: a mediados de 2007 se revelaba que los problemas de potencia del Ares y de sobrepeso del Orión eran tan graves, que la NASA se planteaba seriamente renunciar a la capacidad de descenso sobre tierra firme para realizar todas las vueltas a la Tierra sobre el mar, ahorrándose así el peso del sistema de amortiguación final para el aterrizaje. Ésta era una de las premisas básicas del proyecto, al permitir tanto una mayor economía operativa (al simplificar significativamente los operativos de rescate frente a un amerizaje) como una reutilización más sencilla de la nave Orión (el retorno sobre el mar obligaría a un intensivo plan de revisión y mantenimiento, debido a la severidad del entorno marino). A pesar de todo, en 2008 se revelaba que la opción de retorno sobre tierra quedaba descartada a favor del amerizaje, clara prueba de los serios problemas de peso a los que se enfrentaba el proyecto.

En 2008, la premisa inicial de que la cápsula Orión fuese capaz de aterrizar sobre tierra firme, debía abandonarse debido a sus serios problemas de sobrepeso. (*Imagen: NASA*)

Entre tanto, el año 2008 avanzaba sin que se hallase una clara solución a las fuertes vibraciones a las que deberían enfrentarse los astronautas durante el ascenso. Por si fuera poco, en octubre se filtraba que se había detectado un nuevo problema en las primeras fases del ascenso, durante las cuales una leve brisa de unos 20 km/h sería capaz de desplazar al Ares I hasta chocar con la torre de lanzamiento. Por otra parte, los ingenieros se mostraban preocupados ante la posibilidad de choque entre las dos etapas que constituyen el lanzador tras su separación: no podían asegurar que no quedasen restos de propulsante sólido sin consumir en la primera etapa, que pudieran reencenderse tras la separación haciéndola chocar contra el resto del vehículo.

Las críticas arrecian

Ante esta avalancha de noticias, el Administrador Griffin se defiende aludiendo a la normalidad de esta situación: "*No ha habido nunca un sistema aeroespacial que se haya desarrollado sin problemas, y probablemente nunca lo habrá. Al final, la NASA siempre los ha solucionado, y esta vez también los solucionaremos"*. Pero aunque esto es sin duda cierto, muchos piensan que el proyecto está ya en un estado demasiado avanzado como para que sigan apareciendo problemas de esta gravedad; en esta fase, estos problemas supondrán sobrecostes y retrasos, y posiblemente incluso reducciones en las prestaciones previstas inicialmente para el sistema, como ya ha ocurrido con el retorno sobre tierra firme.

"Si ponen el suficiente empeño, volará" -comentaba recientemente a la prensa uno de los ingenieros del proyecto, bajo condición de anonimato-, *"pero va a haber tantos compromisos para ser capaces de lanzarlo, y va a estar tan fuera de presupuesto y de plazos, que casi sería mejor que no volase nunca"*. Y es que, según revelan estas fuentes, no sólo los problemas son complejos de resolver, sino que parece que cada vez que se intenta arreglar algo, se estropea otra cosa, algo típico de sistemas tan complejos como estos. El nerviosismo y la frustración parecen estar adueñándose del equipo técnico, llegándose a escuchar frases como estas: *"Tengo la impresión de que las cosas están yendo de mal en peor, y en camino de ser irrecuperables"*. Ya ha habido incluso dimisiones de ingenieros de alto nivel en el seno del equipo, por intenso desacuerdo con la forma en que se está llevando el proyecto. Para algunos, la reciente PDR (Revisión Preliminar de Diseño, uno de los principales hitos de todo proyecto, en la que se congela la definición conceptual del producto) no ha sido más que una mascarada: para evitar reconocer la gravedad de algunos problemas que en condiciones normales no habrían permitido pasar la PDR, se han establecido nuevos baremos. Así, a los habituales "verde, amarillo y rojo" asignados a los problemas se ha añadido esta vez el "amarillo-rojo", para calificar un problema como grave pero sin que impida pasar a la siguiente fase del diseño. Ha sido la gota que ha colmado el vaso para algunos miembros del equipo técnico.

En noviembre una Comisión del Congreso enviada a analizar la situación, ha concluido entre duras críticas a la NASA que el proyecto arrastra al menos año y medio de retraso no declarado, con un sobrecoste asociado de 7000 millones de dólares. Entre tanto, un nuevo presidente llega a la Casa Blanca, y no son pocos los que temen que, entre tanto revuelo, sea al final el programa lunar el que termine pagando los platos rotos, con un Ares V que podría no llegar a desarrollarse nunca. De hecho, según ha revelado la ex-astronauta Eileen Collins, miembro del Consejo Asesor de la NASA, incluso se está estudiando internamente la posibilidad de recortar las prestaciones del propio Ares I eliminando la posibilidad de llevar a cabo misiones más allá de la órbita terrestre, como medida de contención frente a las desviaciones del presupuesto. Mal comienzo para el que debía ser el programa estrella de la NASA para las próximas décadas…

ACTUALIZACIÓN:

Tras su llegada a la Casa Blanca, Barack Obama ordenó una revisión del Proyecto Constellation que concluyó que los planes para el proyecto lunar excedían el presupuesto disponible para la NASA. Una comisión constituida para asesorar al presidente sobre el futuro del programa espacial norteamericano concluyó que, en su situación actual, el proyecto resultaba inviable en el marco presupuestario existente, presentando varias alternativas. En febrero de 2010, la Casa Blanca presentó el presupuesto de la NASA para 2011, que no presentaba ninguna partida destinada al proyecto, que en la práctica se considera prácticamente cancelado. No obstante, la cancelación formal se ha limitado por el momento tan sólo al Ares V, y aunque inicialmente se habló de una cancelación completa, que afectaría tanto al Ares I como a la nave Orión, lo cierto es que ambos se encuentran en estos momentos en una especie de limbo legal, avanzando lentamente mientras se espera que la cancelación se confirme de forma oficial, lo cual requiere la aprobación del Congreso.

Cuarta Parte:

Vehículos Espaciales

AVATAR
¿Solución india a los problemas del mundo?

Agosto 2007

En un entorno amenazado por la superpoblación, el calentamiento global y el futuro agotamiento de los combustibles fósiles, la India vuelve sus ojos hacia el espacio como la solución a buena parte de estos problemas. Y sus científicos e ingenieros trabajan en avanzadas tecnologías que podrían hacer realidad este futuro.

Si algo ha caracterizado al programa espacial indio a lo largo de su historia, ha sido su dedicación a resolver los problemas de su sociedad. La mejora de las comunicaciones, la educación y asistencia sanitaria a distancia, la prevención de catástrofes o la búsqueda de recursos naturales han sido los principales motores de un programa espacial situado entre los cinco primeros del mundo, junto a los de Estados Unidos, Rusia, China o Japón. Hoy, 27 años después del lanzamiento de su primer satélite experimental, estos objetivos parecen plenamente conseguidos.

Ahora, India puede permitirse el lujo de ir más allá. Alcanzada con creces su meta social (su flota de satélites de comunicaciones es la mayor de la región Asia-Pacífico, y la de satélites de observación terrestre la mayor del mundo), el programa espacial indio se ha adentrado en el campo de la exploración científica del espacio con la sonda lunar Chandrayaan-1, y recientemente se ha anunciado su voluntad de introducirse también en el campo de los vuelos tripulados. Todo ello respaldado por una base científica y tecnológica sorprendente para un país de los considerados en vías de desarrollo: India no solo posee muchos de los mejores matemáticos a nivel mundial, sino que cuenta también con un reconocido prestigio en campos como la biotecnología, la física y distintas ramas de la ingeniería.

Pero la resolución de los problemas de la sociedad sigue estando presente en la mente de los que dirigen la política tecnológica de este país asiático. Y ahora parte de sus miras parecen dirigirse hacia la superpoblación y el cambio climático, dos grandes problemas que amenazan el futuro próximo de su población.

Sensibilidad medioambiental

Con más de 1000 millones de habitantes, India es el segundo país más poblado del mundo, y la cifra continúa aumentando a pesar de todos los esfuerzos de control de natalidad llevados a cabo por el gobierno en las últimas décadas. Entre las múltiples complicaciones que causa la superpoblación, el acceso al agua potable es una de los más importantes; de hecho, éste se considera hoy en día un grave problema a nivel mundial, llegándose a hablar de una próxima crisis del agua. El continuo calentamiento global, con sus efectos sobre la desertización y la alteración en las precipitaciones, no hace sino agravar este problema.

La solución podría estar en el mar: la construcción de potentes plantas desalinizadoras daría una buena respuesta a estas necesidades de la población. Pero para funcionar, estas plantas necesitan energía, cantidades ingentes de energía. Conseguirla a partir de combustibles fósiles plantea, además de un elevado coste, serias dificultades adicionales: el empeoramiento de la situación de calentamiento global, por la masiva emisión de dióxido de carbono a la atmósfera que esto supondría, y un futuro amenazado por el inevitable agotamiento, antes o después, de estas fuentes de energía.

Las energías alternativas pueden ser la solución para países con un gran crecimiento en su demanda energética, como India; pero esto a su vez genera nuevos problemas, al requerirse de enormes extensiones de terreno dedicadas a placas fotovoltaicas o generadores eólicos. Sin embargo, la situación mejoraría considerablemente si pudiese extraerse esta energía directamente del espacio.

La idea no es nueva: instalar plantas fotovoltaicas en la órbita terrestre es una opción planteada sobre el papel hace años, y que cuenta con importantes ventajas. La principal es su mayor eficiencia frente a las plantas terrestres, al ser la intensidad de la luz solar casi el doble en el espacio que sobre la superficie; además, su disponibilidad allí sería prácticamente continua (excepto los cortos lapsos de eclipse), frente a las 8 horas de media durante las que se consigue una iluminación adecuada de las placas en la superficie terrestre. La energía producida por estas plantas energéticas espaciales sería enviada a la Tierra a través de potentes haces de microondas direccionales, recogidos en estaciones dispuestas al efecto que posteriormente redistribuirían esta energía a través de la red eléctrica convencional. Tendríamos así una eficiente e inagotable fuente energética que no generaría CO_2.

Pero la idea de las plantas energéticas espaciales, magnífica sobre el papel, ha chocado siempre con un hecho incontestable: su descomunal coste, que las hace inviables a día de hoy. Y es que, dejando aparte el elevado precio que tendría el desarrollo de los satélites recolectores y las plantas terrestres de recepción asociadas, al coste que tiene en la actualidad el envío de un kilogramo de masa al espacio, pensar en infraestructuras como éstas es, simplemente, ciencia-ficción. Pero la solución india a este enorme obstáculo tiene un nombre: AVATAR.

La solución india al principal problema de la astronáutica

Bajo el acrónimo de "Vehículo Aeróbico para el Transporte Aeroespacial Hipersónico", se trataría de hacer renacer el concepto de "avión espacial" tan recurrente en esta industria desde sus orígenes. El Avatar sería un vehículo reutilizable que despegaría y aterrizaría como un avión convencional, propulsándose con reactores durante su etapa atmosférica, y pasando a propulsión cohete una vez en el espacio. De esta forma se aligeraría sensiblemente el vehículo, al contar con una primera fase atmosférica que no sólo utilizaría superficies aerodinámicas (alas) para ascender a gran altura, sino que además durante esa primera fase el oxígeno necesario para la combustión de los motores se tomaría de la atmósfera, en lugar de tener que transportarlo a bordo como en un cohete convencional. Todo ello unido a la reutilización, conseguiría, sobre el papel, abaratar sensiblemente el coste del envío de carga al espacio.

Como decimos, el concepto ha sido muy estudiado y nunca llevado a cabo, principalmente por el elevado coste de anteriores propuestas, pero también, de acuerdo al principal valedor del concepto Avatar, el ingeniero Raghavan Gopalaswami, debido a errores conceptuales básicos que impedían que dichos diseños fuesen en realidad tan eficientes como se pretendía sobre el papel.

Y es que el gran problema de todas las anteriores propuestas, así como de los lanzadores actuales, es el enorme peso que deben arrastrar desde el instante del despegue en forma de combustible y oxígeno para alimentar los motores de la nave. Aunque la etapa atmosférica con aerorreactores haga disminuir en buena medida la cantidad de oxígeno a transportar, reduciéndola a la que será posteriormente consumida por el motor cohete, éste no deja de ser un molesto lastre indeseado que perjudica a las actuaciones del aparato. Y aquí está la principal novedad del concepto Avatar: el vehículo despegaría sin cargar ni un solo litro de oxígeno líquido; el necesario para la etapa de propulsión espacial sería generado durante el vuelo, tomándolo de la atmósfera entre los 26 y 31 km de altitud, mientras el vehículo va acelerándose de Mach 3 a Mach 8. Gopalaswami defiende, basándose en los cálculos de su equipo, que la masa de despegue del Avatar, incluido el sistema productor de oxígeno líquido en vuelo, es muy inferior a la que tendría si tuviera que cargar con dicho oxígeno desde tierra. De esta forma, asegura, se conseguiría un vehículo con una fracción másica de hidrógeno frente al total del vehículo mayor del 56%, cifra considerada como crítica por la comunidad aeroespacial para asegurar la viabilidad de un vehículo espacial de etapa única. Ni el Venture Star, ni el Hotol, ni el Skylon, otras propuestas occidentales similares al Avatar, consiguen siquiera acercarse a esta cifra, según Gopalaswami.

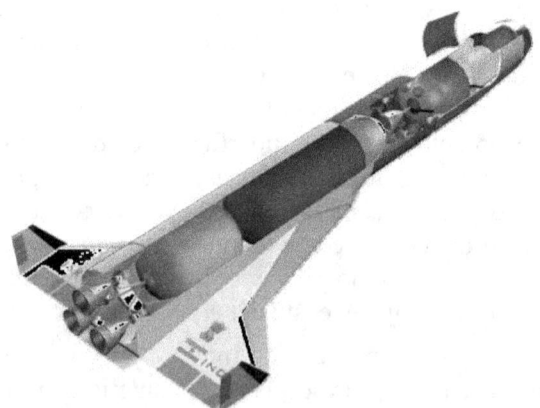

Posible aspecto del vehículo indio Avatar
(Imagen: National Aerospace Laboratories, Bangalore)

La dura realidad económica

Pero, aunque sus artífices defienden que un primer prototipo podría fabricarse con tan sólo 2000 millones de dólares, también admiten que será difícil llevarlo a cabo sin cooperación internacional, algo que llevan buscando hace años sin éxito.

A pesar de todo, el gobierno indio lleva tiempo invirtiendo en el proyecto. La idea del Avatar nació en los 90, siendo presentado por primera vez al público en 1998. Desde entonces, tanto la empresa donde nació la idea, Bharat Dynamics, como la agencia espacial india ISRO han realizado diversos avances técnicos que han ido dando solidez al proyecto: así, en enero de 2006 se ensayaron con éxito en tierra los primeros reactores indios de combustión supersónica (Scramjets), una avanzada tecnología sólo al alcance de los países más desarrollados, y necesarios para el desarrollo del Avatar, pues son estos los motores que se usarían durante su primera fase atmosférica. En la actualidad se trabaja en la puesta a punto de los sistemas productores de oxígeno líquido en vuelo, en los que se ha trabajado principalmente para maximizar su relación eficiencia/peso, crítica para conseguir que sea más rentable transportar este equipamiento que el oxígeno líquido necesario durante la fase de propulsión espacial; y recientemente se ha anunciado que para 2008 podría disponerse de un vehículo prototipo a pequeña escala y de utilización únicamente atmosférica que actúe como demostrador de la tecnología del Avatar.

Maqueta para túnel de viento del RLV-TD, un vehículo demostrador para investigación tecnológica que abrirá camino al Avatar. (*Foto: ISRO*)

Está claro que el gobierno indio apuesta por el concepto, como reconoció el Presidente Abdul Kalam en un discurso el pasado 13 de abril de 2007. Pero en privado, los responsables del proyecto reconocen que, sin aportación económica que provenga de la colaboración internacional, será difícil que el Avatar llegue a ver la luz en un plazo razonable. Probablemente el desarrollo del demostrador anunciado para 2008 esté principalmente enfocado hacia atraer la atención de terceros países hacia su proyecto, en un intento de demostrar la viabilidad técnica de este interesante fruto del ingenio indio para así lograr la cooperación internacional que pueda hacerlo realidad. Veremos si tienen suerte.

Kliper
El sucesor de la Soyuz

Septiembre 2005

Apenas un mes después de que Bush expusiera su Nueva Visión para la Exploración del Espacio en la que anunciaba el próximo vehículo espacial que sustituiría al transbordador espacial, Rusia hacía lo propio presentando el proyecto que debería sustituir a su venerable Soyuz: el Kliper.

El proyecto ruso venía gestándose hacía años, pero posiblemente fue el discurso de Bush del 14 de enero de 2004 lo que lo hizo saltar a la luz pública. En una rueda de prensa el 17 de febrero del mismo año, Yuri Koptev, director de la empresa RKK Energiya, presentaba el proyecto Kliper.

Según declaraciones de Energiya, su trabajo en el proyecto data del año 2000, cuando se empezó a trabajar seriamente en un vehículo que sustituyera a las famosas Soyuz como transporte de tripulaciones a la órbita terrestre. Aunque sometida a tres grandes modificaciones a lo largo de su vida en servicio, que darían lugar sucesivamente a los modelos Soyuz, Soyuz T, Soyuz TM y Soyuz TMA, la nave rusa tiene sus orígenes en un diseño de los años 60, cuando se diseñó en directa competición con la nave Apollo en la carrera para llegar a la Luna.

Un reemplazo necesario

Con ya casi 40 años en servicio (la primera misión, Soyuz 1, tuvo lugar en 1967), la Soyuz se puede considerar el vehículo espacial de mayor éxito de todos los tiempos, habiendo constituido a lo largo de este periodo el caballo de batalla de todo el programa espacial tripulado ruso.

Concebida principalmente como vehículo lunar, el abandono de este programa tras el triunfo de los Estados Unidos con el Apollo 11 redirigió la utilización de la Soyuz hacia el servicio de las sucesivas estaciones espaciales rusas Salyut y Mir. Hoy día, la Soyuz constituye el vehículo de retorno de emergencia anclado permanentemente a la Estación Espacial Internacional, además de servir de transporte de tripulaciones para los cosmonautas rusos. Durante los dos años y medio que el transbordador espacial norteamericano ha permanecido inmovilizado en tierra tras el accidente del Columbia, la Soyuz ha sido el único vehículo de transporte a la estación espacial, llevando a bordo también astronautas norteamericanos y europeos.

Pero a pesar de las sucesivas mejoras experimentadas con cada nueva versión, el diseño básico de la Soyuz tiene hoy día algunas limitaciones básicas que hacen conveniente la introducción de un vehículo sustitutivo. Una de las principales barreras es su capacidad: sólo tres cosmonautas, con poco más que sus enseres personales como carga adicional. Por otra parte, la Soyuz es un vehículo no reutilizable, lo que plantea una buena oportunidad de ahorro de costes a través de la posible reutilización de su sucesor.

Estas son las dos características más relevantes del nuevo Kliper en relación con su predecesora. Aunque aún es prematuro para dar detalles, pues el diseño está todavía en fase de definición, sabemos que la Kliper será una nave parcialmente reutilizable con capacidad para seis personas.

El respaldo de una gran empresa

Como decíamos al comienzo, el proyecto nació hacia el año 2000 por iniciativa propia de la compañía Energiya, que comenzó el desarrollo de forma interna. Aunque Energiya es hoy día una empresa privada, se puede decir que por sí sola representa prácticamente la totalidad del programa espacial ruso, especialmente en su parte tripulada. Energiya es la sucesora de la principal "oficina de diseño" del antiguo programa espacial soviético, el OKB-1 de Sergei Korolev, y mantiene desde su nacimiento el liderazgo en el diseño y operación de las misiones tripuladas rusas y sus vehículos. Con la caída del régimen comunista y la difícil transición hacia el capitalismo, la corporación recibiría el nombre de RKK Energiya (RKK son las iniciales en ruso de Corporación Espacial y de Cohetes) transformándose en una empresa privada.

Energiya es hoy día una de las empresas más prestigiosas del mundo en el sector espacial. Su experiencia y capacidad técnica están fuera de toda duda, y ello dio al anuncio de su nuevo proyecto Kliper una gran credibilidad. De hecho, la única duda seria al respecto es el posible respaldo económico que el proyecto pueda recibir.

El aspecto económico y la colaboración europea

El soporte económico es el punto más débil del proyecto, dada la delicada situación económica del programa espacial ruso. De hecho, podría esperarse que el proyecto corriera la misma suerte que otros proyectos espaciales rusos, como el lanzador Angara, que ha pasado décadas arrastrándose de despacho en despacho por problemas presupuestarios. Pero en esta ocasión, la colaboración internacional se presenta como una alternativa con buena probabilidad de éxito, lo que podría dar al proyecto una gran viabilidad económica.

Efectivamente, tras el anuncio del proyecto por los responsables de Roskosmos y Energiya, las agencias espaciales de Europa y Japón mostraron de inmediato su interés por el nuevo vehículo. Tan sólo dos meses después de anunciarse la existencia del Kliper, la ESA declaraba oficialmente en abril de 2004 su interés por participar en el desarrollo. Un año más tarde, el 10 de junio de 2005, se firmaba en Moscú un preacuerdo de colaboración entre la Agencia Espacial Europea ESA y la rusa Roskosmos que contemplaba, entre otros, la participación europea en el proyecto Kliper. No obstante, este acuerdo deberá aún ser ratificado en Consejo de Ministros europeos en diciembre de este mismo año.

Aunque no hay cifras oficiales fiables, se estima que el coste del proyecto podría estar entre los 1,5 y 2,5 millardos de euros. Pero por el momento parece que la ESA sólo prevé solicitar un monto de 50 millones de euros para este proyecto en la próxima cumbre ministerial de diciembre, con el objetivo de llevar a cabo una especie de estudio de viabilidad a lo largo de los meses posteriores a la cumbre.

El Kliper proporcionaría a Europa su ansiada independencia espacial en vuelos tripulados, dejando finalmente de depender de los vehículos norteamericanos o rusos para enviar a sus astronautas al espacio. Ya en los años 80 la ESA había acometido un interesante proyecto que debía haber proporcionado a Europa su vehículo de transporte de tripulaciones a la órbita terrestre, el Hermes. Con una configuración parecida a la actualmente propuesta para el Kliper, el Hermes era un pequeño transbordador espacial con pequeñas alas y capacidad para tres personas, que sería lanzado al espacio a bordo de un Ariane 5. Lamentablemente, los sobrecostes experimentados durante el desarrollo del proyecto llevaron a su cancelación en 1992.

Pero Europa no abandonaría su empeño por poseer su propio vehículo espacial tripulado. Así, en los años siguientes se establecería una colaboración con la NASA en el desarrollo de los que debían ser el Vehículo de Rescate de Tripulaciones y Vehículo de Transporte de Tripulaciones (CRV y CTV, respectivamente) para la Estación Espacial Internacional; pero la decisión norteamericana de cancelar el proyecto de investigación X-38 por razones presupuestarias en 2002 de nuevo daría al traste con estas aspiraciones.

En este estado de cosas, Europa ha visto una interesante oportunidad en la posible colaboración con Rusia para desarrollar el Kliper. También Japón desea desde hace tiempo desarrollar su propio sistema de transporte espacial, por lo que también parece haber demostrado un fuerte interés, especialmente tras la cancelación de su proyecto de transbordador HOPE. Estos acercamientos parece que han animado al gobierno ruso a respaldar económicamente el proyecto Kliper. En efecto, el 14 de julio de 2005 el gobierno ruso aprobaba el presupuesto para el programa espacial para el periodo 2006-2015, por un monto de 10,7 millardos de dólares, de los que una parte está destinada al Kliper. Por primera vez desde la caída de la Unión Soviética, los presupuestos espaciales han subido en lugar de bajar, y nada menos que en un 30%. Aun así, este presupuesto está por debajo del de los programas espaciales europeo, japonés o chino, y representa tan sólo un 6% del presupuesto de la NASA (87 millardos de dólares para los próximos cinco años).

Es muy pronto aún para determinar cómo participaría la ESA en el Kliper si finalmente se aprobase el acuerdo de colaboración, pero los responsables de Roskosmos y de Energiya han comentado en diferentes ocasiones que Europa podría contribuir con aviónica, materiales y sistemas de cabina, mientras Rusia se centraría en la estructura y motores.

El vehículo

Los primeros datos técnicos sobre el Kliper se proporcionaron durante su anuncio oficial de febrero de 2004, pero en noviembre de ese mismo año se dio una información bastante más detallada por parte de RKK Energiya, al tiempo que se mostraba a la prensa una maqueta a tamaño real del nuevo vehículo. En esta nueva información aparecían algunas características modificadas con respecto a las comunicadas en febrero, lo que indica el estado aún preliminar y en evolución del diseño.

Según está definido en la actualidad, el Kliper sería un vehículo parcialmente reutilizable con capacidad para seis personas, una longitud de 10 metros y un diámetro máximo de 3 metros. Aunque concebido inicialmente como vehículo de transporte de tripulaciones y carga (hasta 500 kg) a la órbita terrestre, se ha anunciado que podría convertirse también en un posible vehículo con capacidad interplanetaria, a través del acoplamiento de módulos habitables y de propulsión adicionales. Algo que le haría equiparable en cuanto a misiones al futuro CEV norteamericano.

Maqueta del Kliper

El vehículo estaría compuesto por dos módulos: el vehículo de reentrada, más el módulo orbital. El vehículo de reentrada tendría un aspecto parecido a un pequeño transbordador, existiendo dos configuraciones posibles a día de hoy: con fuselaje sustentador, o con unas pequeñas alas curvadas hacia arriba. La versión de fuselaje sustentador, presentada en febrero de 2004, permitiría un pequeño control durante la reentrada, con una capacidad de moverse hasta 500 km a un lado y otro de la trayectoria nominal. La última fase del descenso se produciría mediante paracaídas, con un frenado final mediante algún sistema de amortiguamiento, como retrocohetes o un colchón inflable; la precisión prevista para el aterrizaje sería de tan sólo 1 km en torno al punto elegido. La versión alada, que fue presentada en noviembre de 2004, permitiría en cambio un mayor control, con maniobrabilidad lateral de hasta 2000 km durante la reentrada, y posibilidad de aterrizar sobre pistas convencionales. La gran maniobrabilidad ofrecida por esta versión le permitiría iniciar la reentrada desde prácticamente cualquier órbita, sin necesidad de esperar a aquélla que sobrevuele el punto de aterrizaje elegido. Por el contrario, complicaría la recuperación en caso de aborto al despegue, pues debería planear hasta una pista en lugar de descender simplemente en paracaídas. Según declaraciones de Vladimir Daneev, diseñador jefe de Energiya, en junio de 2005, hay un 99% de posibilidades de que sea la versión alada la finalmente elegida. Para esta versión se contaría con la colaboración de la empresa aeronáutica Sukhoi.

Representación del Kliper en órbita terrestre (*Imagen: Armin Schieb*)

El vehículo incorpora un sistema de escape de emergencia capaz de alejar a la nave de un lanzador con problemas durante el lanzamiento o las primeras fases del ascenso. El concepto inicial presentaba una torre de escape en el morro del vehículo, similar a las utilizadas en los proyectos Mercury, Apollo o Soyuz. Sin embargo, reconsideraciones a lo largo de 2004 sobre el vehículo lanzador a utilizar, obligaron a cambiar el prediseño del Kliper para reducir 1500 kg de su masa al despegue. La reducción afectó notablemente al sistema de escape, que adopta ahora un diseño especialmente práctico y original: el sistema ha sido trasladado ahora a la interfaz con el lanzador, en la parte posterior del vehículo, actuando así por propulsión, no por tracción. La gran ventaja de este diseño es que, en misiones nominales, el sistema puede ser utilizado también como última etapa de propulsión a la órbita, en lugar de desecharse durante el ascenso como en el caso de la torre de escape.

En cuanto a la reentrada, la Kliper permitiría llevarla a cabo con bastante más suavidad que la actual Soyuz, con aceleraciones máximas en torno a los 2 g. El escudo térmico del vehículo sería una combinación de sistemas desarrollados en su día para el transbordador Buran con otros tomados de la Soyuz. Podría haber, por tanto, zonas del escudo térmico que no serían reutilizables, y que habría que reponer para cada misión. Puede ser una consecuencia de la fragilidad de los escudos reutilizables refractarios demostrada por el transbordador espacial norteamericano.

El vehículo de descenso se complementaría con un módulo orbital y de servicio no recuperable. Situado detrás del vehículo de descenso, el módulo orbital sería un derivado del de la Soyuz; con forma aproximadamente esférica, proporcionaría espacio habitable e incorporaría sistemas de acoplamiento para unirse a una estación espacial o a módulos adicionales, además de la unidad higiénico-sanitaria y otros sistemas de soporte vital. Alrededor de este módulo se situaría el módulo de servicio, de forma toroidal, conteniendo los motores de maniobra orbital y de control de actitud, y quizás paneles solares. Al igual que en el caso de la Soyuz, este módulo orbital y de servicio sería desacoplado antes de proceder a la salida de órbita, desintegrándose durante su reentrada en la atmósfera, y dejando únicamente al vehículo de reentrada como elemento reutilizable unas 25 veces.

El vehículo tendría una autonomía en órbita terrestre de entre 5 y 10 días, que ascenderían a 360 días en caso de acoplamiento a la estación espacial. Esto le proporciona una importantísima ventaja frente a las Soyuz actuales, que tienen limitada su estancia en el espacio a un máximo de 6 meses. Esto obliga, en el caso de misiones de larga duración, a llevar a cabo una misión de soporte a la estación espacial con el único objeto de aportar una nave de refresco y retirar la "caducada", con el sobrecoste que ello supone. Con su mayor capacidad de carga, parcial reutilización y mayor permanencia en órbita, la Kliper no sólo aumentaría la operatividad, sino que debería suponer también un interesante ahorro económico frente a las Soyuz actuales.

El lanzador

Se han barajado varios posibles lanzadores para el nuevo vehículo. Un buen candidato sería el Angara, un proyecto de lanzador medio-pesado que viene retrasándose bastantes años, aunque últimamente se habla del periodo 2006-2007 como posible fecha para el primer vuelo. Pero aunque el Angara no está totalmente descartado, el proyecto inicial presentaba al Onega, también denominado Soyuz-3, como lanzador elegido.

El Onega sería una variante más pesada del actual lanzador Soyuz. Posiblemente la gran fiabilidad del Soyuz y su utilización habitual para impulsar vuelos tripulados fueron elementos de peso en esta propuesta, unido al hecho de que el Soyuz es fabricado por la propia RKK Energiya. Pero las modificaciones necesarias para convertirlo en el Onega son tan elevadas que en la práctica puede hablarse de un lanzador nuevo, lo que añade costes y riesgos al proyecto Kliper. Ante las escasas perspectivas de conseguir presupuestos para el desarrollo del Onega, en noviembre de 2004 Energiya anunciaba una nueva alternativa.

El lanzador elegido a finales de 2004 era el Zenit, un vector de capacidad similar al propuesto Onega, y el más moderno de la actual flota de cohetes rusos. Utilizado como lanzador para la plataforma marina Sea Launch, y punto de partida para el desarrollo de los aceleradores laterales del malogrado transbordador Buran, el Zenit es fabricado por la empresa Yuzhnoe, en la hoy república independiente de Ucrania. La selección del Zenit, por tanto, haría a Rusia más dependiente de este país en su actividad espacial, lo que supone unos costes más elevados, y una dependencia indeseada desde un punto de vista estratégico; ya en la actualidad, diversos elementos de su programa espacial son comprados a Ucrania, como por ejemplo el sistema Kurs de acoplamiento automático de las naves Soyuz y Progress, a un coste bastante oneroso para las dañadas arcas rusas. No obstante, los costes de desarrollo caerían notablemente al poder contar con un lanzador ya existente, y parece que esta vez se ha apostado por el pragmatismo para aumentar las posibilidades de que el Kliper vea finalmente la luz.

ACTUALIZACIÓN (2010):

A finales de 2005, Roskosmos anunció que abriría un concurso de ofertas para el desarrollo del Kliper a comienzos del próximo año. Sin embargo, el lanzamiento de la solicitud de ofertas se fue demorando en el tiempo hasta cancelarse formalmente en julio de 2006, coincidiendo con un acuerdo firmado con la ESA para una posible colaboración en el desarrollo de un futuro vehículo de tipo cápsula, bajo las siglas CSTS de *Crew Space Transportation System*, o Sistema de Transporte Espacial de Tripulaciones. Aunque la empresa RKK Energiya, propulsora del proyecto Kliper, anunció inicialmente que continuaría adelante con sus planes en solitario, el proyecto fue finalmente cancelado en junio de 2007.

A finales de 2008, el consejo ministerial de la ESA decidía cancelar la propuesta colaboración con los rusos alrededor del CSTS, al no llegarse a un acuerdo satisfactorio sobre la participación de cada socio. A raíz de ello, RKK Energiya parece haber centrado sus esfuerzos en el que a día de hoy parece con más probabilidad el sucesor de la Soyuz: el sistema PPTS (*Prospective Piloted Transport System*, o Futuro Sistema de Transporte Pilotado), un proyecto que mantiene el concepto de cápsula frente al esquema inicialmente planteado para el Kliper.

Javier Casado

Vega
Un nuevo lanzador para Europa

Octubre 2006

Partiendo de una idea surgida en los años 90, el nuevo lanzador europeo Vega avanza a toda máquina hacia su próxima entrada en servicio. Su primer vuelo está previsto para finales del año 2007.

Con la introducción del Ariane 5 de forma operativa en diciembre de 1999 (tras un primer vuelo con éxito en octubre de 1997), Europa se posicionaba con fuerza en el mercado comercial de lanzamiento de satélites. La gran capacidad de este potente lanzador, que le permitía poner en órbita simultáneamente hasta dos satélites de gran tonelaje, asentaba a Europa en el nicho de mercado constituido por los grandes satélites de comunicaciones y de observación terrestre.

Sin embargo, ya en los años 90, cuando la entrada en servicio del Ariane 5 se veía próxima, los países constituyentes de la ESA empezaron a plantearse la necesidad de cubrir también el hueco ocupado por los satélites de pequeño tamaño. En efecto, si bien el mercado de los grandes ingenios orbitales se preveía sólido en los años venideros, era de destacar el significativo interés que se estaba levantando a nivel mundial por los satélites científicos de pequeño tamaño. Haciendo uso de los grandes avances tecnológicos en materia de miniaturización, estos pequeños ingenios presentan una creciente capacidad a bajo coste, que los hace atractivos para múltiples aplicaciones y para países con bajos presupuestos.

Este segmento se divide en tres categorías: la de los microsatélites, compuesta por aquellos aparatos con un peso inferior a los 300 kg; la de los minisatélites, con su peso situado entre los 300 y los 1.000 kg; y la de los denominados pequeños satélites, situados entre los 1.000 y los 2.000 kg.

Es de destacar que las dos primeras categorías, las de los microsatélites y los minisatélites, caen casi en su totalidad dentro del mercado institucional; se trata en su mayor parte de satélites científicos surgidos de las necesidades de organismos de investigación dependientes del estado, y con unos cometidos muy concretos. Entre estos se encuentran, principalmente, la observación terrestre (de una forma mucho más específica que la realizada por los grandes satélites de observación) y la ciencia espacial en sentido amplio. Se trata también de misiones con un perfil muy concreto: en su mayor parte hablamos de misiones en órbitas bajas (LEO), y a menudo en órbitas polares heliosíncronas.

Los estudios realizados por la ESA en los años 90 demostraron la existencia de un mercado para lanzadores especializados en este tipo de misiones, estimado en al menos 3 a 5 lanzamientos por año. Un mercado suficiente para justificar el desarrollo de un lanzador con estas características.

Italia lidera el proyecto

Desde el primer momento, Italia cogió el testigo del nuevo lanzador. Con una amplia experiencia en propulsión cohete sólida, la Agencia Espacial Italiana (ASI) no esperó a la decisión formal de la ESA, comenzando a su riesgo los estudios de desarrollo de un cohete de estas características.

La apuesta italiana dio resultado, y en 1998 la ESA aprobaba el lanzamiento de un programa encaminado a conseguir un lanzador de tipo ligero como el puesto en marcha en Italia. De esta forma, el Vega italiano se transformaría en un proyecto a nivel europeo, aunque manteniendo Italia el liderazgo del mismo, así como la mayor parte de la participación en el programa.

En efecto, a día de hoy, el programa Vega se encuentra repartido entre siete países de la ESA, siendo la participación de Italia el 65%. El resto se divide entre Francia (15%), España (6%), Bélgica (5,6%), Holanda (3,5%), Suiza (1,3%) y Suecia (0,8%). La dirección del proyecto se halla ubicada en Frascati, Italia, en las instalaciones de la ESA conocidas como ESRIN.

El lanzador

El Vega es un lanzador de tres etapas de propulsante sólido, capaz de enviar una carga útil de 1.500 kg a una órbita heliosíncrona polar de 700 km de altitud. Con una altura de 30 metros y un diámetro en su base de 3 metros, se trata de un cohete relativamente pequeño, similar en tamaño a los dos cohetes aceleradores que flanquean el cuerpo central del Ariane 5. Pero su tecnología de vanguardia lo convierte probablemente en el más avanzado de su categoría, permitiendo ofrecer sus servicios a precios bastante competitivos. De hecho, el aspecto del coste fue uno de los puntos clave en el lanzamiento del programa: el objetivo inicial era conseguir un lanzador ligero con un coste operativo al menos un 15% inferior a los lanzadores equivalentes en los Estados Unidos. Un objetivo que el tiempo dirá si se ha cumplido.

El lanzador europeo Vega. (*Imagen: ESA*)

El lanzador ha sido diseñado para proporcionar una gran flexibilidad en cuanto a carga útil, siendo capaz de alojar tanto un solo satélite del peso máximo admitido, como un satélite principal acompañado por hasta seis microsatélites. En cuanto al rango de cargas y órbitas, éstas son múltiples: entre 300 y 2.000 kg de carga útil, a órbitas situadas entre los 300 y los 1.500 km de altitud, y con inclinaciones que varíen entre los 0° (órbita ecuatorial) y los 100° (ligeramente retrógrada), pasando, naturalmente, por la órbita polar de 90°. Esta flexibilidad le permite adaptarse a un amplio número de misiones, para satisfacer los deseos de una gran variedad de potenciales clientes.

Aunque, como hemos dicho, las tres etapas del lanzador son de propulsante sólido, el Vega incorpora también un módulo adicional de propulsante líquido (que podríamos considerar como una cuarta etapa) que le otorga una gran flexibilidad. En efecto, la ventaja de los motores de propulsante líquido es, como sabemos, su capacidad para efectuar múltiples encendidos (frente al encendido único de los motores de propulsante sólido). El módulo AVUM (*Attitude and Vernier Upper Module*) del Vega incorpora un motor de propulsante hipergólico con diferentes cometidos: corregir los errores de velocidad acumulados por las etapas anteriores de propulsante sólido (algo inevitable en este tipo de motores), llevar a cabo el control de actitud durante la fase final del vuelo, y realizar las maniobras de inserción en la órbita final, entre otros. Todo ello permite llevar a cabo misiones mucho más precisas que las que permitiría un sistema que utilizase sólo propulsante sólido.

En cuanto a las tres primeras etapas, utilizan todas ellas tecnología de última generación: su estructura está realizada en fibra de carbono con resina epoxi (el estándar en la industria aeroespacial cuando hablamos de materiales compuestos, por sus buenas características mecánicas con un bajo peso); y su tobera, de fibra de carbono en matriz de carbono, es orientable para permitir el control lateral durante el ascenso (frente al empleo de pequeños motores específicos para realizar dicho control, una solución alternativa de menor nivel tecnológico). Esta orientación de la tobera en motores de propulsante sólido ya es utilizada en los aceleradores laterales tanto del Space Shuttle como del Ariane 5, pero no por ello deja de ser una tecnología de alta complejidad. En cualquier caso, la del Vega incorpora nuevos materiales en las juntas móviles, que se espera que mejoren la eficacia con un menor coste.

El lanzador se complementa con un carenado de carga útil también fabricado en fibra de carbono, lo que, unido a los segmentos inter-etapa fabricados también en este material, convierte al Vega en un lanzador cuya estructura estará realizada íntegramente en materiales compuestos.

Un nuevo motor para la competitividad de Europa

Quizás lo más significativo a nivel tecnológico del nuevo Vega, sea el motor P80 de su primera etapa, la mayor de las tres. En este motor se están incorporando los últimos avances en propulsión de tipo sólido, no sólo con la vista puesta en el propio Vega, sino como un primer paso hacia la consecución de motores aceleradores de nueva generación, de menor coste y peso y de mayor eficiencia, para el Ariane 5.

Entre estos avances se encuentran el ya comentado de la carcasa exterior en fibra de carbono, a los que se suman otros menos visibles como propulsantes más eficientes, elementos de aislamiento más ligeros, o procesos de fabricación de menor coste para la tobera y otros elementos del motor. La magnitud del desarrollo del P80 es tal, que puede entenderse como un subproyecto dentro del propio Vega, y de hecho la participación en este desarrollo es diferente a la del lanzador en su globalidad. En el P80 participan únicamente cuatro países de la ESA, siendo Francia el líder por su mayor experiencia en propulsión, con un 66%. Le sigue Bélgica, con una participación del 19%, Italia con un 10,5%, y Holanda con el 4,5%.

Participación española en un proyecto de futuro

España continúa con el Vega su tradición de participar en todos los desarrollos de lanzadores Ariane, siendo su contribución muy similar a la realizada en el Ariane 5, tanto en elementos como en porcentaje: en torno al 6%.

Las empresas españolas involucradas en el proyecto incluyen a EADS-CASA Espacio, a cargo del adaptador de carga útil y la estructura del AVUM, y EADS Astrium-CRISA, como responsable de diversos sistemas de aviónica. Siguiendo la política de la ESA, el retorno industrial para cada país es proporcional a su nivel de participación en el proyecto: los fondos aportados al programa por cada estado miembro se transforman de esta forma en contratos para la industria nacional, asegurando así el retorno directo de todas las inversiones, aparte de la participación en el beneficio económico que pueda suponer la venta de los servicios del lanzador.

El Vega será lanzado desde las instalaciones de la ESA en Kourou, aprovechando las infraestructuras utilizadas en su día para el Ariane-1 (el primero y más pequeño de los lanzadores de la ESA, retirado en 1986). Con su entrada en servicio, prevista para finales de 2007, unida al comienzo de los lanzamientos del Soyuz-2 desde Kourou a finales de 2008, Europa se asegura la capacidad para cubrir prácticamente todas las necesidades del mercado comercial: desde los microsatélites hasta los más pesados artefactos orbitales podrán ser puestos en órbita por los lanzadores de la Agencia Espacial Europea, garantizando para el futuro el puesto de liderazgo en el mercado mundial que ha venido manteniendo en los últimos años.

ACTUALIZACIÓN (2010):

A finales de 2010, el primer vuelo del Vega aún no ha tenido lugar, estando previsto que ocurra a lo largo de 2011. El primer lanzamiento de un cohete Soyuz desde Kourou se espera también para comienzos del mismo año.

Javier Casado

ConeXpress
El remolcador espacial

Noviembre 2006

Hasta ahora, los satélites de comunicaciones han sido "de usar y tirar": una vez que se les acaba el propulsante de sus depósitos, deben ser retirados del servicio, aunque el resto de sus sistemas siga funcionando perfectamente. ConeXpress, un nuevo desarrollo europeo, viene a solucionar este problema.

Teóricamente, un satélite no precisa de ningún motor para mantenerse en órbita: las leyes de la física encarnadas en las leyes de Kepler aseguran que el objeto seguirá describiendo su trayectoria de forma natural por un tiempo indefinido. Pero en la práctica, existen multitud de perturbaciones, de las que ya hemos hablado en un artículo anterior, que obligan a realizar correcciones periódicas de la órbita para evitar su degeneración con el paso del tiempo.

El problema es especialmente acuciante en el caso de los satélites de telecomunicaciones en órbita geoestacionaria: estos aparatos deben mantener su posición en el espacio con una gran precisión, independientemente de las perturbaciones, para asegurar su correcto funcionamiento. Imaginemos lo que sería estar viendo la televisión de pago, y perder la señal y tener que reorientar nuestra antena parabólica porque el satélite se ha desplazado de su posición nominal debido a dichas perturbaciones.

El mantenimiento en estación –que así se denomina- del satélite, requiere del uso periódico de sus motores, con el consiguiente gasto de propulsante. Cuando éste se agote, será imposible mantener al satélite operativo, y poco importará que sus transpondedores y todos sus sistemas sigan funcionando perfectamente: el satélite estará muerto, y será necesario sustituirlo por uno nuevo, con un coste en torno a los 250 millones de dólares.

Los satélites de telecomunicaciones suelen diseñarse para una vida útil en torno a los 10 a 15 años, viniendo determinado este plazo, principalmente, por la existencia de propulsante en sus depósitos para mantener su correcta puesta en estación. Sin embargo, no es nada infrecuente que a esa edad el satélite conserve aún sus sistemas electrónicos operativos, abriendo la puerta a una oportunidad de negocio si alguien consigue de alguna forma "reabastecer" al satélite para que continúe prestando sus servicios.

Este negocio potencial es el que está intentando explotar la empresa británica Orbital Recovery Limited, a través de un acuerdo de cooperación con la Agencia Espacial Europea, en un proyecto financiado al 50% por cada parte. Porque, si bien el reabastecimiento de propulsante no es posible, sí lo es la utilización de un "remolcador espacial", un módulo que se acople al satélite moribundo para encargarse en lo sucesivo de todas las operaciones de propulsión y control de actitud requeridas.

ConeXpress utiliza la estructura cónica del adaptador de carga útil del Ariane 5 como parte principal de su estructura, de modo que no ocupa ningún espacio adicional a bordo del lanzador. (*Imagen: Orbital Recovery Ltd*)

El resultado de esta idea es ConeXpress, un pequeño vehículo de forma cónica (de ahí su nombre) diseñado para acoplarse a satélites de comunicaciones geoestacionarios con el objetivo de alargar su vida útil por unos 10 años más, de media. Esto supone un considerable ahorro de costes para el operador, que se evita el lanzamiento prematuro de un nuevo satélite, por sólo una pequeña fracción del coste que ello supondría.

ConeXpress es un desarrollo ingenioso: utiliza como estructura el adaptador de carga útil del Ariane 5, una pieza cónica y hueca fabricada por la empresa española EADS-CASA Espacio, y encargada de hacer de interfaz entre el satélite y el lanzador. Este adaptador de carga útil supone un espacio muerto en la carena de carga del Ariane 5, y es ese hueco el utilizado por ConeXpress, permitiendo así su envío al espacio sin obstaculizar el espacio destinado a la carga principal.

Un momento crítico: el acoplamiento

El remolcador utiliza un motor de iones para su propulsión, lo que le garantiza un prolongado tiempo de funcionamiento con un mínimo gasto de propulsante. Una vez enviado al espacio a bordo de un Ariane 5 (como carga adicional a los dos satélites habituales, como ya hemos indicado), ConeXpress enciende su motor para realizar una pausada aproximación a su objetivo, el satélite a recuperar. Su objetivo es acoplarse con él, y ocuparse de ahí en adelante de todas las maniobras necesarias para su correcto mantenimiento en órbita.

Pero esto no es tarea fácil: el satélite al que debe unirse ConeXpress no ha sido diseñado para tal acoplamiento, no disponiendo de ningún mecanismo para ello, ni colaborando de forma alguna en el proceso. Al contrario que en los acoplamientos habituales en las estaciones espaciales, donde antenas situadas tanto en el vehículo que se va a acoplar como en la propia estación interactúan entre sí para facilitar el acercamiento, en el caso que nos ocupa, uno de los vehículos es totalmente pasivo, teniendo que ser el otro el que realice todo el trabajo.

Y no es éste el único problema: además de la ausencia de un dispositivo de acoplamiento en el satélite, resulta que cada uno de ellos es diferente al anterior, lo que convierte la tarea en un verdadero quebradero de cabeza para los diseñadores del sistema. ¿Cómo eludir este obstáculo? Pues, de nuevo, con ingenio. Un elemento común a prácticamente la totalidad de los satélites geoestacionarios es el motor de apogeo: el encargado de darle el último impulso para inyectarlo en órbita GEO a partir de la órbita de transferencia (GTO) en la que lo deja el lanzador. Un motor que sólo se utiliza en dicha ocasión, y que queda luego olvidado, sin uso, pero con una característica muy útil para ConeXpress: la presencia de la tobera de escape, en la cara posterior del satélite, la que en su posición final quedará apuntando en sentido contrario a la Tierra. Esta tobera es la que utiliza el remolcador espacial para su acoplamiento.

El proceso es el siguiente: ConeXpress se aproxima al satélite objetivo desde atrás; se evita así interferir con sus comunicaciones con tierra, permitiéndole seguir operando durante todo el proceso. Cuando el vehículo se ha aproximado a una distancia prudencial, un operador de tierra toma el control manual de la maniobra, de un modo similar a como funciona el sistema ruso de acoplamiento TORU (utilizado habitualmente como sistema de emergencia en las naves Soyuz y Progress cuando falla el sistema automático Kurs). El operador va aproximando a ConeXpress con su objetivo puesto en la tobera del motor de apogeo del satélite a recuperar. Cuando el remolcador se ha acercado hasta apenas unos centímetros de su objetivo, se extiende una pértiga retráctil que se introduce en el interior de la tobera del satélite, expandiéndose una vez rebasada la garganta (la parte más estrecha del canal de escape); a continuación, se retrae la pértiga así anclada, aproximando ambos vehículos hasta su contacto final. En ese momento, unos cierres se activan sobre la tobera del satélite, asegurando un acoplamiento sólido entre ambos. A partir de entonces, ConeXpress toma el mando de las maniobras orbitales con sus motores iónicos, asegurando el funcionamiento del satélite durante unos cuantos años más.

Todo controlado

El control propulsivo desde un módulo adicional representa un nuevo problema para el control de órbita y de actitud: si el empuje de los motores no pasa por el centro de masas del conjunto, su estabilidad será cuando menos complicada, y puede que, en ocasiones, imposible. Para evitarlo, ConeXpress dispone de mástiles extensibles y articulados encargados de alejar y orientar las toberas de sus motores iónicos del modo necesario para conseguir que su vector de empuje pase por el centro de masas del sistema. Unos volantes de inercia integrados en el vehículo se encargan de corregir los pequeños errores residuales que puedan permanecer.

Otro problema es la iluminación solar: para alimentar sus motores iónicos, de funcionamiento eléctrico, el remolcador europeo precisa de unos grandes paneles solares, que podrían hacer sombra a los del satélite a recuperar. Esto se soluciona posicionando a ConeXpress durante su acoplamiento de modo que los paneles de ambos queden formando un ángulo de 90°, con una configuración final en forma de cruz, reduciendo así a niveles prácticamente despreciables la sombra proyectada sobre su "cliente".

ConeXpress se acopla al satélite "cliente" de modo que sus paneles solares queden en ángulo recto con los de aquel, para evitar hacerse sombra. (*Imagen: Orbital Recovery Ltd*)

Usos alternativos

ConeXpress no sólo servirá para extender la vida de satélites moribundos: también permitirá recuperar satélites recién lanzados que, por algún fallo del lanzador, sean dejados en una órbita errónea sin posibilidad de utilización (algo que de vez en cuando sucede). Aunque en este caso el coste del satélite quedaría cubierto por el seguro, no suponiendo un coste para el operador (aparte de los inconvenientes ocasionados por la no disponibilidad del mismo), podría ser la aseguradora la interesada en contratar los servicios del remolcador, permitiendo poner el satélite en funcionamiento por un coste inferior al de la indemnización a pagar. O quizás algún otro operador (puede que de un país con pocos recursos) estuviera dispuesto a recuperar ese satélite "de segunda mano" por una fracción del coste que tendría uno nuevo.

Los fabricantes de ConeXpress también contemplan otras posibilidades, como la reutilización de su vehículo: si el satélite recuperado alcanza el final de su nueva vida (por fallo de alguno de sus sistemas, o simplemente por obsolescencia) cuando a su remolcador aún le quede suficiente propulsante en sus depósitos, podría desacoplarse para ir al encuentro de un nuevo satélite "cliente". También se prevé la posibilidad de tener un remolcador en órbita de aparcamiento, a la espera de la aparición de un cliente potencial, reduciendo así considerablemente el tiempo de respuesta frente a imprevistos (fallos de lanzamiento, principalmente), lo que puede suponer un atractivo adicional para los operadores, para quienes el correcto mantenimiento del servicio es un requisito prioritario.

Un proyecto europeo con participación española

Aunque el proyecto está liderado por la empresa británica Orbital Recovery Limited, que será quien provea los servicios de ConeXpress, a nivel industrial participan en el programa un amplio conglomerado de empresas europeas:

El principal contratista es la holandesa Dutch Space, a quien podríamos considerar responsable del diseño y la producción del remolcador. La Agencia Espacial Alemana y la empresa del mismo origen Kayser-Threde se encargarán de los complejos sistemas de acoplamiento, aprovechando la experiencia previa con mecanismos robóticos utilizados a bordo de la ISS. La sueca Swedish Space Corporation estará a cargo del subsistema de seguimiento, telemetría y telemando, así como del segmento de tierra. La francesa Snecma será la responsable del sistema de propulsión por motor de iones, utilizando la experiencia obtenida con la sonda de la ESA Smart-1. Suiza también participa a través de Contraves, con el diseño y fabricación de los mástiles desplegables. Arianespace lo hará a través de los servicios de lanzamiento a bordo del Ariane 5. Y, finalmente, la española Sener será la responsable del subsistema de control de actitud y de órbita. EADS-CASA Espacio también participa como responsable de la estructura de ConeXpress (el adaptador de carga útil del Ariane 5), y GMV, aunque no a nivel industrial, lo hace en el apartado de mecánica orbital, su principal campo de experiencia.

Un sistema pionero con un amplio mercado potencial

Aunque ConeXpress está en estos momentos saliendo de la mesa de diseño para dar comienzo en breve la fabricación de los primeros prototipos, se prevé que esta fase se desarrolle con rapidez, con una primera misión prevista para 2008.

A continuación, se prevén dos misiones adicionales en 2009, y a partir de entonces una media de tres misiones por año comenzando en 2010. El mercado potencial de satélites a los que ConeXpress podría ofrecer sus servicios se estima en unos 80-100 de aquí a 2015. Si finalmente todo se desarrolla como está previsto, y el sistema es bien recibido por el mercado, Europa puede posicionarse con el ConeXpress como la única potencia espacial a nivel mundial capaz de ofrecer estos servicios de rescate orbital.

ACTUALIZACIÓN:

A finales de 2010, ConeXpress no es más que otro ilusionante proyecto espacial que ha resultado fallido. En el momento de escribir estas líneas, la empresa a cargo del proyecto, Orbital Recovery Ltd., ha dejado de existir, no existiendo tampoco ninguna referencia al proyecto por parte de Dutch Space ni de ningún otro de los principales contratistas.

Columbus: el esperado

Octubre 2007

Si no hay retrasos de última hora, el próximo mes de diciembre el laboratorio europeo Columbus será finalmente lanzado al espacio a bordo del transbordador Atlantis en la misión STS-122, para unirse a la Estación Espacial Internacional. Será el comienzo de su vida útil, y el final de una larga agonía que se ha prolongado durante cinco años.

Con el Columbus, Europa contará por fin con su propio laboratorio en el espacio. En el interior de este módulo cilíndrico de 7 metros de largo por 4,5 de diámetro, los astronautas europeos podrán realizar investigaciones sobre materiales, biología y fisiología humana en los tres minilaboratorios especializados en estas áreas que porta en su interior. Además, cuenta con un cuarto espacio de experimentación multidisciplinar que podrá dedicarse a diferentes tipos de experimentos según se considere conveniente.

Una historia accidentada

La historia del módulo laboratorio europeo Columbus comenzó en 1996, con la adjudicación de su fabricación por parte de la ESA a la empresa aeronáutica alemana Deutsche Aerospace, hoy parte de la multinacional aeronáutica europea EADS. Por entonces, se preveía un lanzamiento del módulo para 2002, pero pronto se pondría de manifiesto que dicha fecha no iba a poder cumplirse.

Los primeros obstáculos vinieron por parte de Rusia, sumida por entonces en la grave crisis económica que sucedió a la caída de la antigua URSS. Retrasos en el desarrollo de elementos clave de la estación por parte de Rusia (a menudo simplemente retrasos forzados para negociar mejores condiciones económicas con el otro socio mayoritario de la estación, los Estados Unidos) provocaron que el lanzamiento del Columbus se fuese retrasando, inicialmente a febrero de 2003, y posteriormente a octubre de 2004.

Representación del módulo europeo Columbus acoplado a la Estación Espacial Internacional. (*Imagen: ESA*)

Pero el mayor varapalo para las expectativas europeas vino con el accidente del Columbia, en febrero de 2003. El subsiguiente parón en las actividades del transbordador espacial norteamericano (único sistema existente en la actualidad capaz de poner en órbita el módulo Columbus) retrasó inicialmente el lanzamiento hasta finales de 2006, para más adelante replanificarse para comienzos de 2007. El mal tiempo también jugó malas pasadas, y huracanes y granizadas afectaron negativamente a la planificación de vuelos del transbordador, obligando a retrasar de nuevo la puesta en órbita del módulo europeo primero a septiembre, y, finalmente, a diciembre del presente año. En total, un retraso de más de cinco años frente a la fecha inicialmente prevista.

Pero no han sido los retrasos, en buena medida debidos a "causas de fuerza mayor", los que más intranquilidad han causado entre los responsables de la Agencia Espacial Europea durante la accidentada gestación del Columbus. Si bien retrasos de esta magnitud han causado severos quebraderos de cabeza y considerables sobrecostes a la ESA, además de la incapacidad de llevar a cabo durante este periodo la investigación en microgravedad inicialmente prevista, todo esto no ha sido nada en comparación con los negros nubarrones que se cernieron durante el proyecto durante algunos de estos años. Nubarrones que llegaron a enfriar sensiblemente las relaciones entre Europa y los Estados Unidos en este terreno, por decirlo de forma suave.

Tijeretazo

En 2001, y como consecuencia de los sobrecostes incurridos en el proyecto, Estados Unidos decidió unilateralmente cancelar buena parte de los módulos previstos para la estación espacial, además de suprimir también el desarrollo del vehículo de rescate de tripulaciones. Esto último ya afectaba negativamente a Europa, que participaba activamente en el desarrollo de dicho vehículo, pero mucho peor era el impacto conjunto que estas reducciones tendrían sobre la operatividad de la estación; y es que, debido a los recortes, el complejo resultante tendría únicamente capacidad para sostener tripulaciones de tres miembros, frente a los siete inicialmente previstos.

La noticia sembró la inquietud y, por qué no decirlo, la irritación, entre los diferentes socios del proyecto; en concreto, europeos y japoneses veían cómo sus posibilidades de experimentación a bordo del complejo se reducían a extremos insignificantes, que no justificaban en absoluto las sumas invertidas en el proyecto. Con tripulaciones de sólo tres miembros, no sólo no quedarían apenas oportunidades para la investigación, al irse la mayor parte del tiempo en las tareas de mantenimiento de la estación, sino que, al tener que repartir entre sólo tres hombres las diferentes nacionalidades de los países participantes en el proyecto, la presencia de europeos a bordo se vería drásticamente reducida. La ESA calculó que su tiempo útil de experimentación a bordo del Columbus caería de 12-13 horas por semana a ¡poco más de hora y media! No es de extrañar que muchos en la ESA se sintieran literalmente engañados. El director de la sección de vuelos tripulados de la agencia lo decía claramente a comienzos de 2002: *"Estamos extremadamente preocupados por todo esto, y nos gustaría destacar que la NASA y los Estados Unidos deben ajustarse a sus compromisos del acuerdo intergubernamental de enero de 1998. [...] Queremos tener una estación que cubra nuestras expectativas y que justifique las enormes cifras que los contribuyentes han dedicado al programa. [...] Con este objetivo, la presidenta del Consejo Ministerial de la ESA [...] ha visitado recientemente al Administrador de la NASA y otros altos cargos norteamericanos para insistir en que deben ser fieles a sus compromisos".*

Luz al final del túnel

Las presiones internacionales sobre los Estados Unidos en relación al serio recorte unilateral dado al proyecto se sucedieron a lo largo de 2002, y la reunión entre socios que tuvo lugar aquel verano demostró la gran tensión existente entre los países participantes. Afortunadamente, parece que las presiones tuvieron su efecto, y para finales de año la NASA empezaba a dar síntomas de buscar soluciones alternativas que permitieran aumentar el número de tripulantes a niveles aceptables.

Lamentablemente, en enero de 2003 tenía lugar el accidente del Columbia, ocasionando un largo parón en las actividades de montaje de la estación, y provocando aún más incertidumbre entre los socios. Dicha incertidumbre quedaría más o menos disipada en enero de 2004, cuando el Presidente Bush expuso su nueva "Visión sobre la Exploración del Espacio". En ella, y probablemente como respuesta a las presiones internacionales, el presidente declaraba que *"nuestro primer objetivo será completar la ISS para 2010. Terminaremos lo que empezamos, cumpliremos nuestras obligaciones con nuestros 15 socios internacionales en este proyecto."* Si bien esto no significaba el lanzamiento de los módulos cancelados, sí suponía poner los medios necesarios para llegar a tripulaciones de al menos 6 miembros.

El futuro de la experimentación científica europea en el espacio parecía despejado, y el Columbus, aunque tarde, parecía que podría cubrir las expectativas puestas en él. Pero una nueva amenaza se cernía sobre el proyecto: el discurso de Bush también dejaba claro que el transbordador espacial sería retirado en 2010, y los serios retrasos en su vuelta a la operatividad tras el accidente empezaban a poner en riesgo el lanzamiento del módulo europeo antes de esa fecha. Los temores en la ESA eran tan serios que en agosto de 2005 llegaron a evaluarse los diferentes escenarios que podrían presentarse en caso de que el Columbus no llegase a lanzarse nunca.

Un laboratorio multidisciplinar en microgravedad

Hoy, finalmente, esos temores parecen despejados. Si no hay retrasos de última hora, el año 2008 comenzará para Europa con un flamante laboratorio en el espacio. Heredero de la experiencia del Spacelab, el módulo laboratorio europeo diseñado para operar en el interior de la bodega del transbordador en los años 80, el Columbus cubrirá finalmente las expectativas puestas en él por centenares de investigadores en diversas áreas repartidos por el continente europeo.

Cinco secciones especializadas en diferentes áreas de investigación conforman el interior del Columbus:

- En el Laboratorio de Ciencia de Fluidos se estudiará el comportamiento de líquidos y gases en ausencia de gravedad, una investigación de interés tanto a nivel de ciencia pura, como en aplicaciones en los campos de la combustión, la lubricación o los intercambiadores de calor, por ejemplo.
- En los Módulos Europeos de Fisiología se estudiarán los efectos del medio espacial sobre el cuerpo humano, un área en la que aún queda mucho por aprender de cara a futuras misiones de larga duración.
- Las Ciencias de la Vida tendrán también su hueco en el Biolab. Ahí se llevarán a cabo experimentos de tipo biológico, con plantas, pequeños invertebrados, microorganismos, células y tejidos.
- El cuarto módulo es doble: Laboratorio de Ciencias de los Materiales, y Levitador Electromagnético. En ellos se experimentará con aleaciones y cristales de alta pureza que ayuden a avanzar en el desarrollo de materiales avanzados.
- Y por último, el Columbus incluye un quinto módulo multidisciplinar preparado para alojar diferentes equipos de experimentación que puedan enviarse a la estación en futuras misiones, abriendo así un amplio campo de posibilidades a la investigación en microgravedad.

Aunque Columbus ofrecerá a los investigadores europeos las capacidades de un potente laboratorio en un entorno único como el espacial, su operatividad se verá seriamente restringida durante al menos este primer año. Hasta 2009 no se prevé que pueda incrementarse el número de tripulantes de la estación hasta seis, mínimo imprescindible para que pueda desarrollarse un adecuado programa científico en su interior. Si se cumple esta fecha, para entonces se acumulará ya un retraso de 7 años frente a las previsiones iniciales para que Europa pueda desarrollar un serio programa científico en microgravedad. Pero al fin y al cabo, como dice el refrán… ¡nunca es tarde si la dicha es buena!

Un astronauta trabaja en el exterior del módulo Columbus para su final puesta a punto poco después de su acoplamiento a la Estación Espacial Internacional el 11 de febrero de 2008. (*Foto: NASA*)

El mirador de la estación

Junio 2009

A finales de mayo, la tripulación de la ISS se elevaba por vez primera hasta la capacidad máxima de 6 miembros. Poco antes había llegado a las instalaciones del Centro Espacial Kennedy el módulo de fabricación europea Nodo 3, cuyo lanzamiento conjunto con el Cupola se espera para comienzos del próximo año. Once años más tarde de que se pusiera en órbita su primer elemento, y nueve años después de la llegada de la primera tripulación, la ISS se aproxima por fin a su finalización y completa operatividad.

Tras años de incertidumbres, la tripulación permanente de la estación espacial se ha elevado finalmente hasta seis miembros. Se trataba de un objetivo largamente esperado por la comunidad científica internacional, ya que sólo así podrá dar comienzo una campaña de experimentación en microgravedad realmente efectiva. Durante todos estos años de ocupación de la estación, la experiencia acumulada por los astronautas y los equipos de tierra ha sido muy valiosa en términos de cómo trabajar en el espacio y cómo mantener operativo el complejo, pero realmente algo decepcionante desde el punto de vista de la investigación científica. Y es que, con sólo tres tripulantes a bordo, la mayor parte del tiempo disponible se iba simplemente en tareas de mantenimiento, dejando poco tiempo para experimentar.

Además de esta limitación, había otro hándicap importante para los que podríamos llamar socios "menores" del proyecto, como podrían ser europeos y japoneses, frente a los socios mayoritarios norteamericanos y rusos. Y es que, con sólo tres puestos para repartir, las posibilidades de que astronautas de estas nacionalidades formasen parte de la tripulación de la estación eran bastante reducidas. Con las nuevas tripulaciones de seis miembros no sólo se dará cabida de forma más estable a estas nacionalidades, sino que su tiempo a bordo podrá estar mucho más centrado en la experimentación científica, aportando un mayor valor añadido a las misiones.

Un largo camino recorrido

Para poder acoger a estas tripulaciones de seis miembros se ha tenido que esperar a que la estación contase con los medios suficientes para sostenerlas. Las últimas ampliaciones del complejo con equipos adicionales de suministro energético y soporte vital lo han hecho posible. Ahora no sólo las tripulaciones han alcanzado su tamaño definitivo, sino que la propia estación está ya a un paso de estar finalizada. Y entre los pocos módulos que quedan por añadir al laboratorio orbital hay todavía dos de fabricación europea: se trata del Nodo 3 y la Cúpula (Cupola, en su nombre original italiano).

Ambos elementos han sufrido en primera línea las vicisitudes que han afectado a todo el desarrollo de la estación, amenazando con dejarlos en tierra en el caso de la cúpula, o implicando un tremendo número de modificaciones sobre el diseño inicial en el caso del Nodo 3.

Aunque ambos elementos son de fabricación europea, su propiedad es norteamericana. La razón se remonta al acuerdo firmado entre la ESA y la NASA en 1997, en el que la primera se comprometía a entregar a la segunda los Nodos 2 y 3 a cambio del lanzamiento del módulo europeo Columbus a bordo del transbordador. En 1995 se ampliaba el acuerdo a la fabricación de la cúpula, a cambio del lanzamiento de cinco elementos europeos adicionales para equipar el laboratorio Columbus. De esta forma, la ESA se evitaba tener que pagar directamente a la NASA por sus servicios, prefiriendo dejar el dinero en Europa, en empresas europeas que desarrollasen dichos módulos para la NASA, y adquiriendo un mayor nivel tecnológico en el proceso. La empresa aeroespacial italiana Thales Alenia Space ha liderado el proceso de diseño y desarrollo de ambos módulos, que incluyen aportaciones menores de muchas otras empresas europeas.

Años de incertidumbre

Pero en 2001 las cosas empezaron a torcerse. Por entonces, y como consecuencia de los sobrecostes arrastrados en el proyecto de la estación, Estados Unidos decidía recortar drásticamente su aportación al programa, cancelando varios de los módulos inicialmente previstos. Entre los múltiples y graves impactos que esto provocaba al proyecto y sus socios internacionales, había uno que afectaba directamente al Nodo 3: éste, que inicialmente iba a ser una copia idéntica del Nodo 2, poco más que un nudo de interconexión de módulos de la estación, sufría un severo rediseño para incorporar en él varios de los equipos más imprescindibles que iban a estar en los módulos cancelados y que ahora era necesario reubicar. Hasta 300 peticiones de cambio serían recibidas en la ESA por parte de la NASA, para modificar el diseño previsto inicialmente para el Nodo 3. En cuanto a la cúpula, este recorte unido al impacto que ocasionó al proyecto el accidente del Columbia en 2003, supuso que muchos temieran seriamente que terminase sus días en algún museo.

Vinieron años oscuros para la ISS, de tensas discusiones entre los socios y serias dudas sobre el futuro del proyecto, hasta que finalmente en 2004 los Estados Unidos parecieron ceder, aceptando una solución de compromiso alrededor de una estación reducida frente a la idea inicial, pero suficientemente operativa. Ese mismo año la ESA entregaba la cúpula a la NASA, mientras el Nodo 3 seguía sufriendo sucesivas peticiones de modificación por parte de la NASA que impedirían su entrega hasta abril de 2009. Por fin, doce años después de que se lanzara oficialmente su fabricación, ambos módulos esperan un lanzamiento que se prevé para comienzos de 2010.

Mucho más que un nudo

Aunque el Nodo 3 fue concebido inicialmente como un simple nudo de interconexión de módulos, en la realidad ha terminado siendo mucho más. En sus 7 metros de longitud por 4,5 metros de diámetro se alojan, entre otros, diferentes equipos de soporte vital que refuerzan los ya existentes en la estación, como un generador de oxígeno, un filtro de CO_2, una unidad de control de la presión y composición del aire a bordo, y un sistema de reciclado de agua potable. También se han añadido al Nodo 3 otros equipos de mayor tamaño que deberían haber equipado módulos cancelados, como una nueva unidad higiénico-sanitaria (un nuevo váter) y un completo equipo de ejercicios para la tripulación que incluye una nueva cinta de correr y otros sistemas que lo convierten casi en un minigimnasio. Diversos equipamientos electrónicos, un subsistema de control térmico autónomo y las conexiones necesarias (cables eléctricos y de datos, y tuberías de agua) para conectar adecuadamente los diferentes módulos, culminan el completo equipamiento de este en apariencia sencillo elemento de la estación espacial.

El Nodo 3, bautizado como "Tranquility", en el proceso de su acoplamiento a la Estación Espacial Internacional el 12 de febrero de 2010. Sobre él se instalaría poco después la cúpula. A la derecha, en primer plano, una nave Soyuz acoplada a la estación. (*Foto: NASA*)

Una habitación con vistas

En uno de los puertos del Nodo 3 se amarrará la cúpula, un pequeño módulo que en sus 2 metros de diámetro por 1,5 metros de altura incorpora un total de siete amplias ventanillas que proporcionarán una visibilidad hacia el exterior sin precedentes hasta ahora a bordo de ningún vehículo espacial. La mayor es circular y tiene nada menos que 80 centímetros de diámetro, situada en la parte superior de una estructura que intenta aproximarse a una semiesfera. Por el resto del perímetro de este pequeño módulo se distribuyen otras seis ventanillas trapezoidales, dando como resultado entre las siete una visibilidad hemisférica total. Todas estas ventanas están protegidas por unas portezuelas exteriores metálicas que las resguardan de impactos de micrometeoritos y basura espacial, pudiéndose abrir o cerrar a voluntad de la tripulación, según necesidades.

Cupola vista desde el exterior de la ISS; puede observarse cómo alguna de las ventanas se encuentra cerrada por la portezuela de protección (derecha). (*Foto: ESA*)

Las funciones de la cúpula son varias, y entre ellas también está la de servir de mirador panorámico para esparcimiento de la tripulación, aunque inicialmente pudiera parecer banal. Aunque hay que reconocer que este objetivo es secundario, y que probablemente si sólo fuera esa su función, nunca habría llegado a desarrollarse. Su principal utilidad es la supervisión de actividades robóticas o humanas en el exterior de la estación, asistiendo a distancia a los astronautas que realizan salidas al exterior, monitorizando las maniobras de acoplamiento de naves de soporte, o sirviendo como punto de operaciones desde el interior para los brazos robóticos situados en el exterior del complejo.

Secundariamente, el amplio campo de visión de la cúpula servirá también para realizar posibles observaciones científicas de la Tierra, aprovechando la disposición del módulo, con su parte superior apuntando hacia nuestro planeta. Y finalmente, como hemos dicho, contribuirá a servir de entretenimiento y de estímulo psicológico a la tripulación, brindándoles oportunidades increíbles de observación de la Tierra y el espacio, uno de los mayores premios de ser astronauta, según declaran ellos mismos.

Javier Casado

Una ISS casi terminada

Con el lanzamiento a comienzos del año próximo del Nodo 3 y la Cúpula, la ISS estará ya a solo un paso de su finalización. Tras el acoplamiento de estos dos elementos de fabricación europea y propiedad norteamericana, sólo faltarán dos módulos de experimentación rusos (además de algunos equipos adicionales, pero no módulos) para llevar la ISS a su configuración final, se espera que en 2011, tras trece años de trabajos.

Desde su acoplamiento a la ISS, Cupola se ha convertido en el lugar preferido por la tripulación para pasar su escaso tiempo libre. En la fotografía, la astronauta Tracy Caldwell Dyson disfrutando de las vistas.
(*Foto: NASA*)

En cualquier caso, y dejando aparte su valiosísima aportación al proyecto de la estación desde un punto de vista logístico y tecnológico, con la llegada del Nodo 3 y la cúpula las tripulaciones del complejo tendrán sin duda un motivo de celebración. No sólo se acabarán las colas para ir al baño por las mañanas, ahora que son ya seis tripulantes con un solo váter, sino que dispondrán también de un magnífico mirador panorámico desde el que disfrutar como nunca de su estancia en el espacio. Frente a los acostumbrados espacios cerrados del resto de módulos, con tan sólo algún que otro pequeño ojo de buey desperdigado, entrar en la cúpula será casi como sentirse flotando en el espacio, pero sin la incomodidad de los trajes y sin necesidad de abandonar la seguridad de la estación. Con la cúpula, la ISS se abrirá a la inmensidad del universo. El laboratorio más caro del mundo tendrá entonces también un pequeño lujo: una habitación con vistas.

Logística espacial

Noviembre 2006

Con la Salyut 6, los rusos introdujeron en 1977 la primera estación espacial reabastecible de la historia. Era el primer paso hacia lo que se denominó estación espacial permanente, de la que la Mir fue el primer ejemplo. Este concepto tiene hoy día su continuación en la Estación Espacial Internacional.

La idea es sencilla: se trata de disponer de los medios para reabastecer de los consumibles necesarios a la tripulación a bordo de la estación. Estos consumibles incluyen básicamente agua, comida, oxígeno y propulsante para alimentar los motores del complejo, que deben encargarse de mantener su órbita y su orientación en el espacio frente a las perturbaciones. Pero no son los únicos elementos necesarios: los repuestos y herramientas para reparar componentes averiados, o el envío de nuevos equipos de experimentación también son cargas a transportar en estas misiones de reabastecimiento.

Durante años, las naves carguero rusas Progress han sido las encargadas de llevar a cabo esta misión. Basadas en la veterana nave Soyuz, se trata de vehículos no tripulados diseñados para acoplarse de forma automática con una estación espacial, transportando en su interior los bienes necesarios para su mantenimiento operativo. Introducida en enero de 1978, la Progress permitió que se llevasen a cabo las primeras misiones de larga duración a bordo de las estaciones rusas Salyut 6 y 7, y de la famosa estación Mir. Sin ellas, el record de permanencia de 437 días en el espacio de Valery Polyakov, nunca hubiera sido posible: las naves Soyuz corrientes apenas disponen de capacidad de carga extra que les permita desarrollar esta función, lo que ha hecho de las Progress unos vehículos únicos hasta nuestros días.

La Progress tiene una utilidad doble: por una parte, aporta nuevos suministros, y, por otra, la tripulación la emplea para deshacerse de desperdicios y otros materiales indeseados. Dado que la nave se destruye durante su entrada en la atmósfera, es una forma eficaz de gestionar la basura, a modo de "incineradora cósmica". Lamentablemente, por esta misma razón, no sirve para devolver elementos de utilidad a la Tierra, sean equipos reutilizables o resultados de experimentos, por ejemplo.

Introducida en 1978, la nave rusa no tripulada Progress sigue siendo después de más de 30 años el principal vehículo espacial de carga.
(*Foto: NASA*)

El MPLM

Hasta la llegada del Shuttle, no había otra forma de reabastecer a una estación espacial que no fueran las naves Progress. El transbordador, por su parte, dispone de una abundante capacidad de carga que supera con creces la de los cargueros rusos, pero emplearlo para misiones exclusivamente de reabastecimiento supondría un gasto desproporcionado, salvo en casos muy particulares. No obstante, esta capacidad es utilizada de forma secundaria cuando se realiza una misión a la ISS para reemplazar a una tripulación, o para transportar grandes piezas de la estación.

Sin embargo, hay ocasiones en las que el transbordador sí lleva a cabo una misión a la ISS con el objetivo principal de reabastecerla (aunque suele hacerse coincidir con intercambios de tripulación, realizando así una función doble): se trata de las misiones con el Módulo Logístico Multi-Propósito, conocido en sus siglas inglesas por MPLM.

Un astronauta en el interior de un MPLM recientemente amarrado en la estación, todavía cargado con buena parte de los suministros destinados al complejo espacial. Pueden observarse las grandes dimensiones de este contenedor espacial. (*Foto: NASA*)

El MPLM es un dispositivo muy similar a cualquiera de los módulos de la ISS, pero con un objetivo muy concreto: servir de receptáculo para el envío de suministros a la estación. Alojado en la bodega del Shuttle, el MPLM se envía a la ISS repleto de material, acoplándose de forma manual a uno de los puertos del complejo orbital por medio de brazos robóticos (el módulo no tiene dispositivos de propulsión para acoplarse de forma autónoma). Una vez acoplado, los astronautas pueden descargar todo su material directamente al interior de la estación, llenándolo a continuación con todos los artículos de desecho y, mucho más importante, aquellos que quieren enviarse de vuelta a la Tierra. Y es que, al contrario que las Progress, el MPLM es reutilizable, retornando dentro de la bodega del transbordador. Esta facultad, junto con su gran capacidad, lo convierten en el complemento ideal de las Progress rusas, aunque no dispone de una de las ventajas de éstas: el reabastecimiento directo de agua y propulsante a través de canalizaciones conectadas automáticamente en el mismo mecanismo de acoplamiento.

Pero pese a sus grandes ventajas, el MPLM no podría desarrollar toda su capacidad si no fuera gracias al gran tamaño de las escotillas de la ISS, muy superior a todo lo existente anteriormente.

El embudo espacial

Todos hemos experimentado alguna vez los problemas que representan las estrechas puertas de nuestra casa cuando se trata de cambiar los muebles o de hacer una mudanza: sofás que no hay forma de hacer pasar por el hueco o que se quedan atascados entre marcos y paredes, bultos que sólo pueden meterse a través de una ventana o balcón, sudores, dedos aplastados contra algún borde e improperios...

Ahora imaginemos que no se trata de nuestra casa, ni de un cambio de muebles por razones de moda o estética: pongámonos en la piel de un astronauta a bordo de la Estación Espacial Internacional, que está esperando ansioso el último envío de víveres y de piezas de repuesto para mantener su "vivienda" en perfecto estado de funcionamiento. Y que, cuando llega el vehículo de transporte, se encuentra con que no puede meter las cosas por la escotilla.

¿Imposible? No tanto. Si bien es cierto que nunca ha llegado a darse esta situación, ya que los ingenieros tienen en cuenta las aberturas de acceso a la hora de diseñar los tamaños de los paquetes enviados a la tripulación, sí se ha dado a menudo el caso contrario: no poder desechar los objetos inútiles.

A bordo de una estación espacial hay grandes aparatos y armarios que no es posible diseñar de forma que quepan por las pequeñas escotillas. En esos casos, estos objetos deben estar ya dentro de la estación desde el momento en que ésta es enviada al espacio. Y permanecerán en su interior hasta que la estación sea abandonada y se queme finalmente en la atmósfera.

¿Y por qué no hacer las escotillas más grandes? Un gran portalón de entrada, y todo estaría resuelto; sería como hacer la mudanza de nuestra casa por el garaje. ¿Por qué no?

Pues porque las grandes puertas en un vehículo espacial tienen grandes problemas: el interior contiene aire a la presión atmosférica, mientras que en el exterior tenemos el vacío del espacio. En una puerta de un metro cuadrado (que no es mucho), esto supone una fuerza de más de diez toneladas. Y si esa puerta falla, dejando escapar el aire al exterior, la tripulación puede morir; es peligroso aumentar esa fuerza para conseguir un acceso mayor.

Por otra parte, las escotillas suelen ser circulares, y no por capricho. La razón es la misma por la que los aviones tienen las ventanillas con las esquinas redondeadas (y no son totalmente circulares simplemente por estética): porque es la forma que mejor reparte los esfuerzos sobre la estructura adyacente. Una abertura cuadrada, con esquinas, y pronto tendríamos grietas creciendo a partir de los vértices. Algo poco deseable cuando estás flotando en el espacio.

La astronauta Peggy Whitson pasando a través de la escotilla de una nave Soyuz acoplada a la Estación Espacial Internacional. Obsérvense las reducidas dimensiones de la escotilla, de 80 centímetros de diámetro. (*Foto: NASA*)

Así que, con aberturas pequeñas y redondas, los envíos que se realizan a los astronautas deben diseñarse con la forma adecuada: pequeños paquetes, o piezas en forma de largos cilindros. Y aun así, hay veces que la tripulación se las ve y se las desea para meter y sacar ciertos objetos de la estación.

¿Qué hacer, entonces, si se estropea alguno de los equipos voluminosos que se enviaron inicialmente a bordo de la estación? Pues suele haber poco remedio: si no puede ser reparado por los propios astronautas con pequeños repuestos enviados en misiones de transporte, el equipo tendrá que ser descartado como un trasto inútil con el que convivir para los restos. Lo mismo sucede cuando simplemente algo se vuelve obsoleto: puede que se envíen nuevos equipos más modernos diseñados para entrar por la escotilla, pero el viejo tiene que quedarse allí, si no se previó que un día podría resultar innecesario.

Esto que en principio parece tan surrealista, ocurrió durante la vida de la estación espacial Mir. Tras 15 años de permanencia en órbita, cuando se abandonó estaba tan llena de trastos inútiles, estropeados u obsoletos, que los astronautas apenas tenían espacio para moverse. De hecho, éste fue uno más de los argumentos para decidir su abandono final: que poco de lo que había dentro seguía funcionando, aunque ocupaba la mayor parte del volumen habitable. En nuestra vida cotidiana resultaría absurdo tener que abandonar una casa porque se ha estropeado el frigorífico, la lavadora y el televisor, y no podemos tirarlos a la basura ni meter otros nuevos porque no pasan por la puerta. Y cuando también se estropea la cocina y al colchón se le saltan los muelles, al final tenemos que irnos con lo puesto y prender fuego a la casa, mientras empezamos a pensar en preparar una vivienda nueva. Y vuelta a empezar. Así es una estación espacial. O era, hasta que llegó la ISS…

Aprendiendo de la experiencia

Los resultados de 15 años de explotación de la estación espacial Mir han sido un magnífico punto de partida a la hora de diseñar la Estación Espacial Internacional. Frente a las escotillas estándar hasta entonces (circulares, y con un diámetro de 80 centímetros en el caso de las Soyuz, y de 107 centímetros en el caso del transbordador espacial), la nueva estación incorpora grandes accesos cuadrados de 130 centímetros de lado.

Por primera vez en la historia, la Estación Espacial Internacional incorpora grandes escotillas cuadradas de algo más de un metro de ancho, facilitando considerablemente la operatividad del complejo, pero suponiendo un fuerte reto para los ingenieros. (*Foto: NASA*)

Ha sido un gran reto para los ingenieros que han diseñado la estación, que han tenido que diseñar el dispositivo para que aguante más de 17 toneladas de fuerza con una forma que no es, como sería lo óptimo, circular (aunque las esquinas están redondeadas, como en las ventanillas de los aviones). Pero las ventajas para la operación de la estación han sido considerables:

"*Esta escotilla grande es sin duda un héroe olvidado del diseño de la ISS*", declara el ex-astronauta Dan Bursch. "*No recuerdo haber recibido golpes o arañazos utilizando esta escotilla, pero sí que recuerdo haber recibido muchos en las otras más pequeñas*".

Esta escotilla cuadrada, parte del sistema de acoplamiento conocido como *Common Berthing Mechanism*, es común a todas las conexiones de acoplamiento entre módulos de la estación, así como a las conexiones con el MPLM. De este modo, el trasvase de equipamiento desde el módulo logístico a la estación y viceversa, así como a través de los diferentes módulos de la ISS, se ha facilitado considerablemente frente a estaciones anteriores.

Se conservan, no obstante, los puertos de atraque tradicionales para las naves Progress, Soyuz, y el propio transbordador espacial. Estas escotillas siguen padeciendo los problemas de estrechez anteriormente comentados, por razones de compatibilidad con dichos vehículos. Pero a bordo de los módulos Raffaello, Leonardo o Donatello pueden transportarse ahora grandes cargas, impensables en estaciones como la Mir.

Esto no sólo ha supuesto una gran comodidad para los astronautas, sino también una importantísima mejora en la capacidad operativa y experimental de la estación: a bordo del MPLM pueden enviarse ahora "racks" estándar de experimentación, armarios modulares completamente preparados para llevar a cabo experimentos científicos, que encajan en los receptáculos preparados para ello a bordo de la ISS. Y para devolver los resultados a los investigadores de tierra, no hay más que sacar ese armario y volver a cargarlo en un nuevo MPLM, sustituyéndolo por nuevos equipos de experimentación recién llegados. También pueden enviarse ahora a la estación contenedores frigoríficos con muestras biológicas, que sólo pueden acceder a través de esta abertura. Algo impensable hasta nuestros días, cuando el tamaño de los equipos experimentales estaba limitado por las pequeñas escotillas de 80 cm. Anteriormente, los equipamientos mayores debían haberse previsto ya preinstalados en la estación antes de su envío al espacio, y allí permanecerían por los restos. Nuevas instalaciones que no pudiesen hacerse entrar por esos 80 cm debían esperar al lanzamiento de un nuevo módulo o de una nueva estación.

Los cargueros del futuro

Lamentablemente, el MPLM verá el fin de sus días con el cese de los vuelos del transbordador espacial, previsto para 2010. Pero no dejará a las Progress rusas solas en su tarea de reabastecimiento: el ATV europeo y el HTV japonés, con una capacidad superior a las Progress y con capacidad para acoplarse al *Common Berthing Mechanism* (las escotillas de gran tamaño) permitirán mantener la estación en plenitud de facultades.

El ATV tiene previsto su primer vuelo para 2007. Similar en concepto a las Progress rusas (aunque no en forma ni en capacidad), volará de forma completamente autónoma hasta su atraque automático con la ISS. El HTV, por su parte, volará de forma autónoma pero precisará del brazo robótico de la estación para efectuar el acoplamiento final, siendo así un concepto híbrido entre en el de la Progress autónoma y el del MPLM totalmente pasivo. Su introducción se prevé para 2008.

La nave de carga ATV es el equivalente europeo de las Progress rusas, pero con una mayor capacidad de carga. El primer ATV se acopló a la ISS el 4 de abril de 2008. (*Imagen: ESA*)

También se prevé que nuevos vehículos de carga norteamericanos se unan a estas labores en un futuro indeterminado. La NASA ha convocado un concurso entre empresas privadas para el diseño del carguero y la prestación de sus servicios de reabastecimiento, bajo contrato externo. Dichas naves deberán ser también compatibles con el *Common Berthing Mechanism*.

Quinta Parte:

Curiosidades Espaciales

Javier Casado

Todo en orden, mi comandante

Las películas de ciencia-ficción nos han acostumbrado a pensar en naves espaciales con una relativamente extensa tripulación distribuida de acuerdo a un escalafón paramilitar en el que un capitán o comandante detenta la autoridad absoluta a bordo. En las misiones espaciales reales también existe la figura del comandante, pero ¿se parece en algo la realidad a la ficción?

Desde los inicios de la era espacial, en todas las misiones tripuladas ha existido la figura del comandante. Aunque la tripulación se limitase a sólo dos o tres miembros, desde un primer momento se estableció la necesidad de nombrar un responsable máximo encargado de tomar las decisiones más apropiadas para garantizar el éxito de la misión y la seguridad de la tripulación. En la práctica, la designación de comandante habitualmente no pasaba de ser un cargo casi honorífico que llevaba asociada la ejecución de determinadas operaciones específicas a bordo de la nave, en un reparto de tareas entre los miembros de la tripulación que siempre es necesario; pero más allá de esta apariencia inocua de la designación, subyacía la posibilidad de que se dieran situaciones de conflicto interpersonal en las que alguien tuviera que asumir el mando y tomar las decisiones que fuera preciso. En esas hipotéticas situaciones, el comandante tendría que asumir la autoridad que le confería su rango.

La necesidad de declarar esta figura de líder entre la tripulación, aunando los roles de responsabilidad y autoridad, se acrecentó con la introducción del transbordador espacial norteamericano, cuando las tripulaciones crecieron por primera vez hasta las siete personas. Lo mismo ocurriría en el lado soviético con la estación espacial Mir, en la cual su tripulación habitual de tres miembros crecía hasta seis durante los periodos de solape con una nueva tripulación de reemplazo. Un número que creció aún más cuando comenzó el periodo de colaboración con los Estados Unidos y las subsiguientes visitas del transbordador espacial norteamericano a la estación rusa.

Javier Casado

Tripulaciones internacionales

Pero la situación se complicó definitivamente con el arranque del proyecto de la Estación Espacial Internacional. Ahora, no sólo se contaría con tripulaciones de un tamaño considerable (hasta siete miembros se esperaban en los comienzos del proyecto, aunque el máximo en la práctica quedaría reducido a seis, cifra que no se consolidaría hasta mediados de 2009), sino que además existiría la complejidad añadida de tener que lidiar con tripulaciones plurinacionales que operaban en un complejo también internacional, pero compuesto por módulos que en ocasiones tienen un carácter exclusivamente nacional. En esta situación, las posibles causas de disputa no se limitaban a los conflictos humanos, sino que podían abarcar también los de tipo burocrático, administrativo o político. En este contexto la presencia de un líder puede hacerse más necesaria en determinados momentos, aunque lo cierto es que con el alto nivel de formación y responsabilidad que se les supone a los astronautas, unido a la intensa agenda de trabajo que deben cubrir a bordo de la estación, tampoco parece a primera vista que esa labor de liderazgo sea requerida en exceso.

A bordo de la ISS, y especialmente cuando un transbordador está de visita en la estación, el número de tripulantes es ya considerable, y se hace más necesario establecer ciertos rangos a bordo. Aun así, no hay signos externos que diferencien al comandante. (*Foto: NASA*)

Desde luego, parece difícilmente comparable la situación actual en la ISS con la estricta jerarquía y orden de mando a la que estamos habituados en películas como Star Trek. Resulta difícil establecer muchos rangos con sólo tres o seis personas a bordo, y en una situación de estrecha convivencia como es ésa parece también que la designación de un comandante no pasaría de ser un hecho más bien formal, casi administrativo. Pero quizás no todo es lo que parece a bordo de la Estación Espacial Internacional…

El código de conducta

Teniendo en cuenta el complejo entorno en el que habría que trabajar cuando el proyecto ISS alcanzase la operatividad, los países participantes decidieron que sería necesario editar un "código de conducta" que estableciese las normas bajo las cuales se regiría la tripulación, y que, entre otras cosas, establecerían la cadena de mando y las responsabilidades de la figura del comandante.

No fue tarea fácil. Poner de acuerdo a países tan distintos como Estados Unidos, Rusia, Japón o los países europeos miembros de la ESA para que sus astronautas nacionales quedasen sometidos a unas directrices comunes requirió de largas discusiones, pero finalmente se llegó al consenso alrededor de un documento que recogía el marco en el que deberían desarrollarse las futuras actividades en la estación. Los astronautas seguirían manteniendo sus obligaciones nacionales y seguirían sometidos a las leyes de su país, pero por encima de todo ello estarían también sometidos a las normas recogidas en este código de conducta de la ISS.

Además de establecer el marco básico para la adecuada convivencia disciplinada en el espacio, el código de conducta aprovecha también la experiencia de misiones anteriores para establecer normas con respecto a otras actividades menos corrientes. Se regulan así, por ejemplo, las actividades relacionadas con los objetos conmemorativos o "memorabilia" llevados al espacio de forma privada por los astronautas. Se trata de una actividad extraoficial aunque consentida que ya ha dado lugar a serios problemas de imagen en ocasiones anteriores: ya en tiempos tan lejanos como los del proyecto Apollo hubo astronautas que decidieron hacer negocio llevando pequeños objetos al espacio para luego revenderlos por un elevado precio a su vuelta a la Tierra, lo que ocasionó un pequeño escándalo. El código de conducta hoy regula estas actividades permitiendo el transporte de objetos personales (dentro de los pesos y volúmenes establecidos para cada astronauta con estos fines) pero con la condición de que sean para uso privado y no comercial. Un claro ejemplo de cómo la experiencia previa sirve para prevenir problemas futuros.

La figura del comandante

Una de las cosas que el código de conducta de la ISS deja claras es la definición de la figura del comandante y de la cadena de mando a bordo, especialmente la relación de autoridad entre el comandante de la estación y los comandante de los vehículos de transporte que puedan estar anclados al complejo en un momento dado. En relación a esto último, el código de conducta especifica que el comandante de la ISS es la máxima autoridad a bordo, sin perjuicio de las responsabilidades que el plan de vuelo pueda asignar a los otros posibles comandantes. También deja claro que no hay ninguna restricción en cuanto a la nacionalidad del comandante de la estación, pudiéndose designar como tal a un astronauta de cualquier país miembro del consorcio ISS. A continuación, el código de conducta pasa a especificar las responsabilidades y la autoridad asociadas a este cargo.

De forma general, se establece que el comandante es el responsable del cumplimiento del programa establecido para la misión, y el responsable de garantizar la seguridad de la tripulación y de los equipos de a bordo. En cuanto al liderazgo del grupo humano, se establece que el comandante "*dirigirá las actividades de los miembros de la tripulación de la ISS como un equipo único e integrado para asegurar la culminación con éxito de la misión*", otorgándole así el papel de liderazgo del equipo.

Su faceta de autoridad se recalca más adelante cuando se especifica que el comandante de la ISS "*tendrá la autoridad para utilizar cualquier medio razonable y necesario para ejercer sus responsabilidades*". Esta autoridad se extiende "*a los equipos e instalaciones de la estación, a los miembros de la tripulación, a las actividades desarrolladas a bordo y a los datos y efectos personales contenidos en la ISS cuando sea necesario para proteger la seguridad y el bienestar de los miembros de la tripulación y de los equipos e instalaciones de la ISS*".

Los párrafos anteriores parecen aludir a la posibilidad del uso de la fuerza por parte del comandante si fuera necesario para poder ejercer sus funciones. Este punto fue objeto de cierto debate entre los firmantes del código de conducta, al solicitar algunos de ellos la inclusión expresa de esta autorización al uso de la fuerza en el texto. Aunque finalmente se decidió no recogerlo así en el propio código de conducta, sí se reflejó como la correcta interpretación del texto en el acta de la reunión de aprobación del documento. En dicho acta se establece que "*en los casos en los que sea necesario para asegurar la inmediata seguridad de los miembros de la tripulación o de la ISS, los medios razonables y necesarios pueden incluir el uso por parte del comandante de la ISS de la fuerza física proporcionada o de la inmovilización*".

Se trata de posibilidades extremas que afortunadamente no se han dado hasta ahora en el curso de ninguna misión espacial, y que es de esperar que no se den al menos durante mucho tiempo. Pero el conflicto es algo prácticamente inherente a la condición humana, y de hecho es algo que ha tenido lugar a lo largo de la historia de la exploración espacial, aunque por suerte sin llegar a mayores: desde pequeños "motines" a bordo rebelándose contra las órdenes recibidas desde el control de la misión (algo que sucedió a bordo del Skylab) hasta tripulaciones de sólo dos miembros que pasaban días sin hablarse e intentando no encontrarse en el pequeño espacio de una estación Salyut. Aunque experiencias como éstas sirvieron como lección para el futuro, reduciéndose a través de diferentes acciones las posibilidades de que algo así pueda repetirse, es imposible asegurar que un conflicto de mayor o menor intensidad no pueda surgir en un momento determinado. Y en caso de que así ocurra, hay que estar preparado para saber cómo actuar y despejar las posibles dudas que pudieran existir en cuanto a quién detenta la máxima autoridad a bordo.

Efectivamente, como decíamos al comienzo, es difícil establecer un paralelismo a primera vista entre las prácticamente invisibles relaciones jerárquicas a bordo de la ISS y las que tienen lugar en naves ficticias como Star Trek. Pero lo cierto es que, cuando hurgamos un poco, las diferencias reales aparecen mucho más pequeñas. Aunque en ausencia de gravedad vemos difícil que un astronauta pueda cuadrarse correctamente para pronunciar con marcialidad "todo en orden, capitán Kirk".

Javier Casado

SAS:
La amenaza fantasma
de los astronautas

Marzo 2008

Los recientes problemas de indisposición del astronauta alemán Hans Schlegel durante la misión STS-122 nos han hecho recordar toda la problemática que la ingravidez y el medio espacial imponen al ser humano. Después de 47 años de misiones espaciales tripuladas, el síndrome de adaptación al espacio (SAS) sigue siendo hoy en día un problema médico sin solución.

Lo hemos vivido recientemente, aunque no se ha revelado la naturaleza de la dolencia por respeto a la intimidad del astronauta: en el curso de la misión STS-122 el pasado mes de febrero, la misma que transportó el módulo europeo Columbus a la ISS, la NASA reveló que problemas médicos sin determinar impedirían al astronauta alemán Han Schlegel llevar a cabo la primera salida espacial, tal y como estaba planeado. Pocos días más tarde, no obstante, se le declaraba recuperado, y podía participar en otras EVAs sin mayores problemas.

Aunque no se declaró explícitamente, parece claro que Schlegel se vio afectado por el llamado "Síndrome de Adaptación al Espacio", SAS en sus siglas anglosajonas, también conocido como "el mal del espacio", "la enfermedad del espacio", o, simplemente, "mareo espacial".

Una historia de vértigo

Conocido desde que el cosmonauta soviético Gherman Titov sufriera por primera vez sus síntomas en el curso de la misión Vostok 2 en agosto de 1961, el SAS ha afectado desde entonces a buena parte de los astronautas que han subido al espacio. Y, sin embargo, a día de hoy aún no sabemos realmente a qué se deben estos síntomas, y qué puede hacerse para remediarlos o, al menos, mitigarlos.

Los efectos del SAS incluyen vértigos, mareos, fuertes jaquecas, náuseas y vómitos, y una sensación general de malestar tan intensa que puede llegar a dejar completamente incapacitado para el trabajo al infortunado astronauta que lo sufre. Afortunadamente, tras unos pocos días en el espacio los síntomas remiten hasta desparecer por completo. Pero este aparente bienestar puede ser sólo un espejismo, ya que a menudo la situación vuelve a repetirse más adelante, cuando el astronauta vuelve a la Tierra y su órgano del equilibrio tiene que adaptarse a la gravedad de nuevo.

Curiosamente, el SAS no afecta a todos los astronautas por igual: mientras que unos pueden resultar afectados hasta extremos de incapacitación casi total, otros pueden presentar solamente síntomas de malestar no incapacitante, mientras que algunos afortunados son totalmente inmunes a esta enfermedad. Aparte de esta aparente predisposición personal, parece que también el entorno puede determinar si el SAS aparecerá o no: los espacios reducidos parecen evitar la aparición del síndrome, mientras que grandes espacios abiertos como vehículos espaciosos o la inmensidad del vacío espacial contemplada durante las EVAs, parecen favorecerlo.

Esto explicaría que durante las misiones Mercury y Gemini ningún astronauta norteamericano experimentara este tipo de síntomas, que sí aparecieron con fuerza tras la puesta en órbita del laboratorio Skylab: en aquella ocasión, una tripulación completa resultó completamente incapacitada durante varios días, al experimentar violentos mareos tan pronto como entraron en el enorme volumen vacío del laboratorio espacial. En las pequeñas naves utilizadas anteriormente, posiblemente el reducido espacio había evitado la aparición de los síntomas. En el lado ruso, el mayor volumen existente en el interior de las naves Vostok podría haber sido en parte el responsable del mal del espacio sufrido por Titov.

En la actualidad, aproximadamente el 50% de los astronautas que suben al espacio sufren en alguna ocasión el SAS, más frecuentemente en su primera misión. Tras ella, el cuerpo parece adquirir "memoria" de la adaptación al espacio, y no es tan frecuente que astronautas veteranos se vean aquejados por el mal. Aunque también es cierto que estos problemas muchas veces no se airean si no llegan a mayores, manteniéndose en privado a menudo por parte de los propios astronautas.

Pero, ¿qué es el SAS?

Las causas que originan el SAS parecen ser complejas. Sin duda, la alteración en situación de ingravidez de los fluidos que forman parte del sistema vestibular del oído interno, en el órgano del equilibrio, parecen tener una influencia primordial en la aparición de los síntomas. Sin embargo, se ha comprobado que los efectos también tienen relación con el movimiento de los ojos, e incluso con la percepción de las imágenes que rodean al astronauta; por ejemplo, percibir una imagen donde uno se siente "boca abajo" con respecto al espacio que lo rodea, parece favorecer los síntomas frente a hallarse en un entorno que refleje una situación "normal" de "arriba y abajo".

Todo esto, unido al efecto de los grandes espacios abiertos, parece reflejar la existencia también de un importante componente psicológico en esta dolencia. Aunque en el fondo la situación tampoco es muy diferente de los sentimientos psicológicos de vértigo y mareos que experimentan ciertas personas en la Tierra cuando se hallan asomados a una gran altura. La combinación de la susceptibilidad psicológica de cada persona, unida a una mayor o menor tolerancia a los mareos (todos sabemos que unas personas son más propensas a ellos que otras), e incluso el factor de habituación a los mismos (los pilotos de combate, por ejemplo, terminan acostumbrándose en buena medida a estas sensaciones) dan como resultado personas con muy diferentes respuestas al fenómeno.

No obstante, no todo es tan fácil como entrenar a los futuros astronautas para hacerlos menos propensos al mareo. Como hemos dicho, la práctica ayuda, y de hecho en el cuadro de entrenamientos de los futuros astronautas se incluyen diversas experiencias poco agradables en un intento de hacerles más tolerantes al SAS, como el uso de la famosa "silla del vómito", donde se les hace girar sobre sí mismos a gran velocidad; pero lo cierto es que ni aun así se consigue que un gran número de fornidos astronautas vomiten como un niño enfermo una vez que se encuentran en el espacio. De hecho, es práctica habitual en el transbordador espacial dedicar el día antes del retorno a tierra para realizar una limpieza general del aparato, para evitar que los miembros de la tripulación sean objeto de mofa por parte de sus compañeros a la vuelta al ser calificados de "guarros" (algo que ya ha sufrido alguna tripulación en alguna ocasión); y esta limpieza general se centra tanto en limpiar los restos de comida que inevitablemente escapan tarde o temprano de su recipiente o utensilio de mesa para terminar en las paredes, como de los restos de vómito que también es inevitable que escapen de las bolsas antimareo en los primeros días de la misión. Algún astronauta ha declarado que el olor ácido de esos primeros días a bordo tampoco favorece los esfuerzos por controlar sus estómagos de aquellos que aún resisten las náuseas a duras penas.

Confesiones

Como decíamos, los astronautas suelen ser poco dados a reconocer públicamente unos síntomas que pueden hacerles aparecer como "débiles", por lo que son escasos los testimonios al respecto de que disponemos. Incluso ante el control de la misión y el equipo médico de tierra, las dolencias se suelen intentar ocultar o al menos minimizar salvo que resulte imposible (por hallarse incapacitados para llevar a cabo ciertas tareas, por ejemplo). Por ello, los testimonios más sinceros al respecto los hemos tenido por parte de dos personas que no eran astronautas profesionales: el senador norteamericano Jake Garn, pasajero a bordo de la misión STS-51D del transbordador, en 1985, y la "turista espacial" Anousheh Ansari, que voló a la ISS a bordo de una nave Soyuz en 2006. Ambos confesaron sin tapujos la severa indisposición que les produjo el SAS poco después de llegar al espacio, hasta el punto de que, habiendo sido el senador Garn la primera persona en reconocerlo tan claramente, en lo sucesivo se implantó extraoficialmente la "escala Garn" para medir la severidad de estos síntomas. En cuanto a Ansari, reconoció pasar un par de días postrada sin poder moverse y en un estado de somnolencia constante provocado por las fuertes inyecciones de medicamentos antimareo que le tuvieron que ser suministradas, después de tomar varias pastillas de este tipo sin encontrar apenas alivio. "*Toda la vida queriendo ir al espacio, y cuando finalmente lo conseguí me encontraba tan enferma que ni siquiera podía mirar por la ventanilla*", confesaría más tarde.

El vértigo del infinito

Comentamos anteriormente que los grandes espacios abiertos influyen también psicológicamente en la aparición del SAS. Esto puede ser un serio problema durante la ejecución de una salida al espacio, en las que el astronauta se encuentra suspendido en el vacío a cientos de kilómetros de la Tierra, a la cual puede contemplar rotando allí abajo.

Efectivamente, el problema existe, y varios astronautas lo han experimentado, aunque de nuevo, pocos son los que lo han confesado. Uno de ellos fue Jerry Linenger, astronauta norteamericano que, durante una misión en la estación espacial Mir en 1997, tuvo que "trepar" por el brazo de una grúa de la estación para llegar hasta el punto donde debían llevarse a cabo los trabajos. Frente a estar próximo a la estructura de la estación, la situación de encontrarse "suspendido" de una especie de barra sobre el infinito vacío del espacio le produjo a Linenger una sensación de vértigo próxima al pánico. Según confesaría, con su sentido del equilibrio alterado por la ingravidez, en un instante se sentía trepando por una pared vertical, para, al instante siguiente, sentir que estaba descendiendo en picado por esa misma pared, y en otro momento sentirse como colgando boca abajo de la débil estructura a la que su infundado pánico le hacía aferrarse con todas sus fuerzas. Poniendo toda su fuerza de voluntad en el empeño, oponiendo la razón a su sensación de estar cayendo al vacío junto con la estructura a la que se agarraba, al final conseguiría alcanzar su objetivo y llevar a cabo sus tareas; pero más tarde confesó que las sensaciones de vértigo sentidas durante el trayecto fueron poco menos que terroríficas.

Indudablemente, todos estos trastornos hacen que los expertos en medicina espacial se esfuercen en encontrar una solución a estos serios síntomas. Sin embargo, hasta el momento el único remedio es la administración preventiva de píldoras antimareo similares a las que usamos en la Tierra, o las más potentes inyecciones del mismo producto para los casos más serios. De una forma o de otra, hoy por hoy todo ser humano que quiera aventurarse en el espacio tendrá que estar dispuesto a pasar algunos de los peores días de su vida enfrentándose al molesto síndrome de adaptación al espacio, el SAS: la amenaza fantasma.

Tras el telón:
El lado más sórdido de la exploración espacial

Para la inmensa mayoría de los ciudadanos, la profesión de astronauta está rodeada de un halo de admiración y "glamour". Sin embargo, hay momentos en los que agradeceríamos no tener que cambiarnos con ellos.

Se trata de un asunto bastante popular, alrededor del cual gira buena parte de las preguntas que suelen recibir los astronautas por parte de los aficionados, y, sin embargo, no deja de ser una gran desconocida. Se trata, cómo no, de la gestión de residuos, es decir, de cómo se va al servicio en el espacio.

Sí, ya conocemos casi todos lo de las bolsitas dentro de los trajes o los inodoros capaces de funcionar en gravedad cero, pero poco más se suele filtrar sobre las experiencias de su uso real, o de los problemas que pueden llegar a representar estas actividades cotidianas en el contexto de una misión espacial. Se trata de algo que los astronautas no suelen ser demasiado explícitos en comentar, por razones obvias.

Sin embargo, hay excepciones, y en ocasiones algún astronauta ha relatado detalladamente las vicisitudes vividas en torno a este delicado tema. Vicisitudes que no sólo ocurren en ingravidez, como inicialmente sería de esperar, sino que empiezan ya en tierra, con la preparación para el vuelo… y el entrenamiento en el uso de los diferentes sistemas de gestión de residuos.

Un sistema para cada ocasión

Para empezar, existen diferentes equipamientos para la recogida de residuos líquidos y sólidos, en función de cuándo se van a utilizar. Tenemos, por un lado, el famoso inodoro, que equipa tanto al transbordador como a las naves Soyuz y a la estación espacial. Pero este sistema no puede utilizarse más que durante la fase orbital de la misión, lo que no cubre ni el tiempo durante el que los astronautas estén realizando una salida al espacio (que pueden llegar a durar varias horas) ni toda la fase de lanzamiento, que, sumando cuenta atrás y posibles suspensiones temporales, puede llegar a significar también largos periodos con los astronautas sujetos a sus asientos.

Para estas fases existen dos sistemas alternativos: las bolsitas y los pañales. Sobre los segundos no hay mucho que decir, constituyendo el equipo básico de gestión de residuos para las astronautas del sexo femenino, aunque puede ser elegido también por los astronautas varones, si así lo prefieren. Pero para estos existe el sistema alternativo de las bolsas de plástico, una para la orina y otra para las heces. La primera dispone de un canal de entrada con forma de preservativo que se ajusta con una goma e incluye una válvula anti-retorno, que deja a la orina entrar pero no salir. En cuanto a la segunda, su colocación es más problemática, basándose simplemente en el pegado de su abertura cubierta de adhesivo al cuerpo del astronauta.

Para la tripulación, la utilización de estos sistemas es un suplicio. De los pañales, qué vamos a decir: a ninguno nos gustaría tener que hacer nuestras necesidades en uno de ellos. Por eso, los astronautas varones suelen optar por las bolsas, al menos en sus primeras misiones. Las féminas tienen menos opciones, pues aunque en su día se ensayaron diversas alternativas a las bolsas masculinas, no se encontró ninguna forma adecuada de sujetar las bolsas para la orina. Llegaron a ensayarse lo que parecían verdaderos aparatos de tortura con ese fin, como bolsas equipadas con un dispositivo rígido fabricado a partir de un molde de la vagina de la usuaria, que se introducía en su interior con el objetivo de ajustar perfectamente la bolsa a su cuerpo; pero la experiencia con sufridas voluntarias hizo que ésta y otras ideas fuesen finalmente desechadas a favor de los clásicos pañales.

Pero tampoco las bolsas son la panacea. Para empezar, el usuario debe pasar el mal trago de elegir su talla. Efectivamente, el ajuste de la bolsa de la orina debe ser perfecto si se quieren evitar sorpresas en vuelo, y para ello se fabrican con entradas de diferentes diámetros. El astronauta debe probarse los diferentes modelos antes de decirle al técnico de turno cuál es la talla que debe apuntar en su ficha personal, para que se le provea de la bolsa adecuada en sus futuras misiones. Un detalle que muchos viven como una pequeña humillación pública.

Luego viene el mal trago de su uso en vuelo. Y es que, una vez puesto el traje encima, muchos astronautas no pueden evitar vivir con la sensación de que la bolsa se les ha soltado. Aunque raramente sucede, la sensación de que así ha sido puede llegar a convertirse en una obsesión, obligándoles a retener la orina hasta que están prácticamente a punto de reventar y no tienen más remedio que hacerlo pase lo que pase. Muchos han confesado que, tras sufrir esta incertidumbre en una o dos misiones, han optado en lo sucesivo por confiar en la menor comodidad pero mayor seguridad de los pañales.

Y qué decir de las bolsas para las heces… Afortunadamente, hoy en día prácticamente no se usan, pues para los astronautas es más sencillo aguantarse hasta llegar a la órbita y poder utilizar el inodoro de a bordo que en el caso de la orina. Pero en ocasiones el inodoro se ha estropeado y ha habido que contar con ellas, sin olvidar que eran el único sistema disponible en las misiones Apollo y todas las que le precedieron. En esos casos, decir que el astronauta se ha sentido poco menos que humillado es decir poco. Para empezar, en condiciones de ingravidez el astronauta debe utilizar sus propios dedos desde el exterior para hacer avanzar las heces hacia el fondo de la bolsa; por otra parte, el ajuste adhesivo de la misma al cuerpo raras veces funciona de forma perfecta, no siendo extraños los escapes. Y qué decir si la bolsa tiene que utilizarse en una cápsula ante el resto de la tripulación… o incluso con el astronauta sentado en su asiento, como era el caso de las misiones Gemini.

El inodoro espacial

Después de tener que vivir con esto, la introducción del inodoro espacial pareció la panacea. Con él, la dignidad del astronauta subió varios enteros, pero aun así a la mayoría de nosotros no nos agradaría vivir esa experiencia. Para empezar, su uso requiere de un entrenamiento en tierra: durante semanas, los astronautas deben acostumbrarse a utilizar una reproducción del inodoro que incorpora una cámara en su interior. Frente a sus ojos, el astronauta ve en un monitor sus partes más íntimas, con una cruz superpuesta a modo de punto de mira. Se trata de aprender a apuntar perfectamente hacia la pequeña abertura que recoge las heces en el dispositivo, necesariamente estrecha para que el flujo de aire que realiza la succión pueda trabajar adecuadamente. En el entrenamiento, el astronauta debe situarse apuntando con precisión, y memorizar su posición sobre el asiento tomando referencias para el futuro. Una vez en el espacio, no dispondrá de una cámara de video como ayuda, y cualquier error en el apuntado tendrá consecuencias poco agradables para el conjunto de la tripulación.

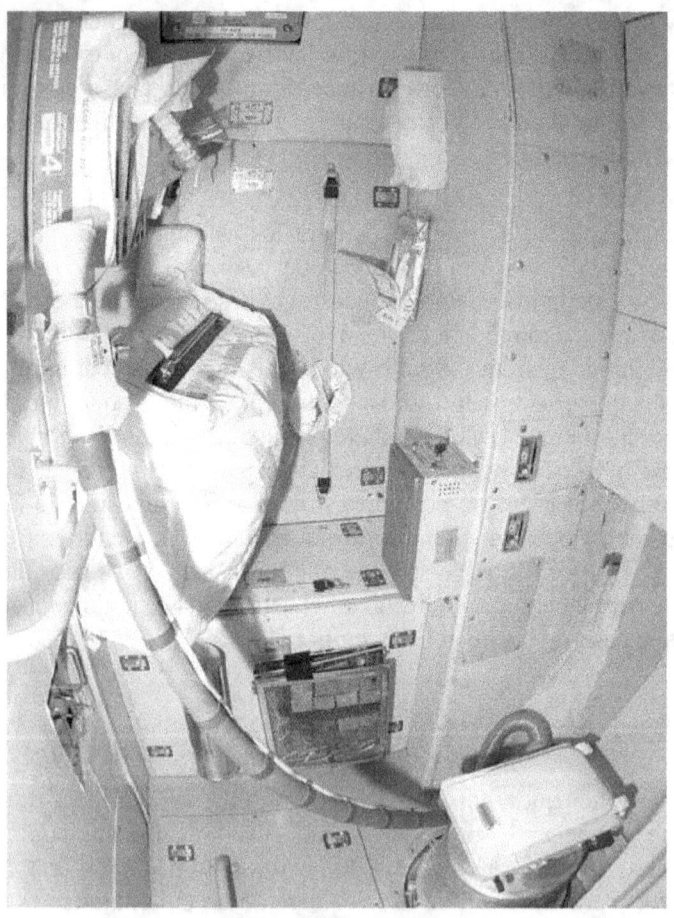

El inodoro ruso de la ISS, durante muchos años el único que ha existido a bordo de la estación. El tubo con el embudo amarillo es el dispositivo para la recogida de orina. (*Foto: NASA*)

Más sencillo es el sistema de recolección de orina. Incorporado al inodoro, cuenta con una entrada alternativa a la de los residuos sólidos, situada al final de un tubo flexible que incorpora una especie de embudo intercambiable, de uso personal para cada astronauta. Existen dos modelos de embudo, según que su uso sea para mujer o para hombre. Para el caso de los varones, el inodoro incorpora la advertencia de no introducir demasiado el miembro cuando se vaya a utilizar, ya que el elevado poder de succión del aparato podría tener consecuencias desagradables para su usuario.

A pesar de sus inconvenientes, la introducción del inodoro en las naves y estaciones espaciales supuso un enorme avance de cara al bienestar de la tripulación. Pero diseñarlo no fue tarea fácil. Existía, por un lado, la complicación técnica de diseñar un aparato capaz de recoger fluidos y residuos sólidos sin contar con la ayuda de la gravedad para dirigirlos a su interior. Por otra parte, una vez recogidos, había que almacenar estos residuos manteniendo a buen recaudo no sólo su contenido, sino también el olor. Todo ello debería funcionar durante largos periodos de tiempo de forma fiable y con un mantenimiento mínimo. Y lo peor de todo: había que comprobar de alguna forma que el sistema funcionaba antes de enviarlo a ciegas al espacio.

La NASA se encontró con este problema cuando se enfrentó al diseño del inodoro del Shuttle. Y sólo había una forma práctica de probar el prototipo: subir uno de ellos al avión de vuelos parabólicos de la agencia espacial, junto con algún voluntario que hiciera uso del mismo durante los breves periodos de ingravidez simulada recreados a bordo del aparato.

Pero aunque buena, la idea no era tan sencilla de llevar a cabo. Porque reproducir el uso del inodoro para la recogida de orina era relativamente sencillo: bastaba con que el voluntario de turno ingiriera varios litros de agua antes de subirse al avión, procediendo a evacuar en el aparato durante las fases convenidas. Pero para la recogida de residuos sólidos no era tan fácil, y ni siquiera el uso de "ayudas externas" como laxantes era la solución: no sólo no era adecuado para la salud del voluntario, sino que tampoco ayudaba mucho en cuanto a la capacidad para elegir el momento justo para la prueba.

La solución fue relativamente sencilla, pero en cierto modo cómica: durante los días del ensayo, un avión y su tripulación se encontraban en la base en estado de alerta, listos para despegar en cuestión de segundos en cuanto se les diera la orden para ello, como en una acción de guerra. Su misión era esperar el grito del voluntario: cuando éste sentía que le llegaba el momento de utilizar el inodoro, todo el dispositivo se ponía en marcha, el avión despegaba rápidamente, y en pocos minutos el voluntario podía proceder a intentar probar el aparato mientras sentía cómo se le ponía el estómago en la garganta en el clímax de alguna de las parábolas. No, la verdad es que esto de la astronáutica no siempre es tan glamuroso.

Artículos espaciales:
Un lujo asiático

Abril 2009

Cajas de herramientas de cien mil dólares, bolígrafos espaciales por un millón... Parece que cualquier cosa normal y corriente que tenga que volar al espacio, multiplica su precio de forma disparatada. ¿Existe de verdad una razón para esto, o es que los fabricantes se aprovechan de la etiqueta "espacial" para disparar los precios?

En noviembre de 2008, la astronauta norteamericana Heidemarie Stefanyshyn-Piper realizaba una salida al espacio desde la Estación Espacial Internacional con el objetivo de reparar una de las articulaciones de los paneles solares, que se había dañado. Llevaba con ella una caja de herramientas con espátulas, pistolas engrasadoras, abrazaderas para cables y paños para limpiar posibles excesos de grasa. En un despiste, la caja de herramientas, que no había sido asegurada, escapó a las manos de su dueña y se perdió en el espacio. La pérdida no sólo supuso el fracaso de la operación de mantenimiento y la necesidad de repetirla en un futuro; también supuso la pérdida de material valorado en cien mil dólares, algo que encontró un fuerte eco y multitud de críticas en la prensa norteamericana.

A mediados de los años 60, la compañía norteamericana Fisher introdujo el "Space Pen", o bolígrafo espacial. Se trataba de un bolígrafo capaz de escribir en el vacío, en ingravidez o boca abajo, por incorporar un cartucho de tinta presurizado. Una leyenda urbana dice que el bolígrafo se desarrolló a instancias de la NASA, y que le costó a ésta al menos un millón de dólares (otras versiones incluso elevan esta cifra). Entre tanto, los rusos solucionaban el problema utilizando lápices normales y corrientes.

El "Space Pen" de la compañía Fisher, origen de una leyenda urbana.
(*Foto: Fisher Co.*)

La del bolígrafo espacial es una historia falsa: la NASA nunca encargó a Fisher desarrollarlo, sino que se trató de una iniciativa propia de la empresa, que invirtió su propio dinero (cuya cuantía se desconoce) en sacarlo al mercado. De hecho, la NASA tardó unos años en incorporar a sus misiones el bolígrafo de Fisher, y cuando lo hizo, el coste de cada uno rondaba los dos dólares; un precio alto para un bolígrafo en los 60, pero muy alejado del millón que se dice por ahí. Sin embargo, hay otra historia menos conocida pero real, y que parece apoyar la teoría de que cualquier cosa que vuela al espacio ve disparado su precio: en 1965, la misión Gemini 3 llevaba para uso de los astronautas dos lapiceros portaminas diseñados expresamente para la NASA, a un precio de 129 dólares cada uno. La agencia se había gastado casi 4.400 dólares en adquirir 34 de estos lápices, a un precio cien veces superior al que habría supuesto comprarlos en una papelería.

El precio de la exclusividad

Cien mil dólares por unas engrasadoras y unas espátulas, 129 dólares de los años 60 por un portaminas… ¿Cómo son posibles estos precios? ¿Están de verdad justificados, o se aprovechan los fabricantes de la ingenuidad de la NASA disparando sus precios por colgarle la etiqueta "espacial"? La verdad es que, aunque cueste creerlo, por lo general estos precios aparentemente disparatados tienen su justificación, incluso cuando a menudo la funcionalidad real de los elementos "espaciales" no sea muy diferente de los que utilizamos en nuestro día a día en la Tierra.

Tomemos el ejemplo de los lápices de la Gemini: el resultado no era muy diferente de cualquier portaminas comprado en la papelería de la esquina. De hecho, el mecanismo interior era estándar, idéntico al que equipaba los lápices de venta al público. La NASA simplemente había encargado unos portaminas de cuerpo más grueso, para poder ser manejados con facilidad por los astronautas equipados con los voluminosos guantes de sus trajes, y fabricados en una aleación ligera por razones de durabilidad y peso. En palabras sencillas, la NASA quería un portaminas gordo de aluminio. ¿Y esto justifica los 129 dólares?

Curiosamente, sí, porque lo que permite que un portaminas corriente se venda por menos de un dólar es que se fabrica en enormes series, que permiten repartir los costes de diseño y puesta a punto de los procesos de producción entre millares o incluso millones de unidades. En cambio, la NASA había encargado 34 unidades de un artículo de diseño exclusivo; todos los costes asociados a ese rediseño, con las máquinas adaptadas para fabricar esa tirada especial, por fuerza debían repercutirse en el precio. Divididos esos costes por sólo 34 unidades, el resultado final era un coste unitario escandaloso.

Requisitos especiales

Algo similar ocurrió con la caja de herramientas perdida por Heidemarie. Un par de engrasadoras manuales, unas espátulas, unos paños y unas abrazaderas podríamos comprarlos en la ferretería por menos de 100 euros… y a la NASA le costaron casi 100.000. La razón de nuevo es similar a la anterior: mientras que algunos elementos eran estándar, otros tuvieron que fabricarse expresamente para poder ser utilizados con comodidad por los astronautas vistiendo sus gruesos trajes. Además, en este caso particular las pistolas engrasadoras habían tenido que ser equipadas con válvulas especiales para permitir escapar los gases que se desprenden de la grasa en condiciones de vacío exterior; una engrasadora normal podría estallarle en las manos al astronauta al usarla en el espacio. En un caso como éste, el precio no sólo se dispara debido a la necesidad de fabricar una serie especial de tirada corta: además, hay que realizar ensayos en tierra que aseguren que la herramienta se va a comportar en el espacio como está previsto (en el caso expuesto, ensayos en cámaras de vacío de la pistola con grasa en su interior), lo que dispara los precios aún más al tener que repercutir el elevado coste de dichos ensayos.

Algo parecido ocurre con la electrónica que vuela al espacio: aunque en principio cualquier ordenador portátil comprado en el supermercado debería servirnos a bordo de una estación espacial, la realidad es que la intensidad de la radiación cósmica fuera de la protección de la atmósfera y el campo magnético terrestres hace a los dispositivos electrónicos mucho más propensos a los fallos. En el caso de la informática, la radiación puede provocar desde "cuelgues" hasta la generación de datos espurios, suponiendo en ambos casos un fuerte riesgo en el caso de operaciones de alta responsabilidad. Ello obliga a utilizar componentes electrónicos desarrollados expresamente con una resistencia a la radiación incrementada, con el consiguiente disparo en los precios.

El precio de la fiabilidad

En algunos casos, no obstante, podemos encontrarnos con situaciones que resultan verdaderamente chocantes: el hecho de que un mismo artículo dispare su precio quizás hasta diez veces más por el simple hecho de venderse arropado por un certificado de conformidad.

Esta situación no es exclusiva del sector espacial, y es frecuente encontrarla en otras áreas donde prima la seguridad, como la aeronáutica. El mismo remache que comprado en la ferretería cuesta un céntimo, puede costar más de diez céntimos si lo compramos para montar un avión. Multipliquemos por varios miles de remaches y veremos que la cosa tiene su importancia. Y la única diferencia es que el lote comprado para la industria aeroespacial trae adjunto un papel que certifica que el remache cumple los parámetros de la especificación.

La situación parece absurda: ¿nos están cobrando miles de euros por un papel con un sello? ¿Nos toman el pelo? ¿Se aprovechan de que las autoridades nos piden ese papel, impidiéndonos comprar lo mismo en la tienda de al lado? Eso parece, pero en realidad es más complicado...

La realidad es que la emisión del certificado obliga a la empresa fabricante primero a haber realizado ensayos que aseguren que su producto cumple la especificación, y después a verificar de forma constante el cumplimiento de unas estrictas normas de calidad que aseguren que las propiedades del producto no van a variar con el tiempo, y que el elemento vendido hoy es idéntico y con las mismas propiedades que el que se ensayó hace 5 años. Esto supone unos costes extra frente a ese mismo producto, idéntico, pero que no hubiera sido sometido a dichos ensayos ni a dicho control. Y lógicamente, estos costes repercuten en el precio.

Aun así, puede suceder y sucede que la misma empresa vende el mismo producto salido de la misma línea de producción y con la misma calidad a muy distinto precio según vaya acompañado del certificado o no. En este caso, la razón es más prosaica: a los elementos con certificado se les repercute los costes no recurrentes asociados a la calidad, y a los otros no, vendiéndose en base solamente al coste de producción sin tener en cuenta los costes extras. De esta forma puede accederse a dos mercados, el de aquellos que necesitan un producto de calidad y están dispuestos a pagar por ello, y el de aquellos a los que les sirve un producto cualquiera, y no pagarían más por un exceso de calidad. El resultado es un producto idéntico dirigido a dos clientes muy diferenciados; y sólo a aquel que exige garantías de fiabilidad es a quien se le cobra el coste de asegurar dichas garantías. El otro se lo lleva gratis… pero nunca podrá garantizar que su elemento es igual al que equipa un avión o una nave espacial, aunque lo sea; lo que pasa es que a ese cliente no le importa.

Entrenamiento de supervivencia: los peligros de nuestro planeta

Pasar una noche en medio de un bosque rodeados por lobos... vagar por montañas nevadas en busca de refugio... esperar ayuda durante horas flotando en medio de un lago helado... No son las típicas situaciones en las que uno se imaginaría a un astronauta, pero todas ellas han sido experimentadas en alguna ocasión por tripulaciones que se han desviado del rumbo previsto durante su vuelta a la Tierra. Entrenarse para salir airoso de estas situaciones es vital.

Habitualmente la imagen que tenemos del entrenamiento de los astronautas es de hombres embutidos en un traje espacial que practican complejas operaciones de mantenimiento en el fondo de una piscina. En otras ocasiones los imaginamos sentados ante una réplica de su nave, operando delante de un complejo tablero de instrumentos, o sentados en el interior de una centrifugadora, sometidos a tremendas aceleraciones que los aplastan contra su asiento mientras su rostro muestra una expresión de sufrimiento y sus mejillas tiemblan bajo los efectos de las tremendas fuerzas a las que se ven sometidos. Sí, efectivamente todas estas experiencias forman parte del entrenamiento de los astronautas, aunque también hay otras mucho menos vistosas, como largas sesiones de estudio de manuales técnicos o clases de dinámica orbital. Pero quizás lo más sorprendente sean las horas que dedican los astronautas a aprender cómo sobrevivir... en la Tierra.

Parece paradójico que unos hombres que van a enfrentarse a los peligros del espacio y del ascenso a bordo de una enorme bomba en potencia como es el cohete espacial, puedan tener algo que temer de nuestro propio planeta. ¿Qué sentido tiene aprender a sobrevivir en condiciones extremas, cuando se trabaja en un entorno de continua supervisión por parte del control de tierra, y cuando enormes equipos de rescate equipados con los mejores medios (incluyendo barcos, aviones y helicópteros, según el caso) se movilizan cada vez que una tripulación vuelve a tierra? Quizás no es a priori algo sobre lo que suela reflexionarse cuando se habla de exploración espacial, pero la historia nos enseña que en ocasiones se ha corrido más peligro una vez finalizada la misión, con la nave felizmente posada en la tierra, que durante todo el transcurso de la misma. Estas experiencias demuestran que los astronautas deben estar preparados para sobrevivir en cualquier medio y poder enfrentarse a cualquier contingencia.

Una preocupación antigua

La preocupación por la seguridad de los astronautas a su retorno a la Tierra es algo que ha estado presente desde los inicios de la era espacial. Cuando subir al espacio era aún una aventura hacia lo desconocido, la posibilidad de que los astronautas aterrizasen en algún lugar remoto tras su vuelta a la Tierra era algo a lo que se asignaba una probabilidad relativamente alta; en aquellos primeros tiempos, cualquier cosa podía fallar, desde los sistemas de unas naves aún poco probadas, hasta la necesidad de realizar un retorno inmediato a la Tierra sin tener en cuenta el lugar de aterrizaje, debido a alguna emergencia ocurrida a bordo. Nadie sabía qué seguridad habría de que los astronautas pudiesen seguir exactamente la ruta prevista durante su retorno, y la posibilidad de que terminasen aterrizando en algún lugar inhóspito y alejado de la civilización no era algo que pudiera descartarse. Por esta razón, ya los entrenamientos de los que iban a convertirse en los primeros grupos de astronautas a ambos lados del telón de acero daban gran importancia a la supervivencia en condiciones difíciles sobre nuestro planeta. En un retorno de emergencia la cápsula podría terminar en la cima de una montaña nevada, en medio de un desierto, en el océano o en la selva. Y dados los relativamente escasos medios de seguimiento existentes en aquellos tiempos, si las comunicaciones fallaban y los astronautas se veían incapaces de guiar a los equipos de rescate en su busca, la operación de búsqueda podría prolongarse en el peor de los casos durante mucho tiempo. Si en ocasiones había resultado imposible encontrar barcos o aviones accidentados a pesar de conocer aproximadamente su ruta y el momento del accidente, ¿qué no podría suceder con una pequeña cápsula que caía del cielo? Los astronautas debían estar preparados frente a esta eventualidad.

Estas precauciones pronto demostraron no ser baldías: si bien las primeras misiones espaciales llevadas a cabo por las dos grandes potencias terminaron con retornos a tierra poco problemáticos, con tripulaciones que eran rescatadas al cabo de unas pocas horas como mucho, ya en 1965, apenas 4 años después del inicio de la era espacial, los rusos se encontraron con serios problemas para rescatar a la tripulación de su octava misión espacial, la Vosjod 2.

El entrenamiento de supervivencia contempla aterrizajes de emergencia en diferentes entornos incluyendo selvas, desiertos, o el mar. (*Foto: ESA*)

Durmiendo con lobos

Tras una exitosa misión orbital en la que el cosmonauta Leonov llevó a cabo el primer "paseo espacial" de la historia, la cápsula de la Vosjod 2 se vio sometida a diversas perturbaciones durante su descenso que la llevaron a aterrizar en medio de un bosque cubierto de nieve. Aunque el equipo de tierra fue capaz de seguir con acierto la nueva trayectoria, llegando de hecho el primer helicóptero de rescate al lugar de aterrizaje sólo cuatro horas después de producirse éste, la zona era tan inaccesible, tanto por aire como tierra, que no fue posible evacuar a los cosmonautas hasta dos días después. Durante este tiempo tuvieron que permanecer a la espera con el único refugio de su cápsula frente a las inclemencias del invierno ruso (el suceso tenía lugar a mediados del mes de marzo en los montes Urales), pernoctando mientras escuchaban cómo los lobos merodeaban por los alrededores. Aunque en esta ocasión contaron con ayuda en forma de ropa de abrigo y comida que les fue lanzada desde el aire, este primer incidente dejaba bien a las claras que las situaciones para las que se preparaba a los astronautas en el entrenamiento de supervivencia no pertenecían sólo a la teoría.

Para enfrentarse a este tipo de contingencias, los cosmonautas rusos cuentan con un completo kit de supervivencia a bordo de sus naves Soyuz, similar a los que en otros tiempos equiparan también las cápsulas norteamericanas de las series Mercury, Gemini y Apollo. El actual transbordador espacial norteamericano, al estar diseñado para aterrizar únicamente en pistas preparadas, no prevé situaciones como las que estamos describiendo aquí, por lo que el equipo de supervivencia en este caso se limita a unas cuantas herramientas básicas de uso personal incluidas en el traje que viste el astronauta durante el ascenso y la reentrada, previstas únicamente para su uso en el caso de tener que realizar un salto de emergencia en paracaídas durante la última fase de reentrada del aparato, ya en planeo controlado.

El kit de supervivencia incluye diverso equipamiento, como anzuelos para pescar, una actividad que también se practica durante el entrenamiento. (*Foto: ESA*)

Por el contrario, el equipo de supervivencia que equipa las naves Soyuz es muy completo, e incluye raciones de comida, botellas de agua, ropa de abrigo, botiquín, cuerdas y utensilios para fabricar una tienda de campaña a partir del paracaídas de la cápsula, instrumentos de pesca y otras herramientas útiles para la supervivencia en regiones inhóspitas. Pero quizá lo menos conocido y más llamativo del equipo de emergencia ruso es que cuenta también con un arma de fuego.

Anousheh Ansari practicando con el arma de la Soyuz, una versátil herramienta diseñada expresamente para la supervivencia en entornos hostiles. (*Foto: Anousheh Ansari*)

Armas a bordo

Se trata de un arma muy especial, específicamente diseñada para situaciones de supervivencia como las comentadas: una especie de escopeta plegable cuya culata puede emplearse también como pala y que lleva además un machete incorporado. El arma cuenta con tres cañones que pueden disparar los tres tipos diferentes de munición que se incluyen también en el equipo, para usar según la necesidad del momento: cartuchos de escopeta, balas de rifle, o bengalas. La idea es que el arma sirva para la caza mayor o menor, para la defensa contra animales salvajes, y como pistola de señales.

La presencia de este arma a bordo de las naves Soyuz es algo a lo que habitualmente no se ha dado ninguna publicidad, no habiendo existido prácticamente ninguna referencia a ella, ni ninguna fotografía que mostrase a las tripulaciones practicando su uso (aunque forma parte del entrenamiento de todos los ocupantes de una Soyuz) hasta que los turistas espaciales Mark Shuttleworth y Anousheh Ansari publicaron por primera vez en sus respectivas páginas web fotografías en las que se los veía aprendiendo a manejar el arma. Aunque su existencia nunca ha sido secreta, parece que tanto los responsables rusos como los de la NASA (cuyos astronautas también se entrenan con el arma rusa cuando van a formar parte de una tripulación Soyuz) prefieren mantener la máxima discreción alrededor de este potencialmente controvertido equipo de supervivencia.

Un entrenamiento duro

Pero para sobrevivir en caso de caer en una región inhóspita y sin la asistencia de los equipos de rescate, no basta con disponer del equipamiento adecuado: también hay que saber cómo usarlo, cómo sacar provecho de lo que hay en el entorno, y cómo protegerse de las inclemencias del tiempo y de los peligros de la naturaleza salvaje. Para ello, se hace imprescindible un duro entrenamiento de supervivencia que culmina con una serie de simulaciones en las que los futuros astronautas tienen que sobrevivir por sus propios medios durante dos semanas en diferentes entornos hostiles, como la montaña, el desierto o incluso sobre una balsa en medio del mar. En estas simulaciones las condiciones pueden llegar a ser incluso más duras de las que tendrían en los primeros días tras una misión real, pues suele ser frecuente que en estos entrenamientos no cuenten con otra comida que la que puedan procurarse por sí mismos en la naturaleza.

El adiestramiento de los futuros astronautas incluye también disciplinas tan diferentes como la escalada, el descenso de cañones, o técnicas de caza y pesca, además de aprender las formas más efectivas de hacerse descubrir por un posible equipo de rescate. En la actualidad, cuando las cápsulas Soyuz cuentan entre sus equipos de emergencia con un teléfono móvil Iridium con cobertura mundial vía satélite, parece poco probable que pueda darse una situación en la que una tripulación permanezca aislada durante más de unas pocas horas tras su regreso a la Tierra. Pero lo inesperado ocurre, los equipos se averían, y nunca puede descartarse que una situación como las que describimos no pueda presentarse en alguna ocasión. Tras una misión afrontando los peligros del espacio, sería lamentable y paradójico que la tragedia ocurriera una vez que la nave hubiera aterrizado felizmente sobre la Tierra. Gracias a su entrenamiento, los astronautas están adecuadamente preparados para enfrentarse prácticamente a cualquier situación que pueda presentárseles a su vuelta a nuestro planeta.

Vacaciones en la Luna

Julio 2007

Llegó el verano, y con él, las esperadas vacaciones. A la hora de planearlas, a las habituales opciones de playa, montaña o destinos exóticos, parece que en breve podremos añadirle una más: ¿qué tal unas vacaciones en la Luna?

La pega es que parece que habrá que poseer una saneada cuenta corriente para poder optar a esta última opción, si es que finalmente se concreta en un futuro próximo. Con unos 300 millones de dólares de nada es posible que pudiéramos situarnos en los primeros puestos de la lista; aunque, si no tenemos tanta prisa, puede que podamos disfrutar de nuestras vacaciones selenitas dentro de algunos años más por "tan sólo" 100 millones... una ganga.

Una idea con "solera"

El viaje consistiría en un "crucero espacial" a la órbita lunar sin descender sobre su superficie, a bordo de una nave rusa Soyuz ligeramente modificada.

La idea no es nueva, y de hecho se basa en uno de los secretos proyectos rusos de la época de la carrera espacial, el denominado L1. Dentro de la que debía ser la respuesta soviética al programa Apollo, se habían previsto dos programas lunares diferenciados: el L1, con destino la órbita lunar, y el L3, que sería el programa de alunizaje. En ambos se utilizaría la nave Soyuz como vehículo, suplementada con los módulos de propulsión necesarios, y con el módulo lunar en el caso de la misión L3. Para la L1, debido a limitaciones en la potencia del lanzador (que para esta misión sería un Proton), se utilizaría una Soyuz reducida, sin módulo orbital (configuración que recibiría el nombre de Zond). Ello obligaría a los cosmonautas a realizar todo el viaje en el limitado espacio del módulo de descenso, pero en el fondo no era una situación diferente de las misiones de hasta casi 14 días que astronautas norteamericanos llevaron a cabo anteriormente en sus pequeñas Gemini.

Aunque a finales de los años 60 llegaron a efectuarse varias pruebas no tripuladas con sondas Zond a la órbita selenita, una serie de pequeños fallos no resueltos impidieron que pudiera lanzarse una misión tripulada antes de que los norteamericanos se apuntasen el tanto con el Apollo 8. Una vez perdida esta batalla, los rusos decidieron no seguir compitiendo por la misión orbital lunar y centrarse en la misión de alunizaje; una misión que nunca se llegaría a concretar por problemas con el lanzador N1 que debía llevarla a cabo.

Turismo espacial

La idea de utilizar la Soyuz para viajes circunlunares se recuperó de nuevo casi 40 años más tarde, en el marco de la nueva Rusia capitalista, y con un objetivo mucho más prosaico: su explotación económica en misiones turísticas.

Tras la caída de la Unión Soviética, la subsiguiente crisis económica que atravesó el país afectó fuertemente a su sector espacial. En esta situación, los líderes del programa espacial ruso idearon todo tipo de métodos para conseguir fondos: desde el rodaje de spots publicitarios en la estación Mir, hasta la venta de asientos en sus naves Soyuz a particulares dispuestos a pagarse una estancia en el espacio. Aunque ambas actividades han perdurado en el tiempo (el último anuncio se grabó en la ISS a finales de 2006, con el polémico golpe de golf de Tyurin desde el exterior de la estación), han sido las misiones de "turistas espaciales" las que más repercusión han tenido en la opinión pública, al abrir por primera vez la actividad espacial a la gente corriente (siempre que disponga de una holgada cuenta bancaria).

El primer turista espacial fue Dennis Tito, un magnate norteamericano que en principio debía volar a la estación espacial Mir, aunque retrasos en el inicio de su misión llevarían a que ésta se llevase a cabo ya a la nueva Estación Espacial Internacional, en 2001. Le seguirían el sudafricano Mark Shuttleworth en 2005, el norteamericano Gregory Olsen ese mismo año, la irano-norteamericana Anousheh Ansari en 2006, y el húngaro-norteamericano Charles Simonyi en 2007.

Todos ellos han pagado cifras en torno a los 20 millones de dólares por una estancia de aproximadamente una semana en la estación espacial. Sus viajes aprovechan las misiones de intercambio de tripulaciones llevadas a cabo por naves Soyuz, subiendo con la nueva tripulación y volviendo a Tierra con la antigua, permaneciendo a bordo el tiempo habitual de solape entre ambas. Tras el éxito de acogida de esta propuesta de turismo orbital, la principal empresa espacial rusa, Energiya, en colaboración con empresas norteamericanas, empezaron a pensar en la posibilidad de ir más allá.

A la Luna de turismo

A finales de 2004, tanto la agencia espacial rusa Roskosmos como la empresa norteamericana Constellation Services International (CSI) anunciaban su propuesta de viajes circunlunares para el turismo espacial. Se trataba de complementar una nave Soyuz más o menos estándar (con su escudo térmico reforzado para resistir las mayores velocidades que impondría un retorno desde órbita lunar) con un módulo logístico y una etapa propulsora que la pusiera en órbita de transferencia hacia la Luna.

Acoplando a la nave Soyuz (izquierda) un módulo logístico (centro) y una etapa impulsora (derecha), sería posible realizar viajes a la órbita lunar sin excesiva complejidad. (*Imagen: Constellation Services Internacional*)

En este esquema, se utilizaría una nave Soyuz que esperaría unida a la ISS mientras en un lanzamiento independiente se enviaría a la órbita terrestre el módulo logístico unido a una etapa impulsora. A continuación, la Soyuz se separaría de la ISS para acoplarse con dicho módulo, tras lo cual la etapa impulsora enviaría al conjunto en dirección a la Luna. Tras agotar su propulsante, la etapa de propulsión se desprendería, dejando a la Soyuz unida al módulo logístico realizar el resto del viaje, con una duración total de unos seis días. El precio, aunque no totalmente cerrado, se estimaba en torno a los 100 millones de dólares.

Tras una fuerte campaña publicitaria entre finales de 2004 y comienzos de 2005, poco más se volvió a oír sobre esta propuesta. Pero la idea saltó de nuevo a las portadas de todos los periódicos cuando, en abril de 2007, el millonario ruso Roman Abramovich se ofrecía a pagar hasta 300 millones de dólares por participar en un viaje de este tipo.

Una nueva empresa entra en liza

Las cosas han cambiado un poco desde que se hiciera el primer anuncio en 2004, y ahora no es CSI la empresa que aparece involucrada en el proyecto. Aunque no ha desechado la idea de las misiones circunlunares, ésta parece ahora relegada a un segundo plano, hallándose más centrada la empresa en el objetivo de proporcionar servicios logísticos de lanzamientos a la órbita terrestre (para reabastecimiento de la ISS, por ejemplo). Ahora es Space Adventures, la empresa también norteamericana que ha gestionado hasta ahora todos los vuelos orbitales de los "turistas espaciales", la que anuncia embarcarse en una misión análoga a la presentada en su día por CSI. Y lo hace presentando un cliente potencial dispuesto a pagar mucho más de los 100 millones de dólares que se estimaban costaría un viaje así: nada menos que Roman Abramovich, multimillonario ruso, magnate del petróleo, y famoso por ser el dueño de varios clubes de fútbol, como el Chelsea inglés, el CSKA de Moscú, y el Corinthians brasileño.

La noticia no pasaría de ser puramente anecdótica de no haber sido respaldada por el propio Anatoly Perminov, director de Roskosmos. Preguntado acerca de las intenciones de Abramovich, dispuesto a pagar hasta 300 millones de dólares por el viaje, ha declarado: "*Es una buena suma. Y si el Sr. Abramovich está dispuesto a pagarla, le enviaremos*". El excosmonauta Alexei Leonov (primer hombre en realizar un paseo espacial, en 1965) también ha expresado su confianza en que Abramovich mantendrá su oferta para que la misión se lleve a cabo: "*He hablado con él sobre el tema. Tiene muchas ganas de ir, y estoy seguro de que lo hará*".

Según Space Adventures, todos los aspectos técnicos están ya resueltos. Aunque aún no se han desarrollado los nuevos módulos logístico y de propulsión necesarios, todo lo que se necesita es el visto bueno final de Roskosmos y Energiya para lanzar el proyecto. Una vez en marcha, estiman que la misión estaría lista en un plazo de cinco años. Al parecer, la decisión depende tan solo del aspecto económico. Según Chris Faranetta, vicepresidente de Space Adventures, tienen ya una cartera de varios clientes potenciales dispuestos a pagar los 100 millones de dólares previstos para una misión así. Y una propuesta como la de Abramovich, dispuesto a pagar hasta tres veces esa cifra, podría dar el empujón final a los directivos de Roskosmos y Energiya para decidirse a hacer la inversión.

El perfil de la misión es muy similar al anunciado en su día por Constellation Services International. En la nueva propuesta, la misión sería desarrollada por una nave Soyuz lanzada a la órbita terrestre por medio del habitual cohete Soyuz. En un lanzador independiente (podría ser un Proton, aunque también un Angara u otro similar; no está cerrado aún) se lanzaría el módulo logístico adicional, con la etapa impulsora. Ambos, Soyuz y módulo logístico, se acoplarían en la órbita terrestre para desde allí partir hacia la Luna. Como opción alternativa se plantea una visita intermedia a la Estación Espacial Internacional, que podría servir tanto para potenciar el atractivo comercial de la oferta, como para permitirle al turista aclimatarse a la microgravedad antes de llevar a cabo la misión lunar. La Soyuz podría estar ocupada por un solo cosmonauta profesional, dejando libres dos asientos para los viajeros de pago, y maximizando así el posible beneficio económico.

Veremos si estos planes se llevan finalmente a cabo. Aún no existe nada en firme, pero las declaraciones de Perminov parecen prometedoras, y la experiencia de Space Adventures en el campo del turismo espacial otorga solidez a la propuesta. El dinero mueve montañas, y parece que en la nueva Rusia también mueve las naves espaciales. Bienvenido sea.

Javier Casado

Sexta Parte:

Ciencia en el Espacio

Cultivando el futuro:
Plantas en el espacio

Mayo 2006

17 de abril de 2054, misión Olimpo. Doce astronautas de una tripulación internacional se preparan para almorzar en una jornada más de su largo viaje hacia las lunas de Júpiter. Mientras uno de ellos prepara raciones de comida deshidratada e irradiada, otro recoge lechugas, tomates y cebollas en el huerto de la nave, para preparar una ensalada. El invernadero ocupa un espacio significativo a bordo del vehículo, y no sólo proporciona sabrosa comida fresca a los astronautas, sino que ejerce una importante labor de control medioambiental, participando en la depuración del agua y la eliminación del dióxido de carbono de la atmósfera de la nave.

Esto que hoy por hoy es aún ciencia-ficción, podría no estar tan lejano en el tiempo gracias a los avances realizados en la investigación botánica en el medio espacial a lo largo de los últimos 40 años. Avances que han requerido de una gran dedicación y esfuerzo.

Está claro que la agricultura espacial presenta múltiples ventajas de cara a estancias de larga duración en el espacio, ya sea en estaciones orbitales, a bordo de naves interplanetarias, o en colonias extraterrestres: proporciona alimentos frescos a la tripulación, ayuda a absorber el CO_2 de la atmósfera reemplazándolo por oxígeno, e incluso puede ayudar a reciclar aguas de desecho. A cambio, sólo necesita de unos aportes de agua y luz adecuados... o eso parece. En realidad, las necesidades de la agricultura espacial van mucho más allá, y representan todo un reto tecnológico que, afortunadamente, parece en vías de encontrar solución. Una solución en la que trabajan también científicos españoles, como el equipo liderado por el Dr. Javier Medina, científico del Centro de Investigaciones Biológicas del CSIC.

Javier Casado

Una investigación con solera

Los estudios del crecimiento de plantas en el espacio datan de la primera estación espacial de la historia, la rusa Salyut 1. Anteriormente las dos grandes potencias rivales ya habían enviado semillas a bordo de naves espaciales, para el estudio de los posibles efectos de los rayos cósmicos y la microgravedad sobre su estructura celular y molecular. Pero para llevar a cabo estudios más serios con plantas completas se necesitaba de un espacio e instalaciones que no estarían disponibles hasta la aparición de las primeras estaciones espaciales.

La Salyut 1 fue lanzada el 19 de abril de 1971, como estación espacial científica destinada a la experimentación en campos tan variados como la medicina espacial, la observación astronómica y terrestre, o la biología (zoología y botánica) en condiciones de microgravedad. Para esta última investigación contaba con un pequeño invernadero denominado Oasis, de un tamaño similar a la CPU de un ordenador actual, en el que debían crecer plantas de lino, repollos, y crepis capillaris [1]. Los técnicos involucrados en el proyecto habían previsto inicialmente la instalación de un equipamiento mucho mayor, incluyendo incubadoras y una mayor variedad vegetal, pero como tantas otras veces, las presiones presupuestarias y de calendario obligaron finalmente a dejarlo reducido al pequeño Oasis. [2]

Las variedades elegidas para germinar en el Oasis habían sido seleccionadas en base a su bajo tamaño y rapidez de crecimiento. El invernadero contaba con dos lámparas fluorescentes y una serie de capas de suelo artificial entre las que se introducían las semillas, a las que se aportaba agua a través de una bomba de accionamiento manual. Con el paso de los días, los cosmonautas a bordo de la Salyut 1 contemplarían crecer unos pequeños brotes de cada una de las plantas, aunque todas ellas parecían hacerlo con mayor lentitud y debilidad que los ejemplares terrestres; sus raíces, también más pequeñas de lo normal, crecían a lo ancho y no a lo largo, como confundidas por la ausencia de gravedad. Inicialmente, ni la tripulación ni los biólogos de tierra comprendían exactamente a qué se debía la precariedad de los ejemplares obtenidos. ¿Sería que el agua no fluía correctamente por el suelo artificial? Para descartarlo, desde el control de tierra, Galina Nechitailo pediría a Patsayev aumentar las dosis de riego, sin grandes resultados [3].

Nechitailo era una joven bióloga recién licenciada cuando entró a trabajar a mediados de los 60 en la oficina de diseño OKB-1 de Korolev, hoy RKK Energiya. Con el paso de los años, se convertiría en el líder mundial de la investigación botánica en el espacio. Pero en 1971 estaba tan desorientada como la tripulación de la Salyut, y ella y su equipo esperaban con impaciencia el retorno de los cosmonautas con muestras de esas primeras plantas nacidas en el espacio, para su estudio en los laboratorios terrestres.

El 29 de junio, tras 23 días en órbita, los cosmonautas Dobrovolskiy, Volkov y Patsayev abandonaban la Salyut a bordo de la Soyuz 11, transportando muestras de varios de sus experimentos. Estaba a punto de concluir un nuevo éxito soviético en el espacio, con el retorno de la primera tripulación de la primera estación espacial de la historia. Pero una trágica descompresión de la nave durante el descenso mataría a todos sus ocupantes, arruinando también las muestras biológicas que transportaban. El avance en el estudio de las plantas y las posibles reformas necesarias para el invernadero Oasis tendrían que esperar a una próxima oportunidad.

Aunque a bordo de la Salyut 1 había quedado el invernadero Oasis funcionando, a la espera de una próxima tripulación que continuara con los experimentos, el parón provocado por el accidente de la Soyuz 11 impidió que la estación pudiera volver a ser ocupada antes de que se produjera su reentrada en la atmósfera terrestre. Habría que esperar hasta el lanzamiento de la Salyut 4, en diciembre de 1974, para que se reanudase el programa soviético de investigación botánica en el espacio. Las Salyut 2 y 3 no habían servido para profundizar en esta investigación, ya que ambas eran estaciones militares de tipo Almaz que no incluían la experimentación botánica dentro de su programa orbital; además, la Salyut 2 había quedado inutilizada por causas poco claras poco después de alcanzar la órbita terrestre, no llegando a ser nunca ocupada.

Entretanto, los norteamericanos habían lanzado su primera estación espacial, Skylab, en mayo de 1973. Pero el Skylab no desarrolló una investigación seria con plantas: el único experimento en esta área, el crecimiento de semillas de arroz en el espacio, fue de índole escolar, de divulgación básica, y no aportó prácticamente nada a la investigación en esta materia. Por otra parte, pocas semillas llegaron a desarrollarse finalmente, lo que redujo aún más las posibles conclusiones a extraer del experimento. [4]

Los rusos, en cambio, sí mantenían la botánica en un nivel elevado de prioridad dentro de su programa de investigación espacial. Así, la Salyut 4 incorporaba de nuevo el invernadero Oasis, aunque con mejoras incorporadas tras la experiencia de la Salyut 1. Por ejemplo, se había automatizado el sistema de riego, que ahora aportaba la cantidad requerida de agua de forma más precisa y sin necesidad de intervención humana. Y también se había simplificado el proceso de siembra, al incorporar las semillas "preplantadas" dentro de cartuchos desechables. Las plantas a investigar serían en esta ocasión cebollas y guisantes. [1]

El experimento no comenzó bien, pues los cosmonautas observaron que el nuevo sistema automático de riego no parecía funcionar correctamente, obligándoles a regar de forma manual. Pero tras algunas conversaciones con Nechitailo en tierra, la tripulación consiguió reparar adecuadamente el invernadero, dando comienzo a una nueva fase de esta investigación. [5]

A la semana siguiente ya habían brotado diez plantitas de guisantes. Pero dos semanas después, todas las plantas se habían marchitado, sus hojas se habían cubierto de manchas marrones, y sus raíces habían dejado de crecer. La siguiente tripulación de la estación experimentó problemas similares, teniendo que renunciar al riego automático para realizarlo de forma manual, y viendo cómo también casi toda su plantación de guisantes moría poco después de nacer. Con las cebollas tendrían algo más de éxito: sus tallos crecieron hasta unos 20 centímetros, pero su crecimiento fue más lento de lo normal, y el tamaño alcanzado inferior al habitual en la Tierra [1]. A pesar de todo, estas cebollitas espaciales les permitieron un pequeño lujo a la tripulación: el 8 y el 10 de julio de 1975 fueron los cumpleaños de los dos cosmonautas a bordo de la estación, y para celebrarlo, Nechitailo les autorizó a utilizar algunos de los tubérculos para alegrar su monótono menú espacial. Aunque puramente testimonial, fue la primera utilización práctica de la agricultura espacial [6].

Aprendiendo de los fracasos

En tierra, el equipo de biólogos de Nechitailo seguía dando palos de ciego en busca de una solución a estos problemas. ¿Era la ausencia de gravedad una situación intolerable para la vida vegetal? ¿Serían acaso las radiaciones cósmicas las responsables de los problemas? ¿O se trataba tan sólo de fallos de diseño de los invernaderos, que impedían a las plantas absorber los nutrientes con normalidad? Aún no podía saberse, y sólo quedaba mejorar la tecnología del sistema y seguir investigando.

La siguiente estación soviética, Salyut 5, fue de índole militar, por lo que habría que esperar hasta 1977 para continuar los estudios en el marco de la Salyut 6. Esta nueva estación, que incorporaba importantes avances técnicos y operativos con respecto a las anteriores, portaba en su interior una panoplia mucho mayor de material de experimentación botánica. El Oasis había sido reformado, con un sofisticado suelo artificial capaz de dirigir el crecimiento de las raíces hacia abajo, y dedicado principalmente al cultivo de trigo y guisantes; pero además se había añadido otro nuevo invernadero más pequeño, llamado Fiton, dedicado al cultivo de la arabidopsis, una hierba silvestre elegida por su rápido ciclo vegetativo: de la semilla inicial a la producción de nuevas semillas en sólo 40 días. En el Fiton se prescindía del suelo artificial a favor del cultivo hidropónico, en el que sumergen las raíces de las plantas directamente en una solución de nutrientes. De esta forma se esperaba poder asegurar su correcta alimentación, pues con el Oasis aún se tenían dudas de si el agua aportada fluía correctamente hasta las raíces a través del suelo artificial en condiciones de microgravedad. El nuevo invernadero incluía además una atmósfera cerrada, con un sistema de ventilación sellado que incorporaba filtros antibacterias; se pretendía así evitar que una posible contaminación por agentes nocivos presentes en la atmósfera de la estación pudiera ser la causa de al menos parte de los fracasos en el cultivo espacial.

La estación incluía también un nuevo dispositivo, denominado Biogravistat, diseñado para el estudio del crecimiento vegetal en condiciones de gravedad artificial. Dispuestos de forma radial sobre una especie de rueda de 30 cm de diámetro, unos pequeños receptáculos alojaban plantas de pepino y lechuga, en un intento de comprobar si la presencia de gravedad era lo que marcaba la diferencia con las plantas crecidas en los otros invernaderos. Por último, se habían incorporado también unos dispositivos denominados Vazon ("florero", en ruso) para el crecimiento de bulbos de cebolla y tulipán. El significativo aumento de los experimentos de agricultura espacial a bordo de la Salyut 6 indicaba el interés con el que era contemplada esta investigación en la Unión Soviética.

Pero ni siquiera con estas mejoras tecnológicas se consiguieron avances importantes en el cultivo espacial de plantas. Como en ocasiones anteriores, las plantas iniciaron su crecimiento de forma más o menos correcta para después marchitarse, ralentizando su crecimiento o muriendo. Los tulipanes crecieron hasta un gran tamaño, pero en cuanto salió la flor, perdió sus pétalos [1, 5]. Ni siquiera los ejemplares del

Biogravistat corrieron mejor suerte. Parecía que el espacio era claramente un medio hostil para la vida vegetal.

Las tripulaciones de la Salyut 6 devolvieron a la Tierra muestras de trigo, guisantes, cebollas y pepinos crecidos en el espacio. Pero además de ser raquíticos, su análisis demostró que sus semillas eran estériles. Curiosamente, los tulipanes sin flor devueltos a la tierra desarrollaron una nueva flor casi de inmediato, como si estuvieran esperando la vuelta a su medio natural para comportarse normalmente. Por otra parte, a pesar de todas las mejoras tecnológicas introducidas, Nechitailo y su equipo comprobaron que a las plantas les resultaba todavía difícil absorber los nutrientes del riego; se hacían necesarias más modificaciones en el sistema [1].

A pesar de los fracasos, la investigación se prestaba también a las bromas entre las tripulaciones y los científicos de Tierra. Así, por ejemplo, una de las tripulaciones que debía volver a la Salyut 6 tras permanecer ésta ocho meses desocupada, decidieron llevarse unos pepinos en los bolsillos de sus trajes. Luego colocaron uno de ellos en el invernadero, entre los tallos marchitos de las plantas abandonadas allí tras la última misión; en una retransmisión televisiva, informaron de cuán sorprendidos se habían quedado al entrar en la estación y encontrarse ese pepino en el invernadero, el cual debía haber crecido por sí solo a lo largo de esos ocho meses abandonado en el espacio. La misma tripulación gastaría otra broma a Nechitailo algunos meses más tarde, al describirle cómo se había conseguido obtener la primera flor a bordo de la estación; tremendamente excitada por el acontecimiento, la bióloga les instruyó sobre cómo empaquetar cuidadosamente la flor para devolverla a la Tierra con el retorno de una tripulación visitante que debía volver en pocos días. La misma Nechitailo acudió en persona al lugar de aterrizaje en Kazajstán para recibir la flor: cuando desenvolvió el paquete, encontró una flor primorosamente fabricada... en papel. Con buen sentido del humor, Nechitailo se echó a reír y pidió a los cosmonautas que se esforzaran por crear otra flor, pero esta vez de verdad.

Entre tanto, las investigaciones continuarían sin pausa a bordo de la Salyut 6. Las especies cultivadas se multiplicarían con el tiempo, extendiendo las variedades a ajos, rábanos, perejil, eneldo, tomates, algodón... Pero los resultados eran siempre los mismos. En una de las últimas misiones a bordo de la estación, los cosmonautas consiguieron por primera vez que una planta de arabidopsis echara brotes, punto de partida de nuevas semillas. Por primera vez se cerraba un ciclo vegetativo en el espacio. Pero cuando las plantas llegaron a la Tierra, los científicos se sintieron decepcionados: su análisis demostró que eran estériles. Y seguía sin saberse cuál era la verdadera causa de los fracasos. Corría el año 1980 [1].

Primer éxito... y parón

El 19 de abril de 1982 era lanzada la última y más sofisticada de las estaciones Salyut, la Salyut 7. En su interior, entre otros muchos experimentos, se mantenía a un nivel prominente la investigación botánica. Se incluían de nuevo los invernaderos tipo Oasis, Fiton, Biogravistat y Vazon que habían volado a bordo de la anterior estación, añadiéndose además uno nuevo: el Svetoblok. Y es que, a pesar de los continuos fracasos, los biólogos rusos no se daban por vencidos. De hecho, cada vez cobraba más fuerza entre ellos el convencimiento de que los problemas se debían a fallos de diseño de los invernaderos o a procedimientos de cultivo erróneos, más que a causas intrínsecas al vuelo espacial. Así, además de incorporar cada vez nuevas mejoras técnicas, como mejores sistemas de riego o ventilación, se iban probando nuevas formas de actuación, como aumentar progresivamente las horas diarias de iluminación. Incidiendo en este último aspecto, Galina Nechitailo decidió pasar de las 14 horas diarias experimentadas en la Salyut 6 a una iluminación ininterrumpida a bordo de la Salyut 7 [1]. Pero las limitaciones en la disponibilidad de energía eléctrica a bordo de la estación impedirían finalmente llevarlo a cabo.

Con las nuevas técnicas y equipamiento, los resultados parecieron mejorar ligeramente, aunque las plantas aún crecían con lentitud y parecían extremadamente frágiles. Pero el 4 de agosto de 1982, el cosmonauta Lebedev se encontraría con algo sorprendente: las arabidopsis del Fiton habían generado vainas con semillas en su interior. Diez días más tarde, la primera vaina reventaba, liberando las semillas ya maduras. Lebedev las recogería una a una como si fueran pepitas de oro, reservándolas cuidadosamente para su envío a la Tierra tan pronto como fuera posible. Unas 200 semillas en total fueron enviadas al laboratorio de Nechitailo para su análisis. De ellas, aproximadamente la mitad resultaron ser viables, sembrándose y obteniendo nuevas plantas de arabidopsis a partir de ellas [1]. Por primera vez se había cerrado un ciclo vegetativo completo en el espacio. Los rusos se hallaban en el buen camino.

Estación espacial Salyut 7, última de la primera generación de estaciones espaciales rusas. En ellas dio comienzo la investigación con plantas en el entorno espacial. (*Foto: RKK Energiya*)

Una parte de las semillas de arabidopsis traídas a la Tierra desde la estación fueron reenviadas a la Salyut 7 a bordo de la misión Soyuz-T8. Se quería comprobar cómo se desarrollaría una segunda generación de plantas en microgravedad. Lamentablemente, esta misión Soyuz fue incapaz de acoplarse con la estación por problemas técnicos, y a su vuelta a la Tierra todas las semillas tuvieron que ser abandonadas a bordo del módulo orbital de la nave, destinado a desintegrarse durante la reentrada. Se trataba de una de las últimas misiones a la última de las estaciones Salyut, y con ella terminaba por el momento el programa ruso de investigación botánica espacial. La continuación del mismo debería esperar a que la nueva estación espacial Mir estuviese operativa.

Paradójicamente, ahora que la investigación parecía obtener sus primeros éxitos, era justamente cuando el programa de experimentación botánica ruso sufriría un parón. Aunque los primeros módulos de la Mir fueron enviados al espacio en 1986, habría que esperar a que llegasen los módulos laboratorio especializados para reanudar las investigaciones. Pero, mientras los biólogos de Energiya ponían a punto nuevos invernaderos con grandes avances tecnológicos frente a los utilizados en las Salyut, la evolución de los acontecimientos en los últimos años de la Unión Soviética y los compromisos políticos internacionales se confabularían para dar al traste con las grandes esperanzas puestas en la nueva estación por Nechitailo y su equipo.

Primero fueron los retrasos. Las reformas introducidas por Gorbachev, aunque finalmente conducirían al fin del comunismo y a la caída de la Unión Soviética, provocaron inicialmente una grave crisis económica que también afectó, como no podía ser de otra manera, al programa espacial. En el caso de la Mir, la ampliación con los nuevos módulos fue demorándose año tras año, retrasando la reanudación de múltiples programas de experimentación en el espacio, entre ellos el de la agricultura espacial, que además había sido reducido significativamente también por cuestiones presupuestarias. El módulo Kristall, que debía alojar los experimentos con plantas, no sería lanzado hasta 1990. Por otra parte, compromisos políticos con países de la esfera soviética también interferirían con el programa de experimentación. Así, por ejemplo, el equipo de Nechitailo contemplaría impotente cómo se desechaban sus invernaderos de última generación en favor de un invernadero de desarrollo búlgaro, el Svet, con una tecnología similar al Oasis original de hacía 20 años [5]. En estas condiciones, pocos avances podían esperarse del nuevo programa de experimentación a bordo de la Mir. Finalmente, el programa fue formalmente suspendido en 1991, tras sólo 4 meses de experimentación el año anterior.

Estados Unidos se une a la investigación

¿Y, entre tanto, qué habían hecho los norteamericanos en la materia en todos estos años? Sin una estación espacial en la que trabajar, su campo de actuación estaba lógicamente muy limitado. Para suplir en parte esta carencia fue desarrollado por parte de la Agencia Espacial Europea el módulo laboratorio Spacelab, diseñado para ser transportado en la bodega del transbordador espacial. En su interior podrían desarrollarse programas de experimentación en microgravedad de forma similar a como se haría en una estación espacial, aunque con un serio hándicap: la limitada duración de las misiones del transbordador.

Con el Spacelab los norteamericanos tuvieron su primer contacto con los problemas del desarrollo vegetal en el espacio, experimentando las mismas dificultades que habían sufrido sus colegas soviéticos en las primeras Salyut. Pero habría que esperar hasta el comienzo de la colaboración ruso-norteamericana en torno a la Mir para que el programa de investigación botánica espacial se reanudase de nuevo en serio, esta vez desde el lado americano.

Sería en 1996, en el transcurso de la segunda misión conjunta Shuttle-Mir, cuando la astronauta norteamericana Shannon Lucid daría comienzo a una nueva campaña de investigación botánica a bordo de la estación espacial rusa. El equipo utilizado sería el invernadero ruso-búlgaro Svet, mejorado con unos sensores de humedad de fabricación norteamericana para garantizar el correcto aporte de riego a las raíces de las plantas [7].

La investigación norteamericana en botánica espacial comenzó en misiones cortas a bordo del Space Shuttle, pero habría que esperar a la colaboración con los rusos en la estación espacial Mir para poder llevarla a cabo en más profundidad. En la imagen, el transbordador espacial Atlantis acoplado a la Mir en 1995. (*Foto: NASA*)

En este primer experimento, Lucid plantaría 32 semillas de trigo super-enano, que parecieron desarrollarse con normalidad [7]. Cuando la misión de la norteamericana llegó a su fin, fue sustituida por John Blaha, quien continuó cuidando de las plantas de trigo hasta que dieron fruto. Con sumo cuidado, Blaha recolectaría hasta 260 granos de trigo para su posterior estudio en la Tierra. Los nuevos sensores de humedad parecían haber realizado un buen trabajo, al indicar cuándo las plantas necesitaban más agua, y solventando así uno de los grandes problemas de la agricultura espacial, el del riego correcto. También se pudieron aumentar las horas de luz gracias a la abundancia de paneles solares a bordo de la Mir, permitiendo un aporte lumínico continuo que no había sido posible hasta entonces en experimentos anteriores por limitaciones en la disponibilidad de energía eléctrica. Ignorantes de los avances conseguidos años antes por los rusos en esta área debido al secretismo del programa espacial soviético, los norteamericanos creían haber obtenido un gran triunfo recolectando las primeras semillas crecidas en el espacio [8, 9].

Pero la alegría no tardaría en tornarse decepción cuando dichas semillas fueron analizadas por los biólogos en la Tierra. Después de toda la expectación generada entre la prensa y el público en general por este "gran éxito" norteamericano, se comprobaría que todos y cada uno de los granos de trigo recolectados estaban vacíos: no había semillas, los granos eran estériles.

Los investigadores llegaron a la conclusión de que la causa de este fracaso estaba en la propia atmósfera de la Mir: en ella se hallaban concentraciones de vapores de anticongelante hasta 300 veces superiores a los valores normalmente admitidos como aceptables. La razón eran las continuas pérdidas sufridas por los circuitos de refrigeración de la ya vetusta estación espacial, cuyas tuberías estaban seriamente corroídas tras años de uso. Se sabía que el etileno causaba esterilidad masculina en los cereales, y el refrigerante de la Mir (análogo al utilizado en los automóviles) era etilén-glicol, un compuesto que incluía etileno en su formulación, por lo que sin duda ésta debía ser la causa del fracaso. Para solventarlo, instalarían extractores de anticongelante en siguientes experimentos con el invernadero. La solución resultaría ser efectiva, aunque según algunas opiniones, por motivos muy distintos. Y es que, aunque es difícil discernir hasta qué punto fue más importante una fuente o la otra, lo cierto es que el etileno que produjo el problema podría producir de las propias plantas, algo que ya habían sufrido los rusos anteriormente.

Todos los órganos de una planta producen etileno. Unos en mayor cantidad, otros en menos, pero el etileno es una hormona de las plantas que se genera en tallos, hojas, flores y frutos. Y su influencia en el desarrollo de la planta es grande: gobierna su madurez, su floración, e incluso su senectud. En condiciones normales en la Tierra, el etileno fluye a través de la planta hasta el exterior, difundiéndose con facilidad en la atmósfera circundante. En el espacio, en ausencia de gravedad, el aire tiende a estar inmóvil, ya que no existe la convección térmica que constituye la principal fuente de su movimiento en nuestro planeta. De esta forma, el etileno generado por la planta tiende a permanecer acumulado a su alrededor acelerando su marchitamiento y muerte, y alterando la floración y el proceso de generación de semillas. Para un correcto crecimiento de las plantas en el espacio, entre otras muchas cosas, hay que tener la precaución de ir eliminando el etileno generado por las propias plantas.

En 1997, en medio de un fatídico año lleno de accidentes como un incendio y una colisión a bordo de la estación espacial Mir, el norteamericano Michael Foale continuaría los experimentos con plantas en el invernadero Svet. En esta ocasión se plantarían 52 semillas de brassica rapa o mostaza silvestre, una planta de la familia de la arabidopsis que, como ella, tiene un veloz ciclo vegetativo, floreciendo tan sólo 14 días después de ser plantada. Al invernadero se le habían añadido ventiladores y filtros de etileno junto con un suelo artificial mejorado que debía favorecer el flujo del agua hasta las raíces. Los sensores de humedad, de todas formas, se aseguraban de monitorizar que el riego fuera correcto.

Al cabo de un tiempo, las plantas generaron vainas con semillas en su interior. Foale las recolectó cuidadosamente, obteniendo 12 granos, de un tamaño inferior al que solían presentar en la Tierra. De estas semillas reservaría la mitad para su estudio en laboratorios terrestres, plantando las otras seis de cara a obtener una segunda generación de plantas crecidas en el espacio.

De las seis semillas replantadas sólo cuatro darían fruto. Al cabo de un mes, estas plantas habían vuelto a generar vainas con unas 15 ó 20 semillas en su interior en total. Pero apenas dos o tres de estas nuevas semillas merecían ser plantadas de nuevo, según Foale, dado su lamentable aspecto. En cuanto a las seis semillas enviadas a la Tierra, sólo dos de ellas produjeron plantas viables, pero que resultaron ser más pequeñas y débiles que las cultivadas en nuestro planeta [10, 11, 12, 13].

Aunque Foale había conseguido el crecimiento de una segunda generación de plantas en el espacio, parecía claro que por ese camino sería difícil mantener un cultivo estable en el tiempo, si cada nueva generación resultaba más débil que la anterior.

1998 supuso el final de las misiones conjuntas ruso-norteamericanas a la Mir, lo que supondría un paréntesis en la investigación norteamericana con plantas en el espacio, si bien sus colegas rusos continuarían utilizando el Svet mejorado de la Mir hasta el año 2000. En estos años, los rusos repetirían el desarrollo de una segunda generación de trigo espacial, e incluso llegarían a realizar pruebas de cata de los vegetales cultivados en este invernadero [14]; parecía que se estaba a un paso del primer huerto espacial con utilidad práctica.

Tras el abandono de la Mir, habría que esperar a que la Estación Espacial Internacional estuviese operativa para que la investigación pudiera reanudarse. Y esta vez sería desarrollada por los dos antiguos rivales en paralelo.

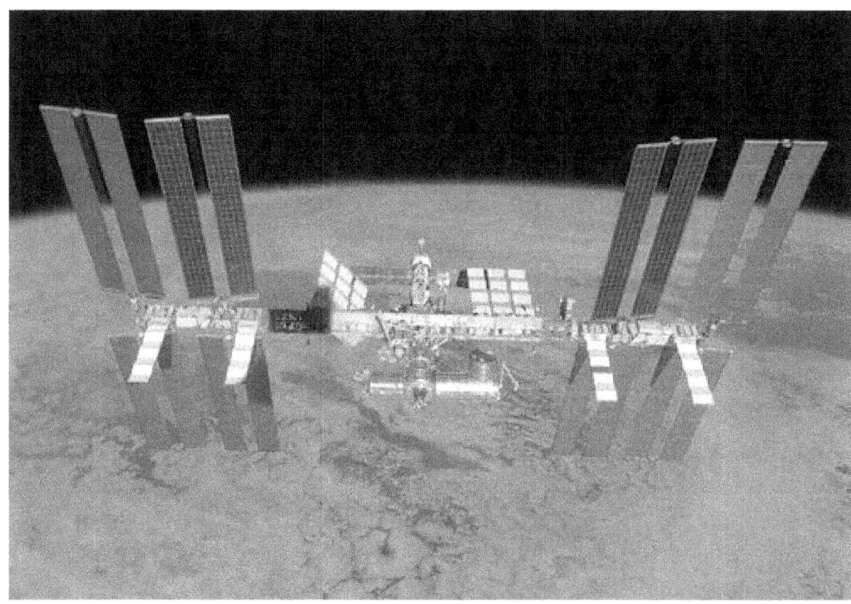

La Estación Espacial Internacional es en la actualidad el laboratorio de investigación espacial conjunto para rusos, norteamericanos, europeos y japoneses. En su interior se sigue desarrollando el programa de investigación botánica iniciado por los rusos en 1971. (*Foto: NASA*)

La Estación Espacial Internacional: los estudios continúan

Los primeros experimentos con plantas a bordo de la ISS fueron llevados a cabo por astronautas norteamericanos. Para ello utilizarían un invernadero de diseño propio que ya había sido probado con anterioridad en misiones de corta duración a bordo del transbordador espacial, para el experimento denominado "Astrocultura". Incorporando mejoras derivadas de esas experiencias, la investigación se prolongaría en la ISS en tres fases de experimentación bajo el epígrafe "Astrocultura Avanzada", un programa cofinanciado por empresas privadas con tres objetivos principales: profundizar en el conocimiento del crecimiento de plantas en el espacio, analizar posibles alteraciones genéticas que puedan tener utilidad práctica en la Tierra, y desarrollar programas educativos para colegios [15, 16].

El primer experimento con la instalación Astrocultura Avanzada dio comienzo en abril de 2001, en el transcurso de la Expedición 2 a la Estación Espacial Internacional. La misión STS-100 del Space Shuttle transportaría a bordo del complejo el invernadero con semillas de arabidopsis ya preplantadas, con todo dispuesto para seguir su ciclo vegetativo en el espacio a lo largo de unos 55 días. El experimento fue uno de los más exitosos realizados hasta la fecha, al desarrollarse las plantas con una vitalidad apreciable y aparentemente sin deformaciones. Aproximadamente un 90% de las semillas plantadas germinaron en el espacio, y de éstas, el 70% desarrollaron nuevas semillas durante el periodo de estudio; cada planta produjo de media 24 vainas, con unas 36 semillas cada una en su interior. Y lo mejor de todo, la mayor parte de estas semillas parecían maduras y en buenas condiciones para reproducirse a su vez [17].

La instalación con sus plantas y semillas fue devuelta a la Tierra en julio del mismo año a bordo de la misión STS-104 del transbordador, para su análisis por el equipo de biólogos que seguían el experimento. Una parte de estas semillas serían reenviadas de nuevo al espacio al año siguiente, para analizar el desarrollo de una nueva generación de plantas espaciales. Así, en febrero de 2002 daría comienzo la segunda fase de la investigación en el curso de la misión de la Expedición 4 a la estación espacial. En esta ocasión se seguiría el crecimiento de semillas nuevas junto con semillas obtenidas del experimento anterior, para comparar si existían diferencias entre el desarrollo de unas y de otras.

Mientras que en la primera ocasión el experimento se desarrolló de forma prácticamente automática, esta vez se incluyó la toma de muestras periódicas de tejido de las plantas, para estudiar posibles alteraciones genéticas provocadas por el entorno espacial. Esta segunda fase se desarrolló hasta la nueva generación de semillas, volviendo todo el material para su estudio en la Tierra a bordo de la misión STS-110 [18].

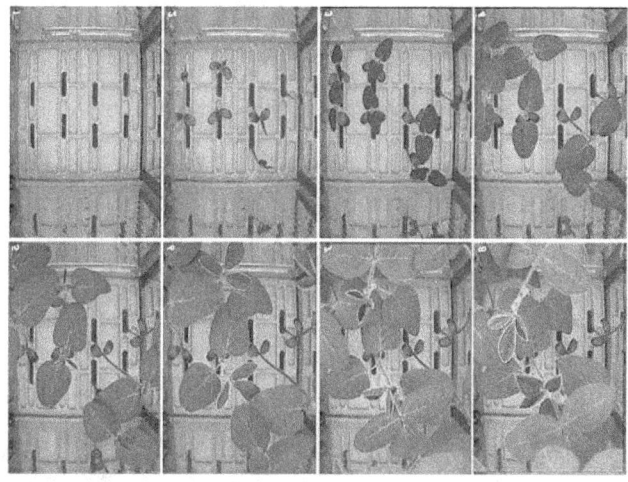

Secuencia que muestra el crecimiento de plantas de soja durante el experimento norteamericano Astrocultura Avanzada, desarrollado a bordo de la ISS en 2002. (Foto: NASA-MSFC)

En la tercera y última fase de la Astrocultura Avanzada, se estudiaría el crecimiento de plantas de soja con un objetivo comercial y de aplicaciones terrestres: se pretendía averiguar si el medio espacial podría inducir cambios genéticos que aumentasen la producción de aceite, proteínas, hidratos de carbono o cualquier otro parámetro que pudiese mejorar la productividad de este producto en la Tierra. Había razones para pensar que algo así pudiera suceder: en 1990, se había comprobado que unas semillas de tomate expuestas durante un tiempo al entorno espacial, germinaban con mayor rapidez de lo habitual tras su vuelta a la Tierra (proyecto SEEDS, desarrollado por la NASA en colaboración con la Park Seed Company) [19]. Quizás los cambios sufridos en el espacio puedan de alguna forma sernos de utilidad. El experimento fue llevado a la estación por la STS-111, volviendo a bordo de la STS-112 [20].

En el curso de la Expedición 4 también se llevaría a cabo el experimento PESTO (*Photosynthesis Experiment and Systems Testing and Operations*) con el equipo denominado Sistema de Producción de Biomasa. Frente a la naturaleza semi-comercial y de aplicaciones de la Astrocultura Avanzada, éste sería un experimento científico respaldado por la NASA en el que se plantaría trigo y brassica rapa. El objetivo principal era observar los procesos fotosintéticos y metabólicos en condiciones de microgravedad, desarrollando al mismo tiempo un programa educativo en colaboración con colegios. El experimento se prolongó por 73 días, volviendo a la Tierra en junio de 2002 a bordo del STS-111. Este experimento era la evolución de uno anteriormente diseñado para operar a bordo del transbordador, denominado PASTA (*Photosynthesis and Assimilation System Testing and Analysis*); a los científicos involucrados les gustaba decir que el PESTO era la PASTA con un poquito más de "sabor". [21, 22, 23]

Brotes de trigo enano fotografiados a bordo de la ISS en abril de 2002.
(*Foto: NASA-MSFC*)

Entre tanto, también los tripulantes rusos de la Estación Espacial Internacional han desarrollado un importante programa de investigación con plantas durante estos años. Para ello desarrollaron un nuevo invernadero, el Lada, mucho más moderno que el Svet de la Mir que tan poco gustó al equipo de Nechitailo en su día. El nuevo invernadero incluía los sensores de humedad en zona de raíces que tan buen resultado dieran en la Mir, junto con sensores de oxígeno para asegurar una correcta aireación de las mismas, sensores de temperatura ambiental y del suelo, etcétera. Todo ello dispuesto en un pequeño contenedor bastante automatizado y con parámetros controlados mediante ordenador, que convierten la agricultura espacial en una actividad de alta tecnología [11, 24, 25].

Plantas de guisantes crecidas en el invernadero ruso de la ISS, tras haber desarrollado semillas y haberse secado, en 2003. En breve, la tripulación recolectará las semillas, enviando la mitad a la Tierra para su análisis y replantando el resto para analizar el desarrollo de una segunda generación de guisantes espaciales. (*Foto: NASA*)

En este nuevo invernadero ruso se llevaría a cabo el experimento Rasteniya-2 con plantas de guisantes, tomates enanos y lechugas, destinado a estudiar el desarrollo de segundas generaciones de plantas espaciales y a seguir profundizando en general en los estudios botánicos iniciados con la Salyut 1 en 1971. La investigación se ha venido desarrollando de forma continuada desde 2002 hasta la actualidad. En este tiempo se han llegado a cultivar hasta cuatro generaciones sucesivas de guisantes nacidos en el espacio, siendo cada generación de semillas cuidadosamente analizada genéticamente en la Tierra antes de devolverla a la estación para continuar el ciclo. En mayo de 2005 el núcleo de la investigación derivó hacia los rábanos, por sus buenas características tanto de ciclo vital (de 30 a 45 días) como de utilidad culinaria, pues incluso sus hojas son comestibles [26].

Lo que hemos aprendido

Durante todos estos años de investigación con plantas en microgravedad, ha sido mucho lo que se ha aprendido de cara a poder algún día tener un huerto dentro de una estación espacial, aunque también es cierto que aún queda mucho por investigar para que dicho huerto pueda mantenerse de forma autosuficiente, con nuevas generaciones de plantas creciendo a partir de las semillas de la generación anterior. Esa, hoy por hoy, es aún una asignatura pendiente.

Pero, ¿cuáles han sido los principales obstáculos vencidos a lo largo de estos años? Hemos hablado con frecuencia a lo largo de este artículo de problemas de riego, de iluminación, y de eliminación del etileno. Y, efectivamente, estos son algunos de los principales problemas vencidos hasta el momento.

El problema del riego es un problema en gran medida relacionado con lo sofisticado que sea el suelo sobre el que crecen las plantas. En ausencia de gravedad, el agua de riego tiende a formar acumulaciones, siendo complicado hacerla fluir adecuadamente por el suelo, de forma uniforme y llegando a todas las raíces. La mejor forma de favorecer una buena distribución hídrica es mediante un suelo de grano fino, por el que el agua tiende a fluir llenando los huecos por efecto de la capilaridad. Pero el grano fino va directamente en contra de la necesidad de aireación que tienen las raíces de la planta: sin una adecuada aireación, las raíces tienden a enfermar, a pudrirse. Para favorecer la aireación se necesita exactamente lo contrario, un suelo de grano grueso, que deje espacios por los que el aire, además del agua, pueda llegar a la raíz del vegetal.

En la Tierra, la estructura del suelo no es tan crítica por una razón muy sencilla: la gravedad tiende a arrastrar el agua hacia abajo, y por la parte superior del suelo suele quedar una zona lo suficientemente aireada como para que las raíces se desarrollen con normalidad, independientemente del tamaño de los granos de tierra (excepto en casos extremos). En el espacio, sin embargo, no disponemos de este mecanismo de aireación natural, y es preciso diseñar los suelos de los invernaderos con una composición de granos de tamaño variado que aseguren a la vez un adecuado aporte hídrico y una adecuada ventilación de la raíz. Se ha comprobado que un tamaño de granos entre 1 y 2 milímetros de diámetro es la forma más adecuada de conseguirlo [27]. Pero a esta conclusión ha habido que llegar a través de múltiples pruebas en el espacio.

Otro factor crítico en el crecimiento de la planta es la iluminación. Se ha comprobado que el crecimiento de las plantas en el espacio, o la productividad de la cosecha, es directamente proporcional a la cantidad de luz suministrada. O dicho de otra forma, para la producción de una misma masa vegetal, a mayor luz, menor superficie plantada es necesaria. Esto es muy importante a la hora de diseñar un huerto a bordo de un vehículo o estación espacial, pues el espacio ocupado es crítico en estas aplicaciones. El problema es que una iluminación potente requiere grandes cantidades de energía, cuya consecución también es problemática a bordo de un vehículo espacial. Una forma de paliar en parte este problema es investigar cuáles son las frecuencias lumínicas realmente útiles para el crecimiento de la planta, y restringir la iluminación únicamente a esas, reduciendo así la energía eléctrica necesaria. Por ejemplo, se ha comprobado que son las frecuencias azules y rojas las más útiles para la germinación de las semillas, por lo que es frecuente ver los invernaderos de la Estación Espacial Internacional iluminados con estos colores durante algunas fases de la investigación.

Por ahora, no se ha podido confirmar que la microgravedad tenga efectos perniciosos sobre el proceso de fotosíntesis, aunque se han detectado alteraciones en algunas células relacionadas. Es el caso de los cloroplastos (células que contienen la clorofila), cuya eficacia se ve mermada en condiciones de microgravedad. Asegurar que el proceso se realiza de forma eficiente en el interior de la planta es fundamental para evitar el derroche de la valiosa energía eléctrica disponible a bordo.

Una adecuada iluminación es fundamental para el óptimo aprovechamiento de la valiosa energía eléctrica de a bordo. Usando diodos emisores de luz en las frecuencias apropiadas (rojo y azul, fundamentalmente) se consigue un buen rendimiento con reducido consumo y baja emisión de calor. (*Foto: NASA-MSFC*)

¿Podemos decir, entonces, que es viable el mantenimiento autosuficiente de una plantación espacial de forma indefinida? Aún es pronto para decirlo, y serán necesarias más investigaciones para poder dar una respuesta definitiva. Uno de los principales problemas, según nos explica el Dr. Javier Medina (investigador del Centro de Investigaciones Biológicas, del CSIC) es que "*Hasta el momento no ha habido ninguna instalación permanente a bordo de ningún vehículo espacial que haya sido capaz de satisfacer la demanda de estos parámetros [agua, luz, etc], de manera normalizada y regularizada. La falta de estos dispositivos ha sido la causa de numerosos experimentos fallidos y, lo que es casi peor, de experimentos con resultados contradictorios, porque las condiciones de disponibilidad de agua, nutrientes, luz, etileno, etc., no estaban normalizadas y podían producir "estreses" diversos en la planta, que se superponían al "estrés" gravitatorio e interferían con él*". [28]

Para suplir esta carencia, la ESA ha desarrollado dos dispositivos que deberán volar a la Estación Espacial Internacional cuando se reanuden los vuelos del transbordador. Se trata del Biolab y del "*European Modular Cultivation System*" (EMCS) [29, 30], el primero destinado al módulo europeo "Columbus", y el segundo al norteamericano Destiny. *"Presentan algunas diferencias tecnológicas entre ellos, pero ambos garantizan condiciones favorables, no sólo para el crecimiento de plantas, sino también de cultivos celulares y de otros sistemas biológicos modelo"*, explica Javier Medina. En tanto no se controlen adecuadamente todos los parámetros del entorno, será difícil evaluar la viabilidad de futuros huertos espaciales en microgravedad. Como explica el Dr. Medina, *"aún no podemos estar totalmente seguros de si los problemas fisiológicos que presentan las plantas crecidas en el espacio son consecuencia directa del ambiente de microgravedad o de algún otro "estrés" asociado al crecimiento en el vehículo espacial (confinamiento, etileno, radiaciones, vibraciones, nutrición…)"*.[28]

El astronauta Carl Walz muestra a la cámara una saludable cebolla crecida en el invernadero ruso de la ISS, en abril de 2002. (*Foto: NASA*)

En cualquier caso, lo que es claro es que la ingravidez provoca alteraciones en el desarrollo de la planta, tanto a simple vista (crecimiento irregular o caótico de raíces y tallos) como interno, pero aún no sabemos si estas alteraciones provocan su inviabilidad a largo plazo. El astronauta español Pedro Duque llevó a cabo un experimento con plantas en el curso de la misión Cervantes a la ISS en 2003, que confirmó algunos de estos efectos. El experimento, diseñado por el CSIC, demostró que *"las plántulas crecidas en el espacio (y también las crecidas en microgravedad simulada) son más largas que los ejemplares de control crecidos en gravedad 1 g"*, según nos explica Javier Medina. *"Las células crecen menos y se dividen más en ausencia de gravedad que en gravedad control. Esta mayor proliferación no se acompaña de un incremento en la síntesis de ribosomas, como es la regla en la Tierra, sino que los marcadores funcionales de este proceso aparecen disminuidos en ausencia de gravedad. La interpretación es que el ciclo celular (la sucesión de división y crecimiento celular, que acompaña a la proliferación) se ve profundamente alterado en el ambiente espacial."* Si la planta es capaz o no en el largo plazo de contrarrestar estos efectos, o los mecanismos que puedan estar afectados por ellos, son aún preguntas a responder en el futuro. [28, 31]

Dos filosofías de investigación con un mismo objetivo

Para el Dr. Medina, *"en ciencia no son buenas ni las carreras ni los atajos"*. La filosofía con la que equipos europeos como el español del Centro de Investigaciones Biológicas están llevando a cabo estos estudios, es la de avanzar de abajo hacia arriba, en lugar de la filosofía que podríamos llamar "de arriba abajo" consistente en empezar directamente con ensayos de cultivo de plantas superiores y luego intentar analizar qué ha pasado. Se trata de filosofías también existentes en ingeniería, con ventajas e inconvenientes cada una: la de empezar desde arriba, como han hecho americanos y rusos, puede parecer más rápida inicialmente, y desde luego, mucho más llamativa y espectacular; pero es muy complicado averiguar el origen de los problemas que van surgiendo, al no comprender aún detalladamente el mecanismo interno de respuesta de la planta a todos los niveles. Estudios como los del equipo español llaman mucho menos la atención de la opinión pública, y parecen avanzar a una lentitud mucho mayor, pero permiten ir avanzando sobre bases sólidas que permitan conocer de verdad por qué los organismos (o los sistemas en general, pues ya decimos que dicha filosofía también es extrapolable a áreas como la ingeniería) se comportan como lo hacen. El Dr. Medina lo expresa claramente: *"Es posible que la planta, a corto plazo, pueda solventar algunas o muchas de estas alteraciones celulares y continuar su desarrollo a pesar de todo y producir una primera generación de individuos viables y fértiles, pero si nos conformamos con este resultado y no nos interesamos en conocer qué procesos concretos están alterados, e incluso mediante qué mecanismos soluciona la planta estas alteraciones, nos podemos encontrar con sorpresas a medio plazo que seamos incapaces de contrarrestar. Y esto puede ocurrir en los momentos más críticos."* [28]

En cualquier caso, ambas aproximaciones son interesantes y hasta complementarias, pues si bien la aproximación de abajo hacia arriba es sin duda más rigurosa y científica, la filosofía seguida por rusos y americanos con sus invernaderos ha permitido resolver también multitud de problemas técnicos y operativos del cultivo espacial (riego, iluminación, tipo de suelo, etc) que sin duda resultarán valiosísimos de cara al futuro.

El astronauta belga Frank de Winne, de la ESA, posa junto al invernadero ruso Lada de la ISS, exuberante de vegetación. Todo el equipamiento visible a la izquierda da soporte al pequeño pero sofisticado invernadero. (*Foto: NASA*)

A pesar de que la investigación avanza con lo que a simple vista parece una exasperante lentitud de cara a obtener resultados prácticos de utilidad para las misiones espaciales, la comunidad científica no ceja en su empeño de seguir adelante con esta investigación. Y es que el interés es tanto puramente científico como de interesantes aplicaciones para futuras operaciones espaciales. A nivel científico, las investigaciones están aportando valiosísimos datos sobre el funcionamiento interno de las plantas, sobre los mecanismos que gobiernan su ciclo vegetativo. Como en tantas otras ramas de la ciencia, el conocimiento puro podría dar lugar a aplicaciones prácticas puede que hoy insospechadas, aplicables a nuestra vida en la Tierra.

Ecosistemas cerrados

Hasta ahora hemos hablado únicamente de la exploración con plantas en el espacio, en condiciones de microgravedad. Pero no es éste el único medio en el que se han desarrollado investigaciones de cara al futuro de la exploración espacial, ni es la ausencia de gravedad el único posible factor perturbador que puede entrar en juego en este contexto. En paralelo a la experimentación en estaciones orbitales, también sobre nuestro planeta tiene lugar un amplio programa de investigación sobre el funcionamiento de sistemas cerrados, aislados del exterior, y bajo la influencia de otros parámetros perturbadores, como pueden ser variadas concentraciones de diferentes gases en la atmósfera, o diferentes valores de presión ambiental.

El interés por los ecosistemas cerrados es evidente, pues estas son las condiciones en las que tendría que operar nuestro huerto espacial tanto a bordo de una nave interplanetaria como en el interior de un invernadero en Marte, por ejemplo. Si además queremos, como es de desear, utilizar nuestras plantas como parte esencial del sistema de control medioambiental, debemos comprender aún mejor cómo interactúan con su entorno en esas condiciones. Y este tipo de estudios puede realizarse de forma bastante efectiva, e incluso simplificada, en la Tierra, en el interior de laboratorios especializados o en experimentos que simulan una colonia interplanetaria, como los famosos Biosfera-1 y Biosfera-2. Menos conocidos a nivel popular pero indudablemente de mayor interés científico son los programas desarrollados desde los años 50 tanto en los Estados Unidos como en Rusia o la antigua URSS, entre los que podríamos destacar el proyecto CELSS (*Controlled Ecological Life Support Systems*) de la NASA o el BIOS llevado a cabo por los rusos en Krasnoyarsk, Siberia. Franceses, japoneses, alemanes y canadienses también han llevado a cabo investigaciones en este campo. [32]. Incluso España colabora a través de la Agencia Espacial Europea en el proyecto MELiSSA (*Micro Ecological Life Support System Alternative*), destinado a probar la viabilidad de sistemas de soporte vital totalmente biológicos en sistemas cerrados. La principal instalación experimental de MELiSSA está en la Universidad Autónoma de Barcelona.

Pero centrándonos de nuevo en simplemente el crecimiento de las plantas, tenemos que la composición y presión atmosféricas, además de la ingravidez, también son parámetros cuya influencia es importante conocer. ¿Podrían sobrevivir las plantas en un entorno como el de las naves Apollo, por ejemplo, con una atmósfera compuesta exclusivamente de oxígeno al 20% de la presión habitual? Conocer las respuestas es importante, pues la reducción de presión o prescindir de gases "inútiles" como el nitrógeno en la composición del aire, supone importantes reducciones de peso en una misión espacial.

El crecimiento de plantas a presión reducida también es algo que podría darse en una colonia interplanetaria, tanto en la Luna como en Marte, por ejemplo. En nuestro satélite, la presión atmosférica exterior es nula, mientras que en el planeta rojo tiene un valor unas 16 veces inferior a la terrestre. En estas condiciones, un invernadero que operase a presión interna reducida requeriría paredes menos gruesas y sufriría menores fugas, al tener que soportar una menor sobrepresión. Todo ello simplificaría el diseño, abaratando costes y reduciendo el peso a transportar desde la Tierra en cuanto a materiales y aire para presurización.

Este tipo de estudios tienen la ventaja de poder llevarse a cabo en la Tierra, simulando diferentes entornos atmosféricos en laboratorio sin las lógicas limitaciones impuestas por todo experimento llevado a cabo en una estación espacial. Además, realizar estas investigaciones sobre la superficie terrestre permite aislar los efectos de las distintas presiones y composiciones atmosféricas de aquéllos derivados de la exposición a la microgravedad. Ello simplifica el estudio y la extracción de conclusiones del mismo.

Pero los estudios del crecimiento vegetal en condiciones hipobáricas no han sido lo que se puede decir satisfactorios hasta la fecha. Las plantas han demostrado adaptarse realmente mal a esas presiones atmosféricas reducidas, tan mal o peor que su adaptación a la ingravidez.

Prototipo de invernadero marciano expuesto en el Centro Espacial Kennedy en 2004. Esta investigación está siendo desarrollada por la NASA, la Universidad de Florida, y las empresas Dynamac Corp. y Rigel Corp. (*Foto: NASA-KSC*)

Lo primero que se aprecia en una planta inmersa en un medio a presión reducida, es que reacciona igual que si estuviese soportando un grave periodo de sequía: las plantas cierran sus estomas (pequeños poros en las hojas por las que se exuda el vapor de agua) en un intento de evitar las pérdidas de humedad, y llegan a perder todas sus hojas, también como mecanismo de defensa frente a la deshidratación. Y es que, efectivamente, sometidas a presión reducida, el agua tiende a escapar de la planta con mayor rapidez, y de nada sirve asegurarse de que tenga un suministro hídrico correcto: ni manteniendo un correcto aporte por las raíces, ni incluso elevando la humedad ambiental a extremos cercanos al 100% consiguen evitarse estas reacciones. Es decir, aunque la planta tenga realmente un aporte de humedad sobrado, sus mecanismos interiores, confundidos por la baja presión, reaccionan como si se estuviera muriendo de sed... lo que al final puede llegar realmente a matarlas. [33]

Aunque también hay beneficios en un entorno de baja presión. El etileno, esa hormona que controla, entre otros, el envejecimiento, marchitamiento y muerte de la planta, y que tantos problemas causa en entornos de microgravedad, fluye a mayor velocidad a través del organismo vegetal en condiciones hipobáricas, reduciendo sus efectos y alargando la vida de la planta. Este descubrimiento ya tiene una aplicación práctica en la Tierra: dado que el etileno también gobierna la maduración de la fruta, almacenando las cosechas en recipientes a baja presión se consigue transportarlas a través de continentes hasta los puntos de venta, llegando como si acabasen de ser cortadas del árbol. [24]

Pero centrándonos en el terreno de la exploración espacial, el interés por las plantas es enorme, y proviene desde los orígenes del programa espacial. Efectivamente, si pudiera establecerse una adecuada simbiosis entre humanos y plantas, más algunos microorganismos cuidadosamente seleccionados, podríamos llegar a producir un ecosistema cerrado autosuficiente que solucionara los problemas que supone el soporte vital en misiones espaciales de larga duración o en futuras colonias extraterrestres. En ese ecosistema perfecto, las plantas utilizarían los desechos generados por los humanos para su sustento, reciclándolos en productos aprovechables por el hombre. El caso más evidente es el del reciclado atmosférico, al absorber las plantas el dióxido de carbono exhalado por la respiración humana y sustituirlo por oxígeno, pero no es el único. También las aguas residuales, tras un pequeño tratamiento con microorganismos en cubas biológicas (biorreactores), serían un nutritivo aporte para las plantas, que finalmente devolverían agua purificada al medio ambiente a través de la exudación en forma de vapor; añadiendo unos simples deshumidificadores de aire, la tripulación contaría con agua lista para su consumo. Y sin olvidar, por supuesto, que las propias plantas formarían parte de la dieta de la tripulación.

Lamentablemente, conseguir este sueño no es tarea fácil. Mantener un ecosistema cerrado en un espacio reducido con un número limitado de organismos requiere un profundo conocimiento de las inter-relaciones entre dichos organismos, así como entre ellos y su entorno. La Agencia Espacial Europea (ESA) está llevando a cabo en los últimos años un importante programa de investigación en este campo, bajo el nombre de proyecto MELiSSA (*Micro Ecological Life Support System Alternative*, o Alternativa de Sistema de Soporte Vital Micro Ecológico), encaminado a demostrar la viabilidad de sistemas de soporte vital totalmente biológicos en ecosistemas cerrados. El proyecto está dividido en varias fases, desde el análisis de la descomposición de la basura mediante microorganismos, pasando por la operación autosostenida de un invernadero con plantas superiores, hasta llegar a dar soporte a animales o seres humanos. MELiSSA está siendo evaluado en una planta piloto ubicada en la Universidad Autónoma de Barcelona. Y una primera aplicación práctica de los resultados de esta investigación va a tener lugar en breve en la base antártica de Concordia, donde las primeras fases del proyecto MELiSSA se utilizarán para el reciclado de los residuos de este centro de investigación franco-italiano [34, 35].

Mens sana in corpore sano

No cabe duda de que las plantas constituirán una gran ayuda en muchos aspectos de la futura exploración espacial. Pero frente a su utilización como parte de sistemas de soporte vital no debemos perder de vista lo más básico: su gran valor nutricional, la importante fuente de vitaminas y fibra que constituye para la alimentación de los astronautas, y, lo que no es menos importante de cara a misiones de larga duración, el enriquecimiento de la triste dieta espacial con los sabores y las texturas de las verduras y las frutas frescas, algo importante cuando se trata de elevar la moral de la tripulación.

Y es que el aspecto psicológico de la agricultura espacial es algo también a menudo ignorado, pero cuya efectividad ha sido demostrada ya a lo largo de la historia de las estaciones espaciales: simples invernaderos del tamaño de una maleta eran capaces de embelesar al más duro astronauta, que a menudo han confesado que observar el crecimiento de sus plantas era como cuidar de un pequeño bebé, a la vez que les mantenía más unidos psicológicamente a la Tierra. Se ha comprobado que simplemente observar el verdor de las plantas ejerce beneficiosos influjos en la psique humana, y esto es algo que no se debe minusvalorar cuando hablamos de misiones que podrían pasar años en un medio hostil lejos del hogar.

Tras los fracasos de los primeros tiempos, hoy se ha conseguido cultivar flores con relativa normalidad en condiciones de microgravedad. Quizás en un futuro lejano las misiones de larga duración puedan incluir las flores naturales para dar un toque hogareño. En la imagen, una flor crecida en el invernadero ruso de la ISS en abril de 2003. (*Foto: NASA*)

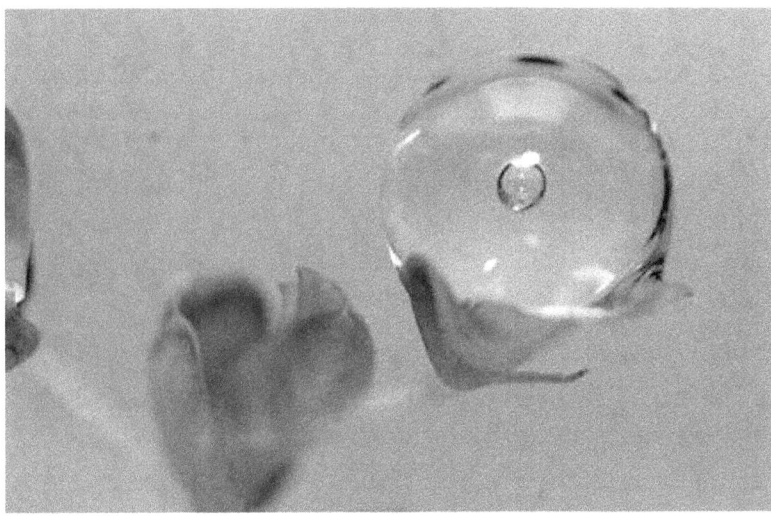

La ausencia de gravedad nos ofrece espectáculos tan sorprendentes y bellos como éste: una gota de agua, con burbujas de aire suspendidas en su interior, delicadamente adherida a las hojas de las plantas del invernadero ruso de la ISS, en 2003. (*Foto: NASA*)

Referencias:

[1] Nechitailo, G.S. and A.L. Mashinsky. "Space Biology, Studies at Orbital Stations". Moscow, Mir Publishers, 1993.

[2] Robert Zimmerman, "Leaving Earth. Space Stations, Rival Superpowers and the Quest for Interplanetary Travel". Entrevistas a Nechitailo y Patsayev. Washington, Joseph Henry Press, 2003.

[3] Patsayev. V.A. ed. Salyut "Space Station in Orbit". Moscow, Mashinostroyeniye Press, 1973. Translation, NASA TT F-15450, 1974.

[4] Summerlin, Lee B. "Skylab, Classroom in Space", NASA SP-401, 1977

[5] Robert Zimmerman, "Leaving Earth. Space Stations, Rival Superpowers and the Quest for Interplanetary Travel". Entrevistas a Grechko, Nechitailo, Mashinsky y otros. Washington, Joseph Henry Press, 2003.

[6] Hooper, Gordon R. "Missions to Salyut 4". Spaceflight, Vol 18 No.1

[7] T.N.Ivanova, P.T.Kostov, S.M.Sapunova, I.W.Dandolov, F.B.Salisbury, G.E.Bingham, V. N.Sytchov, M.A.Levinskikh, I.G.Podolski, D.B.Bubenheim, G.Jahns. Six-Month Space Greenhouse Experiments - a Step to Creation of Future Biological Life Support Systems. Acta Astronautica, Vol. 42, Nos. 1-8, 1998, 11-23.

[8] Orlando Sentinel, 1/20/97

[9] NASA Press Release, 12/12/96

[10] Foale, Colin. "Waystation to the Stars of Mir, Michael and Me". Headline Book Publishing, London, 1999

[11] American Society for Gravitational and space Biology (http://asgsb.indstate.edu/). Abstracts 17 and 87 presented at the 15th annual meeting, 1999 and abstracts 51 and 112 presented at the 17th annual meeting, 2001

[12] NASA. Shuttle-Mir Science. Fundamental Biology. http://spaceflight.nasa.gov/history/shuttle-mir/science/sc-fb.htm

[13] Web of the Space Biotechnology Department of the Space Research Institute, Sofia, Bulgaria. http://www.space.bas.bg/astro/bio/bio.html

[14] Bingham, Topham, Mulholland and Podolsky. "Lada: the ISS plant substrate microgravity testbed". Society of Automotive Engineers, Paper Number 2002-01-187

[15] Wisconsin Center for Space Automation and Robotics. Advanced Astroculture. http://wcsar.engr.wisc.edu/advasc.html

[16] NASA. Office of Biological & Physical Research. Advanced Astroculture. http://spaceresearch.nasa.gov/research_projects/ros/advasc.html

[17] NASA Fact Sheet FS-2001-03-47-MSFC. Advanced Astroculture-Expedition 2. http://www1.msfc.nasa.gov/NEWSROOM/background/facts/advasc.html

[18] NASA Fact Sheet FS-2001-11-187-MSFC. Advanced Astroculture-Expedition 4. http://www1.msfc.nasa.gov/NEWSROOM/background/facts/advasc2.html

[19] NASA. Office of Biological & Physical Research. Space Exposed Experiment Developed for Students (SEEDS Project). http://spaceresearch.nasa.gov/research_projects/ros/ros.html

[20] NASA Fact Sheet FS-2002-03-75-MSFC. Advanced Astroculture-Expedition 5. http://www1.msfc.nasa.gov/NEWSROOM/background/facts/advasc5.html

[21] NASA. Office of Biological & Physical Research. Biomass Production System (BPS)/Photosynthesis Experiment and System Testing and Operations (PESTO). http://spaceresearch.nasa.gov/research_projects/ros/bpspesto.html

[22] NASA Exploration Systems. Articles. "How does your garden grow?" http://exploration.nasa.gov/articles/gardengrow.html

[23] NASA – Space Station Biological Research Project. Biomass Production System. http://brp.arc.nasa.gov/GBL/Habitats/bps.html

[24] Bingham, Podolsky, Levinskikh, and Sychev. *"Lada,* a Joint Russian – US ISS Plant Greenhouse: Continuing the Svet Science and Technology Development Tradition". Space Dynamics Laboratory, Utah State University, Logan, UT. Institute for Biomedical Problems, RAS, Moscow, Russia. Abstract 85 presented at the 17th annual meeting of the American Society for Gravitational and Space Biology, 2001

[25] Energia. Science Research on ISS Russian Segment. Rastenia-2 Experiment. http://www.energia.ru/english/energia/iss/researches/medic-24.html

[26] NewsRu.com. "Cosmonauts on ISS gathered the harvest of pea". 05/27/2005.

[27] Science @ NASA. "Leafy Green Astronauts". http://science.nasa.gov/headlines/y2001/ast09apr_1.htm

[28] Entrevista del autor con el Dr. J. Medina, Centro de Investigaciones Biológicas, Madrid. Octubre 2005.

[29] ESA. Human Spaceflight. EMCS. http://www.spaceflight.esa.int/users/index.cfm?act=default.page&level=11&page=fac-iss-dest-emcs

[30] ESA Fact Sheet ECU-ESA-FSH-045. "European Modular Cultivation System". http://www.spaceflight.esa.int/users/downloads/factsheets/fs045_10_emcs.pdf

[31] Matía, I., González-Camacho, F., Marco, R., Kiss, J.Z., Gasset, G., Medina, F.J. Nucleolar Structure and Proliferation Activity of Arabidopsis Root Cells from Seedlings germinated in the International Space Station. Advances in Space Research,

2005. Extracto disponible en http://www.cib.csic.es/repositorio_bd/publicacion/291/urls_doc umento/medina_asr2005_cervantes_page1.pdf

[32] NASA-JSC. Advanced Life Support. Crop Systems. http://advlifesupport.jsc.nasa.gov/crops/index.html

[33] Science @ NASA. "Greenhouses for Mars". http://science.nasa.gov/headlines/y2004/25feb_greenhouses.htm

[34] Lasseur, Paillé, Lamaze, Rebeyre, Rodríguez, Ordóñez and Marty. "MELiSSA. Overview of the Project and Perspectives". Society of Automotive Engineers, Paper Number 2005-01-3066

[35] ESA-Advanced Life Support. http://ecls.esa.int/ecls/

Javier Casado

ANEXO: Puntualizaciones sobre los experimentos con el invernadero Svet en la Mir

El anterior reportaje sobre plantas en el espacio fue publicado en inglés en una prestigiosa revista de divulgación espacial, la británica "Spaceflight". Dada la amplia introducción de esta revista en el sector, el reportaje llegó a manos de uno de los científicos búlgaros involucrados en algunos de los trabajos aquí relatados, los llevados a cabo a bordo de la estación espacial Mir con el invernadero Svet. La lectura del reportaje por parte de estos protagonistas del mismo, suscitó unos comentarios y aclaraciones por su parte que creo muy interesantes presentar aquí como anexo, por la mayor luz que arrojan sobre el interesante programa de experimentación llevado a cabo a finales de los años 90, aún hoy la época dorada de la investigación con plantas en el espacio. A continuación presentaré, traducidos, algunos extractos de la conversación mantenida posteriormente a la publicación del artículo con la Dra. Tania Ivanova, miembro de la Academia Búlgara de las Ciencias y del Instituto de Investigación Espacial de Sofía.

Extracto de la comunicación de la Dra. Ivanova a la Agencia Espacial Europea, solicitando que intentaran ponerla en contacto conmigo para las aclaraciones:

Quisiera darle las gracias por su reportaje "Plantas en el espacio". Ha sido muy interesante para mí ver nuestro proyecto en el marco de la historia de los invernaderos espaciales. Aunque son hechos históricos, el tema del reportaje es de interés en la actualidad, y el autor obviamente ha tratado de cubrir todas las etapas de experimentación con plantas en el espacio y de desarrollo de los equipos relacionados.

Sin embargo, la presentación del proyecto del invernadero Svet es algo subjetiva, y los comentarios y la evaluación de algunos hechos y sucesos desde el punto de vista científico no son completamente exactos.

Una vez puestos en contacto a través del personal de la agencia y del investigador español Javier Medina, incluyo a continuación las interesantes aportaciones de la Dra. Ivanova a la historia de la agricultura espacial relatada en el anterior reportaje:

Conozco bien a los biólogos rusos que trabajan en este campo, incluyendo a la Dra. G. Nechitailo, y no me sorprenden sus comentarios en la entrevista (Ref. 5), sus celos y su opinión subjetiva. Intento entenderla, ya que aquellos tiempos políticos eran complicados; tuvimos una cooperación científica con el Instituto de Problemas Biomédicos, de Moscú, en el marco del programas Intercosmos, que finalizó en 1991 a la vez que la Mir. No obstante, la presentación histórica del desarrollo del invernadero [búlgaro] Svet debe ser correcta.

Es difícil comparar el invernadero espacial Svet con el Oasis, porque sus tecnologías sólo eran "similares" en cuanto al uso de lámparas para la iluminación y bombas para el suministro de agua. En aquella época era imposible encontrar y utilizar cualquier información sobre los desarrollos rusos, que eran alto secreto. De modo que no podíamos aprovechar la experiencia rusa en los experimentos con plantas en el espacio. El Svet fue un invernadero de desarrollo completamente nuevo que se realizó con soporte financiero búlgaro. En contraste con el Oasis, en el que las manipulaciones eran básicamente manuales (controladas y llevadas a cabo por el operador), el Svet era una instalación completamente automatizada controlada por un microprocesador especializado. Mientras que el sistema de riego del Oasis proporcionaba agua a las raíces de las plantas a criterio de los miembros de la tripulación, y en las ocasiones y cantidades determinadas por ellos, el Svet llevaba a cabo una monitorización precisa del medio ambiente de la planta, y un sistema de soporte vital automatizado aseguraba un aporte de agua al sustrato en cantidades variables en función de los niveles de humedad medidos en dicho sustrato por medio de sensores embebidos en la zona de las raíces. (...)

El comentario acerca de los resultados de nuestro experimento en 1996 tampoco es del todo correcto. A pesar de la esterilidad de las semillas debida a la alta concentración de etileno en la atmósfera de la Mir, fue la primera vez en la que plantas de trigo crecieron en unas instalaciones espaciales automatizadas, y ello fue un gran éxito real para la ciencia mundial (no debería entrecomillarse). Creo que la fuente de información más imparcial sobre estos experimentos históricos es el informe "Research on Mir advances growing plants in space", publicado por Marsha Freeman en "EIR Science & Technology", Vol.25, No.41, 1998, 26-35. Finalmente señalar que el comentario acerca del crecimiento de dos generaciones de semillas de trigo "espaciales" en la

Mir en 1998-99, el mayor resultado biológico obtenido después de 700 días de experimentación en el Svet, resulta demasiado breve.

La doctora Ivanova declinó mi ofrecimiento de publicar una corrección en base a sus comentarios en la misma revista Spaceflight, especialmente en lo relativo a la supuesta obsolescencia del invernadero búlgaro Svet. Como confesó, aunque no tenía nada que ocultar, sabía que su reacción podría molestar a algunos científicos rusos, de modo que prefirió desahogarse simplemente conmigo. No obstante, considero que sus comentarios son de un gran valor de cara a comprender mejor la apasionante historia de la investigación con plantas en el espacio, y por ello los incluyo hoy aquí. Al fin y al cabo, no creo que ningún científico ruso llegue nunca a leer este recopilatorio de mis artículos. Y, si alguno lo hiciera, que sepa que la responsabilidad al hacer públicas estas declaraciones de la Dra. Ivanova es exclusivamente mía, habiendo demostrado la doctora la máxima discreción al preferir no crear controversia con las declaraciones de su colega rusa a pesar de parecerle injustas, lo cual la honra.

www.ingramcontent.com/pod-product-compliance
Lightning Source LLC
Chambersburg PA
CBHW052307220526
45472CB00001B/11